量子光学导论

Introductory Quantum Optics

[美]克里斯托弗·格里（Christopher C. Gerry）
[英]彼得·奈特（Peter L. Knight）　著

景 俊 译

清华大学出版社
北京

内 容 简 介

本书对量子光学领域包括光的量子本质以及光与物质的相互作用作了初步介绍。

本书内容几乎完全与量子化的电磁场相关。涵盖的主题包括空腔中单模场量子化、多模场量子化、量子相位、相干态、相空间赝几率分布、原子与场的相互作用、J-C 模型、量子相干理论、分束器和干涉仪、非经典场压缩态、纠缠光子局域实在论(涉及下转换、腔量子电动力学的实验实现、囚禁离子、退相干及其应用、量子信息处理和量子密码术)的检验。本书提供了大量课后习题以及综述文献目录。

本书专为那些已经学过量子力学的高年级本科生以及低年级研究生开设量子光学课程而设计。

北京市版权局著作权合同登记号 图字:01-2019-1267

图书在版编目(CIP)数据

量子光学导论 / (美) 克里斯托弗·格里,(英) 彼得·奈特著;景俊译.—北京:清华大学出版社,2019
(2023.7 重印)
书名原文: Introductory Quantum Optics
ISBN 978-7-302-53518-8

Ⅰ.①量… Ⅱ.①克… ②彼… ③景… Ⅲ.①量子光学 Ⅳ.①O431.2

中国版本图书馆 CIP 数据核字(2019)第 180086 号

责任编辑:鲁永芳
封面设计:常雪影
责任校对:赵丽敏
责任印制:刘海龙

出版发行:清华大学出版社
　　　　网　　址:http://www.tup.com.cn,http://www.wqbook.com
　　　　地　　址:北京清华大学学研大厦 A 座　　　　邮　编:100084
　　　　社 总 机:010-83470000　　　　邮　购:010-62786544
　　　　投稿与读者服务:010-62776969,c-service@tup.tsinghua.edu.cn
　　　　质量反馈:010-62772015,zhiliang@tup.tsinghua.edu.cn
印 装 者:涿州市般润文化传播有限公司
经　销:全国新华书店
开　本:185mm×260mm　　印　张:17.5　　字　数:403 千字
版　次:2019 年 11 月第 1 版　　印　次:2023 年 7 月第 5 次印刷
定　价:69.00 元

产品编号:081547-01

译 者 序

克里斯托弗·格里（Christopher C. Gerry）和彼得·奈特（Peter L. Knight）的这本讲义是一本可读性较强的量子光学入门书。它的理论推导非常详细、同时广征博引，比较适合用来作为量子光学、量子信息、量子开放系统方向的一年级研究生或研究工作者的参考书或教科书。译者本来并无翻译这本书的计划，只是机缘巧合，同时觉得原书结构精巧、逻辑严密、娓娓道来，再加上原书有不少出版错误，所以才决定将其整理、翻译出来。供自己和国内广大同行参考。

在翻译过程中，译者基本上把所有推导过程重新演算过一遍，同时注意了符号标记的前后自洽。原书中的所有表述、计算、结果、图形也重新给出或加以描绘，因此对照原文可能有视角、比例、字体上的稍许差距。译文中的所有示意图与原书保持一致。这些均不会影响阅读。

翻译不是一件讨巧的事情，既不符合"经济人"假设，也会占据作为高校老师"升级打怪刷文章"的时间和精力。然而作为读书人，译者还残存一些"王杨卢骆当时体，轻薄为文哂未休。尔曹身与名俱灭，不废江河万古流"的情怀；作为普通科研工作者，译者也甚为自己工作的原创性和影响力不足而叹。译书工作或可在教书育人的过程中稍补心中缺憾。

译者想致谢研究生闫家舜同学，他在译者翻译过程中绘制了不少图形。同时一并感谢清华大学出版社鲁永芳博士以及在编辑过程中付出努力工作的其他编辑人员。

浙江大学物理学系

景　俊

2019 年 7 月

致　　谢

本书内容是根据作者多年来在帝国理工学院和纽约城市大学研究生院的课程讲义整理而来的。我们因此感谢那些全程听课的同学们，他们充当了我们在讲座中所呈现内容的"实验品"。

我们想感谢那些多年来给予我们建议、想法和支持的同事们。尤其要致谢剑桥大学出版社的西蒙·卡佩林（Simon Capelin）博士，他比我们更加确信这本书能够完成。过去多年和同行们的许多次讨论让我们获益匪浅，这些人包括：莱斯·阿伦（Les Allen）、加布里埃尔·巴顿（Gabriel Barton）、加诺斯·伯格（Janos Bergou）、凯斯·伯内特（Keith Burnett）、弗拉迪米尔·布泽克（Vladimir Buzek）、李察·坎波斯（Richard Campos）、布莱恩·达尔顿（Bryan Dalton）、约瑟夫·埃伯利（Joseph Eberly）、雷纳·格罗布（Rainer Grobe）、埃德文·哈希（Edwin Hach）三世、罗伯特·希尔伯恩（Robert Hilborn）、马克·希利里（Mark Hillery）、艾德·海因兹（Ed Hinds）、罗德尼·娄登（Rodney Loudon）、皮特·米兰妮（Peter Milonni）、比尔·蒙罗（Bill Munro）、杰弗里·纽（Geoffrey New）、埃德文·鲍尔（Edwin Power）、乔治·希尔瑞（George Series）、沃尔夫冈·施莱奇（Wolfgang Schleich）、布鲁斯·肖尔（Bruce Shore）、老卡洛斯·斯特鲁（Carlos Stroud Jr）、斯图亚特·斯旺（Stuart Swain）、丹·沃尔斯（Dan Walls）和克日什托夫·活基域斯（Krzysztof Wodkiewicz）。我们特别要感谢阿迪力·本穆萨（Adil Benmoussa），他不仅利用自己在 Mathematica、Corel Draw 和 Origin Graphics 等软件上的专业才能为本书绘制了所有的图、解决了课后习题，而且在这本书成文过程中的各个版本里都找出了许多错误。我们还要谢谢艾伦·卡尔金斯（Ellen Calkins）女士打字输入了本书部分章节的初稿。

我们过去的学生和博士后都曾经在工作中教过我们许多东西，他们也由此成为这个激动人心领域的领导者。这些人包括：斯蒂芬·巴奈特（Stephen Barnett）、阿尔米特·贝热（Almut Beige）、阿图尔·埃克特（Artur Ekert）、巴里·加拉威（Barry Garraway）、克里斯托夫·凯特尔（Christoph Keitel）、金明湜（Myungshik Kim）、杰拉德·米尔本（Gerard Milburn）、马丁·普莱纽（Martin Plenio）、巴里·桑德斯（Barry Sanders）、斯特凡·谢尔（Stefan Scheel）和弗拉特科·维德勒（Vlatko Vedral）。在本书中他们会发现许多属于自己的贡献！

我们打算把这本书作为量子光学导论，因此并不试图在引用文献方面做到面面俱到。我们对那些没有被引用到的作者们深为抱歉。

克里斯托弗·格里（Christopher C. Gerry）（作者之一）希望致谢雷曼大学物理与天文系的所有成员以及雷曼大学的其他教职员工，感谢他们在自己撰写这本书时给予的鼓励。

彼得·奈特（Peter L. Knight）（作者之一）想要特别致谢克里斯·奈特（Chris Knight）在自己撰写这本书时提供的全力帮助（包括耐心支持、车接车送、端茶倒水）。

过去 40 年来我们两人在量子光学方面的工作得到了许多渠道的资助。Peter L. Knight 特别感谢英国科学与工程研究基金会、英国工程及物理科学研究基金会、英国王家协会、欧洲联盟、纳菲尔德（Nuffield）基金会和美国军方等方面的支持；Christopher C. Gerry 感谢美国自然科学基金会、美国科学促进发展基金会和纽约城市大学专业人员协会等方面的支持。

目　　录

第 1 章 引 言

1.1 本书的范围和目标

量子光学是当下活跃发展的物理领域之一。尽管作为一个主要研究领域它已经至少存在了 20 年，不少研究生从事其中，但在过去几年间它也开始影响本科生的教学课程。这本书来源于我们在帝国理工学院和纽约城市大学教授四年级本科生和一年级研究生的课程教材。在量子光学中有众多非常好的专业研究方向可供介绍，但我们觉得应从强调基本概念的角度考虑到高年级本科生和低年级研究生的根本需求。当下这是一个吸引了最聪明学生的领域，部分是因为领域本身的非凡发展（诸如量子隐形传态、量子密码术、薛定谔猫态、贝尔不等式对局域实在论的违背等）。我们希望本书能为这个激动人心的学科提供一个容易理解的导论。

我们的目标是为假定已经选修过量子力学课程的高年级本科生或那些有兴趣将来从事这方面研究的一二年级研究生写一本涵盖量子光学本质的入门级教科书。我们所介绍的内容并不简单，对本科生以及低年级研究生而言将会是挑战，但我们试图采用最为直接的方式。尽管如此，本书中仍然会有部分内容会让读者觉得比其他部分更难一些。在每章最后安排的习题同样也难度不一。我们所讲述的几乎都是关于量子化的电磁场和它们对原子的作用，以及非经典光场的行为。本书的目标是把量子光学和近年来发展的量子信息处理联系在一起。

本书涵盖的课题包括：谐振腔中单模场的量子化、多模场的量子化、量子相位问题、相干态、相空间赝几率分布、原子-场相互作用、杰恩斯-卡明斯（Jaynes-Cummings, J-C）模型、量子相干理论、分束器和干涉仪、非经典场（压缩态等）、下转换获得的纠缠光子对局域实在论的检验、腔量子电动力学的实验实现、囚禁离子（或原子）、退相干问题，以及量子信息处理的某些应用，特别是量子密码术。本书的每一章都留有许多课后习题以及进一步阅读的参考文献。许多习题涉及数值计算，其中有些较为烦琐。

1.2 历史

本节用来简要回顾光学和光子学的物理思想的历史沿革。更多的细节可在玻恩（Born）和沃尔夫（Wolf）的第六版《光学原理》的"历史介绍"一章中找到。有关量子力学思想的发展史可在惠特克（Whitaker）最近的一本书[1] 中找到，它的可读性很强。

阿鲁塞范（A. Muthukrishnan）、斯库利（M. O. Scully）和祖贝里（M. S. Zubairy）近期的一篇文章[2]以最容易阅读的方式详细地检阅了光和光子的概念发展。

远古世纪的人们已经对光和光束的本性着迷不已。在17世纪之前，人们已经很好地建立起两个重要的概念：波和粒子。在19世纪上半叶，麦克斯韦在对作为电磁波的光仔细研究之后为现代场论打下根基。那时经典物理除了在少许诸如黑体辐射和光电效应等方面有点令人担心以外，似乎无往不胜。这些当然就是量子力学革命的种子。作为一位骨子里保守的理论物理学家，普朗克为了解释发热物体的光谱，似乎是相当不情愿地提出热辐射以分立的量子化单元进行发射和吸收。正是爱因斯坦推广了他的思想，提出这种新的量子代表了光本身而不仅仅是吸收和发射的过程，这样就能够描述物质与辐射如何建立热平衡（引入受激辐射的想法），同时也能解释光电效应。到了1913年，玻尔将量子化的基本思想运用到原子动力学中去，从而能够预言原子光谱谱线的位置。

在光量子的想法被引入很久以后，化学家吉尔伯特·列维斯（Gilbert Lewis）创造了光子这个新名词。在1926年，Lewis写道：

> 如果我们设想某个假设的实体，它仅在极短时间内作为辐射能量的载体，而在其余时间内作为原子内的一个重要结构元素而存在，似乎应该把它称为光的粒子、光的微粒、光的量子或光量子……我因此冒昧地提议命名这个假设的新粒子为光子，它不是光但在每个辐射过程中扮演了重要角色[3]。

很清楚Lewis和我们现在的想法差距相当大！

德布罗意在一次异想天开中产生了关于光量子的想法，展示出它在波动和粒子方面的双面性。在1925—1926年令人惊讶的短时间内，海森伯、薛定谔和狄拉克为量子力学奠定了基础。他们提供给我们所有至今还在使用的理论工具：表象、量子态演化、幺正变换、微扰论等。量子力学内在的几率特性是马克斯·玻恩发掘的，他提出了几率幅的思想，从而能够对干涉进行全量子化的处理。

费米和狄拉克是量子力学的开拓者，他们同时也是首批考虑量子化的光如何与原子相互作用以及如何传播的专家。20世纪30年代费米把自己在安娜堡发表演说的内容发表在《现代物理评论》上。这篇文章总结了在那个年代人们所了解的有关库仑规范下非相对论量子力学的知识。他对干涉（特别是李普曼条纹）的处理方法至今仍然值得阅读。关于这一点有必要引用威利斯·兰姆（Willis Lamb）的一段话：

> 在开始讨论（问题）前要决定需要从全宇宙中引入多少自由度，决定需要什么简正模式才能足够处理，决定如何对光源进行建模并推导它们如何驱动系统[4]。

这段表述总结了本书贯穿始终的方法。

魏斯科普夫（Weisskopf）和维格纳（Wigner）把非相对论量子力学的新方法运用到自发辐射和共振荧光的动力学中，预测了稳态跃迁的指数衰减率。他们的工作中已经出现了接下来困扰量子电动力学长达20年的自能问题，直到施温格（Schwinger）、费恩曼（Feynman）、朝永振一郎（Tomonaga）和戴森（Dyson）发展出重整化的方案才得以解决。在此时最为突出的工作是库施（Kusch）对电子反常磁矩以及兰姆（Lamb）与卢瑟福（Rutherford）对原子辐射能级偏离的观察。对此感兴趣的读者可以在施韦伯（Schweber）那本关于量子电动力学的权威著作[5]中发现对这段历史的详细描述。这期间的研究体现了把真空作为一种有观察效应的场进行考虑的重要性。在 20 世纪 40 年代晚期的一个重要工作中，开西米尔（Casimir）受胶体比原先仅考虑范德瓦尔斯作用要稳定得多的观测事实启发，阐述了原子间长程力的量子电动力学本质。并且他把原子间长程力与场的零点振动关联在一起，指出真空中的金属平板之间由于这样的零点振动而相互吸引。

爱因斯坦继续他在量子力学基本原理方面的研究，并在 1935 年与波多尔斯基（Podolsky）和罗森（Rosen）合作的著名文章中指出量子关联的怪异。这篇文章的想法经由玻姆（Bohm）和贝尔关于量子关联本性的具体预言而引爆了现代物理中最为活跃的领域之一，并成为量子信息处理新课题的基础。

基于振幅干涉即一阶关联的光学相干已经被研究了多年。20 世纪 50 年代，汉伯里·布朗（Hanbury Brown）和特维斯（Twiss）以光强度干涉作为星光干涉仪的研究工具，并指出热光子的探测时间如何集束化。这些工作引导了光子统计和光子计数理论的发展，并导致量子光学作为一门独立学科的开端。在光子统计思想发展的同时，研究者们开始探索光与物质相互作用中的相干性。随着拉比（Rabi）、拉姆塞（Ramsey）以及其他人的工作开展，射频光谱学已经在原子光束的研究中初露端倪。在 20 世纪 50 年代到 60 年代，卡斯特勒（Kastler）、布罗塞尔（Brossel）、希尔瑞（Series）、多德（Dodd）和其他人发展了光与原子相互作用的灵敏光泵浦探测器。

20 世纪 50 年代早期，汤斯（Townes）和他的小组以及巴索夫（Basov）和普罗霍罗夫（Prokhorov）已经基于初态精确制备、粒子数布居反转和受激辐射开发出分子微波辐射源，即新的微波激射器。50 年代，艾德·杰尼斯（Ed Jaynes）在研究量子化是否在微波激射器运行中起到作用方面扮演了重要角色（并以此为后期全量子模型的原子-场耦合方面的工作做好了准备，其中出现了后来被称为 J-C 模型的工作）。把微波激射器推广到光频段，从而开发出的激光革新了现代物理和技术。

格劳伯（Glauber）、沃尔夫（Wolf）、苏达香（Sudarshan）、曼德尔（Mandel）、克劳德（Klauder）及其他许多人发展了基于相干态和光电探测的量子相干理论。相干态允许我们在相空间中描述光的行为并使用早期由维格纳和其他一些人发展的赝几率概念。

在激光被开发出来的前几年并没有出现可调光源，这使得对原子和光或者分子和光相互作用的细节感兴趣的研究者们不得不依赖于分子内偶然的共振。尽管如此，这还是导致了人们开始研究相干作用和相干瞬态，如光子回波、自感应透明、光学章动以及其他现象（具体的描述可参见已成为标准的艾伦（Allen）和埃伯利（Eberly）的专著）。可调激光器在 70 年代初期出现，特别是染料激光器使得量子光学和激光光谱学的研究在精度上焕然一新。共振相互作用、相干瞬态和其他方面的研究变得越发简单明了，而且导致量子光学变得接近人们当下理解的样子：我们首次能够以非微扰的方式研究单个原子与光相互作用的动力学。斯特鲁（Stroud）及其小组发起了凭借观测共振荧光分裂对共振荧光的研究。早期莫勒（Mollow）曾预言相干驱动会导致共振荧光谱线分裂成块。曼德尔（Mandel）、金布尔（Kimble）以及其他一些人展示了共振荧光如何反集束，这一特征曾被许多理论学者包括沃尔斯（Walls）、卡迈克尔（Carmichael）、科昂-塔努吉（Cohen-Tannoudji）、Mandel 和 Kimble 研究过。反集束现象以及它所关联的（但并非等价的）光子统计的亚泊松分布为"非经典光"的研究奠定基础。20 世纪 70 年代的几个实验探索了光子的本性：它们的可分辨性以及在单光子水平上干涉的建立。激光冷却迅速在 80 年代和 90 年代得到发展，从而允许在精确调控的基础上制备物质状态。实际上激光冷却自身已经成为一个主流研究学科，因此我们决定在本书中不讨论它。

随着从激光到高强度脉冲光的发展，从安娜堡的弗兰肯（Franken）及其合作者的开创性工作开始，一系列的非线性光学现象得到研究。谐波发生、参量下转换以及其他一些现象被展现出来。在非线性光学很大部分领域内的早期工作没有一篇需要场量子化，也不需要合理描述的量子光学。但早期也有迹象表明可以做到这些。事实上量子非线性光学是由伯纳姆（Burnham）和温伯格（Weinberg）对下转换中不同寻常的非经典关联的研究（第 9 章）开端的。在 Mandel 和其他许多人的手里，下转换中的这些关联成为揭示量子光学基本观念的基础工具。

直到 80 年代，人们研究的所有光场噪声本质上都与相位无关。这种状况随着带有相位相关噪声的压缩光源的产生而改变。压缩光源使得人们能够研究光场的海森伯不确定关系；再次证明参量下转换是产生这些非寻常光场的最为有效的工具。

量子光学领域的人们很早就意识到如果能将原子禁闭在谐振腔中，那么就能极大地改变原子辐射跃迁动力学。珀塞尔（Purcell）在其 1946 年发表的以核磁共振为背景的著名文章中，已经预言通常认为不会变化的自发辐射率事实上会因为把作为光源的原子封闭在谐振腔内而得到改变。这是因为谐振腔内的模式结构和密度与自由空间中的截然不同。在 60 年代晚期，将原子放到谐振腔内或放到靠近腔镜的位置成为可能。到 80 年代，理论学者梦想的研究单个原子与单模电磁场的相互作用成为可能。此时因为原子与场的相干激发交换，所以跃迁动力学变得完全可逆，直到相干性通过一个耗散的"退相干"过程最终消失。这个梦想就是曾提出的 J-C 模型，它构成了量子光学的一个基本构成单元（本书会对此进行详细讨论）。

信息处理中的新基本概念引导费恩曼、贝尼奥夫（Benioff）、多依奇（Deutsch）、乔萨（Jozsa）、贝内特（Bennett）、埃克特（Ekert）等在近年来发展出了量子密码术和量子计算机等领域。与使用 0 和 1 表示经典比特不同的是，量子计算机的基本单元是受量子力学规律支配的二能级系统（量子比特），它可以存在于逻辑值 0 和 1 的相干叠加态上。那么由 n 个比特构成的集合就可以处在至多由 2^n 个不同态（它们中的每个都代表一个二进制数字）构成的叠加态上。一旦我们能够控制和操控比如 1500 个量子比特，那么我们能够进行存取的状态数就超过了可观察宇宙中所有粒子数的总和。计算则由同时对所有叠加态作用的幺正变换执行。这些建构的幺正变换基础构成了量子门的基本单元。与之相关的加密技术的绝对安全可以通过使用量子光源来保证。

使用量子叠加与量子纠缠的结果是高度的并行性，它能够指数级地提高计算速度。大量在经典计算机上不具有可行性的问题在量子计算机上能够被有效解决。皮特·肖尔（Peter Shor）在 1994 年开发的量子算法就有这样的指数级速度提高。这个算法用来解决一个重要的实际问题，即质因子分解问题。随后人们提出可能实现量子计算机的实验系统，比如线性离子阱和核磁共振。目前我们处在这两个体系都已发展出量子门的阶段。量子计算与量子密码术和量子通信密切相关。不少实验室已经开展了演示这些原则上可能实现的想法的基础实验。

线性离子阱是最有可能实现量子计算，也是我们在本书中详细讨论的平台之一。在这个系统中制备量子态（用激光冷却加上光学泵浦）以及对电子亚稳态和荧光的状态测量都是较为成熟的技术。在线性离子阱中，每个禁闭的带电离子（其原子是钙或铍）被激光冷却到微开尔文级的温度，它们沿着线性射频保罗型离子阱的对称轴分开排列成一串。任何一个离子的内态都能与整个串振动的量子态发生交换。将照射离子的激光辐射脉冲的频率调整到等于离子内态共振频率减去离子串振动的某个简正模式频率，就可以做到这一点。它使得单声子能够进出振动模式。如果用类似的激光脉冲对准另一个离子，则振动态就与该离子的内态耦合起来。用此方法可以产生所有离子量子态的一般的幺正变换。离子阱有若干特征受到人们欢迎。它在不需要任何新技术突破的前提下就能对量子比特进行操作。它可以用来测量任何离子的状态，并重复多次而毫无问题，这是量子纠错协议得以执行的重要特征。

在谐振腔内禁闭的原子或离子可以和电磁场模式发生强耦合，从而允许量子态处理以及量子长程通信之间强强联合的发生。这也提示了量子存储器可能建构的方式。原则上用这些量子系统可以实现经典计算不能完全模拟的更强大的量子处理器，但因退相位和自发辐射引起的消相干是一个难以克服的障碍。

量子纠缠态是特定形式的量子密码术和量子隐形传态的关键资源。纠缠同时也是量子计算强大的原因。在理想情况下，量子计算能比任何经典计算机以指数级加速完成特定任务。更深入的认识量子纠缠在量子信息论中所扮演的角色将使我们改进现有应用并发展出量子信息处理的新方法。这些都是后面章节要讲述的内容。

那么量子光学的未来是什么？它为激光科学和新的原子物理提供支撑。它甚至可能成为我们能够实现全新技术的载体。凭借量子光学，量子力学允许我们以一种全新的方式对信息进行处理和传输。当然我们现在所预言可能出现的技术也许会和意料之外的事情混淆在一起，整个领域因为不断出现的意外而继续充满冒险。

1.3　本书内容

本书布局如下。第 2 章展示如何把电磁场量子化为简谐振子模型，其中振子所代表的电磁场模式的状态描述了每个简正模式上的光子数布居。第 3 章引入相干态概念，它是一类承载相位信息的量子叠加态。第 4 章描述光与物质如何相互作用。第 5 章用光场关联函数来量化我们的相干概念。第 6 章介绍一些用来操控光场状态的简单光学实验单元，比如分束器与干涉仪。第 7 章描述非经典光，它们的基本性质取决于其量子本性。第 8 章讨论自发辐射和开放环境下的耗散。第 9 章描述如何用量子辐射光源检验量子力学的基本原理，包括非局域性和贝尔不等式的检验。第 10 章讨论如何将原子禁闭在谐振腔中，以及如何用激光冷却后的囚禁离子研究基本相互作用的现象。第 11 章提供了我们所了解的在量子信息处理方面出现的新课题。本书的附录用来澄清主体内容所需要的一些数学处理。我们还试图通过课后习题阐述我们所发展的物理思想。

参考文献

[1] A. Whitaker, Einstein, Bohr and the Quantum Dilemma (Cambridge: Cambridge University Press, 1996).

[2] A. Muthukrishnan, M. O. Scully and M. S. Zubairy, Optics and Photonics News Trends, 3, No. 1 (October 2003).

[3] G. N. Lewis, Nature, 118 (1926), 874.

[4] W. E. Lamb, Jr., Appl. Phys. B, 66 (1995), 77.

[5] S. S. Schweber, QED and the Men Who Made It: Dyson, Feynman, Schwinger and Tomonaga (Princeton University Press, Princeton, 1994).

更多阅读的建议

在更多专业方向上，以下这些已有的量子光学书比我们这本书更为深入。

- L. Allen and J. H. Eberly, Optical Resonance and Two Level Atoms (New York: Wiley, 1975 and Mineola: Dover, 1987).

- H. Bachor, A Guide to Experiments in Quantum Optics (Berlin and Weinheim: Wiley-VCH, 1998).

- S. M. Barnett and P. M. Radmore, Methods in Theoretical Quantum Optics (Oxford: Oxford University Press, 1997).

- C. Cohen-Tannoudji, J. Dupont-Roc and G. Grynberg, Photons and Atoms (New York: Wiley-Interscience, 1989).

- C. Cohen-Tannoudji, J. Dupont-Roc and G. Grynberg, Atom–Photon Interactions (New York: Wiley-Interscience, 1992).

- V. V. Dodonov and V. I. Man'ko (editors), Theory of Nonclassical States of Light (London: Taylor and Francis, 2003).

- P. Ghosh, Testing Quantum Mechanics on New Ground (Cambridge: Cambridge University Press, 1999).

- H. Haken, Light, Volume I: Waves, Photons, and Atoms (Amsterdam: North Holland, 1981).

- J. R. Klauder and E. C. G. Sudarshan, Fundamentals of Quantum Optics (New York: W. A. Benjamin, 1968).

- U. Leonhardt, Measuring the Quantum State of Light (Cambridge: Cambridge University Press, 1997).

- W. H. Louisell, Quantum Statistical Properties of Radiation (New York: Wiley, 1973).
- R. Loudon, The Quantum Theory of Light, 3rd edition (Oxford: Oxford University Press, 2000).
- L. Mandel and E. Wolf, Optical Coherence and Quantum Optics (Cambridge: Cambridge University Press, 1995).
- P. Meystre and M. Sargent III, Elements of Quantum Optics, 2nd edition (Berlin: Springer-Verlag, 1991).
- G. J. Milburn and D. F. Walls, Quantum Optics (Berlin: Springer-Verlag, 1994).
- H. M. Nussenzveig, Introduction to Quantum Optics (London: Gordon and Breach, 1973).
- M. Orszag, Quantum Optics: Including Noise, Trapped Ions, Quantum Trajectories, and Decoherence (Berlin: Springer, 2000).
- J. Peřina, Quantum Statistics of Linear and Nonlinear Optical Phenomena, 2nd edition (Dordrecht: Kluwer, 1991).
- V. Peřinová, A. Lukš, and J. Peřrina, Phase in Optics (Singapore: World Scientific, 1998).
- R. R. Puri, Mathematical Methods of Quantum Optics (Berlin: Springer, 2001).
- M. Sargent, III, M. O. Scully and W. E. Lamb, Jr., Laser Physics (Reading: Addison-Wesley, 1974).
- M. O. Scully and M. S. Zubairy, Quantum Optics (Cambridge: Cambridge University Press, 1997).
- W. P. Schleich, Quantum Optics in Phase Space (Berlin: Wiley-VCH, 2001).
- B. W. Shore, The Theory of Coherent Atomic Excitation (New York: Wiley-Interscience, 1990).
- W. Vogel and D.-G. Welsch, Lectures in Quantum Optics (Berlin: Akademie Verlag, 1994).
- M. Weissbluth, Photon–Atom Interactions (New York: Academic Press, 1989).
- Y. Yamamoto and A. İlmamoğlu, Mesoscopic Quantum Optics (New York:Wiley-Interscience, 1999).

下面这部论文集再版了许多关于相干态的有用文章，包括格劳伯（Glauber）、克劳德（Klauder）以及早期其他人的工作。

- J. R. Klauder and B.-S. Skagerstam (editors), Coherent States (Singapore: World Scientific, 1985).

在许多地方都可以找到量子光学以及量子力学基本原理检验的发展史。我们发现以下文献弥足珍贵：

- R. Baeierlin, Newton to Einstein (Cambridge: Cambridge University Press, 1992).
- M. Born and E. Wolf, Principles of Optics (Cambridge: Cambridge University Press, 1998).
- A. Whitaker, Einstein, Bohr and the Quantum Dilemma (Cambridge: Cambridge University Press, 1996).

W. H. Louisell, *Quantum Statistical Properties of Radiation* (New York: Wiley, 1973).

R. Loudon, *The Quantum Theory of Light*, 3rd edition (Oxford: Oxford University Press, 2000).

L. Mandel and E. Wolf, *Optical Coherence and Quantum Optics* (Cambridge: Cambridge University Press, 1995).

P. Meystre and M. Sargent III, *Elements of Quantum Optics*, 2nd edition (Berlin: Springer-Verlag, 1991).

第 2 章 场量子化

本章讨论电磁场的量子化及其性质，特别是有关光子作为场正则模式的基本激发的诠释。我们从一维腔内由导体壁限制的单模场例子出发，随后推广到自由空间中的多模场。我们引入光子数态并讨论场观测量关于这类态的涨落。最后讨论量子化电磁场相位的量子力学描述问题。

2.1 单模场的量子化

我们从一个相当简单但非常重要的辐射场例子出发讨论。这个场被限制在沿着 z 轴的一维腔内，如图 2.1 所示，两个完美导体壁分别在 $z=0$ 和 $z=L$ 处。

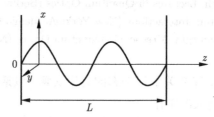

图 2.1 以位置在 $z=0$ 和 $z=L$ 处的两个完美导体腔壁构成的谐振腔，其中电场的偏振方向沿 x 方向

电场必然在边界处消失而采取驻波的形式。假设没有辐射源，也就是说腔内没有电流或电荷也没有任何电介质。假设电场的偏振方向沿着 x 轴，$\boldsymbol{E}(\boldsymbol{r},t) = \boldsymbol{e}_x E_x(z,t)$，其中 $\boldsymbol{e}_x$ 是单位偏振算符。无源的麦克斯韦方程组是（国际单位制）：

$$\boldsymbol{\nabla} \times \boldsymbol{E} = -\frac{\partial \boldsymbol{B}}{\partial t} \tag{2.1}$$

$$\boldsymbol{\nabla} \times \boldsymbol{B} = \mu_0 \epsilon_0 \frac{\partial \boldsymbol{E}}{\partial t} \tag{2.2}$$

$$\boldsymbol{\nabla} \cdot \boldsymbol{B} = 0 \tag{2.3}$$

$$\boldsymbol{\nabla} \cdot \boldsymbol{E} = 0 \tag{2.4}$$

满足麦克斯韦方程和边界条件的单模场由 (2.5) 式给出

$$E_x(z,t) = \left(\frac{2\omega^2}{V\epsilon_0}\right)^{1/2} q(t) \sin(kz) \tag{2.5}$$

式中，ω 是模式频率，k 是波数，二者关系是 $k = \omega/c$。$z = L$ 处的边界条件给出允许的频率 $\omega_m = c(m\pi/L)$，$m = 1, 2, \cdots$。假设 (2.5) 式中的 ω 是其中某个本征频率，并且暂时忽略其他本征频率的影响。(2.5) 式中的 V 是腔的有效体积，$q(t)$ 是长度量纲的时间因子。正如我们将看到的，$q(t)$ 起到正则位置的作用。从 (2.5) 式和 (2.2) 式可知腔中的磁场是 $\boldsymbol{B}(\boldsymbol{r}, t) = \boldsymbol{e}_y B_y(z, t)$，其中

$$B_y(z, t) = \left(\frac{\mu_0 \epsilon_0}{k}\right) \left(\frac{2\omega^2}{V\epsilon_0}\right)^{1/2} \dot{q}(t) \cos(kz) \tag{2.6}$$

这里 $\dot{q}(t)$ 将扮演单位质量"粒子"的正则动量的角色，即 $p(t) = \dot{q}(t)$。

单模场的经典场能或者哈密顿量 H 由下式给出

$$H = \frac{1}{2} \int \mathrm{d}V \left[\epsilon_0 \boldsymbol{E}^2(\boldsymbol{r}, t) + \frac{1}{\mu_0} \boldsymbol{B}^2(\boldsymbol{r}, t)\right] = \frac{1}{2} \int \mathrm{d}V \left[\epsilon_0 E_x^2(\boldsymbol{r}, t) + \frac{1}{\mu_0} B_y^2(\boldsymbol{r}, t)\right] \tag{2.7}$$

从 (2.5) 式和 (2.6) 式可直接推导（留作习题）而得到

$$H = \frac{1}{2}(p^2 + \omega^2 q^2) \tag{2.8}$$

从中可以看到单模场显然在形式上等价于单位质量的谐振子。如不计某些标度因子，其中电场和磁场分别扮演正则位置和正则动量的角色。

每一本量子力学基础教科书都会讨论一维谐振子的量子化。我们这里的方案是先确认经典系统中的正则变量 q 和 p，利用简单对应规则把它们分别替换为算符 $\hat{q}$ 和 $\hat{p}$（注意本书中算符与常数的标记区别）。这些算符必须满足正则对易关系

$$[\hat{q}, \hat{p}] = \mathrm{i}\hbar\hat{I} \tag{2.9}$$

以后我们按惯例舍掉单位算符 $\hat{I}$，写做 $[\hat{q}, \hat{p}] = \mathrm{i}\hbar$。接下来单模电场与磁场变成算符形式，它们分别是

$$\hat{E}_x(z, t) = \left(\frac{2\omega^2}{V\epsilon_0}\right)^{1/2} \hat{q}(t) \sin(kz) \tag{2.10}$$

和

$$\hat{B}_y(z, t) = \left(\frac{\mu_0 \epsilon_0}{k}\right) \left(\frac{2\omega^2}{V\epsilon_0}\right)^{1/2} \hat{p}(t) \cos(kz) \tag{2.11}$$

哈密顿量则变成

$$\hat{H} = \frac{1}{2}(\hat{p}^2 + \omega^2 \hat{q}^2) \tag{2.12}$$

算符 $\hat{q}$ 和 $\hat{p}$ 都是厄米的，因而对应可观测量。不过习惯上依靠下面的组合引入非厄米（因而也是非观测量）的湮灭算符 $\hat{a}$ 和产生算符 $\hat{a}^\dagger$ 较为方便：

$$\hat{a} = (2\hbar\omega)^{-1/2}(\omega\hat{q} + \mathrm{i}\hat{p}) \tag{2.13}$$

$$\hat{a}^\dagger = (2\hbar\omega)^{-1/2}(\omega\hat{q} - i\hat{p}) \tag{2.14}$$

电场和磁场算符则分别变为

$$\hat{E}_x(z,t) = \mathcal{E}_0(\hat{a} + \hat{a}^\dagger)\sin(kz) \tag{2.15}$$

$$\hat{B}_y(z,t) = \mathcal{B}_0\frac{1}{i}(\hat{a} - \hat{a}^\dagger)\cos(kz) \tag{2.16}$$

其中 $\mathcal{E}_0 = (\hbar\omega/\epsilon_0 V)^{1/2}$ 和 $\mathcal{B}_0 = (\mu_0/k)(\epsilon_0\hbar\omega^3/V)^{1/2}$ 分别代表 "每个光子" 的电场和磁场。这里的引号表示这句话并不完全正确，因为正如我们将看到的，光子数目确定的电磁场的期望值是零。尽管如此，它们对度量量子场的涨落是有用的。算符 $\hat{a}$ 和 $\hat{a}^\dagger$ 满足对易关系

$$[\hat{a}, \hat{a}^\dagger] = 1 \tag{2.17}$$

且其结果导致哈密顿量算符取如下形式：

$$\hat{H} = \hbar\omega\left(\hat{a}^\dagger\hat{a} + \frac{1}{2}\right) \tag{2.18}$$

到目前为止，我们还没有考虑算符 $\hat{a}$ 和 $\hat{a}^\dagger$ 的时间依赖性。对任意一个不显含时间的算符 $\hat{O}$，它满足的海森伯方程是

$$\frac{d\hat{O}}{dt} = \frac{i}{\hbar}[\hat{H}, \hat{O}] \tag{2.19}$$

对于湮灭算符 $\hat{a}$ 来说，

$$\frac{d\hat{a}}{dt} = \frac{i}{\hbar}[\hat{H}, \hat{a}] = \frac{i}{\hbar}\left[\hbar\omega\left(\hat{a}^\dagger\hat{a} + \frac{1}{2}\right), \hat{a}\right] = i\omega(\hat{a}^\dagger\hat{a}\hat{a} - \hat{a}\hat{a}^\dagger\hat{a}) = i\omega[\hat{a}^\dagger, \hat{a}]\hat{a} = -i\omega\hat{a} \tag{2.20}$$

它的解是

$$\hat{a}(t) = \hat{a}(0)e^{-i\omega t} \tag{2.21}$$

用同样的办法或者直接对（2.21）式取厄米共轭，有

$$\hat{a}^\dagger(t) = \hat{a}^\dagger(0)e^{i\omega t} \tag{2.22}$$

另一种获得这些解的方法是写出（2.19）式的形式解：

$$\hat{O}(t) = e^{iHt/\hbar}\hat{O}(0)e^{-iHt/\hbar} \tag{2.23}$$

然后使用贝克-豪斯多夫（Baker-Hausdorf）引理[1] 得到

$$\hat{O}(t) = \hat{O}(0) + \frac{it}{\hbar}[\hat{H}, \hat{O}(0)] + \frac{1}{2!}\left(\frac{it}{\hbar}\right)^2[\hat{H}, [\hat{H}, \hat{O}(0)]] + \cdots$$

$$\frac{1}{n!}\left(\frac{it}{\hbar}\right)^n[\hat{H}, [\hat{H}, [\hat{H}, \cdots[\hat{H}, \hat{O}(0)]]]] + \cdots \tag{2.24}$$

对于算符 $\hat{a}$，结果是

$$\hat{a}(t) = \hat{a}(0) \left(1 - \mathrm{i}\omega t - \frac{\omega^2 t^2}{2!} + \mathrm{i}\frac{\omega^3 t^3}{3!} + \cdots \right) = \hat{a}(0)\mathrm{e}^{-\mathrm{i}\omega t} \tag{2.25}$$

用这个方法得到解似乎显得小题大做，不过读者随后将会发现当我们考虑非线性相互作用时它是相当有用的。

算符乘积 $\hat{a}^\dagger \hat{a}$ 的意义特别，称之为（光子）数算符，标记为 $\hat{n}$。令 $|n\rangle$ 代表单模场本征值为 E_n 的能量本征态，使得

$$\hat{H}|n\rangle = \hbar\omega \left(\hat{a}^\dagger \hat{a} + \frac{1}{2} \right) |n\rangle = E_n|n\rangle \tag{2.26}$$

如果我们把 $\hat{a}^\dagger$ 乘到 (2.26) 式两边，就能产生一个新的本征值方程

$$\hbar\omega \left(\hat{a}^\dagger \hat{a}^\dagger \hat{a} + \frac{1}{2}\hat{a}^\dagger \right) |n\rangle = E_n \hat{a}^\dagger |n\rangle \tag{2.27}$$

使用 (2.17) 式中的对易关系，把这个式子重新写为

$$\hbar\omega \left[(\hat{a}^\dagger \hat{a}\hat{a}^\dagger - \hat{a}^\dagger) + \frac{1}{2}\hat{a}^\dagger \right] |n\rangle = E_n \hat{a}^\dagger |n\rangle \tag{2.28}$$

或者

$$\hbar\omega \left(\hat{a}^\dagger \hat{a} + \frac{1}{2} \right) (\hat{a}^\dagger |n\rangle) = (E_n + \hbar\omega)(\hat{a}^\dagger |n\rangle) \tag{2.29}$$

这是关于本征态 $(\hat{a}^\dagger |n\rangle)$ 的本征值方程，其本征值为 $E_n + \hbar\omega$。现在应该清楚为什么 $\hat{a}^\dagger$ 被称为产生算符了：它产生了能量子 $\hbar\omega$。或者可以相当宽松的说，$\hat{a}^\dagger$ 产生了能量为 $\hbar\omega$ 的 "光子"。类似地，如果我们把 $\hat{a}$ 乘到 (2.26) 式两边，并利用对易关系，就得到

$$\hat{H}(\hat{a}|n\rangle) = (E_n - \hbar\omega)(\hat{a}|n\rangle) \tag{2.30}$$

其中算符 $\hat{a}$ 显然破坏或湮灭了一个能量子或光子，本征态 $(\hat{a}|n\rangle)$ 具有本征能量 $E_n - \hbar\omega$。重复 (2.30) 式的过程，明显将把本征值降低整数个 $\hbar\omega$。但谐振子能量必定总是正的，所以必然有一个最低能量，$E_0 > 0$，对应于本征态 $|n\rangle$，于是

$$\hat{H}(\hat{a}|0\rangle) = (E_0 - \hbar\omega)(\hat{a}|0\rangle) = 0 \tag{2.31}$$

这是因为

$$\hat{a}|0\rangle = 0 \tag{2.32}$$

因而基态的本征值方程是

$$\hat{H}|0\rangle = \hbar\omega \left(\hat{a}^\dagger \hat{a} + \frac{1}{2} \right) |0\rangle = \frac{1}{2}\hbar\omega|0\rangle \tag{2.33}$$

所以最低能量本征值是所谓的零点能 $\hbar\omega/2$。因为 $E_{n+1} = E_n + \hbar\omega$，能量本征值是

$$E_n = \hbar\omega\left(n + \frac{1}{2}\right), \quad n = 0, 1, 2, \cdots \tag{2.34}$$

我们在图 2.2 所示的谐振子势场内画出了这些能级。

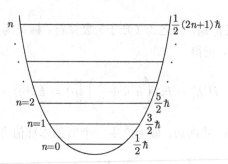

图 2.2　频率为 ω 的谐振子能级分布图

因而对于（光子）数算符 $\hat{n} = \hat{a}^\dagger\hat{a}$，我们有

$$\hat{n}|n\rangle = n|n\rangle \tag{2.35}$$

根据 $\langle n|n\rangle = 1$，这些数态必然是归一化的。对于状态 $\hat{a}|n\rangle$，我们有

$$\hat{a}|n\rangle = c_n|n-1\rangle \tag{2.36}$$

其中 c_n 是待定常数。于是 $\hat{a}|n\rangle$ 和它自己的内积是

$$((\langle n|\hat{a}^\dagger)(\hat{a}|n\rangle)) = \langle n|\hat{a}^\dagger\hat{a}|n\rangle = n = \langle n-1|c_n^*c_n|n-1\rangle = |c_n^2| \tag{2.37}$$

因而 $|c_n^2| = n$，所以我们可取 $c_n = \sqrt{n}$。因此

$$\hat{a}|n\rangle = \sqrt{n}|n-1\rangle \tag{2.38}$$

类似地，我们可以发现

$$\hat{a}^\dagger|n\rangle = \sqrt{n+1}|n+1\rangle \tag{2.39}$$

从刚才这个结果可以很直接地发现数态 $|n\rangle$ 可通过不断对基态 $|0\rangle$ 作用产生算符 $\hat{a}^\dagger$ 而得到

$$|n\rangle = \frac{(\hat{a}^\dagger)^n}{\sqrt{n!}}|0\rangle \tag{2.40}$$

因为 $\hat{H}$ 和 $\hat{n}$ 是厄米算符，不同的数态之间正交归一（也就是说 $\langle n|n'\rangle = \delta_{nn'}$），进而数态构成一个完备集，即

$$\sum_{n=0}^{\infty} |n\rangle\langle n| = 1 \tag{2.41}$$

湮灭和产生算符不为零的矩阵元是

$$\langle n-1|\hat{a}|n\rangle = \sqrt{n}\langle n-1|n-1\rangle = \sqrt{n} \tag{2.42}$$

$$\langle n+1|\hat{a}^{\dagger}|n\rangle = \sqrt{n+1}\langle n+1|n+1\rangle = \sqrt{n+1} \tag{2.43}$$

2.2　单模场的量子涨落

数态 $|n\rangle$ 是有明确能量定义但不具有明确电场定义的状态,这是因为

$$\langle n|\hat{E}_x(z,t)|n\rangle = \mathcal{E}_0 \sin(kz)(\langle n|\hat{a}|n\rangle + \langle n|\hat{a}^{\dagger}|n\rangle) = 0 \tag{2.44}$$

也就是说平均场是 0。但对应于能量密度的场算符平方的均值不为 0:

$$\begin{aligned}
\langle n|\hat{E}_x^2(z,t)|n\rangle &= \mathcal{E}_0^2 \sin^2(kz)\langle n|\hat{a}^{\dagger 2} + \hat{a}^2 + \hat{a}^{\dagger}\hat{a} + \hat{a}\hat{a}^{\dagger}|n\rangle \\
&= \mathcal{E}_0^2 \sin^2(kz)\langle n|\hat{a}^{\dagger 2} + \hat{a}^2 + 2\hat{a}^{\dagger}\hat{a} + 1|n\rangle \\
&= 2\mathcal{E}_0^2 \sin^2(kz)\left(n + \frac{1}{2}\right)
\end{aligned} \tag{2.45}$$

电场涨落可以用方差来表征

$$\langle(\Delta\hat{E}_x(z,t))^2\rangle = \langle \hat{E}_x^2(z,t)\rangle - \langle \hat{E}_x(z,t)\rangle^2 \tag{2.46}$$

或用标准差 $\Delta\hat{E}_x = \langle(\Delta\hat{E}_x(z,t))^2\rangle^{1/2}$ 来表征。标准差有时候也被认为是场的不确定度。对于数态 $|n\rangle$,我们有

$$\Delta\hat{E}_x = \mathcal{E}_0\sqrt{2}\sin(kz)\left(n + \frac{1}{2}\right)^{1/2} \tag{2.47}$$

要注意即使当 $n = 0$ 时,场也有涨落,即所谓的真空涨落。现在可用数态 $|n\rangle$ 表示有 n 个光子的场态。不过正如我们已经看到的,平均场是 0。这完全与不确定原理对应,因为数态算符 $\hat{n}$ 和电场算符不对易:

$$[\hat{n}, \hat{E}_x] = \mathcal{E}_0 \sin(kz)(\hat{a}^{\dagger} - \hat{a}) \tag{2.48}$$

$\hat{n}$ 和 $\hat{E}_x$ 是互补物理量,它们各自的不确定度满足不等式[1]:

$$\Delta\hat{n}\Delta\hat{E}_x \geqslant \frac{1}{2}\mathcal{E}_0|\sin(kz)||\langle\hat{a}^{\dagger} - \hat{a}\rangle| \tag{2.49}$$

对于数态 $|n\rangle$,不等式右边等于 0 但 Δn 也等于 0。如果我们确切知道场态,那么光子数将是不确定的。这里联系到电场相位的概念。在经典物理中,场的振幅和相位能够同时确定。在量子力学中就不是这样。事实上量子相位算符的概念历史漫长且有争议,我们随后将仔细讨论这个问题。现在我们则采用启发式观点,即相位在某种意义上与光子数

---

[1]满足 $[\hat{A}, \hat{B}] = \hat{C}$ 的算符 $\hat{A}$ 和 $\hat{B}$ 必有 $\Delta A\Delta B \geqslant |\langle\hat{C}\rangle|/2$。

互补，类似于时间与能量的互补关系。通过类比时间-能量不确定关系，应该有如下形式的光子数-相位不确定关系：

$$\Delta n \Delta \phi \geqslant 1 \tag{2.50}$$

从这一点出发，我们可以提出对于确定的（准确知道的）相位，光子数是不确定的，而对于确定的光子数，相位也是不确定的。事实上相位随机分布在 $0 < \phi < 2\pi$ 范围内。我们将在 2.7 节更仔细地讨论量子相位。

2.3   单模场的正交算符

当我们明确考虑电场算符的时间依赖性时，有

$$\hat{E}_x = \mathcal{E}_0(\hat{a}e^{-i\omega t} + \hat{a}^{\dagger}e^{i\omega t})\sin(kz) \tag{2.51}$$

其中 $\hat{a}(0) \equiv \hat{a}$，$\hat{a}^{\dagger}(0) \equiv \hat{a}^{\dagger}$。现在引入所谓的正交算符

$$\hat{X}_1 = \frac{1}{2}(\hat{a} + \hat{a}^{\dagger}) \tag{2.52}$$

$$\hat{X}_2 = \frac{1}{2i}(\hat{a} - \hat{a}^{\dagger}) \tag{2.53}$$

利用这些算符，场算符可以写为

$$\hat{E}_x(t) = 2\mathcal{E}_0 \sin(kz)[\hat{X}_1 \cos(\omega t) + \hat{X}_2 \sin(\omega t)] \tag{2.54}$$

显然 $\hat{X}_1$ 和 $\hat{X}_2$ 分别关系到彼此之间相差 90°（因而称之为处于正交关系）的场振幅。注意到 $\hat{X}_1$ 和 $\hat{X}_2$ 本质上是从 (2.13) 式和 (2.14) 式得到的位置算符和动量算符，只不过重新标度为无量纲算符。它们满足对易关系

$$[\hat{X}_1, \hat{X}_2] = \frac{i}{2} \tag{2.55}$$

由此可得

$$\langle(\Delta\hat{X}_1)^2\rangle\langle(\Delta\hat{X}_2)^2\rangle \geqslant \frac{1}{16} \tag{2.56}$$

对于数态 $\langle n|\hat{X}_1|n\rangle = 0 = \langle n|\hat{X}_2|n\rangle$，不过

$$\langle n|\hat{X}_1^2|n\rangle = \frac{1}{4}\langle n|\hat{a}^2 + \hat{a}^{\dagger 2} + \hat{a}^{\dagger}\hat{a} + \hat{a}\hat{a}^{\dagger}|n\rangle = \frac{1}{4}\langle n|\hat{a}^2 + \hat{a}^{\dagger 2} + 2\hat{a}^{\dagger}\hat{a} + 1|n\rangle$$

$$= \frac{1}{4}(2n+1) \tag{2.57}$$

类似地，

$$\langle n|\hat{X}_2^2|n\rangle = \frac{1}{4}(2n+1) \tag{2.58}$$

因而对于数态，它的两个正交算符的不确定度是一样的，而且在真空态（$n=0$）下两个正交算符的不确定度乘积最小，

$$\langle (\Delta \hat{X}_1)^2 \rangle_{\mathrm{vac}} = \frac{1}{4} = \langle (\Delta \hat{X}_2)^2 \rangle_{\mathrm{vac}} \tag{2.59}$$

在讨论多模场之前，我们想要强调单模腔场的量子数是能量激发数（能量等于 $\hbar\omega$ 的整数倍）。这些量子通常被称为光子，它们不是局域性粒子（在场论中不存在光子位置算符）而是弥散在整个模式体积内。这个观点与旧量子论把光子当作光"颗粒"的观点截然不同。

2.4 多模场

限制在腔内的单模场的相关结果可以推广到多模辐射场。我们将在自由空间考虑这些场。假设其中没有辐射源也没有电荷，于是（2.1）式 ～（2.4）式都是成立的。电磁辐射场可以用矢势 $\boldsymbol{A}(\boldsymbol{r}, t)$ 表达。矢势满足波动方程

$$\boldsymbol{\nabla}^2 \boldsymbol{A} - \frac{1}{c^2} \frac{\partial^2 \boldsymbol{A}}{\partial t^2} = 0 \tag{2.60}$$

和库仑规范

$$\boldsymbol{\nabla} \cdot \boldsymbol{A}(\boldsymbol{r}, t) = 0 \tag{2.61}$$

其中有

$$\boldsymbol{E}(\boldsymbol{r}, t) = -\frac{\partial \boldsymbol{A}(\boldsymbol{r}, t)}{\partial t} \tag{2.62}$$

和

$$\boldsymbol{B}(\boldsymbol{r}, t) = \boldsymbol{\nabla} \times \boldsymbol{A}(\boldsymbol{r}, t) \tag{2.63}$$

选择这种规范的原因将在第 4 章中解释。

现在设想自由空间可以被当作一个边长为 L 的立方体腔，其边缘是完美的反射壁。这里的想法是，L 应该比立方体内任何物体（比如原子）的尺寸要大得多，辐射可以与之发生作用。我们又假设 L 比场的波长也大得多。从这样一个模型获得的所有物理结果应该与腔尺寸无关，在所有计算完成以后我们取 $L \to \infty$。

用立体腔的目的是允许在立方体的各面应用周期性边界条件。举个例子，我们在 x 方向上要求平面波满足条件

$$\mathrm{e}^{\mathrm{i}k_x x} = \mathrm{e}^{\mathrm{i}k_x(x+L)} \tag{2.64}$$

由此可知

$$k_x = \left(\frac{2\pi}{L}\right) m_x, \quad m_x = 0, \pm 1, \pm 2, \cdots \tag{2.65}$$

类似地，对于 y 轴和 z 轴，我们有

$$k_y = \left(\frac{2\pi}{L}\right) m_y, \quad m_y = 0, \pm 1, \pm 2, \cdots \tag{2.66}$$

$$k_z = \left(\frac{2\pi}{L} \right) m_z, \quad m_z = 0, \pm 1, \pm 2, \cdots \tag{2.67}$$

于是波矢量是

$$\boldsymbol{k} = \frac{2\pi}{L}(m_x, m_y, m_z) \tag{2.68}$$

且它的大小根据 $k = \omega_k/c$ 与频率 ω_k 相关。特定整数组合 (m_x, m_y, m_z) 确定场的特定正规模式（不计偏振），模式数无限但可数。在自由空间处理连续模式在数学上较为简单。在间隔 Δm_x、Δm_y、Δm_z 中的模式总数是

$$\Delta m = \Delta m_x \Delta m_y \Delta m_z = 2\left(\frac{L}{2\pi} \right)^3 \Delta k_x \Delta k_y \Delta k_z \tag{2.69}$$

其中因子 2 是因为考虑两个独立的偏振。在半连续极限（其中我们假设波长比 L 小）下，所有波密集地堆在 k 空间，因而可用微分 $\mathrm{d}m$ 近似表达 Δm

$$\mathrm{d}m = 2\left(\frac{V}{8\pi^3} \right) \mathrm{d}k_x \mathrm{d}k_y \mathrm{d}k_z \tag{2.70}$$

其中我们设 $V = L^3$。在 k 空间球坐标系下

$$\boldsymbol{k} = k(\sin\theta\cos\phi, \sin\theta\sin\phi, \cos\phi) \tag{2.71}$$

于是我们有

$$\mathrm{d}m = 2\left(\frac{V}{8\pi^3} \right) k^2 \mathrm{d}k \mathrm{d}\Omega \tag{2.72}$$

其中 $\mathrm{d}\Omega = \sin\theta \mathrm{d}\theta \mathrm{d}\phi$ 是围绕方向 $\boldsymbol{k}$ 的单位立体角。通过使用 $k = \omega_k/c$，我们可把（2.72）式转换为

$$\mathrm{d}m = 2\left(\frac{V}{8\pi^3} \right)\left(\frac{\omega_k^2}{c^3} \right) \mathrm{d}\omega_k \mathrm{d}\Omega \tag{2.73}$$

对（2.72）式中立体角积分给出在 $k \sim k + \mathrm{d}k$ 范围内所有方向模式数：

$$V\frac{k^2}{\pi^2}\mathrm{d}k = V\rho_k \mathrm{d}k \tag{2.74}$$

其中 $\rho_k \mathrm{d}k$ 是模式密度（单位体积内模式数），显然 $\rho_k = k^2/\pi^2$。对（2.73）式作同样的推导可得在 $\omega_k \sim \omega_k + \mathrm{d}\omega_k$ 范围内所有方向模式数

$$V\frac{\omega_k^2}{\pi^2 c^3}\mathrm{d}\omega_k = V\rho(\omega_k)\mathrm{d}\omega_k \tag{2.75}$$

其中，$\rho(\omega_k)\mathrm{d}\omega_k$ 也称为模式密度，$\rho(\omega_k) = \omega_k^2/(\pi^2 c^3)$。

矢势能够被表达为平面波的叠加态，形如

$$\boldsymbol{A}(\boldsymbol{r}, t) = \sum_{\boldsymbol{k}, s} \boldsymbol{e}_{\boldsymbol{k}, s} \left[A_{\boldsymbol{k}, s}(t)\mathrm{e}^{\mathrm{i}\boldsymbol{k} \cdot \boldsymbol{r}} + A_{\boldsymbol{k}, s}^*(t)\mathrm{e}^{-\mathrm{i}\boldsymbol{k} \cdot \boldsymbol{r}} \right] \tag{2.76}$$

其中 $A_{k,s}$ 是场的复振幅，$e_{k,s}$ 是实的偏振矢量。对 k 的求和意味着对整数集 (m_x, m_y, m_z) 的求和；对 s 的求和是对两个独立偏振的求和。偏振矢量必须是正交的

$$e_{k,s} \cdot e_{k,s'} = \delta_{ss'} \tag{2.77}$$

从 (2.61) 式的规范条件可知，必有

$$k \cdot e_{k,s} = 0 \tag{2.78}$$

这称为横截性条件。库仑规范有时又被称为横向规范，其中偏振方向与传播方向垂直。偏振矢量 $e_{k,1}$ 和 $e_{k,2}$ 形成右手螺旋系统，使得

$$e_{k,1} \times e_{k,2} = \frac{k}{|k|} = \kappa \tag{2.79}$$

在自由空间中，(2.76) 式中的求和可被积分取代：

$$\sum_k \rightarrow \frac{V}{\pi^2} \int k^2 \mathrm{d}k \tag{2.80}$$

现在从 (2.60) 式和 (2.61) 式可得到复振幅 $A_{k,s}$ 满足的谐振子方程

$$\frac{\mathrm{d}^2 A_{k,s}}{\mathrm{d}t^2} + \omega_k^2 A_{k,s} = 0 \tag{2.81}$$

其中 $\omega_k = ck$。其解是

$$A_{k,s}(t) = A_{k,s} \mathrm{e}^{-\mathrm{i}\omega_k t} \tag{2.82}$$

其中我们已经令 $A_{k,s}(0) \equiv A_{k,s}$。从 (2.62) 式和 (2.63) 式可知电场和磁场分别是

$$\boldsymbol{E}(\boldsymbol{r}, t) = \mathrm{i} \sum_{k,s} \omega_k \boldsymbol{e}_{k,s} \left[A_{k,s}(t) \mathrm{e}^{\mathrm{i}(\boldsymbol{k} \cdot \boldsymbol{r} - \omega_k t)} - A_{k,s}^*(t) \mathrm{e}^{-\mathrm{i}(\boldsymbol{k} \cdot \boldsymbol{r} - \omega_k t)} \right] \tag{2.83}$$

$$\boldsymbol{B}(\boldsymbol{r}, t) = \frac{\mathrm{i}}{c} \sum_{k,s} \omega_k (\boldsymbol{\kappa} \times \boldsymbol{e}_{k,s}) \left[A_{k,s}(t) \mathrm{e}^{\mathrm{i}(\boldsymbol{k} \cdot \boldsymbol{r} - \omega_k t)} - A_{k,s}^*(t) \mathrm{e}^{-\mathrm{i}(\boldsymbol{k} \cdot \boldsymbol{r} - \omega_k t)} \right] \tag{2.84}$$

场能量是

$$H = \frac{1}{2} \int_V \left(\epsilon_0 \boldsymbol{E} \cdot \boldsymbol{E} + \frac{1}{\mu_0} \boldsymbol{B} \cdot \boldsymbol{B} \right) \mathrm{d}V \tag{2.85}$$

由周期性边界条件可得

$$\int_0^L \mathrm{e}^{\pm \mathrm{i}k_x x} \mathrm{d}x = \begin{cases} L, & k_x = 0 \\ 0, & k_x \neq 0 \end{cases} \tag{2.86}$$

对 y 和 z 方向结果也一样。合在一起就得到

$$\int_V \mathrm{e}^{\pm \mathrm{i}(\boldsymbol{k} - \boldsymbol{k}') \cdot \boldsymbol{r}} \mathrm{d}V = \delta_{kk'} V \tag{2.87}$$

从中我们知道电场对 H 的贡献是

$$\frac{1}{2}\int_V \epsilon_0 \boldsymbol{E} \cdot \boldsymbol{E}\mathrm{d}V = \epsilon_0 V \sum_{\boldsymbol{k}s} \omega_k^2 A_{\boldsymbol{k}s}(t) A_{\boldsymbol{k}s}^*(t) - R \tag{2.88}$$

其中,

$$R = \frac{1}{2}\epsilon_0 V \sum_{\boldsymbol{k}ss'} \omega_k^2 \boldsymbol{e}_{\boldsymbol{k}s} \cdot \boldsymbol{e}_{-\boldsymbol{k}s'}[A_{\boldsymbol{k}s}(t)A_{-\boldsymbol{k}s'}(t) + A_{\boldsymbol{k}s}^*(t)A_{-\boldsymbol{k}s'}^*(t)] \tag{2.89}$$

要算出磁场部分贡献我们需要如下矢量恒等式:

$$(\boldsymbol{A} \times \boldsymbol{B}) \cdot (\boldsymbol{C} \times \boldsymbol{D}) = (\boldsymbol{A} \cdot \boldsymbol{C})(\boldsymbol{B} \cdot \boldsymbol{D}) - (\boldsymbol{A} \cdot \boldsymbol{D})(\boldsymbol{B} \cdot \boldsymbol{C}) \tag{2.90}$$

由此可知

$$(\boldsymbol{\kappa} \times \boldsymbol{e}_{\boldsymbol{k}s}) \cdot (\boldsymbol{\kappa} \times \boldsymbol{e}_{\boldsymbol{k}s'}) = \delta_{ss'} \tag{2.91}$$

$$(\boldsymbol{\kappa} \times \boldsymbol{e}_{\boldsymbol{k}s}) \cdot (-\boldsymbol{\kappa} \times \boldsymbol{e}_{-\boldsymbol{k}s'}) = -\boldsymbol{e}_{\boldsymbol{k}s} \cdot \boldsymbol{e}_{-\boldsymbol{k}s'} \tag{2.92}$$

利用这些结果,我们有

$$\frac{1}{2}\int_V \frac{1}{\mu_0} \boldsymbol{B} \cdot \boldsymbol{B}\mathrm{d}V = \epsilon_0 V \sum_{\boldsymbol{k}s} \omega_k^2 A_{\boldsymbol{k}s}(t) A_{\boldsymbol{k}s}^*(t) + R \tag{2.93}$$

把 (2.88) 式和 (2.93) 式加起来,得到场能

$$H = 2\epsilon_0 V \sum_{\boldsymbol{k}s} \omega_k^2 A_{\boldsymbol{k}s}(t) A_{\boldsymbol{k}s}^*(t) \tag{2.94}$$

$$H = 2\epsilon_0 V \sum_{\boldsymbol{k}s} \omega_k^2 A_{\boldsymbol{k}s} A_{\boldsymbol{k}s}^* \tag{2.95}$$

这里我们用到了 (2.82) 式。

表达式 (2.95) 中能量形式简单,仅为振幅 $A_{\boldsymbol{k}s}$ 的函数。要想让场量子化,必须引入正则变量 $p_{\boldsymbol{k}s}$ 和 $q_{\boldsymbol{k}s}$。设

$$A_{\boldsymbol{k}s} = \frac{1}{2\omega_k(\epsilon_0 V)^{1/2}}(\omega_k q_{\boldsymbol{k}s} + \mathrm{i}p_{\boldsymbol{k}s}) \tag{2.96}$$

$$A_{\boldsymbol{k}s}^* = \frac{1}{2\omega_k(\epsilon_0 V)^{1/2}}(\omega_k q_{\boldsymbol{k}s} - \mathrm{i}p_{\boldsymbol{k}s}) \tag{2.97}$$

把它们代入 (2.95) 式后,我们得到

$$H = \frac{1}{2}\sum_{\boldsymbol{k}s}(p_{\boldsymbol{k}s}^2 + \omega_k^2 q_{\boldsymbol{k}s}^2) \tag{2.98}$$

其中每一项都是一个单位质量简谐振子的能量。场量子化后要求把正则变量变成满足对易关系的算符:

$$[\hat{q}_{\boldsymbol{k}s}, \hat{q}_{\boldsymbol{k}'s'}] = 0 = [\hat{p}_{\boldsymbol{k}s}, \hat{p}_{\boldsymbol{k}'s'}] \tag{2.99}$$

$$[\hat{q}_{\boldsymbol{k}s}, \hat{p}_{\boldsymbol{k}'s'}] = \mathrm{i}\hbar\delta_{\boldsymbol{k}\boldsymbol{k}'}\delta_{ss'} \tag{2.100}$$

单模场的湮灭算符和产生算符可以定义为

$$\hat{a}_{\boldsymbol{k}s} = \frac{1}{(2\hbar\omega_k)^{1/2}}[\omega_k\hat{q}_{\boldsymbol{k}s} + \mathrm{i}\hat{p}_{\boldsymbol{k}s}] \tag{2.101}$$

$$\hat{a}_{\boldsymbol{k}s}^{\dagger} = \frac{1}{(2\hbar\omega_k)^{1/2}}[\omega_k\hat{q}_{\boldsymbol{k}s} - \mathrm{i}\hat{p}_{\boldsymbol{k}s}] \tag{2.102}$$

它们满足

$$[\hat{a}_{\boldsymbol{k}s}, \hat{a}_{\boldsymbol{k}'s'}] = 0 = [\hat{a}_{\boldsymbol{k}s}^{\dagger}, \hat{a}_{\boldsymbol{k}'s'}^{\dagger}] \tag{2.103}$$

$$[\hat{a}_{\boldsymbol{k}s}, \hat{a}_{\boldsymbol{k}'s'}^{\dagger}] = \delta_{\boldsymbol{k}\boldsymbol{k}'}\delta_{ss'} \tag{2.104}$$

场能于是变成哈密顿算符

$$\hat{H} = \sum_{\boldsymbol{k}s} \hbar\omega_k \left(\hat{a}_{\boldsymbol{k}s}^{\dagger}\hat{a}_{\boldsymbol{k}s} + \frac{1}{2} \right) \tag{2.105}$$

$$\hat{H} = \sum_{\boldsymbol{k}s} \hbar\omega_k \left(\hat{n}_{\boldsymbol{k}s} + \frac{1}{2} \right) \tag{2.106}$$

其中，

$$\hat{n}_{\boldsymbol{k}s} = \hat{a}_{\boldsymbol{k}s}^{\dagger}\hat{a}_{\boldsymbol{k}s} \tag{2.107}$$

是模式 $\boldsymbol{k}s$ 的（光子）数算符。每个模式都与其他模式相互独立，且关联到光子数本征态 $|\hat{n}_{\boldsymbol{k}s}\rangle$。对第 j 个模式，令 $\hat{a}_{\boldsymbol{k}s} \equiv \hat{a}_j$，$\hat{a}_{\boldsymbol{k}s}^{\dagger} \equiv \hat{a}_j^{\dagger}$，$\hat{n}_{\boldsymbol{k}s} \equiv \hat{n}_j$，则场的哈密顿量是

$$\hat{H} = \sum_{j} \hbar\omega_j \left(\hat{n}_j + \frac{1}{2} \right) \tag{2.108}$$

多模光子数态就是所有模式数态的直积，可以写出

$$|n_1\rangle|n_2\rangle|n_3\rangle\cdots \equiv |n_1, n_2, n_3, \cdots\rangle = |\{n_j\}\rangle \tag{2.109}$$

它是 $\hat{H}$ 的本征态

$$\hat{H}|\{n_j\}\rangle = E|\{n_j\}\rangle \tag{2.110}$$

其中本征值

$$E = \sum_{j} \hbar\omega_j \left(n_j + \frac{1}{2} \right) \tag{2.111}$$

这些态当然彼此正交

$$\langle n_1, n_2, \cdots | n_1', n_2', \cdots \rangle = \delta_{n_1 n_1'}\delta_{n_2 n_2'}\cdots \tag{2.112}$$

第 j 个模式的湮灭算符作用到多模数态的结果是

$$\hat{a}_j|n_1, n_2, \cdots, n_j, \cdots\rangle = \sqrt{n_j}|n_1, n_2, \cdots, n_j - 1, \cdots\rangle \tag{2.113}$$

类似地，对于产生算符

$$\hat{a}_j^\dagger|n_1, n_2, \cdots, n_j, \cdots\rangle = \sqrt{n_j + 1}|n_1, n_2, \cdots, n_j + 1, \cdots\rangle \tag{2.114}$$

多模真空态标记为

$$|\{0\}\rangle = |0_1, 0_2, \cdots, 0_j, \cdots\rangle \tag{2.115}$$

对于所有 j 均有

$$\hat{a}_j|\{0\}\rangle = 0 \tag{2.116}$$

所有数态都能从真空态中产生

$$|\{n_j\}\rangle = \prod_j \frac{(\hat{a}_j^\dagger)^{n_j}}{\sqrt{n_j!}}\Big|\{0\}\rangle \tag{2.117}$$

通过场的量子化，振幅 A_{ks} 变成了算符，根据（2.98）式和（2.101）式，它的形式是

$$\hat{A}_{ks} = \left(\frac{\hbar}{2\omega_k\epsilon_0 V}\right)^{1/2}\hat{a}_{ks} \tag{2.118}$$

因而量子化矢势的形式是

$$\hat{\boldsymbol{A}}(\boldsymbol{r}, t) = \sum_{ks}\left(\frac{\hbar}{2\omega_k\epsilon_0 V}\right)^{1/2}\boldsymbol{e}_{ks}\left[\hat{a}_{ks}e^{i(\boldsymbol{k}\cdot\boldsymbol{r} - \omega_k t)} + \hat{a}_{ks}^\dagger e^{-i(\boldsymbol{k}\cdot\boldsymbol{r} - \omega_k t)}\right] \tag{2.119}$$

于是电场算符是

$$\hat{\boldsymbol{E}}(\boldsymbol{r}, t) = i\sum_{ks}\left(\frac{\hbar\omega_k}{2\epsilon_0 V}\right)^{1/2}\boldsymbol{e}_{ks}\left[\hat{a}_{ks}e^{i(\boldsymbol{k}\cdot\boldsymbol{r} - \omega_k t)} - \hat{a}_{ks}^\dagger e^{-i(\boldsymbol{k}\cdot\boldsymbol{r} - \omega_k t)}\right] \tag{2.120}$$

而磁场算符是

$$\hat{\boldsymbol{B}}(\boldsymbol{r}, t) = \frac{i}{c}\sum_{k,s}(\boldsymbol{\kappa}\times\boldsymbol{e}_{k,s})\left(\frac{\hbar\omega_k}{2\epsilon_0 V}\right)^{1/2}\left[\hat{a}_{ks}e^{i(\boldsymbol{k}\cdot\boldsymbol{r} - \omega_k t)} - \hat{a}_{ks}^\dagger e^{-i(\boldsymbol{k}\cdot\boldsymbol{r} - \omega_k t)}\right] \tag{2.121}$$

其中 $\boldsymbol{\kappa} = \boldsymbol{k}/|\boldsymbol{k}|$。出现在（2.119）式～（2.121）式中的湮灭和产生算符应被理解为海森伯表象下在 $t = 0$ 时刻的算符。在单模情况下，随时演化的自由场湮灭算符是

$$\hat{a}_{ks}(t) = \hat{a}_{ks}(0)e^{-i\omega_k t} \tag{2.122}$$

因而电场算符能写为

$$\hat{\boldsymbol{E}}(\boldsymbol{r}, t) = i\sum_{ks}\left(\frac{\hbar\omega_k}{2\epsilon_0 V}\right)^{1/2}\boldsymbol{e}_{ks}\left[\hat{a}_{ks}(t)e^{i\boldsymbol{k}\cdot\boldsymbol{r}} - \hat{a}_{ks}^\dagger(t)e^{i\boldsymbol{k}\cdot\boldsymbol{r}}\right] \tag{2.123}$$

有时场可以写为

$$\hat{\boldsymbol{E}}(\boldsymbol{r},t) = \hat{\boldsymbol{E}}^{(+)}(\boldsymbol{r},t) + \hat{\boldsymbol{E}}^{(-)}(\boldsymbol{r},t) \tag{2.124}$$

其中,

$$\hat{\boldsymbol{E}}^{(+)}(\boldsymbol{r},t) = \mathrm{i}\sum_{\boldsymbol{k}s}\left(\frac{\hbar\omega_k}{2\epsilon_0 V}\right)^{1/2} \boldsymbol{e}_{\boldsymbol{k}s}\hat{a}_{\boldsymbol{k}s}(t)\mathrm{e}^{\mathrm{i}\boldsymbol{k}\cdot\boldsymbol{r}} \tag{2.125}$$

并且

$$\hat{\boldsymbol{E}}^{(-)}(\boldsymbol{r},t) = \left[\boldsymbol{E}^{(+)}(\boldsymbol{r},t)\right]^{\dagger} \tag{2.126}$$

$\hat{\boldsymbol{E}}^{(+)}$ 因为包含所有以 $\mathrm{e}^{-\mathrm{i}\omega t}$ 方式振动($\omega > 0$)的项而被称为场的正频部分,而 $\hat{\boldsymbol{E}}^{(-)}$ 被称为场的负频部分。前者本质上是集体湮灭算符,而后者是集体产生算符。类似的表述能够适用于磁场和矢势。

在绝大多数量子光学情境中,场耦合到物质是通过电场与偶极矩的相互作用或通过某些涉及电场高阶项的非线性作用。因而在本书余下部分我们将主要关心电场。另外,注意到磁场比电场要"弱"一个因子 $1/c$。电场耦合到电子的磁偶极矩相互作用对我们所关心的量子光学的每个方面都可以忽略。

单模平面场的电场是

$$\hat{\boldsymbol{E}}(\boldsymbol{r},t) = \mathrm{i}\left(\frac{\hbar\omega}{2\epsilon_0 V}\right)^{1/2} \boldsymbol{e}_x \left[\hat{a}\mathrm{e}^{\mathrm{i}(\boldsymbol{k}\cdot\boldsymbol{r}-\omega t)} - \hat{a}^{\dagger}\mathrm{e}^{-\mathrm{i}(\boldsymbol{k}\cdot\boldsymbol{r}-\omega t)}\right] \tag{2.127}$$

在量子光学的大部分内容中,场在原子系统尺度内的空间变化可以忽略。对于光频波段辐射,λ 在几千个埃米量级,于是

$$\frac{\lambda}{2\pi} = \frac{1}{|\boldsymbol{k}|} \gg |\boldsymbol{r}_{\mathrm{atom}}| \tag{2.128}$$

其中 $\boldsymbol{r}_{\mathrm{atom}}$ 是原子尺寸特征长度。在此条件下

$$\mathrm{e}^{\pm\mathrm{i}\boldsymbol{k}\cdot\boldsymbol{r}} \approx 1 \pm \mathrm{i}\boldsymbol{k}\cdot\boldsymbol{r} \tag{2.129}$$

我们可以用 1 来取代指数函数,从而得到

$$\boldsymbol{E}(\boldsymbol{r},t) \approx \boldsymbol{E}(\boldsymbol{r}) = \mathrm{i}\left(\frac{\hbar\omega}{2\epsilon_0 V}\right)^{1/2} \boldsymbol{e}_x(\hat{a}\mathrm{e}^{-\mathrm{i}\omega t} - \hat{a}^{\dagger}\mathrm{e}^{\mathrm{i}\omega t}) \tag{2.130}$$

这个近似称之为"偶极"近似,我们将在第 4 章中再次讨论。

2.5 热平衡场

众所周知,量子理论来源于普朗克发现的以自己命名的辐射定律。我们提到的当然是称为黑体(完美的辐射发射体和吸收体)的理想物体发出辐射的定律。黑体可以被建模为一个含有辐射、与其腔壁处于热平衡的腔(或实际上是腔中的一个小孔),因而辐射

耦合到热库。所以它不像本章前面几节讲到的自由场。不过假设耦合较弱，我们就能把场当作一个孤立体系，根据统计力学理论，可以用微正则系统来描述它。

我们先考虑处在热平衡下的单模场，它和腔壁的温度为 T。根据统计力学，这个模式处在第 n 个能级上的几率是

$$P_n = \frac{\exp(-E_n/k_B T)}{\sum\limits_n \exp(-E_n/k_B T)} \tag{2.131}$$

其中 E_n 由（2.34）式给出，k_B 是玻尔兹曼常数（$k_B = 1.38 \times 10^{-23} \text{J/K}$）。我们在这里引入热场的密度算符（其一般性质在附录 A 中给出）：

$$\hat{\rho}_{\text{Th}} = \frac{\exp(-\hat{H}/k_B T)}{\text{Tr}[\exp(-\hat{H}/k_B T)]} \tag{2.132}$$

其中 $\hat{H} = \hbar\omega(\hat{a}^\dagger\hat{a} + 1/2)$，因而配分函数是

$$\text{Tr}[\exp(-\hat{H}/k_B T)] = \sum_{n=0}^{\infty} \langle n| \exp(-\hat{H}/k_B T)|n\rangle = \sum_{n=0}^{\infty} \exp(-E_n/k_B T) \equiv Z \tag{2.133}$$

利用 $E_n = \hbar\omega(n + 1/2)$，

$$Z = \exp(-\hbar\omega/2k_B T) \sum_{n=0}^{\infty} \exp(-\hbar\omega n/k_B T) \tag{2.134}$$

因为 $\exp(-\hbar\omega/k_B T) < 1$，这是一个几何级数求和，因而

$$\sum_{n=0}^{\infty} \exp(-\hbar\omega n/k_B T) = \frac{1}{1 - \exp(-\hbar\omega/k_B T)} \tag{2.135}$$

于是

$$Z = \frac{\exp(-\hbar\omega/2k_B T)}{1 - \exp(-\hbar\omega/k_B T)} \tag{2.136}$$

显然

$$P_n = \langle n|\hat{\rho}_{\text{Th}}|n\rangle = \frac{1}{Z} \exp(-E_n/k_B T) \tag{2.137}$$

再注意到密度算符本身可以写做

$$\hat{\rho}_{\text{Th}} = \sum_{n'=0}^{\infty} \sum_{n=0}^{\infty} |n'\rangle\langle n'|\hat{\rho}_{\text{Th}}|n\rangle\langle n| = \frac{1}{Z} \sum_{n=0}^{\infty} \exp(-E_n/k_B T)|n\rangle\langle n| = \sum_{n=0}^{\infty} P_n|n\rangle\langle n| \tag{2.138}$$

可算出热场的平均光子数

$$\bar{n} = \langle\hat{n}\rangle = \text{Tr}(\hat{n}\hat{\rho}_{\text{Th}}) = \sum_{n=0}^{\infty} \langle n|\hat{n}\hat{\rho}_{\text{Th}}|n\rangle$$

$$= \sum_{n=0}^{\infty} nP_n = \exp(-\hbar\omega/2k_B T)\frac{1}{Z} \sum_{n=0}^{\infty} n \exp(-\hbar\omega n/k_B T) \tag{2.139}$$

令 $x = \hbar\omega/k_B T$，我们有

$$\sum_{n=0}^{\infty} n e^{-nx} = -\frac{d}{dx} \sum_{n=0}^{\infty} e^{-nx} = -\frac{d}{dx}\left(\frac{1}{1-e^{-x}}\right) = \frac{e^{-x}}{(1-e^{-x})^2} \tag{2.140}$$

因此

$$\bar{n} = \frac{\exp(-\hbar\omega/k_B T)}{1 - \exp(-\hbar\omega/k_B T)} = \frac{1}{\exp(\hbar\omega/k_B T) - 1} \tag{2.141}$$

显然

$$\bar{n} \approx \begin{cases} \dfrac{k_B T}{\hbar\omega}, & k_B T \gg \hbar\omega \\[2mm] \exp\left(\dfrac{-\hbar\omega}{k_B T}\right), & k_B T \ll \hbar\omega \end{cases} \tag{2.142}$$

在室温下光频波段的平均光子数极小（数量级为 10^{-40}）。在太阳表面（6000K）黄光频率（6×10^{14}Hz，$\lambda = 500$nm）上的平均光子数约为 10^{-2}。另外，平均光子数随着波长的增加而迅速增加。同样在室温下，在 $\lambda = 10 \sim 100\mu$m 波段，$\bar{n} \simeq 1$。在微波频谱部分，$\bar{n} \gg 1$。

从（2.141）式可得

$$\exp(-\hbar\omega/k_B T) = \frac{\bar{n}}{1+\bar{n}} \tag{2.143}$$

由（2.137）式和（2.138）式，$\hat{\rho}_{Th}$ 可以用 $\bar{n}$ 写为

$$\hat{\rho}_{Th} = \frac{1}{1+\bar{n}} \sum_{n=0}^{\infty} \left(\frac{\bar{n}}{1+\bar{n}}\right)^n |n\rangle\langle n| \tag{2.144}$$

在热平衡场中发现 n 个光子的几率可用 $\bar{n}$ 表示为

$$P_n = \frac{\bar{n}^n}{(1+\bar{n})^{n+1}} \tag{2.145}$$

我们在图 2.3 中对两个不同的 $\bar{n}$ 描绘了作为 n 函数的几率 P_n。可以清楚看到在两个例子里最大可能的光子数态是真空态，P_n 随着 n 增加而单调递减。靠近或在 $\bar{n}$（无需是整数）处的 P_n 并无任何特别。

平均光子数的涨落由（2.146）式给出

$$\langle (\Delta n)^2 \rangle = \langle \hat{n}^2 \rangle - \langle \hat{n} \rangle^2 \tag{2.146}$$

用类似于推导 $\bar{n}$ 的方式，我们可以发现

$$\langle \hat{n}^2 \rangle = \text{Tr}\left(\hat{n}^2 \hat{\rho}_{Th}\right) = \bar{n} + 2\bar{n}^2 \tag{2.147}$$

所以

$$\langle (\Delta n)^2 \rangle = \bar{n} + \bar{n}^2 \tag{2.148}$$

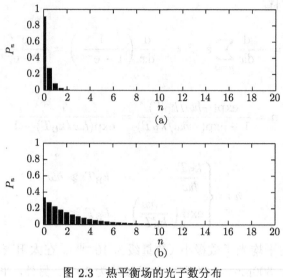

图 2.3　热平衡场的光子数分布
(a) $\bar{n} = 0.1$; (b) $\bar{n} = 2$

从中可知 $\hat{n}$ 的涨落要大于其平均值 $\bar{n}$。误差均方根（r.m.s.）是

$$\Delta n = (\bar{n} + \bar{n}^2)^{1/2} \tag{2.149}$$

在 $\bar{n} \gg 1$ 的条件下，近似有

$$\Delta n \approx \bar{n} + \frac{1}{2} \tag{2.150}$$

相对不确定度由比例 $\Delta n / \bar{n}$ 给出，在 $\bar{n} \gg 1$ 的条件下它约等于 1；在 $\bar{n} \ll 1$ 的条件下它约等于 $1/\sqrt{\bar{n}}$。显然当 $\bar{n} \to 0$ 时，$\Delta n / \bar{n} \to \infty$。

腔中的平均能量是 $\hbar\omega\bar{n}$。普朗克辐射定律可通过用光子平均能量乘以单位体积内单位频谱宽度上的模式密度 $\rho(\omega) = \omega^2/\pi^2 c^3$（这里已经考虑了两个独立的偏振方向）得到。单位频谱宽度上的平均能量密度是

$$\bar{U}(\omega) = \hbar\omega\bar{n}\rho(\omega) = \frac{\hbar\omega^3}{\pi^2 c^3} \frac{1}{\exp(\hbar\omega/k_{\mathrm{B}}T) - 1} \tag{2.151}$$

在 $k_{\mathrm{B}}T \gg \hbar\omega$ 的情况下，它的形式较为简单

$$\bar{U}(\omega) \approx \frac{\omega^2 k_{\mathrm{B}}T}{\pi^2 c^3}, \quad k_{\mathrm{B}}T \gg \hbar\omega \tag{2.152}$$

这称之为瑞利定律。有时称之为从普朗克定律（2.151）式通过 $\hbar \to 0$ 得到的"经典极限"（然而我们要注意设 $\hbar$ 为 0 并不是一个定义明确的极限：因为 $\hbar$ 含有量纲）。另外，在低温条件下 $k_{\mathrm{B}}T \ll \hbar\omega$，我们得到

$$\bar{U}(\omega) \approx \frac{\hbar\omega^3}{\pi^2 c^3} \exp\left(-\frac{\hbar\omega}{k_{\mathrm{B}}T}\right), \quad k_{\mathrm{B}}T \ll \hbar\omega \tag{2.153}$$

这就是维恩定律。通过求导，可以发现 $\bar{U}(\omega)$ 在

$$\omega_{\max} = \frac{2.8k_{\mathrm{B}}T}{\hbar} = \frac{2\pi c}{\lambda_{\max}} \tag{2.154}$$

处有极大值，这就是维恩位移定律。

单位体积内的平均能量可从对全频段积分获得

$$\bar{U} = \int_0^\infty \bar{U}(\omega)\mathrm{d}\omega = \frac{\hbar}{\pi^2 c^3} \int_0^\infty \frac{\omega^3}{\exp(\hbar\omega/k_{\mathrm{B}}T) - 1}\mathrm{d}\omega = \frac{\pi^2 k_{\mathrm{B}}^4 T^4}{15 c^3 \hbar^3} \tag{2.155}$$

这就是斯特藩-玻尔兹曼定律。

2.6 真空涨落和零点能

我们已经看到量子化的辐射场有涨落。单模场电场强度的涨落由（2.47）式给出。如果场模处在真空态 $|0\rangle$ 上，则场强均方差涨落是

$$\Delta E_x = \mathcal{E}_0 \sin(kz) \tag{2.156}$$

真空涨落和零点能的共同起源是算符 $\hat{a}$ 和 $\hat{a}^\dagger$ 的非对易性。零点能和真空涨落实际上代表了量子场论中的严重问题。其中最显著的问题陈述如下：宇宙包含无限数量的辐射模式，每一个模式都具备有限零点能 $\hbar\omega/2$。除非以某种方式把高频模式排除在外，否则宇宙的零点能（zero-point energy, ZPE）会发散

$$E_{\mathrm{ZPE}} = \frac{\hbar}{2} \sum_\omega \omega \to \infty \tag{2.157}$$

人们通常以为只有能量差才是重要的，但这未必完全对。因为根据广义相对论，全部能量都要起到作用，而不仅仅是能量差[2]。在量子电动力学理论中出现的别的"无穷"已经通过重整化过程被"掩盖"掉，但这里的特别之处仍然像别出心裁的事物一样突出。事实上真空能量和涨落确实会引起可观察效应。举个例子，类似热辐射，自发辐射产生了我们身边绝大部分可见光。这就是真空涨落的直接结果，我们会在第 4 章中证明这一点。ZPE 则至少给别的两个效应，一个是兰姆位移，另一个是卡西米尔效应。

兰姆位移是实验与狄拉克的氢原子相对论结果之间的差异。理论上预测能级 $2^2S_{1/2}$ 与能级 $2^2P_{1/2}$ 之间应该是简并的。早期光学方面的工作则暗示这些态不是简并的，而是（在波长上）错开约 0.033cm。利用原子束和微波技术的巧妙组合，兰姆和卢瑟福[3] 证明能级 $2^2S_{1/2}$ 比能级 $2^2P_{1/2}$ 要高大约 1000MHz。在 1947 年，贝特[4] 解释了这个能级劈裂是由束缚电子与零点能相互作用而产生的。这里我们提供一个由韦尔顿（Welton）在 1948 年给出的直观解释[5]。仅仅在此处相关计算中，我们效仿 Welton 使用高斯单位制。

每个模式的零点能是 $h\nu/2$, 其中 $\nu = \omega/2\pi$。在体积为 V 的腔内频率在 ν 和 $\nu + \mathrm{d}\nu$ 之间的模式数是 $(8\pi/c^3)\nu^2\mathrm{d}\nu$。因而场零点能是

$$\left(\frac{8\pi}{c^3}\nu^2\mathrm{d}\nu V\right)\frac{1}{2}h\nu = \frac{1}{8\pi}\int_V (E_\nu^2 + B_\nu^2)\mathrm{d}V = \frac{1}{8\pi}E_\nu^2 V \tag{2.158}$$

其中 E_ν 是频率为 ν 的电场分量振幅。因而

$$E_\nu^2 = \frac{32\pi^2}{c^3}h\nu^3\mathrm{d}\nu \tag{2.159}$$

束缚在氢原子里的电子与涨落的零点电场相互作用并耦合到质子的库仑势 $-e^2/r$。如果 r 表示电子的"标准半径"且 Δr 表示来自半径的涨落,那么势能上的变化是 $\Delta V = V(r + \Delta r) - V(r)$,由泰勒定理可知

$$\Delta V = \Delta x \frac{\partial V}{\partial x} + \Delta y \frac{\partial V}{\partial y} + \Delta z \frac{\partial V}{\partial z} + \frac{1}{2}(\Delta x)^2\frac{\partial^2 V}{\partial x^2} + \frac{1}{2}(\Delta y)^2\frac{\partial^2 V}{\partial y^2} + \frac{1}{2}(\Delta z)^2\frac{\partial^2 V}{\partial z^2} + \cdots \tag{2.160}$$

由于涨落是各向同性的,所以 $\langle\Delta x\rangle = \langle\Delta y\rangle = \langle\Delta z\rangle = 0$,并且 $\langle(\Delta x)^2\rangle = \langle(\Delta y)^2\rangle = \langle(\Delta z)^2\rangle = \langle(\Delta r)^2\rangle/3$。所以

$$\langle\Delta V\rangle = \frac{1}{6}\langle(\Delta r)^2\rangle\nabla^2 V \tag{2.161}$$

对于原子态 $|nlm_l\rangle$,它的能级移动精确到第一阶的结果是

$$\Delta E = \langle nlm_l|\langle\Delta V\rangle|nlm_l\rangle = \frac{1}{6}\langle(\Delta r)^2\rangle\langle nlm_l|\nabla^2 V|nlm_l\rangle \tag{2.162}$$

利用 $V = -e^2/r$ 和 $\nabla^2(1/r) = -4\pi\delta(r)$,我们得到

$$\langle nlm_l|\nabla^2 V|nlm_l\rangle = 4\pi e^2|\psi_{nlm_l}(r=0)|^2 \tag{2.163}$$

非相对论量子理论中所有原子波函数除了 S 态 $l = 0$ 外在原点处都为 0,其中

$$|\psi_{n00}(r=0)|^2 = \frac{1}{\pi n^3 a_0^3} \tag{2.164}$$

其中 a_0 是玻尔半径。对 P 态而言,其波函数在原点处为 0,因而没有能级移动。要得到 $\langle(\Delta r)^2\rangle$,我们假设起作用的重要场频远高于原子共振频率,低频部分则被原子束缚屏蔽掉而不能影响电子运动。频段 ν 和 $\nu + \mathrm{d}\nu$ 之间的模式引发的频率移动 Δr_ν 取决于

$$\frac{\mathrm{d}^2\Delta r_\nu}{\mathrm{d}t^2} = \frac{eE_\nu}{m}\exp(2\pi\nu it) \tag{2.165}$$

它的解是

$$\Delta r_\nu = -\frac{e}{m}\frac{E_\nu}{4\pi^2\nu^2}\exp(2\pi\nu it) \tag{2.166}$$

由这些模式引起的位移平方的平均值是

$$\langle(\Delta r_\nu)^2\rangle = -\frac{e^2}{m^2}\frac{E_\nu^2}{32\pi^4\nu^4} = \frac{e^2 h}{\pi^2 m^2 c^3}\frac{\mathrm{d}\nu}{\nu} \tag{2.167}$$

把所有频率统计在一起得到的 S 态能级移动是

$$\Delta E = \frac{2}{3}\left(\frac{e^2}{\hbar c}\right)^2 \left(\frac{\hbar}{mc}\right)^2 \frac{hc}{\pi^2 n^3 a_0^3}\int\frac{\mathrm{d}\nu}{\nu} \tag{2.168}$$

其中 $e^2/\hbar c$ 是精细结构常数，$\hbar/mc$ 是电子的康普顿波长。这个积分是发散的，但可以在高低频上都取截断。在低频波段，原子对涨落场没有反应，电子轨道频率 $\nu_0 = e^2/\hbar a_0^3 n^3$ 是自然截断。在高频波段，相对论效应会显现在电子运动中。但之前的分析是非相对论的，所以

$$\frac{v}{c} = \left(\frac{p/m}{c}\right) = \frac{pc}{mc^2} = \frac{\hbar k}{mc} < 1 \tag{2.169}$$

这使得 k 被局限在小于 $(mc/\hbar)$，因此在积分（2.168）式中的角频率小于 $mc^2/\hbar$。因而对于氢原子的 $2^2 S_{1/2}$ 态，利用 $a_0 = \hbar^2/me^2$，其能级移动是

$$\Delta E = \frac{1}{6\pi}\left(\frac{e^2}{\hbar c}\right)^3 \frac{me^4}{\hbar^2}\log\left(\frac{mc^2}{h\nu_0}\right) \tag{2.170}$$

它给出的 $\Delta E/\hbar$ 约为 1000MHz。能级 $2^2 P_{1/2}$ 在第一阶上不受此影响。

在最简单的版本中卡西米尔效应[6] 是两个平行完美导体平板之间由于平板边界条件引起的零点能改变而产生的力效应。我们效仿米罗利（Milonni）和史砚华（Shih）[7] 的版本展示这个力是如何产生的。

考虑由完美导体壁构成的平行六面体，其长度为 $L_x = L_y = L$ 和 $L_z = d$。导体壁上的边界条件把允许的频率限制在

$$\omega_{lmn} = \pi c\left(\frac{l^2}{L^2} + \frac{m^2}{L^2} + \frac{n^2}{d^2}\right)^{1/2} \tag{2.171}$$

其中 l、m、n 取非负整数。假如没有盒子（六面体），所有频率都是允许的。在这个盒子里的零点能是

$$E_0(d) = \sideset{}{'}\sum_{lmn}(2)\frac{1}{2}\hbar\omega_{lmn} \tag{2.172}$$

其中因子 2 是考虑两个独立偏振方向，而求和符号上的撇号意味着当 l、m、n 其中一个为 0 时，这个 2 应该去掉，因为这种情况下只有一个偏振方向是独立的。我们仅对 $L \gg d$ 的情况感兴趣，所以通过把对 l 和 m 的求和替换为积分，重新写做

$$E_0(d) = \frac{\hbar c L^2}{\pi}\sum_{n=0}^{\infty}\int_0^{\infty}\mathrm{d}x\int_0^{\infty}\mathrm{d}y\left(x^2 + y^2 + \frac{\pi^2 n^2}{d^2}\right)^{1/2} \tag{2.173}$$

另外，如果 d 任意大，则对 n 的求和也可以替换为积分，使得

$$E_0(\infty) = \frac{\hbar c L^2}{\pi^2}\frac{d}{\pi}\int_0^{\infty}\mathrm{d}x\int_0^{\infty}\mathrm{d}y\int_0^{\infty}\mathrm{d}z\left(x^2 + y^2 + z^2\right)^{1/2} \tag{2.174}$$

当平板之间距离为 d 时，系统势能正好是 $U(d) = E_0(d) - E_0(\infty)$，它是把平板从无限远处拉到距离 d 处所需要的能量。因而

$$U(d) = \frac{L^2 \hbar c}{\pi^2} \left[\sum_{n=0}^{\infty} \int_0^{\infty} \mathrm{d}x \int_0^{\infty} \mathrm{d}y \left(x^2 + y^2 + \frac{\pi^2 n^2}{d^2} \right)^{1/2} - \right.$$

$$\left. \frac{d}{\pi} \int_0^{\infty} \mathrm{d}x \int_0^{\infty} \mathrm{d}y \int_0^{\infty} \mathrm{d}z \left(x^2 + y^2 + z^2 \right)^{1/2} \right] \tag{2.175}$$

我们把它转换到 $x - y$ 平面上的极坐标，则有

$$U(d) = \frac{L^2 \hbar c}{\pi^2} \frac{\pi}{2} \left[\sum_{n=0}^{\infty} \int_0^{\infty} \mathrm{d}r r \left(r^2 + \frac{n^2 \pi^2}{d^2} \right)^{1/2} - \frac{d}{\pi} \int_0^{\infty} \mathrm{d}z \int_0^{\infty} r \mathrm{d}r \left(r^2 + z^2 \right)^{1/2} \right] \tag{2.176}$$

再利用变量代换，

$$U(d) = \frac{L^2 \hbar c}{4\pi} \frac{\pi^3}{d^3} \left[\sum_{n=0}^{\infty} \int_0^{\infty} \mathrm{d}w (w + n^2)^{1/2} - \int_0^{\infty} \mathrm{d}z \int_0^{\infty} \mathrm{d}w (w + z^2)^{1/2} \right] \tag{2.177}$$

（2.177）式中的零点能都是无限的，但是它们的差是有限的。我们可以把它改写为

$$U(d) = \frac{\pi^2 \hbar c}{4 d^3} L^2 \left[\sum_{n=0}^{\infty} F(n) - \int_0^{\infty} \mathrm{d}z F(z) \right] \tag{2.178}$$

其中，

$$F(u) \equiv \int_0^{\infty} \mathrm{d}w (w + u^2)^{1/2} \tag{2.179}$$

其中 $u = n, z$。这个差可以用欧拉-麦克劳林公式估算：

$$\sum_{n=0}^{\infty} F(n) - \int_0^{\infty} \mathrm{d}z F(z) = -\frac{1}{2} F(0) - \frac{1}{12} F'(0) + \frac{1}{720} F'''(0) + \cdots \tag{2.180}$$

由于 $F'(z) = 2z^2$, $F'(0) = 0$, $F'''(0) = -4$，其余高阶微分项都等于零，因而

$$U(d) = \frac{\pi^2 \hbar c}{4 d^3} L^2 \left(-\frac{4}{720} \right) = -\frac{\pi^2 \hbar c}{720 d^3} L^2 \tag{2.181}$$

这意味着平板间每单位面积上的力由（2.182）式给出

$$F(d) = -U'(d)/L^2 = \frac{\pi^2 \hbar c}{240 d^4} \tag{2.182}$$

这就是卡西米尔力。这个力的存在是 1957 年被斯帕奈（Sparnaay）做实验[8] 所证实的。

2.7　量子相位

现在考虑经典电磁理论图像下的光波。单模电磁场可以写为

$$\boldsymbol{E}(\boldsymbol{r},t) = \boldsymbol{e}_x E_0 \cos(\boldsymbol{k} \cdot \boldsymbol{r} - \omega t + \phi)$$

$$= \boldsymbol{e}_x \frac{1}{2} E_0 \{\exp[\mathrm{i}(\boldsymbol{k} \cdot \boldsymbol{r} - \omega t + \phi)] + \exp[-\mathrm{i}(\boldsymbol{k} \cdot \boldsymbol{r} - \omega t + \phi)]\} \tag{2.183}$$

其中 E_0 是场振幅，ϕ 是相位。把它和（2.127）式进行比较，如果算符 $\hat{a}$ 能拆分成极坐标形式，这两个方程是相当类似的。早期似乎狄拉克[9] 试图完成这样的分解，使得湮灭算符和产生算符写成

$$\hat{a} = \mathrm{e}^{\mathrm{i}\hat{\phi}}\sqrt{\hat{n}} \tag{2.184}$$

$$\hat{a}^{\dagger} = \sqrt{\hat{n}}\,\mathrm{e}^{-\mathrm{i}\hat{\phi}} \tag{2.185}$$

其中 $\hat{\phi}$ 曾被理解为相位的厄米算符。从基本对易关系 $[\hat{a}, \hat{a}^{\dagger}] = 1$ 可得

$$\mathrm{e}^{\mathrm{i}\hat{\phi}}\hat{n}\mathrm{e}^{-\mathrm{i}\hat{\phi}} - \hat{n} = 1 \tag{2.186}$$

或者是

$$\mathrm{e}^{\mathrm{i}\hat{\phi}}\hat{n} - \hat{n}\mathrm{e}^{\mathrm{i}\hat{\phi}} = \mathrm{e}^{\mathrm{i}\hat{\phi}} \tag{2.187}$$

通过展开指数函数可以发现只要

$$[\hat{n}, \hat{\phi}] = 1 \tag{2.188}$$

（2.186）式就能满足。因此看上去布居数和相位似乎是互补的可观测量，所以这两个量的涨落应该满足不确定关系 $\Delta n \Delta \phi \geqslant 1/2$。

不幸的是事情没这么简单。要看到以上分析中有误，考虑这两个算符的对易式在任意数态 $|n\rangle$ 和 $|n'\rangle$ 下的矩阵元是

$$\langle n'|[\hat{n}, \hat{\phi}]|n\rangle = \mathrm{i}\delta_{nn'} \tag{2.189}$$

式子左边展开的结果是

$$(n' - n)\langle n'|\hat{\phi}|n\rangle = \mathrm{i}\delta_{nn'} \tag{2.190}$$

这里明显含有一个矛盾，当 $n' = n$ 时公式给出 $0 = \mathrm{i}$。狄拉克方法之所以失败是因为其暗含厄米相位算符 $\hat{\phi}$ 确实存在的假设。事实上有两个原因导致狄拉克方法失败。从（2.184）式和（2.185）式应该有

$$\mathrm{e}^{\mathrm{i}\hat{\phi}} = \hat{a}(\hat{n})^{-1/2} \tag{2.191}$$

$$\mathrm{e}^{-\mathrm{i}\hat{\phi}} = (\hat{n})^{-1/2}\hat{a}^{\dagger} = (\mathrm{e}^{\mathrm{i}\hat{\phi}})^{\dagger} \tag{2.192}$$

现在有

$$(e^{i\hat{\phi}})^{\dagger}(e^{i\hat{\phi}}) = 1 \tag{2.193}$$

然而

$$(e^{i\hat{\phi}})(e^{i\hat{\phi}})^{\dagger} = \hat{a}\frac{1}{\hat{n}}\hat{a}^{\dagger} \neq 1 \tag{2.194}$$

所以事实上 $\exp(i\hat{\phi})$ 不是幺正算符，由此可知 $\hat{\phi}$ 不是厄米算符。问题的根源是算符 $\hat{n}$ 的谱有下限，它不包括负整数。负布居数态当然是非物理的，但如巴尼特（Barnett）和佩格（Pegg）发现[10]，有可能构建如下形式的幺正算符：

$$e^{i\hat{\phi}} \equiv \sum_{n=-\infty}^{\infty} |n\rangle\langle n+1| \tag{2.195}$$

$$(e^{i\hat{\phi}})^{\dagger} = e^{-i\hat{\phi}} = \sum_{n=-\infty}^{\infty} |n+1\rangle\langle n| \tag{2.196}$$

这就容易看到

$$(e^{i\hat{\phi}})(e^{i\hat{\phi}})^{\dagger} = (e^{i\hat{\phi}})^{\dagger}(e^{i\hat{\phi}}) = 1 \tag{2.197}$$

应该理解的是引入负布居数态仅仅是形式上的，它们与正（物理的）布居数态是解耦的。引入这些负布居数态没有引起新的物理效应。但是使用（2.194）式容易发现（2.186）式仍然成立，（2.187）式也由此成立，所以我们仍然回到（2.189）式中遇到的矛盾。

这给我们带来第二个问题，关系到 $\hat{\phi}$ 被认为是角算符的事实。这个情况非常类似于在 $x-y$ 平面以 z 轴定轴转动粒子的角动量问题。如果 ϕ 是方位角，其定义为

$$\phi = \arctan\left(\frac{y}{x}\right) \tag{2.198}$$

（以 2π 为模），那么轨道角动量是

$$\hat{L}_z = \hat{x}\hat{p}_y - \hat{y}\hat{p}_x = i\hbar\frac{\partial}{\partial\phi} \tag{2.199}$$

由此可得

$$[\hat{\phi}, \hat{L}_z] = i \tag{2.200}$$

但 $\hat{L}_z$ 仅在周期性函数空间才是厄米的，比如说如下形式的波函数：

$$\psi_m(\phi) = \frac{1}{\sqrt{2\pi}}e^{im\phi}, \quad m = 0, \pm 1, \pm 2, \cdots \tag{2.201}$$

其中，

$$\hat{L}_z\psi_m(\phi) = \hbar m\psi_m(\phi) \tag{2.202}$$

（注意到 L_z 的谱含有负整数）。但 ϕ 自身不是周期函数，其范围在 $-\infty < \phi < \infty$。事实上对于数态，涨落 $\Delta\phi$ 可以比 2π 大；而（2.199）式似乎暗示 $\Delta\phi \to \infty$，这是一个无意义的行为。这个问题的可能解是引入周期性坐标 $\Phi(\phi)$ [9]，根据图 2.4，它表现出不连续的样子。

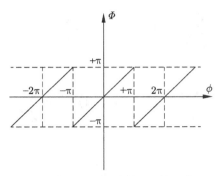

图 2.4　任意选择的非连续周期性函数 $\Phi(\phi)$

与之相关的问题是对易关系不再是正则的，而是

$$[\Phi, \hat{L}_z] = i\left\{1 - 2\pi \sum_{n=-\infty}^{\infty} \delta[\phi - (2n+1)\pi]\right\} \tag{2.203}$$

这些 δ 函数来自于 Φ 的不连续性，只要在不连续点就会出现 δ 函数。每 2π 间隔总是会出现一个 δ 函数，因此无法形成有意义的不确定关系。

多年以来，许多人试图创造以某种方式克服上述障碍的描述量子相位的新形式体系。近期文献综述中已经充分回顾了这些方案。出于教学目的，我们先介绍萨斯坎德（Susskind）和格劳哥夫（Glogower）的方法[11] 以及卡拉瑟斯（Carruthers）和涅托（Nieto）通过引入一种单边"幺正"相位算符（实际上是类比于指数相位因子的算符）对他们方案的改进[12]。引入算符的本征态即相位本征态用来建构任意场态的相分布[13]，从分布可以计算相位的各种平均。这个方案得到的结果和 Pegg 与 Barnett 方案[14]（不过他们是在一个截断的希尔伯特空间中分解了狄拉克引入的湮灭算符）得到的结果完全一样。在这个截断空间内计算期望值后，可让空间维度趋于无穷。通过使用相位本征态我们就可以避免这些复杂计算。

萨斯坎德-格劳哥夫（Susskind-Glogower, SG）算符由如下关系式所定义：

$$\hat{E} \equiv (\hat{n}+1)^{-1/2}\hat{a} = (\hat{a}\hat{a}^{\dagger})^{-1/2}\hat{a} \tag{2.204}$$

$$\hat{E}^{\dagger} = \hat{a}^{\dagger}(\hat{n}+1)^{-1/2} = \hat{a}^{\dagger}(\hat{a}\hat{a}^{\dagger})^{-1/2} \tag{2.205}$$

其中 $\hat{E}$ 和 $\hat{E}^{\dagger}$ 分别比拟于相位因子 $\exp(\pm i\phi)$。算符 $\hat{E}$ 有时称之为"指数"算符，并且根据上下文它不应与场算符混淆。把它们作用到数态 $|n\rangle$ 可得

$$\begin{aligned}\hat{E}|n\rangle &= |n-1\rangle, \quad n \neq 0 \\ &= 0, \qquad\quad n = 0\end{aligned} \tag{2.206}$$

$$\hat{E}^{\dagger}|n\rangle = |n+1\rangle \tag{2.207}$$

从中不难得到如下这些指数算符的等价表达式：

$$\hat{E} = \sum_{n=0}^{\infty} |n\rangle\langle n+1|, \quad \hat{E}^\dagger = \sum_{n=0}^{\infty} |n+1\rangle\langle n| \tag{2.208}$$

容易发现

$$\hat{E}\hat{E}^\dagger = \sum_{n=0}^{\infty}\sum_{n'=0}^{\infty} |n\rangle\langle n+1|n'+1\rangle\langle n'| = \sum_{n=0}^{\infty} |n\rangle\langle n| = 1 \tag{2.209}$$

然而

$$\hat{E}^\dagger\hat{E} = \sum_{n=0}^{\infty}\sum_{n'=0}^{\infty} |n+1\rangle\langle n|n'\rangle\langle n'+1| = \sum_{n=0}^{\infty} |n+1\rangle\langle n+1| = 1 - |0\rangle\langle 0| \tag{2.210}$$

投影算符 $|0\rangle\langle 0|$ 的存在破坏了 $\hat{E}$ 的幺正性。不过对于平均光子数 $\bar{n} \geqslant 1$ 的态来说，真空态的贡献较小而 $\hat{E}$ 是近似幺正的。

$\hat{E}$ 和 $\hat{E}^\dagger$ 自身当然不是可观测量，但是算符

$$\hat{C} \equiv \frac{1}{2}(\hat{E} + \hat{E}^\dagger), \quad \hat{S} \equiv \frac{1}{2\mathrm{i}}(\hat{E} - \hat{E}^\dagger) \tag{2.211}$$

则显然类比于 $\cos\phi$ 和 $\sin\phi$。这些算符是厄米的且满足对易关系

$$[\hat{C}, \hat{S}] = \frac{1}{2}\mathrm{i}|0\rangle\langle 0| \tag{2.212}$$

因而除了真空态以外它们是对易的。此外我们熟悉的三角恒等式的量子形式变成

$$\hat{C}^2 + \hat{S}^2 = 1 - \frac{1}{2}|0\rangle\langle 0| \tag{2.213}$$

我们在这里再次看到真空态的破坏效应。它还可以反映在

$$[\hat{C}, \hat{n}] = \mathrm{i}\hat{S}, \quad [\hat{S}, \hat{n}] = -\mathrm{i}\hat{C} \tag{2.214}$$

其中第一个式子类似于 (2.48) 式。按照这两个式子得到的不确定关系分别是

$$(\Delta n)(\Delta C) \geqslant \frac{1}{2}|\langle\hat{S}\rangle| \tag{2.215}$$

和

$$(\Delta n)(\Delta S) \geqslant \frac{1}{2}|\langle\hat{C}\rangle| \tag{2.216}$$

这里的 Δ 指均方根标准差。

在数态 $|n\rangle$ 下，$\Delta n = 0$，

$$\langle n|\hat{C}|n\rangle = \langle n|\hat{S}|n\rangle = 0 \tag{2.217}$$

且有

$$\langle n|\hat{C}^2|n\rangle = \langle n|\hat{S}^2|n\rangle = \begin{cases} 0.5, & n \geqslant 1 \\ 0.25, & n = 0 \end{cases} \tag{2.218}$$

因而对于 $n \geqslant 1$，在 $\hat{C}$ 和 $\hat{S}$ 上的不确定度是

$$\Delta C = \Delta S = \frac{1}{\sqrt{2}} \tag{2.219}$$

这似乎对应于等几率分布在范围 0 到 2π 内的相位。（注意这对真空态是不正确的!）在任何情况下，(2.215) 式和（2.216）式的右边对于数态都是 0，这正满足不确定关系的要求。

指数算符的本征态 $|\phi\rangle$ 满足本征方程

$$\hat{E}|\phi\rangle = \mathrm{e}^{\mathrm{i}\phi}|\phi\rangle \tag{2.220}$$

其中，

$$|\phi\rangle = \sum_{n=0}^{\infty} \mathrm{e}^{\mathrm{i}n\phi}|n\rangle \tag{2.221}$$

因为 $|\phi\rangle$ 和 $|\phi'\rangle$ 的标量积不是 δ 函数 $\delta(\phi - \phi')$，所以这些态既不归一又不正交。利用恒等式

$$\int_0^{2\pi} \mathrm{e}^{\mathrm{i}(n-n')\phi}\mathrm{d}\phi = 2\pi\delta_{nn'} \tag{2.222}$$

容易发现相位本征态可以拆分单位算符

$$\frac{1}{2\pi}\int_0^{2\pi} \mathrm{d}\phi|\phi\rangle\langle\phi| = 1 \tag{2.223}$$

算符 $\hat{C}$ 和 $\hat{S}$ 的期望值显然分别取 $\cos\phi$ 和 $\sin\phi$ 的形式。

任意场态 $|\psi\rangle$ 总可以写为所有数态的叠加态，也就是说

$$|\psi\rangle = \sum_{n=0}^{\infty} C_n|n\rangle \tag{2.224}$$

其中为了让 $|\psi\rangle$ 归一化，系数 C_n 必然满足

$$\sum_{n=0}^{\infty} |C_n|^2 = 1 \tag{2.225}$$

根据以下式子，我们可以把相位分布函数 $\mathcal{P}(\phi)$ 与状态 $|\psi\rangle$ 联系在一起。

$$\mathcal{P}(\phi) \equiv \frac{1}{2\pi}|\langle\phi|\psi\rangle|^2 = \frac{1}{2\pi}\left|\sum_{n=0}^{\infty} \mathrm{e}^{-\mathrm{i}n\phi}C_n\right|^2 \tag{2.226}$$

显然 $\mathcal{P}(\phi)$ 总是正的，并可以发现是归一化的。这是因为

$$\mathcal{P}(\phi) \equiv \frac{1}{2\pi}|\langle\phi|\psi\rangle|^2 = \frac{1}{2\pi}\langle\phi|\psi\rangle\langle\psi|\phi\rangle \tag{2.227}$$

然而对 ϕ 积分, 并利用 (2.223) 式给出的分解形式, 我们有

$$\int_0^{2\pi} \mathcal{P}(\phi)\mathrm{d}\phi = \langle \psi | \psi \rangle = 1 \tag{2.228}$$

更一般地, 对于用密度算符 $\hat{\rho}$ 描述的状态, 我们有

$$\mathcal{P}(\phi) = \frac{1}{2\pi} \langle \phi | \hat{\rho} | \phi \rangle \tag{2.229}$$

这个分布可以用来计算关于 ϕ 的任何函数 $f(\phi)$ 的平均值,

$$\langle f(\phi) \rangle = \int_0^{2\pi} f(\phi) \mathcal{P}(\phi) \mathrm{d}\phi \tag{2.230}$$

这本质上与从 Pegg-Barnett 形式理论[14] 得到的结果是完全一样的。

现在我们仅考虑数态 $|n\rangle$, 也就是说 (2.224) 式中的系数除了 $C_n = 1$ 外都等于 0。这就导致

$$\mathcal{P}(\phi) = \frac{1}{2\pi} \tag{2.231}$$

正如所预料的, 这是一个均匀分布。此外 ϕ 的均值等于 π, ϕ^2 的均值等于 $4\pi^2/3$, 因而 ϕ 的涨落是

$$\Delta\phi = \sqrt{\langle \phi^2 \rangle - \langle \phi \rangle^2} = \frac{\pi}{\sqrt{3}} \tag{2.232}$$

这正是我们可从范围在 $0 \sim 2\pi$ 内均匀几率分布中期待的结果。注意到这个结论适用于所有的数态, 包括真空态。我们将在后续章节中把这个理论形式应用到别的场态, 特别是相干态。

试图找到有意义的量子力学相位描述的困难之一是我们并不清楚如何把相位的不同理论形式与相位测量的实际实验联系起来。夏皮洛 (Shapiro) 和谢巴德 (Shepard) 的工作[15] 支持了这里采用的方法, 他们的结果显示通过使用量子估算理论[16], 相位态 $|\phi\rangle$ 为最大似然相位估计提供了几率算符度量。另外, 曼德尔 (Mandel) 及其合作者[17] 曾经为基于经典相位测量的相位算符采用了算符方法。他们显示相位测量即便在经典光学内也是困难的, 而且这些困难会继续留在量子光学内, 并且不同的测量过程会导致不同的相位算符。至少从可操作性的角度也存在一个正确的相位算符。自此以后我们将在 SG 算符对应的相位分布至少是定性 (即便不是定量) 描述了量子相位变量的假设下使用其本征态。

习题

1. 使用麦克斯韦方程从 (2.5) 式给出的单模场得到其对应的 (2.6) 式给出的磁场。

2. 从习题 1 中的单模场写出其哈密顿量, 并证明其符合简谐振子形式。

3. 证明对任意算符 $\hat{A}$ 和 $\hat{B}$ 满足的贝克-豪斯多夫（Baker-Hausdorf）引理：

$$e^{i\lambda\hat{A}}\hat{B}e^{-i\lambda\hat{A}} = \hat{B} + i\lambda[\hat{A}, \hat{B}] + \frac{(i\lambda)^2}{2!}[\hat{A}, [\hat{A}, \hat{B}]] + \cdots$$

4. 在特殊情况下，如果 $[\hat{A}, \hat{B}] \neq 0$ 但是 $[\hat{A}, [\hat{A}, \hat{B}]] = 0 = [\hat{B}, [\hat{A}, \hat{B}]]$，证明

$$e^{\hat{A}+\hat{B}} = \exp\left(-\frac{1}{2}[\hat{A}, \hat{B}]\right)e^{\hat{A}}e^{\hat{B}} = \exp\left(\frac{1}{2}[\hat{A}, \hat{B}]\right)e^{\hat{B}}e^{\hat{A}}$$

5. 假如单模谐振腔场在 $t = 0$ 时刻的状态是

$$|\psi(0)\rangle = \frac{1}{\sqrt{2}}(|n\rangle + e^{i\phi}|n + 1\rangle)$$

其中 ϕ 是相位。计算它在 $t > 0$ 时的状态，且以此确认（2.49）式中的不确定关系。

6. 考虑叠加态 $|\psi_{01}\rangle = \alpha|0\rangle + \beta|1\rangle$，其中 α 和 β 是复数，且满足 $|\alpha|^2 + |\beta|^2 = 1$。计算正交算符 $\hat{X}_1$ 和 $\hat{X}_2$ 在这个状态下的方差。是否存在某些参数 α 和 β 使得正交分量的方差小于真空态？如果有的话，检查一下不确定原理是否被破坏？对叠加态 $|\psi_{02}\rangle = \alpha|0\rangle + \beta|2\rangle$ 重复以上这些步骤。

7. 许多过程涉及从量子场态中吸收单光子。吸收光子的过程可以表示为湮灭算符的作用。对任意场态 $|\psi\rangle$，从中吸收单光子后产生的态是 $|\psi'\rangle \sim \hat{a}|\psi\rangle$。请将其归一化。比较 $|\psi\rangle$ 和 $|\psi'\rangle$ 的平均光子数 $\bar{n}$ 和 $\bar{n}'$。可否得到 $\bar{n}' = \bar{n} - 1$？

8. 考虑真空态和 10 光子数态的叠加态

$$|\psi\rangle = \frac{1}{\sqrt{2}}$$

计算这个态的平均光子数。接下来假设吸收了一个单光子，再计算一下平均光子数。和习题 7 比较起来，你的答案是显然的么？

9. 考虑（2.83）式和（2.84）式中多模电场和磁场的表达式。证明它们满足自由空间的麦克斯韦方程。用这些场完成得到（2.95）式中场能的推导。

10. 用阶乘矩表征光子数几率分布 P_n 有时非常有用。第 r 个阶乘矩的定义是

$$\langle \hat{n}(\hat{n}-1)(\hat{n}-2)\cdots(\hat{n}-r+1)\rangle = \sum_n n(n-1)(n-2)\cdots(n-r+1)P_n$$

证明对于热场态，等式的右边等于 $r!\bar{n}^r$。

11. 分别算出余弦和正弦算符 $\hat{C}$ 和 $\hat{S}$。计算它们对易式的矩阵元并证明仅有对角元非零。

12. 考虑混态（见附录 A）$\hat{\rho} = 1/2(|0\rangle\langle0| + |1\rangle\langle1|)$ 和纯态叠加态 $|\psi\rangle = 1/\sqrt{2}(|0\rangle + e^{i\theta}|1\rangle)$。计算它们对应的相位分布 $\mathcal{P}(\phi)$ 并相互比较。

13. 证明热态的相位分布是 $\mathcal{P}(\phi) = 1/2\pi$。

参考文献

[1] See, for example, J. J. Sakurai, Modern Quantum Mechanics, revised edition (Reading: Addison-Wesley, 1994), p. 96.

[2] See the discussion in I. J. K. Aitchison, Contemp. Phys., 26 (1985), 333.

[3] W. E. Lamb, Jr., and R. C. Retherford, Phys. Rev., 72 (1947), 241.

[4] H. A. Bethe, Phys. Rev., 72 (1947), 339.

[5] T. A. Welton, Phys. Rev., 74 (1948), 1157.

[6] H. B. G. Casimir, Proc. K. Ned. Akad. Wet., 51 (1948), 793; Physica, 19 (1953), 846.

[7] P. W. Milonni and M.-L. Shih, Contemp. Phys., 33 (1992), 313.

[8] M. J. Sparnaay, Nature, 180 (1957), 334.

[9] P. A. M. Dirac, Proc. R. Soc. Lond., A 114 (1927), 243.

[10] S. M. Barnett and D. T. Pegg, J. Phys. A, 19 (1986), 3849.

[11] L. Susskind and J. Glogower, Physics, 1 (1964), 49.

[12] P. Carruthers and M. M. Nieto, Rev. Mod. Phys., 40 (1968), 411.

[13] See G. S. Agarwal, S. Chaturvedi, K. Tara and V. Srinivasan, Phys. Rev. A, 45 (1992), 4904.

[14] D. T. Pegg and S. M. Barnett, Europhys. Lett., 6 (1988), 483; Phys. Rev. A, 39 (1989), 1665; 43 (1991), 2579.

[15] J. H. Shapiro and S. R. Shepard, Phys. Rev. A, 43 (1991), 3795.

[16] C. W. Helstrom, Quantum Detection and Estimation Theory (New York: Academic Press, 1976).

[17] J. W. Noh, S. Fougeres and L. Mandel, Phys. Rev. A, 45 (1992), 424; 46 (1992), 2840.

参考书目

量子力学

事实上每本量子力学书都会从算符方法（有时称为代数）和分解方法的角度讲述谐振子的内容。下面是一些优秀的本科生教材。

- R. L. Liboff, Introductory Quantum Mechanics, 4th edition (Reading: Addison-Wesley, 2002).
- D. J. Griffiths, Introduction to Quantum Mechanics (Englewood Cliffs: Prentice Hall, 1995).
- J. S. Townsend, A Modern Approach to Quantum Mechanics (New York: McGraw-Hill, 1992).

  下面的书目适合研究生阅读。

- J. J. Sakurai, Modern Quantum Mechanics, revised edition (Reading: Addison-Wesley, 1994).

场论

- E. A. Power, Introductory Quantum Electrodynamics (New York: American Elsevier, 1965).
- E. G. Harris, A Pedestrian Approach to Quantum Field Theory (New York: Wiley, 1972).
- L. H. Ryder, Quantum Field Theory, 2nd edition (Cambridge: Cambridge University Press, 1996).

  这是关于 Casimir 效应的极好参考书目。

- S. K. Lamoreaux, "Resource Letter CF-1: Casimir Force", Am. J. Phys., 67 (1999), 850.

第3章 相 干 态

在第 2 章的最后部分，我们证明了光子数态 $|n\rangle$ 的相位均匀分布在 0 到 2π 范围内。于是本质上这些态没有固定相位，而且正如已经显示的那样，场算符在数态下的期望值是零。我们常常看到（比如在樱井（Sakurai）的书 [1] 中），量子场的经典极限就是光子数取到很大数值以至于布居数算符变成一个连续变量时的极限。然而这不可能是故事的全部，因为无论 n 多大，平均场都是 $\langle n|\hat{E}_x|n\rangle = 0$。我们知道在空间内的一个固定点看，一个经典场总是随时间按正弦曲线振荡。很清楚这对场算符在数态下的期望值不能成立。我们在本章中给出一类状态，即相干态 [2]，它会达到可感知的经典极限；而且事实上正如我们将要看到的，这些态是简谐振子的"最经典的"量子态。

3.1 湮灭算符的本征态和最小不确定态

如果想要获得电场算符或者等价的湮灭及产生算符的非零期望值，我们需要仅错开 ± 1 的数态的叠加态。举个例子，它可以仅含有 $|n\rangle$ 和 $|n\pm 1\rangle$：

$$|\psi\rangle = C_n|n\rangle + C_{n\pm 1}|n\pm 1\rangle \tag{3.1}$$

其中 $|C_n|^2 + |C_{n\pm 1}|^2 = 1$。更一般地，包含所有数态的叠加态的性质也将使得比如 $\hat{a}$ 的期望值非零。通过检查 (2.15) 式和 (2.16) 式，用连续变量取代 $\hat{a}$ 和 $\hat{a}^\dagger$ 很明显会产生一个经典场。一种特殊的取代方法是找到湮灭算符的本征态。这些态标记为 $|\alpha\rangle$，且满足

$$\hat{a}|\alpha\rangle = \alpha|\alpha\rangle \tag{3.2}$$

其中 α 是一个任意复数（注意到这里允许复的本征值是因为 $\hat{a}$ 是非厄米的）。状态 $|\alpha\rangle$ 是 $\hat{a}$ 的"右"本征态且状态 $\langle\alpha|$ 是 $\hat{a}^\dagger$ 的本征值为 α^* 的"左"本征态：

$$\langle\alpha|\hat{a}^\dagger = \alpha^*\langle\alpha| \tag{3.3}$$

由于数态 $|n\rangle$ 构成了一套完备基，我们可以根据

$$|\alpha\rangle = \sum_{n=0}^{\infty} C_n|n\rangle \tag{3.4}$$

展开 $|\alpha\rangle$。用 $\hat{a}$ 作用到展开式的每一项，方程 (3.2) 变成

$$\hat{a}|\alpha\rangle = \sum_{n=1}^{\infty} C_n \sqrt{n}|n-1\rangle = \alpha \sum_{n=0}^{\infty} C_n|n\rangle \tag{3.5}$$

让等式两边关于 $|n\rangle$ 的系数相等，可得到

$$C_n \sqrt{n} = \alpha C_{n-1} \tag{3.6}$$

或

$$C_n = \frac{\alpha}{\sqrt{n}} C_{n-1} = \frac{\alpha^2}{\sqrt{n(n-1)}} C_{n-2} = \cdots = \frac{\alpha^n}{\sqrt{n!}} C_0 \tag{3.7}$$

因而

$$|\alpha\rangle = C_0 \sum_{n=0}^{\infty} \frac{\alpha^n}{\sqrt{n!}}|n\rangle \tag{3.8}$$

从归一化的要求我们可以得到 C_0：

$$\langle\alpha|\alpha\rangle = 1 = |C_0|^2 \sum_n \sum_{n'} \frac{\alpha^{*n}\alpha^{n'}}{\sqrt{n!n'!}} \langle n|n'\rangle = |C_0|^2 \sum_{n=0}^{\infty} \frac{|\alpha|^{2n}}{n!} = |C_0|^2 e^{|\alpha|^2} \tag{3.9}$$

这意味着 $C_0 = \exp\left(-\frac{1}{2}|\alpha|^2\right)$。因此归一化的相干态是

$$|\alpha\rangle = \exp\left(-\frac{1}{2}|\alpha|^2\right) \sum_{n=0}^{\infty} \frac{\alpha^n}{\sqrt{n!}}|n\rangle \tag{3.10}$$

现在考虑电场算符

$$\hat{E}_x(\boldsymbol{r}, t) = i\left(\frac{\hbar\omega}{2\epsilon_0 V}\right)^{1/2} \left[\hat{a}e^{i(\boldsymbol{k}\cdot\boldsymbol{r}-\omega t)} - \hat{a}^{\dagger}e^{-i(\boldsymbol{k}\cdot\boldsymbol{r}-\omega t)}\right] \tag{3.11}$$

的期望值。我们得到

$$\langle\alpha|\hat{E}_x(\boldsymbol{r}, t)|\alpha\rangle = i\left(\frac{\hbar\omega}{2\epsilon_0 V}\right)^{1/2} \left[\alpha e^{i(\boldsymbol{k}\cdot\boldsymbol{r}-\omega t)} - \alpha^* e^{-i(\boldsymbol{k}\cdot\boldsymbol{r}-\omega t)}\right] \tag{3.12}$$

我们把 α 写成极坐标形式 $\alpha = |\alpha|e^{i\theta}$，得到

$$\langle\alpha|\hat{E}_x(\boldsymbol{r}, t)|\alpha\rangle = 2|\alpha|\left(\frac{\hbar\omega}{2\epsilon_0 V}\right)^{1/2} \sin(\omega t - \boldsymbol{k}\cdot\boldsymbol{r} - \theta) \tag{3.13}$$

这个结果看上去像一个经典场。更进一步我们能看到

$$\langle\alpha|\hat{E}_x^2(\boldsymbol{r}, t)|\alpha\rangle = \frac{\hbar\omega}{2\epsilon_0 V}\left[1 + 4|\alpha|^2 \sin^2(\omega t - \boldsymbol{k}\cdot\boldsymbol{r} - \theta)\right] \tag{3.14}$$

因此 $\hat{E}_x(\boldsymbol{r},t)$ 中的涨落是

$$\Delta E_x \equiv \langle(\Delta\hat{E}_x)^2\rangle^{1/2} = \left(\frac{\hbar\omega}{2\epsilon_0 V}\right)^{1/2} \tag{3.15}$$

这和真空态的情况完全一样。相干态基本上就是经典态,因为它不仅给出了场期望值的正确形式而且仅含有真空噪声。实际上,使用 (2.52) 式和 (2.53) 式中的正交共轭算符,读者容易通过一个简单练习发现:对于相干态

$$\langle(\Delta\hat{X}_1)^2\rangle_\alpha = \frac{1}{4} = \langle(\Delta\hat{X}_2)^2\rangle_\alpha \tag{3.16}$$

这再次验证了这些态拥有和真空态一样的涨落。因此就场正交算符而言,相干态既使得它们的不确定度乘积最小也使得它们的不确定度相等。事实上这个性质能够用来作为相干态的另一种定义。考虑 3 个厄米算符 $\hat{A}$、$\hat{B}$、$\hat{C}$,它们满足

$$[\hat{A},\hat{B}] = \mathrm{i}\hat{C} \tag{3.17}$$

这意味着不确定关系:

$$\langle(\Delta\hat{A})^2\rangle\langle(\Delta\hat{B})^2\rangle \geqslant \frac{1}{4}\langle(\Delta\hat{C})^2\rangle \tag{3.18}$$

满足下面本征方程的态[3] 可以让等号成立

$$\left[\hat{A} + \frac{\mathrm{i}\langle\hat{C}\rangle}{2\langle(\Delta\hat{B})^2\rangle}\hat{B}\right]|\psi\rangle = \left[\langle\hat{A}\rangle + \frac{\mathrm{i}\langle\hat{C}\rangle}{2\langle(\Delta\hat{B})^2\rangle}\langle\hat{B}\rangle\right]|\psi\rangle \tag{3.19}$$

满足 (3.19) 式的状态有时称为"智能"态[4]。在

$$\langle(\Delta\hat{A})^2\rangle = \langle(\Delta\hat{B})^2\rangle = \frac{1}{2}\langle\hat{C}\rangle \tag{3.20}$$

的情况下,本征方程变为

$$[\hat{A} + \mathrm{i}\hat{B}]|\psi\rangle = [\langle\hat{A}\rangle + \mathrm{i}\langle\hat{B}\rangle]|\psi\rangle \tag{3.21}$$

当 $\hat{A} = \hat{X}_1$ 且 $\hat{B} = \hat{X}_2$ 时,这等价于当 $\alpha = \langle\hat{X}_1\rangle + \mathrm{i}\langle\hat{X}_2\rangle$ 时的表达式 (3.2)。

复系数 α 的物理意义是什么呢?从表达式 (3.13) 明显可知,$|\alpha|$ 与场振幅相关。光子数算符 $\hat{n} = \hat{a}^\dagger\hat{a}$ 的期望值是

$$\bar{n} = \langle\alpha|\hat{n}|\alpha\rangle = |\alpha|^2 \tag{3.22}$$

因而 $|\alpha|^2$ 正好是场的平均光子数。要计算光子数涨落,我们就需要计算:

$$\langle\alpha|\hat{n}^2|\alpha\rangle = \langle\alpha|\hat{a}^\dagger\hat{a}\hat{a}^\dagger\hat{a}|\alpha\rangle = \langle\alpha|(\hat{a}^\dagger\hat{a}^\dagger\hat{a}\hat{a} + \hat{a}^\dagger\hat{a})|\alpha\rangle = |\alpha|^4 + |\alpha|^2 = \bar{n}^2 + \bar{n} \tag{3.23}$$

因而

$$\Delta n = \sqrt{\langle\hat{n}^2\rangle - \langle\hat{n}\rangle^2} = \bar{n}^{1/2} \tag{3.24}$$

这是泊松过程的特征。事实上对于场中光子数的测量，探测到 n 个光子数的几率是

$$P_n = |\langle n|\alpha\rangle|^2 = e^{-|\alpha|^2}\frac{|\alpha|^{2n}}{n!} = e^{-\bar{n}}\frac{\bar{n}^n}{n!} \tag{3.25}$$

这正是平均值为 $\bar{n}$ 的泊松分布表达式。注意到光子数的相对不确定度

$$\frac{\Delta n}{\bar{n}} = \frac{1}{\sqrt{\bar{n}}} \tag{3.26}$$

随着 $\bar{n}$ 的增长而降低。我们在图 3.1 中画了两种不同 $\bar{n}$ 情况下光子数的几率分布。

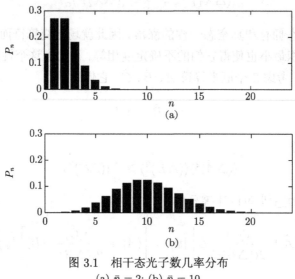

图 3.1　相干态光子数几率分布
(a) $\bar{n} = 2$; (b) $\bar{n} = 10$

　　现在看一下相干态的相位分布。对于相干态 $|\alpha\rangle$，其中 $\alpha = |\alpha|e^{i\theta}$，它的相位[1]分布是

$$\mathcal{P}(\phi) = \frac{1}{2\pi}|\langle\phi|\alpha\rangle|^2 = \frac{1}{2\pi}e^{-|\alpha|^2}\left|\sum_{n=0}^{\infty}e^{in(\phi-\theta)}\frac{|\alpha|^n}{\sqrt{n!}}\right|^2 \tag{3.27}$$

对于比较大的 $|\alpha|^2$，泊松分布可以近似为高斯分布[5]：

$$\frac{|\alpha|^{2n}}{n!}e^{-|\alpha|^2} \approx (2\pi|\alpha|^2)^{-1/2}\exp\left[-\frac{(n-|\alpha|^2)^2}{2|\alpha|^2}\right] \tag{3.28}$$

于是表达式 (3.27) 中的求和可以近似求解得到：

$$\mathcal{P}(\phi) \approx \left(\frac{2|\alpha|^2}{\pi}\right)^{1/2}\exp[-2|\alpha|^2(\phi-\theta)^2] \tag{3.29}$$

这是一个峰值在 $\phi = \theta$ 处的高斯函数。而且峰宽随着 $\bar{n} = |\alpha|^2$ 变大而变窄，如图 3.2 所示。

---

[1]下面 $|\phi\rangle$ 的定义见表达式 (2.221)。

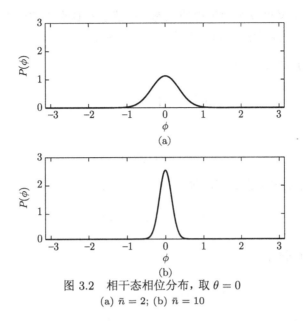

图 3.2　相干态相位分布，取 $\theta = 0$
(a) $\bar{n} = 2$; (b) $\bar{n} = 10$

相干态 $|\alpha\rangle$ 是非常接近于经典态的量子态。这是因为：①电场期望值的形式和经典表达式一样；②电场变量的涨落与真空态一样；③光子数相对不确定性的涨落随着平均光子数增加而降低；④随着平均光子数增加，相干态在相空间内变得非常局域化。然而尽管它们的性质近似于经典态，它们仍然是量子态。在图 3.3 中我们用场算符期望值及其涨落与时间的关系展示了这一点。显然场有着经典的正弦波形式，但量子涨落附加在它上面，这表明它确有量子特性。事实上所有光的状态都必然有些量子特性，因为光的量子理论比其经典理论要更为基本。不过光的量子特性一般难以观察到，我们将在第 7 章处理某些特性。

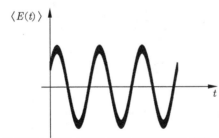

图 3.3　某固定点电场算符在相干态下的期望值随时间的变化，显示出量子涨落。场的涨落在所有时间点上都一样，因此这样的场态比任何量子态都更接近于经典场态

3.2　位移真空态

我们已经讨论了相干态的两种定义方法：作为湮灭算符的右本征态以及使得两个场正交算符的不确定度最小且自身不确定度相等（与真空态的两个正交算符一样）的状态。

事实上还有第三种定义可以得到等价的状态。这就涉及真空态的位移。正如我们将展示的那样，它和从经典电流中产生相干态的机制密切相关。

位移算符 $\hat{D}(\alpha)$ 定义[2] 为

$$\hat{D}(\alpha) = \exp(\alpha \hat{a}^\dagger - \alpha^* \hat{a}) \tag{3.30}$$

且相干态由

$$|\alpha\rangle = \hat{D}(\alpha)|0\rangle \tag{3.31}$$

给出。要证明这一点，先考虑如下恒等式（分解定理）：

$$e^{\hat{A}+\hat{B}} = e^{\hat{A}}e^{\hat{B}}e^{-[\hat{A},\hat{B}]/2} = e^{\hat{B}}e^{\hat{A}}e^{[\hat{A},\hat{B}]/2} \tag{3.32}$$

它在 $[\hat{A}, \hat{B}] \neq 0$，但同时满足

$$[\hat{A}, [\hat{A}, \hat{B}]] = [\hat{B}, [\hat{A}, \hat{B}]] = 0 \tag{3.33}$$

的条件下成立。取 $\hat{A} = \alpha \hat{a}^\dagger$、$\hat{B} = -\alpha^* \hat{a}$，可知 $[\hat{A}, \hat{B}] = |\alpha|^2$，且表达式 (3.33) 成立。因而有

$$\hat{D}(\alpha) = e^{\alpha \hat{a}^\dagger - \alpha^* \hat{a}} = e^{-|\alpha|^2/2}e^{\alpha \hat{a}^\dagger}e^{-\alpha^* \hat{a}} \tag{3.34}$$

展开 $\exp(-\alpha^* \hat{a})$，显然有

$$e^{-\alpha^* \hat{a}}|0\rangle = \sum_{l=0}^{\infty} \frac{(-\alpha^* \hat{a})^l}{l!}|0\rangle = |0\rangle \tag{3.35}$$

这是因为除了 $l = 0$ 外 $\hat{a}^l|0\rangle = 0$。但是

$$e^{\alpha \hat{a}^\dagger}|0\rangle = \sum_{n=0}^{\infty} \frac{\alpha^n}{n!}(\hat{a}^\dagger)^n|0\rangle = \sum_{n=0}^{\infty} \frac{\alpha^n}{\sqrt{n!}}|n\rangle \tag{3.36}$$

其中我们利用了 $(\hat{a}^\dagger)^n|0\rangle = \sqrt{n!}|n\rangle$ 的结果。因而有

$$|\alpha\rangle = \hat{D}(\alpha)|0\rangle = e^{-|\alpha|^2/2} \sum_{n=0}^{\infty} \frac{\alpha^n}{\sqrt{n!}}|n\rangle \tag{3.37}$$

这和我们先前的定义一致。

位移算符 $\hat{D}$ 当然是幺正算符。可以发现

$$\hat{D}^\dagger(\alpha) = \hat{D}(-\alpha) = e^{-|\alpha|^2/2}e^{-\alpha \hat{a}^\dagger}e^{\alpha^* \hat{a}} \tag{3.38}$$

$\hat{D}$ 的另一个表示是

$$\hat{D}(\alpha) = e^{|\alpha|^2/2}e^{-\alpha^* \hat{a}}e^{\alpha \hat{a}^\dagger} \tag{3.39}$$

幺正性显然要求

$$\hat{D}(\alpha)\hat{D}^{\dagger}(\alpha) = \hat{D}^{\dagger}(\alpha)\hat{D}(\alpha) = 1 \tag{3.40}$$

位移算符遵守半群关系：两个位移算符之积，比如说 $\hat{D}(\alpha)$ 和 $\hat{D}(\beta)$ 之积与位移算符 $\hat{D}(\alpha + \beta)$ 至多差一个全局相位。要证明这一点，可令 $\hat{A} = \alpha\hat{a}^{\dagger} - \alpha^*\hat{a}$，$\hat{B} = \beta\hat{a}^{\dagger} - \beta^*\hat{a}$，它们满足

$$[\hat{A}, \hat{B}] = \alpha\beta^* - \alpha^*\beta = 2i\mathrm{Im}(\alpha\beta^*) \tag{3.41}$$

然后利用（3.32）式，

$$\hat{D}(\alpha)\hat{D}(\beta) = \mathrm{e}^{\hat{A}}\mathrm{e}^{\hat{B}} = \exp[i\mathrm{Im}(\alpha\beta^*)]\exp[(\alpha+\beta)\hat{a}^{\dagger} - (\alpha^*+\beta^*)\hat{a}] = \exp[i\mathrm{Im}(\alpha\beta^*)]\hat{D}(\alpha+\beta) \tag{3.42}$$

所以把它们作用到真空态得到

$$\hat{D}(\alpha)\hat{D}(\beta)|0\rangle = \hat{D}(\alpha)|\beta\rangle = \exp[i\mathrm{Im}(\alpha\beta^*)]|\alpha + \beta\rangle \tag{3.43}$$

其中 $\exp[i\mathrm{Im}(\alpha\beta^*)]$ 是全局相位因子，所以在物理上无关。

3.3 波包和时间演化

我们从（2.13）式和（2.14）式得到"位置"算符

$$\hat{q} = \sqrt{\frac{\hbar}{2\omega}}(\hat{a} + \hat{a}^{\dagger}) = \sqrt{\frac{2\hbar}{\omega}}\hat{X}_1 \tag{3.44}$$

其中 $\hat{X}_1$ 是（2.52）式中的正交算符。算符 $\hat{q}$ 的本征态标记为 $|q\rangle$：$\hat{q}|q\rangle = q|q\rangle$。数态对应的波函数[6] 是

$$\psi_n(q) = \langle q|n\rangle = (2^n n!)^{-1/2}\left(\frac{\omega}{\pi\hbar}\right)^{1/4}\exp(-\xi^2/2)H_n(\xi) \tag{3.45}$$

其中 $\xi = q\sqrt{\omega/\hbar}$，且 $H_n(\xi)$ 是厄米多项式。相干态对应的波函数则是

$$\psi_\alpha(q) = \langle q|\alpha\rangle = \left(\frac{\omega}{\pi\hbar}\right)^{1/4}\mathrm{e}^{-|\alpha|^2/2}\sum_{n=0}^{\infty}\frac{(\alpha/\sqrt{2})^n}{n!}H_n(\xi) \tag{3.46}$$

我们可以根据厄米多项式的生成函数获得相干态波函数的闭合形式表达式

$$\psi_\alpha(q) = \left(\frac{\omega}{\pi\hbar}\right)^{1/4}\mathrm{e}^{-|\alpha|^2/2}\mathrm{e}^{\xi^2/2}\mathrm{e}^{-(\xi-\alpha/\sqrt{2})^2} \tag{3.47}$$

这是一个高斯型波函数。"位置"变量 q 的几率分布

$$P(q) = |\psi_\alpha(q)|^2 \tag{3.48}$$

自然也是高斯型的。

现在考虑单模自由场相干态的时间演化,其中哈密顿量由(2.18)式给出。随时变化的相干态是

$$|\alpha, t\rangle \equiv \exp(-i\hat{H}t/\hbar)|\alpha\rangle = e^{-i\omega t/2}e^{-i\omega t\hat{n}}|\alpha\rangle = e^{-i\omega t/2}|\alpha e^{-i\omega t}\rangle \tag{3.49}$$

所以相干态在自由场演化中保持相干态的形式。它所对应的随时演化波函数是

$$\psi_\alpha(q, t) = \left(\frac{\omega}{\pi\hbar}\right)^{1/4} e^{-|\alpha|^2/2}e^{\xi^2/2}e^{-(\xi-\alpha e^{-i\omega t}/\sqrt{2})^2} \tag{3.50}$$

这个高斯函数的形状不随时间改变,而它的中心位置则遵循谐振子势下经典质点的运动过程(如何展示这一点留作本章第 2 道习题)。我们在图 3.4 中展示了在谐振子势内相干态波包的运动。正如我们将在第 10 章中看到的,囚禁原子或离子的运动状态能够被设计为具有最小不确定度的特征。

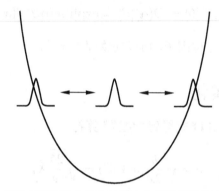

图 3.4　一个相干态波函数在经典转折点之间无耗散的穿越谐振子势垒

对于简谐振子系统,它的波包稳定性最终来自于其能量是整数分立的事实。对于那些能级并非整数分立的量子系统,比如库仑问题,形成相干态则有些难度,而且这样的态不能在所有时间内真正稳定。这些态不在本书考虑范围内,但读者可以去看参考文献 [7]。

3.4　相干态的产生

相干态可以由经典振荡电流产生。令 $\hat{A}(r, t)$ 是与经典电流 $j(r, t)$ 相互作用的场的量子电磁矢势。根据经典电磁理论,相互作用能量 $\hat{V}(t)$ 是

$$\hat{V}(t) = \int d^3r\, j(r, t) \cdot \hat{A}(r, t) \tag{3.51}$$

对丁相互作用表象内的单模场(方向沿着 e),量子电磁矢势是

$$\hat{A}(r, t) = e \left(\frac{\hbar}{2\omega\epsilon_0 V}\right)^{1/2} \left[\hat{a}e^{i(k \cdot r - \omega t)} + \hat{a}^\dagger e^{-i(k \cdot r - \omega t)}\right] \tag{3.52}$$

其中 $\hat{a}$ 意味着 $\hat{a}(0)$。把这个式子代入 (3.51) 式,有

$$\hat{V}(t) = \left(\frac{\hbar}{2\omega\epsilon_0 V}\right)^{1/2} \left[\hat{a}\boldsymbol{e}\cdot\boldsymbol{J}(\boldsymbol{k},t)\mathrm{e}^{-\mathrm{i}\omega t} + \hat{a}^\dagger \boldsymbol{e}\cdot\boldsymbol{J}^*(\boldsymbol{k},t)\mathrm{e}^{\mathrm{i}\omega t}\right] \tag{3.53}$$

其中,

$$\boldsymbol{J}(\boldsymbol{k},t) = \int \mathrm{d}^3\boldsymbol{r}\,\boldsymbol{j}(\boldsymbol{r},t)\mathrm{e}^{\mathrm{i}\boldsymbol{k}\cdot\boldsymbol{r}} \tag{3.54}$$

由于 $\hat{V}(t)$ 依赖于时间,它所联系的演化算符是编时乘积[8]。但对于一段从 t 到 $t+\delta t$ 无限小的时间间隔,其演化算符是

$$\hat{U}(t+\delta t, t) \cong \exp[-\mathrm{i}\hat{V}(t)\delta t] = \exp\{-\delta t[u(t)\hat{a} - u^*(t)\hat{a}^\dagger]\} = \hat{D}[u^*(t)\delta t] \tag{3.55}$$

其中,

$$u(t) = \mathrm{i}\left(\frac{\hbar}{2\omega\epsilon_0 V}\right)^{1/2} \boldsymbol{e}\cdot\boldsymbol{J}(\boldsymbol{k},t)\mathrm{e}^{-\mathrm{i}\omega t} \tag{3.56}$$

对于有限长度的时间间隔,如从 0 到 T,演化算符可以写为

$$\hat{U}(T,0) = \lim_{\delta t\to 0} \hat{\mathcal{T}} \prod_{l=0}^{T/\delta t} \hat{D}[u^*(t_l)\delta t] \tag{3.57}$$

其中 $\mathcal{T}$ 是编时算符,且 $t_l = l\delta t$。利用 (3.42) 式,(3.57) 式成为

$$\hat{U}(T,0) = \lim_{\delta t\to 0} \mathrm{e}^{\mathrm{i}\Phi}\hat{D}\left[\sum_{l=0}^{T/\delta t} u^*(t_l)\delta t\right] = \mathrm{e}^{\mathrm{i}\Phi}\hat{D}[\alpha(T)] \tag{3.58}$$

其中,

$$\alpha(T) = \lim_{\delta t\to 0} \sum_{l=0}^{T/\delta t} u^*(t_l)\delta t = \int_0^T u^*(t')\mathrm{d}t' \tag{3.59}$$

而 Φ 是全局相位。取初态为真空态,如在时间 T 时刻的状态除了一个无关的全局相位以外正好就是相干态 $|\alpha(T)\rangle$,其中 $|\alpha(T)\rangle$ 由 (3.59) 式给出。

3.5 相干态的更多性质

数态之间是正交归一 $\langle n|n'\rangle = \delta_{nn'}$ 而且是完备的,$\sum_{n=0}^{\infty} |n\rangle\langle n| = \hat{I}$。这样它就能够用作展开场的任意态矢量的基底,也就是说对于给定 $|\psi\rangle$,

$$|\psi\rangle = \sum_n C_n |n\rangle \tag{3.60}$$

其中 $C_n = \langle n|\psi\rangle$，相干态就是一个特殊 $|\psi\rangle$。但相干态本身不是正交的，对于 $|\alpha\rangle$ 和 $|\beta\rangle$

$$\langle\beta|\alpha\rangle = \mathrm{e}^{-|\alpha|^2/2-|\beta|^2/2}\sum_{n=0}^{\infty}\sum_{m=0}^{\infty}\frac{\beta^{*n}\alpha^m}{\sqrt{n!m!}}\langle n|m\rangle = \mathrm{e}^{-|\alpha|^2/2-|\beta|^2/2}\sum_{n=0}^{\infty}\frac{(\beta^*\alpha)^n}{n!}$$

$$= \mathrm{e}^{-|\alpha|^2/2-|\beta|^2/2+\beta^*\alpha} = \exp\left[\frac{1}{2}(\beta^*\alpha-\beta\alpha^*)\right]\exp\left(-\frac{1}{2}|\beta-\alpha|^2\right) \tag{3.61}$$

这里的第一项仅仅是个复相位，所以

$$|\langle\beta|\alpha\rangle|^2 = \mathrm{e}^{-|\beta-\alpha|^2} \neq 0 \tag{3.62}$$

因而相干态不是正交归一的。当然如果 $|\beta-\alpha|^2$ 较大，它们就是近似正交的。

相干态的完备性关系由 α 复平面内的积分给出

$$\int|\alpha\rangle\langle\alpha|\frac{\mathrm{d}^2\alpha}{\pi} = 1 \tag{3.63}$$

其中 $\mathrm{d}^2\alpha = \mathrm{dRe}(\alpha)\mathrm{dIm}(\alpha)$。其证明如下：我们先写出

$$\int|\alpha\rangle\langle\alpha|\mathrm{d}^2\alpha = \int\mathrm{e}^{-|\alpha|^2}\sum_n\sum_m\frac{\alpha^n\alpha^{*m}}{\sqrt{n!m!}}|n\rangle\langle m|\mathrm{d}^2\alpha \tag{3.64}$$

然后转换到极坐标系，令 $\alpha = r\mathrm{e}^{\mathrm{i}\theta}$，$\mathrm{d}^2\alpha = r\mathrm{d}r\mathrm{d}\theta$，所以

$$\int|\alpha\rangle\langle\alpha|\mathrm{d}^2\alpha = \sum_n\sum_m\frac{|n\rangle\langle m|}{\sqrt{n!m!}}\int_0^{\infty}\mathrm{d}r\mathrm{e}^{-r^2}r^{n+m+1}\int_0^{2\pi}\mathrm{d}\theta\mathrm{e}^{\mathrm{i}(n-m)\theta} \tag{3.65}$$

但是

$$\int_0^{2\pi}\mathrm{d}\theta\mathrm{e}^{\mathrm{i}(n-m)\theta} = 2\pi\delta_{nm} \tag{3.66}$$

而且通过进一步换元，$r^2 = y, 2r\mathrm{d}r = \mathrm{d}y$，我们有

$$\int|\alpha\rangle\langle\alpha|\mathrm{d}^2\alpha = \pi\sum_{n=0}^{\infty}\frac{|n\rangle\langle n|}{n!}\int_0^{\infty}\mathrm{d}y\mathrm{e}^{-y}y^n \tag{3.67}$$

由于

$$\int_0^{\infty}\mathrm{d}y\mathrm{e}^{-y}y^n = n! \tag{3.68}$$

我们有

$$\int|\alpha\rangle\langle\alpha|\mathrm{d}^2\alpha = \pi\sum_{n=0}^{\infty}|n\rangle\langle n| = \pi \tag{3.69}$$

证明完毕。

任何量子化单模场的希尔伯特空间内的态矢量 $|\psi\rangle$ 能用相干态表达为

$$|\psi\rangle = \int \frac{\mathrm{d}^2\alpha}{\pi} |\alpha\rangle\langle\alpha|\psi\rangle \tag{3.70}$$

但假设 $|\psi\rangle$ 自身是相干态 $|\beta\rangle$，就有

$$|\beta\rangle = \int \frac{\mathrm{d}^2\alpha}{\pi} |\alpha\rangle\langle\alpha|\beta\rangle = \int \frac{\mathrm{d}^2\alpha}{\pi} |\alpha\rangle \exp\left(-\frac{1}{2}|\alpha|^2 - \frac{1}{2}|\beta|^2 + \alpha^*\beta\right) \tag{3.71}$$

它表明相干态不是线性独立的。相干态称之为"超完备"的：用相干态去表示任何一个态总有多于需要的态可用。注意在（3.71）式内 $\langle\alpha|\beta\rangle = \exp\left(-\frac{1}{2}|\alpha|^2 - \frac{1}{2}|\beta|^2 + \alpha^*\beta\right)$ 起到了狄拉克 δ 函数的作用。它常常被称为再生核函数。

对于任意态 $|\psi\rangle$，我们可以写出

$$\langle\alpha|\psi\rangle = \exp\left(-\frac{1}{2}|\alpha|^2\right) \sum_{n=0}^{\infty} \psi_n \frac{(\alpha^*)^n}{\sqrt{n!}} = \exp\left(-\frac{1}{2}|\alpha|^2\right) \psi(\alpha^*) \tag{3.72}$$

其中 $\psi_n = \langle n|\psi\rangle$，并且因为 $\langle\psi|\psi\rangle = \sum_n |\langle n|\psi\rangle|^2 = 1$，

$$\psi(z) = \sum_{n=0}^{\infty} \psi_n \frac{z^n}{\sqrt{n!}} \tag{3.73}$$

在复 z 平面内任何地方都是绝对收敛的，也就是说 $\psi(z)$ 是一个全纯函数。$\psi(z)$ 构成了西格尔-巴格曼（Segal-Bargmann）空间 [9] 的全纯函数。如果 $|\psi(z)\rangle$ 是一个数态 $|\psi(z)\rangle = |n\rangle$，那么 $\psi_n(z) = z^n/\sqrt{n!}$。这些函数构成了 Segal-Bargmann 空间的正交归一基底。

令算符 $\hat{F}$ 是 $\hat{a}$ 和 $\hat{a}^\dagger$ 的函数，$\hat{F} = F(\hat{a}, \hat{a}^\dagger)$。$\hat{F}$ 可以用数态分解为

$$\hat{F} = \sum_n \sum_m |m\rangle\langle m|\hat{F}|n\rangle\langle n| = \sum_n \sum_m |m\rangle \hat{F}_{mn}\langle n| \tag{3.74}$$

其中 $\hat{F}_{mn}$ 是矩阵元 $\langle m|\hat{F}|n\rangle$。

如果用相干态展开，

$$\hat{F} = \frac{1}{\pi^2} \int \mathrm{d}^2\beta \int \mathrm{d}^2\alpha |\beta\rangle\langle\beta|\hat{F}|\alpha\rangle\langle\alpha| \tag{3.75}$$

然而

$$\langle\beta|\hat{F}|\alpha\rangle = \sum_n \sum_m F_{mn}\langle\beta|m\rangle\langle n|\alpha\rangle = \exp\left[-\frac{1}{2}(|\beta|^2 + |\alpha|^2)\right] F(\beta^*, \alpha) \tag{3.76}$$

其中，

$$F(\beta^*, \alpha) = \sum_m \sum_n F_{mn} \frac{(\beta^*)^m \alpha^n}{\sqrt{m!n!}} \tag{3.77}$$

因此

$$\hat{F} = \frac{1}{\pi^2} \int \mathrm{d}^2\beta \int \mathrm{d}^2\alpha \exp\left[-\frac{1}{2}(|\beta|^2 + |\alpha|^2)\right] F(\beta^*, \alpha)|\beta\rangle\langle\alpha| \tag{3.78}$$

现在假定 $\hat{F}$ 是厄米算符，其本征态是 $|\lambda\rangle$，所以

$$\hat{F} = \sum_\lambda \lambda|\lambda\rangle\langle\lambda| \tag{3.79}$$

于是

$$\langle m|\hat{F}|n\rangle = \sum_\lambda \lambda\langle m|\lambda\rangle\langle\lambda|n\rangle \tag{3.80}$$

然而

$$|\langle m|\hat{F}|n\rangle| \leqslant \sum_\lambda \lambda|\langle m|\lambda\rangle\langle\lambda|n\rangle| \leqslant \sum_\lambda \lambda = \mathrm{Tr}\hat{F} \tag{3.81}$$

这意味着 $|\langle m|\hat{F}|n\rangle|$ 有上限。既然如此，可知函数 $F(\beta^*, \alpha)$ 是关于 β^* 和 α 的全纯函数。

$\hat{F}$ 在相干态表象下的对角元完全决定了算符本身。从 (3.76) 式和 (3.77) 式，有

$$\langle\alpha|\hat{F}|\alpha\rangle\mathrm{e}^{\alpha^*\alpha} = \sum_n \sum_m \frac{(\alpha^*)^m \alpha^n}{\sqrt{m!n!}} \langle m|\hat{F}|n\rangle \tag{3.82}$$

把 α 和 α^* 当作独立变量，显然有

$$\frac{1}{\sqrt{m!n!}} \left[\frac{\partial^{n+m}(\langle\alpha|\hat{F}|\alpha\rangle\mathrm{e}^{\alpha^*\alpha})}{\partial\alpha^{*m}\partial\alpha^n}\right]\Bigg|_{\alpha^*=0,\alpha=0} = \langle m|\hat{F}|n\rangle \tag{3.83}$$

因此从相干态基底下 $\hat{F}$ 的"对角"矩阵元，我们能获得算符在数态基底下的所有矩阵元。

3.6 相干态的相空间图像

众所周知，量子力学中的相空间概念由于正则变量 $\hat{x}$ 和 $\hat{p}$ 不相容也就说不对易的事实是有争议的。因而系统状态不会像在经典力学中一样很好地处在相空间中的一点。尽管如此，我们已经展示相干态使得两个正交算符的不确定度最小化而且它们的不确定度相等。回顾定义 $\hat{X}_1 = (\hat{a} + \hat{a}^\dagger)/2$ 和 $\hat{X}_2 = (\hat{a} - \hat{a}^\dagger)/2\mathrm{i}$，这两个算符分别是重新标度过的无量纲位置和动量算符。它们在相干态下的期望值是 $\langle\hat{X}_1\rangle_\alpha = (\alpha + \alpha^*)/2 = \mathrm{Re}\alpha$，$\langle\hat{X}_2\rangle_\alpha = (\alpha - \alpha^*)/(2\mathrm{i}) = \mathrm{Im}\alpha$。因此复数 α 平面起到相空间的作用，其中 α 的实部和虚部分别表示位置和动量变量，至多相差一个标度因子。图 3.5 描绘了相干态 $|\alpha\rangle$ 的图像，其中 $\alpha = |\alpha|\mathrm{e}^{\mathrm{i}\theta}$。图上画了阴影的圆圈代表相干态的"不确定

面积"，其涨落在相空间中每个方向上都一样，其中心位置距离原点 $|\alpha| = \langle \hat{n} \rangle^{1/2}$，与位置轴的夹角是 θ。更确切的说，$\Delta\theta$ 定量地代表了相干态的相位不确定度，而且显然它随着 $|\alpha|$ 的增加而减小。X_1 和 X_2 的涨落与 α 无关且等于它们在真空态中的涨落。真空态 $|\alpha| = 0$ 的相空间表示由图 3.6 给出，其中明显可知相位上的不确定度已经不可能再大，也就是说 $\Delta\theta = 2\pi$。如图 3.7 所示，数态 $|n\rangle$ 可表示为相空间中半径为 n 的圆周，n 的不确定度是 0 而相位不确定度也是 2π。需要理解的是这些图像本质上是定性的，但用来显示场的不同量子态的噪声分布是有用的。场的绝大多数量子态都没有经典对应，所以对应的相空间图像并不该过于从字面上理解。不过这些表示对我们在第 7 章中讨论压缩态本质时相当有用。

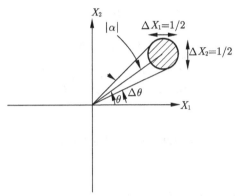

图 3.5　振幅大小和相位角分别是 $|\alpha|$ 和 θ 的相干态的相空间图像。注意图中的误差圆周对于所有相干态都是一样的。随着 $|\alpha|$ 增大，相位不确定度 $\Delta\theta$ 会变小，趋于"经典极限"的预测结果

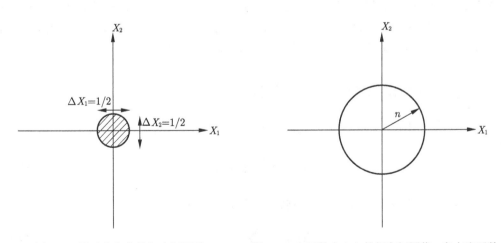

图 3.6　量子真空态的相空间图像　　　图 3.7　光子数态 $|n\rangle$ 的相空间图像。它在光子数上的不确定度是 $\Delta n = 0$，而相位则完全随机

在本节最后，我们再利用相空间图像去阐述无作用场量子态的时间演化。我们已经看到，对于自由场，相干态 $|\alpha\rangle$ 演化为相干态 $|\alpha e^{-i\omega t}\rangle$。这在图像上显示为相位误差圆周

的顺时针转动：$\langle \alpha e^{-i\omega t}|\hat{X}_1|\alpha e^{-i\omega t}\rangle = \alpha \cos(\omega t)$、$\langle \alpha e^{-i\omega t}|\hat{X}_2|\alpha e^{-i\omega t}\rangle = -\alpha \sin(\omega t)$（假定 α 是实数）。因为根据（2.15）式和（2.52）式，电场算符在薛定谔表象内是

$$\hat{E}_x = 2\mathcal{E}_0 \sin(kz)\hat{X}_1 \tag{3.84}$$

它在相干态 $|\alpha e^{-i\omega t}\rangle$ 下的期望值是

$$\langle \alpha e^{-i\omega t}|\hat{E}_x|\alpha e^{-i\omega t}\rangle = 2\mathcal{E}_0 \sin(kz)\alpha \cos(\omega t) \tag{3.85}$$

因此不计标度因子 $2\mathcal{E}_0 \sin(kz)$ 的话，如图 3.8 所示，电场时间演化和涨落由它在 $\hat{X}_1$ 轴上的投影作为时间函数而给出。

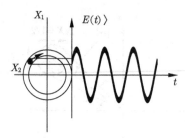

图 3.8　相干态的误差圆周围绕相空间原点以角速度 ω 旋转；电场期望值是它在 X_1 轴上的投影

　　误差圆周内部各点的演化代表了电场的不确定度，可称之为在"经典骨"上的"量子肉"。注意到由于涨落与 α 无关，场的激发程度（即 $|\alpha|$ 值）越高，场的表现就越经典化。但相干态是所有量子态中最经典的，因此显然对处在非相干态的场，其期望值就不会有经典态的表现。数态是相当非经典的态，通过使用它在相空间图像中的代表点，容易从图 3.7 中看到场的期望值是零。也有可能设想别的期望值非零的场态，但其涨落可能小于一部分场中的相干态的涨落。这就是第 7 章将讲到的压缩态。

3.7　密度算符和相空间几率分布

　　回顾（或见附录 A）我们对混合量子态 $|\psi_1\rangle, |\psi_2\rangle, \cdots$（或系综）的描述，密度算符定义为

$$\hat{\rho} = \sum_i p_i |\psi_i\rangle\langle\psi_i| \tag{3.86}$$

其中 p_i 是发现系统处在系综内第 i 个状态上的几率，且有

$$\mathrm{Tr}(\hat{\rho}) = \sum_i p_i = 1 \tag{3.87}$$

（对于纯态，$\hat{\rho} = |\psi\rangle\langle\psi|$）。算符 $\hat{O}$ 的期望值定义为

$$\langle\hat{O}\rangle = \mathrm{Tr}(\hat{O}\hat{\rho}) = \sum_i p_i \langle\psi_i|\hat{O}|\psi_i\rangle \tag{3.88}$$

类似（3.74）式，我们可以把用数态分解了的单位算符放在密度算符的两边，从而得到

$$\hat{\rho} = \sum_n \sum_m |m\rangle \rho_{mn} \langle n| \tag{3.89}$$

要完全决定算符 $\hat{\rho}$ 就需要所有矩阵元 $\rho_{mn} = \langle m|\hat{\rho}|n\rangle$。对角元 $P_n = \rho_{nn}$ 正好就是在场中发现 n 个光子的几率。

另外用相干态分解 $\hat{\rho}$ 两边的单位算符，利用（3.75）式可知

$$\hat{\rho} = \iint \langle \alpha'|\hat{\rho}|\alpha'' \rangle |\alpha'\rangle \langle \alpha''| \frac{\mathrm{d}^2\alpha' \mathrm{d}^2\alpha''}{\pi^2} \tag{3.90}$$

不过还有一种用相干态表示 $\hat{\rho}$ 的方法，也就是说

$$\hat{\rho} = \int P(\alpha)|\alpha\rangle \langle \alpha| \mathrm{d}^2\alpha \tag{3.91}$$

其中 $P(\alpha)$ 是权重函数，有时称之为格劳伯-苏达香（Glauber-Sudarshan）的 P 函数[2,10]。等式（3.91）右边是密度算符的"对角"形式，所以 P 函数可类比于统计力学中的相空间分布。这里 α 的实部和虚部是相空间的变量。因为 $\hat{\rho}$ 是厄米算符，所以 $P(\alpha)$ 必然是正的。并且

$$\mathrm{Tr}(\hat{\rho}) = \mathrm{Tr} \int P(\alpha)|\alpha\rangle \langle \alpha| \mathrm{d}^2\alpha = \int \sum_n P(\alpha)\langle n|\alpha\rangle \langle \alpha|n\rangle \mathrm{d}^2\alpha$$

$$= \int P(\alpha) \sum_n \langle \alpha|n\rangle \langle n|\alpha\rangle \mathrm{d}^2\alpha = \int P(\alpha) \sum_n \langle \alpha|\alpha\rangle \mathrm{d}^2\alpha = \int P(\alpha)\mathrm{d}^2\alpha = 1 \tag{3.92}$$

正好就是我们期望的相空间几率分布的特征。

不过对于场的某些量子态，$P(\alpha)$ 的性质和那些真实分布几率（可期待 $P(\alpha) \geqslant 0$）不同。存在一些量子态使得 $P(\alpha)$ 是负值或高度奇异。这些情况下对应的量子态称为"非经典"的。事实上我们可以把非经典态定义为所对应的 $P(\alpha)$ 在相空间（α 平面）某些区域为负值或比 δ 函数更为奇异（第二种标准的理由接下来我们会很快讲清楚）。谈论光的非经典态似乎在修辞上是令人费解的。难道光的所有状态不都是量子的吗？确实如此。但用奥威尔的语言来说，光的所有状态都是量子的，不过某些态比另外一些更加量子一些。在这个意义上，$P(\alpha)$ 为正值或没有比 δ 函数更奇异的状态是经典的。我们已经显示由于相干态描述了具有接近于我们所期望的经典振荡相干场性质的状态，因此它们是半经典的。正如我们将看到的，它们的 P 函数由 δ 函数给出，因而在当下描述的意义上是经典的。某些特定效应，包括正交化和振幅（或布居数）压缩，只能发生在那些 P 函数为负值或更为奇异的状态中。基于这个原因，不同压缩形式有着不同的非经典效应。这些效应将在第 7 章中讨论。

不过如何计算 $P(\alpha)$ 呢？在这里遵循一个相当一般的流程，它是梅塔（Mehta）在文献 [12] 中给出的。从（3.91）式出发，使用相干态 $|u\rangle$ 和 $|-u\rangle$，有

$$
\begin{aligned}
\langle -u|\hat{\rho}|u\rangle &= \int P(\alpha)\langle -u|\alpha\rangle\langle\alpha|u\rangle \mathrm{d}^2\alpha \\
&= \int P(\alpha)\exp\left(-\frac{1}{2}|u|^2 - \frac{1}{2}|\alpha|^2 - u^*\alpha\right)\exp\left(-\frac{1}{2}|\alpha|^2 - \frac{1}{2}|u|^2 + \alpha^* u\right)\mathrm{d}^2\alpha \\
&= \mathrm{e}^{-|u|^2}\int P(\alpha)\mathrm{e}^{-|\alpha|^2}\mathrm{e}^{\alpha^* u - \alpha u^*}\mathrm{d}^2\alpha
\end{aligned}
\tag{3.93}
$$

现在令 $\alpha = x + \mathrm{i}y$，$u = x' + \mathrm{i}y'$，所以 $\alpha^* u - \alpha u^* = 2\mathrm{i}(x'y - xy')$。于是定义复平面内的傅里叶变换：

$$
g(u) = \int f(\alpha)\mathrm{e}^{\alpha^* u - \alpha u^*}\mathrm{d}^2\alpha
\tag{3.94a}
$$

$$
f(\alpha) = \frac{1}{\pi^2}\int g(u)\mathrm{e}^{u^*\alpha - u\alpha^*}\mathrm{d}^2 u
\tag{3.94b}
$$

用恒等式

$$
g(u) = \mathrm{e}^{|u|^2}\langle -u|\hat{\rho}|u\rangle, \quad f(\alpha) = P(\alpha)\mathrm{e}^{-|u|^2}
\tag{3.95}
$$

再利用（3.94b）式，可知

$$
P(\alpha) = \frac{\mathrm{e}^{|\alpha|^2}}{\pi^2}\int \mathrm{e}^{|u|^2}\langle -u|\hat{\rho}|u\rangle \mathrm{e}^{u^*\alpha - u\alpha^*}\mathrm{d}^2 u
\tag{3.96}
$$

特别要注意这个积分的收敛性，因为当 $|u| \to \infty$ 时，$\mathrm{e}^{|\alpha|^2} \to \infty$。

现在考虑一些例子。首先考虑纯相干态 $|\beta\rangle$，其中 $\hat{\rho} = |\beta\rangle\langle\beta|$。因为

$$
\langle -u|\hat{\rho}|u\rangle = \langle -u|\beta\rangle\langle\beta|u\rangle = \mathrm{e}^{-|\beta|^2}\mathrm{e}^{-|u|^2}\mathrm{e}^{-u^*\beta + \beta^* u}
\tag{3.97}
$$

于是

$$
P(\alpha) = \mathrm{e}^{|\alpha|^2}\mathrm{e}^{-|\beta|^2}\frac{1}{\pi^2}\int \mathrm{e}^{u^*(\alpha-\beta) - u(\alpha^* - \beta^*)}\mathrm{d}^2 u
\tag{3.98}
$$

然而这里的傅里叶积分正好就是狄拉克 δ 函数的二维形式：

$$
\delta^{(2)}(\alpha - \beta) = \delta[\mathrm{Re}(\alpha) - \mathrm{Re}(\beta)]\delta[\mathrm{Im}(\alpha) - \mathrm{Im}(\beta)] = \frac{1}{\pi^2}\int \mathrm{e}^{u^*(\alpha-\beta) - u(\alpha^* - \beta^*)}\mathrm{d}^2 u
\tag{3.99}
$$

于是

$$
P(\alpha) = \delta^{(2)}(\alpha - \beta)
\tag{3.100}
$$

这和经典谐振子的分布相同。

不过相干态是经典态，数态 $|n\rangle$ 则在另一个极端，它是一个完全不能用经典方式描述的态。对于纯数态 $|n\rangle$，$\hat{\rho} = |n\rangle\langle n|$，且

$$
\langle -u|\hat{\rho}|u\rangle = \langle -u|n\rangle\langle n|u\rangle = \mathrm{e}^{-|u|^2}\frac{(-u^* u)^n}{n!}
\tag{3.101}
$$

因而

$$P(\alpha) = \frac{e^{|\alpha|^2}}{n!} \frac{1}{\pi^2} \int (-u^* u)^n e^{u^*\alpha - u\alpha^*} d^2 u \tag{3.102}$$

这个积分用普通函数无法表达，形式上可以写

$$P(\alpha) = \frac{e^{|\alpha|^2}}{n!} \frac{\partial^{2n}}{\partial\alpha^n \partial\alpha^{*n}} \frac{1}{\pi^2} \int e^{u^*\alpha - u\alpha^*} d^2 u = \frac{e^{|\alpha|^2}}{n!} \frac{\partial^{2n}}{\partial\alpha^n \partial\alpha^{*n}} \delta^{(2)}(\alpha) \tag{3.103}$$

δ 函数的导数称为调和分布，比 δ 函数更为奇异，仅在积分符号下有意义，比如对某个函数 $F(\alpha, \alpha^*)$：

$$\int F(\alpha, \alpha^*) \frac{\partial^{2n}}{\partial\alpha^n \partial\alpha^{*n}} \delta^{(2)}(\alpha) d^2\alpha = \left[\frac{\partial^{2n} F(\alpha, \alpha^*)}{\partial\alpha^n \partial\alpha^{*n}}\right]_{\alpha^*=0, \alpha=0} \tag{3.104}$$

在这里引入 Sudarshan 的光学等价理论[10]。假设有关于算符 $\hat{a}$ 和 $\hat{a}^\dagger$ 的"正规序"函数 $G^{(N)}(\hat{a}, \hat{a}^\dagger)$，其中湮灭算符处在产生算符的右边：

$$G^{(N)}(\hat{a}, \hat{a}^\dagger) = \sum_n \sum_m C_{nm} (\hat{a}^\dagger)^n \hat{a}^m \tag{3.105}$$

（不难猜出反正规序算符的样子吧！）这个函数的均值是

$$\langle G^{(N)}(\hat{a}, \hat{a}^\dagger)\rangle = \text{Tr}\left[G^{(N)}(\hat{a}, \hat{a}^\dagger)\hat{\rho}\right] = \text{Tr}\int P(\alpha) \sum_n \sum_m C_{nm}(\hat{a}^\dagger)^n \hat{a}^m |\alpha\rangle\langle\alpha| d^2\alpha$$

$$= \int P(\alpha) \sum_n \sum_m C_{nm}\langle\alpha|(\hat{a}^\dagger)^n \hat{a}^m|\alpha\rangle d^2\alpha = \int P(\alpha) \sum_n \sum_m C_{nm}\alpha^{*n}\alpha^m d^2\alpha$$

$$= \int P(\alpha) G^{(N)}(\alpha, \alpha^*) d^2\alpha \tag{3.106}$$

上述最后一行就是**光学等价理论**：正规序算符的期望值就是做代换 $a \to \alpha$，以及 $a^\dagger \to \alpha^*$ 后获得的函数以 P 函数作为权重的平均值。

正规序算符将随后变得重要，特别是在由于光子吸收引起的光电子探测中。引入正规序算符记号 :: 是有用的。对于 $\hat{a}$ 和 $\hat{a}^\dagger$ 的任意函数 $O(\hat{a}, \hat{a}^\dagger)$，有

$$: O(\hat{a}, \hat{a}^\dagger) := \equiv O^{(N)}(\hat{a}, \hat{a}^\dagger) \tag{3.107}$$

其中舍掉了对易关系。数算符 $\hat{n} = \hat{a}^\dagger \hat{a}$ 已经是正规序的，所以

$$\langle\hat{n}\rangle = \langle\hat{a}^\dagger \hat{a}\rangle = \int P(\alpha)|\alpha|^2 d^2\alpha \tag{3.108}$$

然而 $\hat{n}^2 = \hat{a}^\dagger \hat{a} \hat{a}^\dagger \hat{a}$ 不是正规序的，因而

$$: \hat{n}^2 := (\hat{a}^\dagger)^2 \hat{a}^2$$

并且

$$\langle : \hat{n}^2 : \rangle = \langle (\hat{a}^\dagger)^2 \hat{a}^2 \rangle = \int P(\alpha)|\alpha|^4 \mathrm{d}^2\alpha \tag{3.109}$$

第 7 章将会给出正规序算符的功能和光学等价定理的证明。

在合适条件下，我们能把 $\hat{\rho}$ 以外的算符用相干态"对角"形式（有时称之为 P 表象）表示出来。对于算符 $\hat{B}$，其 P 表象是

$$\hat{B} = \int B_P(\alpha, \alpha^*)|\alpha\rangle\langle\alpha|\mathrm{d}^2\alpha \tag{3.110}$$

$\hat{B}$ 的平均值是

$$\langle \hat{B} \rangle = \mathrm{Tr}(\hat{B}\hat{\rho}) = \sum_n \langle n| \int B_P(\alpha, \alpha^*)|\alpha\rangle\langle\alpha|\hat{\rho}|n\rangle\mathrm{d}^2\alpha = \int B_P(\alpha, \alpha^*)\langle\alpha|\hat{\rho}|\alpha\rangle\mathrm{d}^2\alpha \tag{3.111}$$

密度算符在相干态下的期望值显然也起到相空间几率分布的作用。它通常被称为 Q 函数或伏见（Husimi）函数[12]：

$$Q(\alpha) = \langle\alpha|\hat{\rho}|\alpha\rangle/\pi \tag{3.112}$$

取 $\hat{B} = \hat{I}$，可得归一化条件

$$\int Q(\alpha)\mathrm{d}^2\alpha = 1 \tag{3.113}$$

与 P 函数不同，Q 函数对所有量子态都取正值。当然这是因为算符 B 定义的对应 Q 表象正好就是它关于相干态的期望值：

$$B_Q(\alpha, \alpha^*) \equiv \langle\alpha|\hat{B}|\alpha\rangle = \mathrm{e}^{-|\alpha|^2} \sum_n \sum_m \frac{B_{nm}}{(n!m!)^{1/2}}(\alpha^*)^n\alpha^m \tag{3.114}$$

其中 $B_{nm} = \langle n|\hat{B}|m\rangle$。再算一下 $\langle\hat{B}\rangle$，不过现在用 P 表象写出 $\hat{\rho}$：

$$\langle \hat{B} \rangle = \mathrm{Tr}(\hat{B}\hat{\rho}) = \mathrm{Tr} \int \hat{B}P(\alpha)|\alpha\rangle\langle\alpha|\mathrm{d}^2\alpha = \int P(\alpha)\langle\alpha|\hat{B}|\alpha\rangle\mathrm{d}^2\alpha = \int P(\alpha)B_Q(\alpha, \alpha^*)\mathrm{d}^2\alpha \tag{3.115}$$

因而如果使用 $\hat{\rho}$ 的 P 表象就需要 $\hat{B}$ 的 Q 表象，或从 (3.111) 式可知，如果使用 $\hat{B}$ 的 P 表象就需要 $\hat{\rho}$ 的 Q 表象。

在取值为正的意义上，Q 函数具有几率分布的特征而 P 函数实际上是个赝几率分布。

事实上还有一类重要的相空间赝几率分布，即维格纳（Wigner）函数。Wigner 函数似乎是最早引入的相空间赝几率分布，它在 1932 年首次被提出[13]。对于任意密度算符 $\hat{\rho}$，它被定义为

$$W(q,p) \equiv \frac{1}{2\pi\hbar} \int_{-\infty}^{\infty} \left\langle q + \frac{1}{2}x|\hat{\rho}|q - \frac{1}{2}x \right\rangle \mathrm{e}^{\mathrm{i}px/\hbar}\mathrm{d}x \tag{3.116}$$

其中 $\left| q \pm \frac{1}{2}x \right\rangle$ 是位置算符本征右矢量。如果感兴趣的状态是纯态 $\hat{\rho} = |\psi\rangle\langle\psi|$，那么

$$W(q,p) \equiv \frac{1}{2\pi\hbar} \int_{-\infty}^{\infty} \psi^* \left(q - \frac{1}{2}x \right) \psi \left(q + \frac{1}{2}x \right) \mathrm{e}^{\mathrm{i}px/\hbar} \mathrm{d}x \tag{3.117}$$

其中 $\left\langle q + \frac{1}{2}x | \psi \right\rangle = \psi \left(q + \frac{1}{2}x \right)$。对动量积分可得

$$\int_{-\infty}^{\infty} W(q,p)\mathrm{d}p = \frac{1}{2\pi\hbar} \int_{-\infty}^{\infty} \psi^* \left(q - \frac{1}{2}x \right) \psi \left(q + \frac{1}{2}x \right) \int_{-\infty}^{\infty} \mathrm{e}^{\mathrm{i}px/\hbar} \mathrm{d}p\mathrm{d}x$$

$$= \int_{-\infty}^{\infty} \psi^* \left(q - \frac{1}{2}x \right) \psi \left(q + \frac{1}{2}x \right) \delta(x)\mathrm{d}x = |\psi(q)|^2 \tag{3.118}$$

这是位置变量 q 的几率密度。类似地，通过对 q 积分可得

$$\int_{-\infty}^{\infty} W(q,p)\mathrm{d}q = |\varphi(p)|^2 \tag{3.119}$$

其中 $\varphi(p)$ 是动量空间中与位置空间波函数通过傅里叶变换相联系的波函数。表达式（3.119）的右边当然正好是动量空间的几率密度。然而 $W(q,p)$ 自身不是一个真正的几率分布。正如我们将看到的，它对某些非经典态取负值。类似于其他分布，Wigner 函数可用来计算平均值。然而对算符 $\hat{q}$ 和 $\hat{p}$ 的函数求平均值必须用到这些算符的外尔（Weyl）序或对称序。举个例子，经典函数 qp 必须被替换为 $(\hat{q}\hat{p} + \hat{p}\hat{q})/2$，然后

$$\langle \hat{q}\hat{p} + \hat{p}\hat{q} \rangle = \int (qp + pq)W(q,p)\mathrm{d}q\mathrm{d}p \tag{3.120}$$

一般地，如果 $\{G(\hat{q},\hat{p})\}_{\mathrm{W}}$ 表示一个 Weyl 序函数，其中 $\{\}_{\mathrm{W}}$ 意味着 Weyl 序或对称序，那么

$$\langle \{G(\hat{q},\hat{p})\}_{\mathrm{W}} \rangle = \int \{G(\hat{q},\hat{p})\}_{\mathrm{W}} W(q,p)\mathrm{d}q\mathrm{d}p \tag{3.121}$$

表示对应的相空间平均。

3.8 特征函数

先考虑一个经典随机变量 x。假设 $\rho(x)$ 是有关变量 X 的经典几率密度。那么有

$$\rho(x) \geqslant 0 \tag{3.122}$$

和

$$\int \rho(x)\mathrm{d}x = 1 \tag{3.123}$$

x 的 n 极矩定义为

$$\langle x^n \rangle = \int \mathrm{d}x x^n \rho(x) \tag{3.124}$$

如果所有 $\langle x^n \rangle$ 已知，那么 $\rho(x)$ 就完全确定了。这能够通过引入特征函数看到

$$C(k) = \langle e^{ikx} \rangle = \int \mathrm{d}x e^{ikx} \rho(x) = \sum_{n=0}^{\infty} \frac{(ik)^n}{n!} \langle x^n \rangle \qquad (3.125)$$

几率密度显然就是特征函数的傅里叶变换：

$$\rho(x) = \frac{1}{2\pi} \int \mathrm{d}k e^{-ikx} C(k) \qquad (3.126)$$

因此如果所有 $\langle x^n \rangle$ 已知，那么 $C(k)$ 和 $\rho(x)$ 就都知道了。另外，如果给定特征函数，我们能根据

$$\langle x^n \rangle = \frac{1}{i^n} \frac{\mathrm{d}^n C(k)}{\mathrm{d}k^n} \bigg|_{k=0} \qquad (3.127)$$

计算 n 极矩。

现在继续引入量子特征函数。实际上有三种这样的函数，分别是

$$C_W(\lambda) = \mathrm{Tr}\left(\hat{\rho} e^{\lambda \hat{a}^\dagger - \lambda^* \hat{a}} \right) = \mathrm{Tr}[\hat{\rho}\hat{D}(\lambda)] \quad （维格纳序） \qquad (3.128a)$$

$$C_N(\lambda) = \mathrm{Tr}\left(\hat{\rho} e^{\lambda \hat{a}^\dagger} e^{-\lambda^* \hat{a}} \right) = \mathrm{Tr}[\hat{\rho}\hat{D}(\lambda)] \quad （正规序） \qquad (3.128b)$$

$$C_A(\lambda) = \mathrm{Tr}\left(\hat{\rho} e^{-\lambda^* \hat{a}} e^{\lambda \hat{a}^\dagger} \right) = \mathrm{Tr}[\hat{\rho}\hat{D}(\lambda)] \quad （反正规序） \qquad (3.128c)$$

这些函数通过分解定理（3.32）式联系在一起

$$C_W(\lambda) = C_N(\lambda) e^{-|\lambda|^2/2} = C_A(\lambda) e^{|\lambda|^2/2} \qquad (3.129)$$

更多的，容易看到

$$\langle (\hat{a}^\dagger)^m \hat{a}^n \rangle = \mathrm{Tr}[\hat{\rho}(\hat{a}^\dagger)^m \hat{a}^n] = \frac{\partial^{(m+n)}}{\partial \lambda^m \partial(-\lambda^*)^n} C_N(\lambda) \bigg|_{\lambda=0} \qquad (3.130a)$$

$$\langle \hat{a}^m (\hat{a}^\dagger)^n \rangle = \mathrm{Tr}[\hat{\rho}\hat{a}^m (\hat{a}^\dagger)^n] = \frac{\partial^{(m+n)}}{\partial \lambda^n \partial(-\lambda^*)^m} C_A(\lambda) \bigg|_{\lambda=0} \qquad (3.130b)$$

$$\langle \{\hat{a}^m (\hat{a}^\dagger)^n\}_W \rangle = \mathrm{Tr}[\hat{\rho}\{\hat{a}^m (\hat{a}^\dagger)^n\}_W] = \frac{\partial^{(m+n)}}{\partial \lambda^m \partial(-\lambda^*)^n} C_W(\lambda) \bigg|_{\lambda=0} \qquad (3.130c)$$

我们能引入卡西尔（Cahill）和 Glauber 的 s 参量函数[14] 来取代这三个不一样的特征函数：

$$C(\lambda, s) = \mathrm{Tr}\left[\hat{\rho} \exp(\lambda \hat{a}^\dagger - \lambda^* \hat{a} + s|\lambda|^2/2) \right] \qquad (3.131)$$

使得 $C(\lambda, 0) = C_W(\lambda)$，$C(\lambda, 1) = C_N(\lambda)$，$C(\lambda, -1) = C_A(\lambda)$。

现在来确定这些特征函数和不同几率分布之间的关联。举个例子，反对称序特征函数可以写为

$$C_A(\lambda) = \mathrm{Tr}\left(\hat{\rho}\mathrm{e}^{-\lambda^*\hat{a}}\mathrm{e}^{\lambda\hat{a}^\dagger}\right) = \mathrm{Tr}\left(\mathrm{e}^{\lambda\hat{a}^\dagger}\hat{\rho}\mathrm{e}^{-\lambda^*\hat{a}}\right)$$

$$= \frac{1}{\pi}\int \mathrm{d}^2\alpha\langle\alpha|\mathrm{e}^{\lambda\hat{a}^\dagger}\hat{\rho}\mathrm{e}^{-\lambda^*\hat{a}}|\alpha\rangle = \int \mathrm{d}^2\alpha Q(\alpha)\mathrm{e}^{\lambda\alpha^*-\lambda^*\alpha} \tag{3.132}$$

这正好是 Q 函数的二维傅里叶变换。反傅里叶变换给出

$$Q(\alpha) = \frac{1}{\pi^2}\int C_A(\lambda)\mathrm{e}^{\lambda^*\alpha-\lambda\alpha^*}\mathrm{d}^2\lambda \tag{3.133}$$

现在考虑正规序特征函数。在 P 表象下写出 $\hat{\rho}$，有

$$C_N(\lambda) = \mathrm{Tr}\left(\hat{\rho}\mathrm{e}^{\lambda\hat{a}^\dagger}\mathrm{e}^{-\lambda^*\hat{a}}\right) = \int P(\alpha)\langle\alpha|\mathrm{e}^{\lambda\hat{a}^\dagger}\mathrm{e}^{-\lambda^*\hat{a}}|\alpha\rangle\mathrm{d}^2\alpha = \int P(\alpha)\mathrm{e}^{\lambda\alpha^*-\lambda^*\alpha}\mathrm{d}^2\alpha \tag{3.134}$$

这正好是 P 函数的二维傅里叶变换。反傅里叶变换给出

$$P(\alpha) = \frac{1}{\pi^2}\int \mathrm{e}^{\lambda^*\alpha-\lambda\alpha^*}C_N(\lambda)\mathrm{d}^2\lambda \tag{3.135}$$

最后不出所料，能够发现 Wigner 函数可以用 Weyl 序特征函数的傅里叶变换获得，

$$W(\alpha) \equiv \frac{1}{\pi^2}\int \mathrm{e}^{\lambda^*\alpha-\lambda\alpha^*}C_W(\lambda)\mathrm{d}^2\lambda = \frac{1}{\pi^2}\int \mathrm{e}^{\lambda^*\alpha-\lambda\alpha^*}C_N(\lambda)\mathrm{e}^{-|\lambda|^2/2}\mathrm{d}^2\lambda \tag{3.136}$$

这个定义等价于先前对变量合理分析的那个定义。

作为对特征函数的应用，现在推导对应于场的热态的 P 函数。在此情况下场处在由 (2.144) 式的密度算符给出的混合态。我们先计算这个密度算符的 Q 函数

$$Q(\alpha) = \langle\alpha|\hat{\rho}_{\mathrm{Th}}|\alpha\rangle/\pi = \frac{1}{\pi}\mathrm{e}^{-|\alpha|^2}\sum_n\sum_m\langle m\hat{\rho}_{\mathrm{Th}}|n\rangle\frac{(\alpha^*)^m\alpha^n}{(m!n!)^{1/2}}$$

$$= \frac{\mathrm{e}^{-|\alpha|^2}}{\pi(1+\bar{n})}\sum_m\left(\frac{\bar{n}}{1+\bar{n}}\right)^n\frac{(\alpha^*\alpha)^n}{n!} = \frac{1}{\pi(1+\bar{n})}\exp\left(-\frac{|\alpha|^2}{1+\bar{n}}\right) \tag{3.137}$$

其中 $\bar{n}$ 是 (2.141) 式给出的热态平均布居数。然后从 (3.132) 式有

$$C_A(\lambda) = \frac{1}{\pi(1+\bar{n})}\int \mathrm{d}^2\alpha\exp\left(-\frac{|\alpha|^2}{1+\bar{n}}\right)\mathrm{e}^{\lambda\alpha^*-\lambda^*\alpha} \tag{3.138}$$

现在令 $\alpha = (q+\mathrm{i}p)/\sqrt{2}$，$\lambda = (x+\mathrm{i}y)/\sqrt{2}$，其中 $\mathrm{d}^2\alpha = \mathrm{d}q\mathrm{d}p/2$，有

$$C_A(x,y) = \frac{1}{2\pi(1+\bar{n})}\int \mathrm{d}^2\alpha\exp\left[-\frac{(q^2+p^2)}{2(1+\bar{n})}\right]\mathrm{e}^{\mathrm{i}(yq-xp)}\mathrm{d}q\mathrm{d}p \tag{3.139}$$

利用标准高斯积分

$$\int \mathrm{e}^{-as^2}\mathrm{e}^{\pm\beta s}\mathrm{d}s = \sqrt{\frac{\pi}{a}}\mathrm{e}^{\beta^2/4a} \tag{3.140}$$

直接可得

$$C_A(\lambda) = \exp[-(1+\bar{n})|\lambda|^2] \tag{3.141}$$

然而根据 (3.129) 式有 $C_N(\lambda) = C_A(\lambda)\mathrm{e}^{|\lambda|^2}$，再根据 (3.135) 式最终得到

$$P(\alpha) = \frac{1}{\pi^2} \int \exp(-\bar{n}|\lambda|^2)\mathrm{e}^{\lambda^*\alpha - \lambda\alpha^*}\mathrm{d}^2\lambda = \frac{1}{\pi\bar{n}} \exp\left(-\frac{|\alpha|^2}{\bar{n}}\right) \tag{3.142}$$

这是高斯型函数，所以可以被理解为真实的几率分布。

我们最后用最经典的量子态（相干态）和最量子的态（数态）的 Q 函数和 Wigner 函数来总结这一章。对于相干态 $\hat{\rho} = |\beta\rangle\langle\beta|$，容易发现它的 Q 函数是

$$Q(\alpha) = \frac{1}{\pi}|\langle\alpha|\beta\rangle|^2 = \frac{1}{\pi} \exp(-|\alpha - \beta|^2) \tag{3.143}$$

而对于数态 $\hat{\rho} = |n\rangle\langle n|$，

$$Q(\alpha) = \frac{1}{\pi}|\langle\alpha|n\rangle|^2 = \frac{1}{\pi} \exp(-|\alpha|^2)\frac{|\alpha|^{2n}}{n!} \tag{3.144}$$

设 $\alpha = x + \mathrm{i}y$，在图 3.9 中描绘了这些关于 x 和 y 的函数。

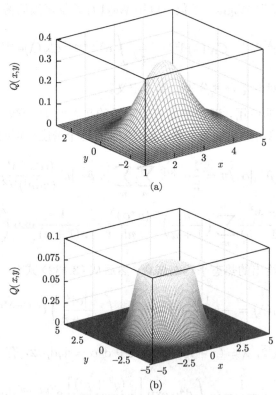

图 3.9 (a) 平均光子数为 $\bar{n} = 10$ 的相干态和 (b)$n = 3$ 的数态的 Q 函数

相干态的 Q 函数正好是以 β 为中心的高斯函数，而数态一个半径 $r \sim n$ 的环状结构。注意在 3.6 节介绍的这些函数如何关系到相空间的图像。根据 (3.136) 式，相干态

$|\beta\rangle$ 对应的 Wigner 函数是

$$W(\alpha) = \frac{2}{\pi} \exp(-2|\alpha - \beta|^2) \tag{3.145}$$

而对于数态 $|n\rangle$，则有

$$W(\alpha) = \frac{2}{\pi}(-1)^n L_n(4|\alpha|^2) \exp(-2|\alpha|^2) \tag{3.146}$$

其中 $L_n(\zeta)$ 是拉盖尔（Laguerre）多项式。（这些函数的推导留给读者作为练习，见习题 12。）我们在图 3.10 中再利用 $\alpha = x + \mathrm{i}y$ 描述这些函数。显然对于相干态，除了一个全局标度因子外 Q 函数和 Wigner 函数完全一致。不过对于数态，我们看到 Wigner 函数的振荡且在相空间很大的区域内变成负值。Q 函数当然从未变负，它总是一个几率分布。Wigner 函数则不总是正的，数态的 Wigner 函数就是这样一个例子，它不是一个几率分布。Wigner 函数在相空间内取负值的状态是非经典态。然而反过来说却不一定成立。一个状态可以是非经典的且其 Wigner 函数非负。正如我们早先说过的，对于非经典态，P 函数在相空间的某些区域变成负值或比 δ 函数更奇异一些。在这个意义上压缩态是强烈非经典的，我们会在第 7 章讨论它，但它的 Wigner 函数总是正的。尽管如此，对

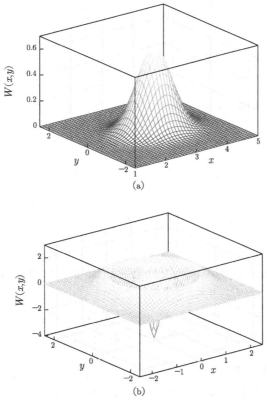

图 3.10　(a) 平均光子数为 $\bar{n} = 10$ 的相干态和 (b)$n = 3$ 的数态的 Wigner 函数

于这些态和别的非经典态，Wigner 函数仍然极为重要。这是因为 P 函数一般来说难以用通常方式写成一个函数，而 Wigner 函数总可以写出来。此外 Wigner 函数比 Q 函数对某些态的量子本性更为敏感，比如我们已经研究过的数态。更重要的是，在后面的第 7 章以及本章的习题 12 中可以看到，Wigner 函数可以呈现出量子态所关联的干涉效应的整体性 [15]。最后一点，有时从实验数据可能能够通过称之为量子态层析术 [16] 的流程重构 Wigner 函数。对这方面的讨论超出了本书的范围，但我们建议读者去看本章后的参考文献和参考书目。

习题

1. 探索产生算符 $\hat{a}^\dagger$ 的右本征态的存在可能性。

2. 借助相空间图像，证明平均光子数为 $\bar{n} = |\alpha|^2$ 的相干态 $|\alpha\rangle$ 的相位不确定度当 $\bar{n} \gg 1$ 时是 $\Delta\phi = 1/(2\bar{n})^{1/2}$。

3. 完成相干态波函数（3.47）式的推导。

4. 证明如下恒等式：

$$\hat{a}^\dagger |\alpha\rangle\langle\alpha| = \left(\alpha^* + \frac{\partial}{\partial\alpha}\right)|\alpha\rangle\langle\alpha|$$

$$\hat{a}|\alpha\rangle\langle\alpha| = \left(\alpha + \frac{\partial}{\partial\alpha^*}\right)|\alpha\rangle\langle\alpha|$$

5. 证明（3.16）式，即场处在相干态时，正交算符的量子涨落和真空态的一样。

6. 用相干态计算阶乘矩 $\langle \hat{n}(\hat{n}-1)(\hat{n}-2)\cdots(\hat{n}-r+1)\rangle$ 的期望值。

7. 用相干态计算（2.211）式中的正弦和余弦算符以及它们平方的期望值。（你不会得到封闭形式。）检查平均光子数 $\bar{n} = |\alpha|^2 \gg 1$ 的极限情况，再检查（2.215）式和（2.216）式在此极限下的不确定度乘积。

8. 再考虑一下指数相位算符 $\hat{E} = (\hat{n}+1)^{-1/2}\hat{a}$。(a) 寻求满足 $\hat{E}|z\rangle = z|z\rangle$ 的归一化了的右本征态 $|z\rangle$。$|z|$ 的范围有没有限制？(b) 是否可以用这些态分解单位算符？(c) 检查 $|z| \to 1$ 时的这些态，它们和（2.221）式中的相位态 $|\phi\rangle$ 有什么联系？是否和（2.223）式有冲突？(d) 计算 $|z\rangle$ 的光子数分布，并用这个态的平均光子数 $\bar{n}$ 表示。结果是否和本书中已经看到的某个内容类似？(e) 计算 $|z\rangle$ 的相位分布。

9. 用 P 函数表示光子数算符的正规序方差：$\langle : (\Delta\hat{n})^2 : \rangle \equiv \langle : \hat{n}^2 : \rangle - \langle : \hat{n} : \rangle^2$，其中 $:\hat{n} := \hat{n} = \hat{a}^\dagger\hat{a}$ 已经是正规序。证明对于相干态 $\langle : (\Delta\hat{n})^2 : \rangle = 0$。设想如有某个量子态使得 $\langle : (\Delta\hat{n})^2 : \rangle < 0$，它的 P 函数会怎样？这样的态能被当作是经典态吗？

10. 用 P 函数表示出正交算符的正规序方差 $\langle : (\Delta \hat{X})_i^2 : \rangle$, $i = 1, 2$。证明这些方差对于相干态为 0。检查在何种量子态下可以使得 $\langle : (\Delta \hat{X})_i^2 : \rangle < 0$, i 为 1 或 2。对两个正交算符而言,这个条件能同时成立吗?

11. 证明 (3.116) 式和 (3.136) 式的两个 Wigner 函数表达式是等价的。

12. 分别用相干态和数态完成 (3.145) 式和 (3.146) 式中 Wigner 函数的推导。

13. 考虑叠加态

$$\frac{1}{\sqrt{2}} (|\beta\rangle + |-\beta\rangle)$$

其中 $|\pm\beta\rangle$ 是相干态。(a) 证明这个态在 $|\beta|^2 \gg 1$ 的情况下是归一化的。(b) 计算这个态的光子数几率分布。(c) 计算相位分布。(d) 计算 Q 函数和 Wigner 函数,并画出它们的三维图像,这个态是经典的吗?

14. 证明对量子态 $|\psi\rangle$, Wigner 函数可以写为如下形式:

$$W(\alpha) = \frac{2}{\pi} \sum_{n=0}^{\infty} (-1)^n \langle \psi | \hat{D}(\alpha) | n \rangle \langle n | \hat{D}(\alpha)^\dagger | \psi \rangle$$

参考文献

[1] J. J. Sakurai, Advanced Quantum Mechanics (Reading: Addison-Wesley, 1967), p. 35.

[2] R. J. Glauber, Phys. Rev., 131 (1963), 2766; J. R. Klauder, J. Math. Phys., 4 (1963), 1055.

[3] E. Merzbacher, Quantum Mechanics, 2nd edition (New York: Wiley, 1970), pp. 158-161.

[4] See C. Aragone, E. Chalbaud and S. Salam'o, J. Math. Phys., 17 (1976), 1963.

[5] See S. M. Barnett and D. T. Pegg, J. Mod. Opt., 36 (1989), 7.

[6] The wave functions for the energy eigenstates for the one-dimensional harmonic oscillator can be found in any standard quantum-mechanics textbook.

[7] See, for example, M. Nauenberg, Phys. Rev. A, 40 (1989), 1133; Z. Dacic Gaeta and C. R. Stroud, Jr., Phys. Rev. A, 42 (1990), 6308.

[8] See L. W. Ryder, Quantum Field Theory, 2nd edition (Cambridge: Cambridge University Press, 1996), p. 178.

[9] I. Segal, Illinois J. Math., 6 (1962), 500; V. Bargmann, Commun. Pure Appl. Math., 14 (1961), 187.

[10] E. C. G. Sudarshan, Phys. Rev. Lett., 10 (1963), 277.

[11] C. L. Mehta, Phys. Rev. Lett., 18 (1967), 752.

[12] Y. Kano, J. Math. Phys., 6 (1965), 1913; C. L. Mehta and E. C. G. Sudarshan, Phys. Rev., 138 (1965), B274; R. J. Glauber, in Quantum Optics and Electronics, edited by C. Dewitt, A. Blandin and C. Cohen-Tannoudji (New York: Gordon and Breach, 1965), p. 65.

[13] E. P. Wigner, Phys. Rev., 40 (1932), 794.

[14] K. E. Cahill and R. J. Glauber, Phys. Rev., 177 (1969), 1882.

[15] G. S. Agarwal, Found. Phys., 25 (1995), 219.

[16] See K. Vogel and H. Risken, Phys. Rev. A, 40 (1989), 2847; D. T. Smithey, M. Beck, M. G. Raymer and A. Faridani, Phys. Rev. Lett., 70 (1993), 1244; K. Banaszek, C. Radzewicz, K. Wodkiewicz and J. S. Krasinski, Phys. Rev. A, 60 (1999), 674.

参考书目

有关相干态

- J. R. Klauder and B.-S. Skagerstam (editors), Coherent States: Applications in Physics and Mathematical Physics (Singapore: World Scientific, 1985).
- W.-M. Zhang, D. H. Feng and R. Gilmore, Rev. Mod. Phys., 62 (1990), 867.

有关赝几率分布

- G. S. Agarwal and E. Wolf, Phys. Rev. D, 2 (1970), 2161.
- M. Hillery, R. F. O'Connell, M. O. Scully and E. P. Wigner, Phys. Rep., 106 (1984), 121.

有关量子态层析技术

- M. G. Raymer, Contemp. Phys., 38 (1997), 343.
- U. Leonhardt, Measuring the Quantum State of Light (Cambridge: Cambridge University Press, 1997).

第 4 章　原子辐射的发射和吸收

我们在本章使用量子力学微扰理论讨论原子-场相互作用，先处理经典驱动场，然后处理量子场。对于后者，自发辐射就是完全的量子图像。接下来我们检查所谓的拉比（Rabi）模型，也就是一个"二能级"原子与强近共振经典场的相互作用；我们将引入旋转波近似，并且引入全量子 Rabi 模型（更多时候称之为杰尼斯-卡明斯（Jaynes-Cummings）模型）。我们将提炼这两个模型所预测动力学中的不同。我们将显示 J-C 模型预测了无半经典对应的完全依赖于光子离散性的行为。最后将研究一个推广的 J-C 模型：大失谐模型。在此条件下量子场和原子跃迁频率之间是远离共振的。这将最终允许我们描述场的不同相干态的叠加态（称为薛定谔猫态）怎样能够从原子-场相互作用中产生。

4.1　原子-场相互作用

首先考虑一个被原子束缚的电子在没有外场时的哈密顿量。在位置表象下，哈密顿量是

$$\hat{H}_0 = \frac{1}{2m}\hat{\boldsymbol{P}}^2 + V(r) \tag{4.1}$$

其中 $V(r)$ 是通常把电子与原子核绑定在一起的库仑相互作用，$r = |\boldsymbol{r}|$。在位置空间表象中 $\hat{\boldsymbol{P}} = -\mathrm{i}\boldsymbol{\nabla}$，$\hat{\boldsymbol{r}}|\boldsymbol{r}\rangle = \boldsymbol{r}|\boldsymbol{r}\rangle$，且波函数 $\psi(\boldsymbol{r}) = \langle\boldsymbol{r}|\psi\rangle$。我们假定 $\hat{H}_0$ 的能量本征态 $|k\rangle$ 满足本征方程

$$\hat{H}_0 \psi_k^{(0)}(\boldsymbol{r}) = E_k \psi_k^{(0)}(\boldsymbol{r}) \tag{4.2}$$

其中已知 $\langle\boldsymbol{r}|k\rangle = \psi_k^{(0)}(\boldsymbol{r})$。在外场下的哈密顿量修改为

$$\hat{H}(\boldsymbol{r},t) = \frac{1}{2m}\left[\hat{\boldsymbol{P}} + e\boldsymbol{A}(\boldsymbol{r},t)\right]^2 - e\Psi(\boldsymbol{r},t) + V(r) \tag{4.3}$$

其中，$\boldsymbol{A}(\boldsymbol{r},t)$ 和 $\Psi(\boldsymbol{r},t)$ 分别是外场的矢量势和标量势，而 $-e$ 表示电子电量（e 取正值）。场自身则是

$$\boldsymbol{E}(\boldsymbol{r},t) = -\boldsymbol{\nabla}\Psi(\boldsymbol{r},t) - \frac{\partial\boldsymbol{A}(\boldsymbol{r},t)}{\partial t}, \quad \boldsymbol{B}(\boldsymbol{r},t) = \boldsymbol{\nabla}\times\boldsymbol{A}(\boldsymbol{r},t) \tag{4.4}$$

且它们在规范变换

$$\begin{aligned}
\Psi'(\boldsymbol{r},t) &= \Psi(\boldsymbol{r},t) - \frac{\partial\chi(\boldsymbol{r},t)}{\partial t} \\
\boldsymbol{A}'(\boldsymbol{r},t) &= \boldsymbol{A}(\boldsymbol{r},t) + \boldsymbol{\nabla}\chi(\boldsymbol{r},t)
\end{aligned} \tag{4.5}$$

下不变。薛定谔方程是

$$\hat{H}(\boldsymbol{r},t)\Psi(\boldsymbol{r},t) = \mathrm{i}\hbar\frac{\partial\Psi(\boldsymbol{r},t)}{\partial t} \tag{4.6}$$

为了在最后简化原子-场相互作用的形式,我们定义幺正算符 $\hat{R}$ 使得 $\Psi'(\boldsymbol{r},t) \equiv \hat{R}\Psi(\boldsymbol{r},t)$。有

$$\hat{H}'(\boldsymbol{r},t)\Psi'(\boldsymbol{r},t) = \mathrm{i}\hbar\frac{\partial\Psi'(\boldsymbol{r},t)}{\partial t} \tag{4.7}$$

其中,

$$\hat{H}' = \hat{R}\hat{H}\hat{R}^{\dagger} + \mathrm{i}\hbar\frac{\partial\hat{R}}{\partial t}\hat{R}^{\dagger} \tag{4.8}$$

选择 $\hat{R} = \exp[-\mathrm{i}e\chi(\boldsymbol{r},t)/\hbar]$,这样(利用 $\hat{\boldsymbol{P}} = -\mathrm{i}\boldsymbol{\nabla}$),有

$$\hat{H}' = \frac{1}{2m}\left(\hat{\boldsymbol{P}} + e\boldsymbol{A}'\right)^2 - e\Psi' + V(r) \tag{4.9}$$

其中 $\boldsymbol{A}'$ 和 Ψ' 由(4.5)式给出。现在我们确定所选择的规范,即库仑规范(或辐射规范),其中 $\Psi = 0$,$\boldsymbol{A}$ 满足横向性条件 $\boldsymbol{\nabla}\cdot\boldsymbol{A} = 0$。在原子附近无源的情况下,矢势 $\boldsymbol{A}$ 满足波动方程

$$\boldsymbol{\nabla}^2\boldsymbol{A} - \frac{1}{c^2}\frac{\partial^2\boldsymbol{A}}{\partial t^2} = 0 \tag{4.10}$$

相比洛伦兹规范,库仑规范不是相对论不变的,不过量子光学的绝大部分领域是非相对论的,因此不会引入不自洽的结果。库仑规范的优势是辐射场完全由矢势描写,在这个规范下从表达式(4.3)可得

$$\hat{H}(\boldsymbol{r},t) = \frac{1}{2m}\left[\hat{\boldsymbol{P}} + e\boldsymbol{A}(\boldsymbol{r},t)\right]^2 + V(r) = \frac{\hat{\boldsymbol{P}}^2}{2m} + \frac{e}{m}\hat{\boldsymbol{A}}\cdot\hat{\boldsymbol{P}} + \frac{e^2}{2m}\hat{\boldsymbol{A}}^2 + V(r) \tag{4.11}$$

(4.9)式在此情况下等于

$$\hat{H}' = \frac{1}{2m}\left[\hat{\boldsymbol{P}} + e(\boldsymbol{A} + \boldsymbol{\nabla}\chi)\right]^2 + e\frac{\partial\chi}{\partial t} + V(r) \tag{4.12}$$

波动方程(4.10)的解的形式是

$$\boldsymbol{A} = \boldsymbol{A}_0\mathrm{e}^{\mathrm{i}(\boldsymbol{k}\cdot\boldsymbol{r}-\omega t)} + c.c. \tag{4.13}$$

其中 $|\boldsymbol{k}| = 2\pi/\lambda$ 是辐射波矢量。$\boldsymbol{r}$ 的大小是典型的原子尺度(约几个埃),λ 是典型的光波波长(在 $400 \sim 700\mathrm{nm}$ 范围内的几百个纳米),因此 $\boldsymbol{k}\cdot\boldsymbol{r} \ll 1$,所以在原子尺度范围内矢势在空间上是不变的,$\boldsymbol{A}(\boldsymbol{r},t) \approx \boldsymbol{A}(t)$。这就是所谓的偶极近似。现在选择规范函数 $\chi(\boldsymbol{r},t) = -\boldsymbol{A}(\boldsymbol{r},t)\cdot\boldsymbol{r}$。在此条件下,

$$\begin{aligned}
\boldsymbol{\nabla}\chi(\boldsymbol{r},t) &= -\boldsymbol{A}(t), \\
\frac{\partial\chi}{\partial t}(\boldsymbol{r},t) &= -\boldsymbol{r}\cdot\frac{\partial\boldsymbol{A}}{\partial t} = \boldsymbol{r}\cdot\boldsymbol{E}(t)
\end{aligned} \tag{4.14}$$

因此

$$\hat{H}' = \frac{\hat{\boldsymbol{P}}^2}{2m} + V(r) + e\boldsymbol{r} \cdot \boldsymbol{E}(t) \tag{4.15}$$

这个方程（在偶极近似下）仅含有一个相互作用项，这不同于表达式（4.11）中的两项。在下文中我们将使用 $\hat{H}'$，它所包含的相互作用项有时被称作"长度"规范。物理量 $-e\boldsymbol{r}$ 是偶极矩 $\boldsymbol{d} = -e\boldsymbol{r}$。一般情况下或者说在非特别表象下，偶极矩是一个算符 $\hat{\boldsymbol{d}}$。我们在下文中会如此标记：

$$\hat{H}' = \hat{H}_0 - \hat{\boldsymbol{d}} \cdot \boldsymbol{E}(t) \tag{4.16}$$

其中 $\hat{H}_0$ 由（4.1）式给出。

4.2 原子与经典场的相互作用

到目前为止我们还没有指定作用场的特性，甚至还没有阐述我们考虑的是经典场还是量子场。（4.16）式的推导同时适用于经典场和量子场。不过我们终究想要展示与经典场或量子场作用后的原子行为的不同。考虑到这一点，我们先设想原子被经典正弦电场驱动的情况。

我们假定场的形式是 $\boldsymbol{E}(t) = \boldsymbol{E}_0 \cos(\omega t)$，其中 ω 是辐射频率，且场在 $t = 0$ 时刻被突然打开。这里已经使用了偶极近似（假设 $\boldsymbol{k} \cdot \boldsymbol{r} \ll 1$）。进一步假设原子初态是 $|i\rangle$，满足 $\hat{H}_0|i\rangle = E_i|i\rangle$。在 $t > 0$ 时，我们用非耦合的原子完备集 $|k\rangle$ 展开其态矢量 $|\psi(t)\rangle$：

$$|\psi(t)\rangle = \sum_k C_k(t)\mathrm{e}^{-\mathrm{i}E_k t/\hbar}|k\rangle \tag{4.17}$$

其中依赖于时间的几率幅 $C_k(t)$ 满足归一化条件

$$\sum_k |C_k(t)|^2 = 1 \tag{4.18}$$

把这个展开式代入薛定谔方程

$$\mathrm{i}\hbar\frac{\partial|\psi(t)\rangle}{\partial t} = \left(\hat{H}_0 + \hat{H}^{(I)}\right)|\psi(t)\rangle \tag{4.19}$$

其中 $\hat{H}^{(I)} = -\hat{\boldsymbol{d}} \cdot \boldsymbol{E}(t)$。然后左式乘以 $\langle l|\mathrm{e}^{\mathrm{i}E_l t/\hbar}$ 得到关于几率幅的一阶耦合微分方程：

$$\dot{C}_l(t) = -\frac{\mathrm{i}}{\hbar}\sum_k C_k(t)\langle l|\hat{H}^{(I)}|k\rangle\mathrm{e}^{\mathrm{i}\omega_{lk}t} \tag{4.20}$$

其中 $\omega_{lk} = (E_l - E_k)/\hbar$ 是能级 l 和 k 之间的跃迁频率。这组方程到目前为止是精确的，需要在初始条件 $C_i(0) = 1$（初始时仅 $|i\rangle$ 有布居）下解出来。随着时间推移，原子布居将从 $|i\rangle$ 态上消失并转移到原先没有布居的 $|f\rangle$ 态上，也就是说几率幅 $C_f(t)$ 会增加。在时间 t，原子从 $|i\rangle$ 态转移到 $|f\rangle$ 态的几率是

$$P_{i\to f}(t) = C_f^*(t)C_f(t) = |C_f(t)|^2 \tag{4.21}$$

这些几率幅方程仅在特别简单的情况下有解析解。当然人们现在可以用数值方法解决微分方程组，但在某种程度上"微弱"的驱动场存在的情况下，我们可以使用依赖于时间的微扰理论[1] 来计算这个问题。在这里"微弱"的意思是 $|\boldsymbol{E}_0|$ 较小，实际上就是 $|\langle f|\hat{\boldsymbol{d}} \cdot \boldsymbol{E}_0|i\rangle|$ 较小。作为标记，我们先把相互作用哈密顿量写做 $\lambda \hat{H}^{(I)}$，其中 λ 当作一个在范围 $0 \leqslant \lambda \leqslant 1$ 内的数字。（算到最后我们将取 $\lambda \to 1$。）我们可把所有状态（比如说 $|l\rangle$）的几率幅展开为幂级数的形式：

$$C_l(t) = C_l^{(0)}(t) + \lambda C_l^{(1)}(t) + \lambda^2 C_l^{(2)}(t) + \cdots \tag{4.22}$$

将此表达式代入（4.20）式，让 λ 的同等幂次项相等，我们得到（直到二阶）

$$\dot{C}_l^{(0)} = 0 \tag{4.23}$$

$$\dot{C}_l^{(1)} = -\frac{i}{\hbar} \sum_k C_k^{(0)} H_{lk}^{(I)}(t) e^{i\omega_{lk}t} \tag{4.24}$$

$$\dot{C}_l^{(2)} = -\frac{i}{\hbar} \sum_k C_k^{(1)} H_{lk}^{(I)}(t) e^{i\omega_{lk}t} \tag{4.25}$$

其中 $H_{lk}^{(I)}(t) \equiv \langle l|H^{(I)}(t)|k\rangle$。注意到第 n 阶系数联系到第 $n-1$ 阶系数的普适形式：

$$\dot{C}_l^{(n)} = -\frac{i}{\hbar} \sum_k C_k^{(n-1)}(t) H_{lk}^{(I)}(t) e^{i\omega_{lk}t} \tag{4.26}$$

微扰论的本质假设是驱动场微弱到原子布居数的变化非常缓慢。也就是如果 $C_i(0) = 1$、$C_f(0) = 0$（$f \neq i$），那么在 $t > 0$ 时，一个很好的假设是 $C_i(t) \approx 1$，$|C_f(0)| \ll 1$（$f \neq i$）。因此在一阶方程（4.24）中，唯一在等号右边的求和中继续存在的是第 $k = i$ 项，这导致

$$\dot{C}_f^{(1)}(t) = -\frac{i}{\hbar} H_{fi}^{(I)}(t) e^{i\omega_{fi}t} C_i^{(0)}(t) \tag{4.27}$$

或者

$$C_f^{(1)}(t) = -\frac{i}{\hbar} \int_0^t dt' H_{fi}^{(I)}(t') e^{i\omega_{fi}t'} C_i^{(0)}(t') \tag{4.28}$$

把这个结果代入二阶方程（4.25），然后对时间积分，我们得到

$$C_f^{(2)}(t) = -\frac{i}{\hbar} \sum_l \int_0^t dt' H_{fl}^{(I)}(t') e^{i\omega_{fl}t'} C_l^{(1)}(t')$$

$$= \left(-\frac{i}{\hbar}\right)^2 \sum_l \int_0^t dt' \int_0^{t'} dt'' H_{fl}^{(I)}(t') e^{i\omega_{fl}t'} H_{li}^{(I)}(t'') e^{i\omega_{li}t''} C_i^{(0)}(t'') \tag{4.29}$$

表达式（4.28）给出了从状态 $|i\rangle$ 跃迁到状态 $|f\rangle$ 的几率幅；而表达式（4.29）给出了从状态 $|i\rangle$ 跃迁到状态 $|l\rangle$ 再跃迁到状态 $|f\rangle$ 的几率幅。从状态 $|i\rangle$ 跃迁到状态 $|f\rangle$ 的整体跃迁几率是

$$P_{i \to f}(t) = \left| C_f^{(0)}(t) + C_f^{(1)}(t) + C_f^{(2)}(t) + \cdots \right|^2 \tag{4.30}$$

　　注意到偶极矩算符 $\hat{\boldsymbol{d}}$ 仅在宇称（奇偶性）相反的状态之间有不为零的矩阵元。因此初始态几率幅的一阶修正等于 0：

$$C_i^{(1)}(t) = -\frac{\mathrm{i}}{\hbar}\int_0^t \mathrm{d}t' H_{ii}^{(I)}(t') C_i^{(0)}(t') = 0 \tag{4.31}$$

这是因为 $H_{ii}^{(I)}(t) = 0$。因而精确到一阶 $C_i(t) = C_i^{(0)}(t) = 1$，这使得

$$C_f^{(1)}(t) = -\frac{\mathrm{i}}{\hbar}\int_0^t \mathrm{d}t' H_{fi}^{(I)}(t') \mathrm{e}^{\mathrm{i}\omega_{fi}t'} \tag{4.32}$$

利用 $H^{(I)} = -\hat{\boldsymbol{d}}\cdot\boldsymbol{E}_0\cos\omega t$ 并用指数函数展开余弦函数，积分得到

$$C_f^{(1)}(t) = \frac{1}{2\hbar}(\hat{\boldsymbol{d}}\cdot\boldsymbol{E}_0)_{fi}\left[\frac{\mathrm{e}^{\mathrm{i}(\omega+\omega_{fi})t}-1}{\omega+\omega_{fi}} - \frac{\mathrm{e}^{-\mathrm{i}(\omega-\omega_{fi})t}-1}{\omega-\omega_{fi}}\right] \tag{4.33}$$

其中 $(\hat{\boldsymbol{d}}\cdot\boldsymbol{E}_0)_{fi} = \langle f|\hat{\boldsymbol{d}}\cdot\boldsymbol{E}_0|i\rangle$。如果辐射频率 ω 与原子跃迁频率 ω_{fi} 近共振，(4.33) 式中的第二项明显高于第一项（假设 $\omega_{fi} > 0$）。所以我们可以舍掉"反旋"的第一项，这就是核磁共振[2] 中人们熟悉的所谓"旋转波近似"（RWA）。因此精确到第一阶的跃迁几率是

$$P_{i\to f}^{(1)}(t) = \left|C_f^{(1)}(t)\right|^2 = \frac{|(\hat{\boldsymbol{d}}\cdot\boldsymbol{E}_0)_{fi}|^2}{\hbar^2}\frac{\sin^2(\Delta t/2)}{\Delta^2} \tag{4.34}$$

其中 $\Delta = \omega - \omega_{fi}$ 是辐射场和原子跃迁频率之间的"失谐"。在 $\Delta \neq 0$ 时，$P_{i\to f}^{(1)}(t)$ 取极大值

$$\left(P_{i\to f}^{(1)}\right)_{\max} = \frac{|(\hat{\boldsymbol{d}}\cdot\boldsymbol{E}_0)_{fi}|^2}{\hbar^2}\frac{1}{\Delta^2} \tag{4.35}$$

在精确共振条件下，$\Delta = 0$，极大值是

$$\left(P_{i\to f}^{(1)}\right)_{\max} = \frac{|(\hat{\boldsymbol{d}}\cdot\boldsymbol{E}_0)_{fi}|^2}{4\hbar^2}t^2 \tag{4.36}$$

微扰论的有效性要求必须有 $(P_{i\to f}^{(1)})_{\max} \ll 1$。在非共振条件下，这对 $|(\hat{\boldsymbol{d}}\cdot\boldsymbol{E}_0)_{fi}|$ 和 Δ 都提出了限制条件。在共振条件下，(4.36) 式仅在极短时间内成立。图 4.1 中分别在小失

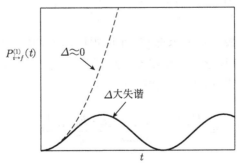

图 4.1　$P_{i\to f}^{(1)}(t)$ 在小失谐和大失谐下的随时演化

谐（$\Delta \approx 0$）和大失谐条件下画出了几率分布 $P_{i\to f}^{(1)}(t)$。后者是周期性的。如图 4.2 所示，跃迁几率 $P_{i\to f}^{(1)}(t)$ 在共振条件 $\Delta = 0$ 下是一个尖峰函数。尖峰的宽度与 t^{-1} 成正比，而高度与 t^2 成正比。因此尖峰下的面积与 t 成正比。事实上，

$$\int_{-\infty}^{\infty} \frac{\sin^2(\Delta t/2)}{\Delta^2} \mathrm{d}\Delta = \frac{\pi}{2}t \tag{4.37}$$

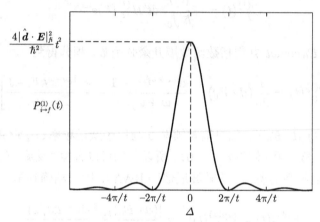

图 4.2　跃迁几率 $P_{i\to f}^{(1)}(t)$ 作为失谐量 Δ 的函数曲线

另外在 $\Delta \approx 0$ 和 $t \gg 2\pi/\omega_{fi}$ 极限下，（4.37）式中的积分函数可近似为狄拉克 δ 函数：

$$\lim_{t\to\infty} \frac{\sin^2(\Delta t/2)}{\Delta^2} = \frac{\pi}{2}t\delta(\Delta) \tag{4.38}$$

注意到 $t \to \infty$ 的极限事实上受到（4.36）式右边应远小于 1 的限制。在此情况下，跃迁几率是

$$P_{i\to f}^{(1)}(t) = \frac{\pi}{2} \frac{|(\hat{\boldsymbol{d}} \cdot \boldsymbol{E}_0)_{fi}|^2}{\hbar^2} t\delta(\omega - \omega_{fi}) \tag{4.39}$$

我们由此可以定义与时间无关的跃迁几率变化率：

$$W_{i\to f}^{(1)} = \frac{P_{i\to f}^{(1)}}{t} = \frac{\pi}{2} \frac{|(\hat{\boldsymbol{d}} \cdot \boldsymbol{E}_0)_{fi}|^2}{\hbar^2} \delta(\omega - \omega_{fi}) \tag{4.40}$$

在实际情况下，从初态出发到达的末态 $|f\rangle$ 范围很广，驱动场也不会是单频的，因此将对一个范围内的频率求和或积分才能获得整体跃迁几率变化率。如果 $[f]$ 代表一组可到达的末态，那么对于单频驱动场，跃迁几率变化率是

$$W_{i\to[f]}^{(1)} = \frac{P_{i\to f}^{(1)}}{t} = \frac{\pi}{2} \sum_{[f]} \frac{|(\hat{\boldsymbol{d}} \cdot \boldsymbol{E}_0)_{fi}|^2}{\hbar^2} \delta(\omega - \omega_{fi}) \tag{4.41}$$

这个表达式常常被称为著名的费米黄金率[3]。

假设激发原子的光是从谱线宽度较宽的探照灯发出的。它发出的不同频率光之间没有相位关系。光振幅将依赖于频率，于是由各频率组分引起的跃迁几率应该写成

$$P_{i \to f}^{(1)}(t) = \frac{1}{\hbar^2} \int \mathrm{d}\omega \frac{\sin^2(\Delta t/2)}{\Delta^2} F(\omega) \tag{4.42}$$

其中，

$$F(\omega) \equiv |\langle f|\hat{\boldsymbol{d}} \cdot \boldsymbol{E}_0(\omega)|i\rangle|^2 \tag{4.43}$$

如果函数 $F(\omega)$ 覆盖频率较宽且比起 $\sin^2(\Delta t/2)/\Delta^2$ 随着频率的变化较慢，那么 $F(\omega)$ 可以用共振频率值 $F(\omega_{fi})$ 代替，这样就可以拿到积分外面，然后得到

$$P_{i \to f}^{(1)}(t) = \frac{\pi}{2\hbar^2} F(\omega_{fi}) t \tag{4.44}$$

因此跃迁几率变化率是

$$W_{i \to f}^{(1)}(t) = \frac{\pi}{2\hbar^2} F(\omega_{fi}) \tag{4.45}$$

在频域的扩展会使得图 4.1 中的振荡变得模糊，或称之为失去相位信息。这是因为缺乏不同频率组分之间的相位关系，光就变得不相干了。如果用相干光场（比如说激光）驱动原子，消相干就不会发生，而上述微扰论得到的与时间无关的跃迁几率变化率也不足以描述动力学。我们把关于相干激光场驱动原子的讨论延迟到 4.4 节。

4.3　原子与量子场的相互作用

在前面的讨论中我们没有对能级 i 和 f 之间的相对位置做任何假设。只要 $\boldsymbol{E}_0 \neq \boldsymbol{0}$，无论是 $E_i < E_f$ 还是 $E_i > E_f$ 能级间发生跃迁的几率总不为 0。我们将会看到当场被量子化以后，即便没有光子存在，跃迁在 $E_i > E_f$ 的条件下总会发生 —— 这就是所谓的自发辐射。它仅仅是比较场量子化或没有量子化所引起的在原子-场动力学中多个差别之一。

考虑（2.130）式给出的自由空间中单模场模式形式：

$$\hat{\boldsymbol{E}}(t) = \mathrm{i}\left(\frac{\hbar\omega}{2\epsilon_0 V}\right)^{1/2} \boldsymbol{e}\left(\hat{a}\mathrm{e}^{-\mathrm{i}\omega t} - \hat{a}^\dagger \mathrm{e}^{\mathrm{i}\omega t}\right) \tag{4.46}$$

这里已经做了偶极近似。这个算符是海森伯表象下的算符，但我们打算在薛定谔表象下工作，于是场算符写成

$$\hat{\boldsymbol{E}}(t) = \mathrm{i}\left(\frac{\hbar\omega}{2\epsilon_0 V}\right)^{1/2} \boldsymbol{e}\left(\hat{a} - \hat{a}^\dagger\right) \tag{4.47}$$

自由哈密顿量 $\hat{H}_0$ 现在应该是

$$\hat{H}_0 = \hat{H}_{\mathrm{atom}} + \hat{H}_{\mathrm{field}} \tag{4.48}$$

这里 $\hat{H}_{\text{atom}}$ 和以前一样是自由原子哈密顿量；$\hat{H}_{\text{field}}$ 是自由场哈密顿量 $\hbar\omega\hat{a}^{\dagger}\hat{a}$，其中零点能因为对动力学没有贡献而被舍掉。相互作用哈密顿量变成

$$\hat{H}^{(I)} = -\hat{\boldsymbol{d}}\cdot\hat{\boldsymbol{E}} = -\mathrm{i}\left(\frac{\hbar\omega}{2\epsilon_0 V}\right)^{1/2}(\hat{\boldsymbol{d}}\cdot\boldsymbol{e})(\hat{a}-\hat{a}^{\dagger}) = -\hat{\boldsymbol{d}}\cdot\boldsymbol{\mathcal{E}}_0(\hat{a}-\hat{a}^{\dagger}) \tag{4.49}$$

其中 $\boldsymbol{\mathcal{E}}_0 = \mathrm{i}(\hbar\omega/2\epsilon_0 V)^{1/2}\boldsymbol{e}$。

因为现在原子和场两个系统都量子化了，复合系统的状态将涉及两个系统的直积态。假设原子-场系统的初态是 $|i\rangle = |a\rangle|n\rangle$，其中 $|a\rangle$ 是原子初态而场有 n 个光子。量子场的微扰作用导致系统通过吸收一个光子而跃迁到状态 $|f_1\rangle = |b\rangle|n-1\rangle$；或通过发射一个光子而跃迁到状态 $|f_2\rangle = |b\rangle|n+1\rangle$，其中 $|b\rangle$ 是原子的另一个状态。这些态的能量是

$$|i\rangle = |a\rangle|n\rangle,\quad E_i = E_a + n\hbar\omega \tag{4.50a}$$

$$|f_1\rangle = |b\rangle|n-1\rangle,\quad E_{f_1} = E_b + (n-1)\hbar\omega \tag{4.50b}$$

$$|f_2\rangle = |b\rangle|n+1\rangle,\quad E_{f_2} = E_b + (n+1)\hbar\omega \tag{4.50c}$$

其中 E_a 和 E_b 分别是原子能级 $|a\rangle$ 和 $|b\rangle$ 的能量。

由 (4.49) 式给出的微扰是不依赖于时间的。表示原子吸收光子的相互作用项矩阵元写做

$$\langle f_1|\hat{H}^{(I)}|i\rangle = \langle b, n-1|\hat{H}^{(I)}|a, n\rangle = -(\hat{\boldsymbol{d}}\cdot\boldsymbol{\mathcal{E}}_0)_{ba}\sqrt{n} \tag{4.51}$$

表示原子发射光子的矩阵元写做

$$\langle f_2|\hat{H}^{(I)}|i\rangle = \langle b, n+1|\hat{H}^{(I)}|a, n\rangle = (\hat{\boldsymbol{d}}\cdot\boldsymbol{\mathcal{E}}_0)_{ba}\sqrt{n+1} \tag{4.52}$$

其中，

$$(\hat{\boldsymbol{d}}\cdot\boldsymbol{\mathcal{E}}_0)_{ab} = \langle a|\hat{\boldsymbol{d}}|b\rangle\cdot\boldsymbol{\mathcal{E}}_0 \equiv \hat{\boldsymbol{d}}_{ab}\cdot\boldsymbol{\mathcal{E}}_0 \tag{4.53}$$

因子 $\langle a|\hat{\boldsymbol{d}}|b\rangle = \hat{\boldsymbol{d}}_{ab}$ 是状态 $|a\rangle$ 和 $|b\rangle$ 之间的偶极矩阵元。对比半经典情况，这里需要注意两件事情。可以预测的是，如果没有光子（$n = 0$）就排除了吸收的可能。这显然和经典驱动场的情况一致 —— 没有场就没有跃迁。不过对于发射光子的情况，根据 (4.52) 式，即便没有光子的时候跃迁也可以发生。这就是自发辐射并且它没有半经典对应。在 $n > 0$ 的情况下，额外增加的辐射称之为受激辐射。这个过程就是激光（受激辐射光放大）操作过程中最核心的一步。辐射和吸收的速率分别和各自对应的矩阵元模平方成正比。这两个速率的比例是

$$\frac{\left|\langle f_2|\hat{H}^{(I)}|i\rangle\right|^2}{\left|\langle f_1|\hat{H}^{(I)}|i\rangle\right|^2} = \frac{n+1}{n} \tag{4.54}$$

这个结论很快就会用到。

先前发展的微扰论方法仍然能够在适当修改之后适应场被量子化的事实。薛定谔方程的形式仍然和 (4.19) 式一样，只不过现在 $\hat{H}_0$ 和 $\hat{H}^{(I)}$ 分别由 (4.48) 式和 (4.49) 式给出。忽略除了 $|a\rangle$ 与 $|b\rangle$ 之外的所有原子态，复合系统态矢量可以写为

$$|\psi(t)\rangle = C_i(t)|a\rangle|n\rangle e^{-iE_a t/\hbar} e^{-in\omega t} + C_{f_1}(t)|b\rangle|n-1\rangle e^{-iE_b t/\hbar} e^{-i(n-1)\omega t} +$$
$$C_{f_2}(t)|b\rangle|n+1\rangle e^{-iE_b t/\hbar} e^{-i(n+1)\omega t} \tag{4.55}$$

这里我们假定 $|\psi(0)\rangle = |a\rangle|n\rangle$，$C_i(0) = 1$，$C_{f_1}(0) = C_{f_2}(0) = 0$。按照之前用过的微扰论，我们得到有关原子处在状态 $|b\rangle$ 上的振幅 C_{f_1} 和 C_{f_2} 的一阶修正：

$$C_{f_1}^{(1)}(t) = -\frac{i}{\hbar} \int_0^t dt' \langle f_1|\hat{H}^{(I)}|i\rangle e^{i(E_{f1} - E_i)t'/\hbar}$$
$$C_{f_2}^{(1)}(t) = -\frac{i}{\hbar} \int_0^t dt' \langle f_2|\hat{H}^{(I)}|i\rangle e^{i(E_{f2} - E_i)t'/\hbar} \tag{4.56}$$

这里的前一个式子和光子吸收相关，而后一个和光子发射相关。因此不管原子是如何到达状态 $|b\rangle$ 的，它停留在这个态的几率幅正好就是 (4.56) 式两个振幅之和，即 $C_f^{(1)} = C_{f_1}^{(1)} + C_{f_2}^{(1)}$。从 (4.50) 式可得

$$C_f^{(1)}(t) = \frac{i}{\hbar} (\hat{\boldsymbol{d}} \cdot \mathcal{E}_0)_{ab} \left[(n+1)^{1/2} \frac{e^{i(\omega + \omega_{ba})t} - 1}{\omega + \omega_{ba}} - n^{1/2} \frac{e^{i(\omega - \omega_{ba})t} - 1}{\omega - \omega_{ba}} \right] \tag{4.57}$$

其中 $\omega_{ba} = (E_b - E_a)/\hbar$。(4.57) 式方括号中第一项对应光子发射而第二项对应吸收。如果光子数较大，$n \gg 1$，则能够用 $\sqrt{n}$ 取代第一项中的 $\sqrt{n+1}$，那样的话 (4.57) 式就和 (4.33) 式实质上等同，这里就有经典和量子振幅之间的对应 $(\boldsymbol{E}_0)_{cl} \leftrightarrow (2i\mathcal{E}_0\sqrt{n})_{quantum}$。量子场和经典场之间的对应有极限，一种可能的情况就是我们已经讨论过的 $n = 0$。

如果 $|b\rangle$ 是激发态，那么 $\omega_{ba} > 0$；所以如果 $\omega \sim \omega_{ba}$，那么 (4.57) 式方括号中的第一项可以舍掉，这还是一种旋转波近似。当然如果 $|a\rangle$ 是激发态，那么 $\omega_{ba} < 0$；这时如果 $\omega \sim -\omega_{ba}$，那么 (4.57) 式方括号中的第二项就可以舍掉了。我们注意到即使当 $n = 0$ 时余下的项也不会消失，$|a\rangle$ 和 $|b\rangle$ 之间的跃迁通过自发辐射而发生。因此旋转波近似在场和原子都量子化的条件下继续适用。类似地也能证明费米黄金率继续适用。

在本节最后我们考虑普朗克分布定律的理论推导。设想有一个原子集合同时与量子化的场发生共振耦合，$\omega = (E_a - E_b)/\hbar$，其中 $|a\rangle$ 和 $|b\rangle$ 是原子状态且 $E_a > E_b$。令 N_a 和 N_b 分别代表处在状态 $|a\rangle$ 和 $|b\rangle$ 的原子布居数。再令 W_{emis} 代表由于光子发射而引起的布居数转换率，令 W_{abs} 代表由于光子吸收而引起的布居数转换率。因为原子不断地发射和吸收光子，原子布居数根据下式随时间改变

$$\frac{dN_a}{dt} = -N_a W_{\text{emis}} + N_b W_{\text{abs}}$$
$$\frac{dN_b}{dt} = -N_b W_{\text{abs}} + N_a W_{\text{emis}} \tag{4.58}$$

在热平衡下，有

$$\frac{\mathrm{d}N_a}{\mathrm{d}t} = 0 = \frac{\mathrm{d}N_b}{\mathrm{d}t} \tag{4.59}$$

因此得到

$$N_a W_{\text{emis}} = N_b W_{\text{abs}} \tag{4.60}$$

然而根据玻尔兹曼定律

$$\frac{N_b}{N_a} = \exp[(E_a - E_b)/kT] = \exp(\hbar\omega/kT) \tag{4.61}$$

且从（4.54）式，有

$$\frac{N_b}{N_a} = \frac{W_{\text{emis}}}{W_{\text{abs}}} = \frac{n+1}{n} \tag{4.62}$$

于是根据（4.61）式和（4.62）式得到

$$n = \frac{1}{\exp(\hbar\omega/kT) - 1} \tag{4.63}$$

如果把（4.63）式中的 n 换成 $\bar{n}$（考虑到我们事实上不能假设有确定数量光子），这个结果就和（2.141）式吻合。

我们把上述推导和爱因斯坦在量子电动力学还没有被发明之前给出的推导进行比较。他的推导是类似的，但是他清楚地区分了自发辐射和受激辐射。他引入 A、B、C 系数：AN_a 是状态 $|b\rangle$ 的布居数因为状态 $|a\rangle$ 发生自发辐射而产生的增长率（A 就是自发辐射率）；$BU(\omega)N_a$ 是状态 $|b\rangle$ 的布居数因为状态 $|a\rangle$ 发生受激辐射而产生的增长率（$U(\omega)$ 是场的能量密度谱）；$CU(\omega)N_b$ 是处在状态 $|b\rangle$ 的原子因为吸收光子导致状态 $|a\rangle$ 布居数的增长率。注意自发辐射项不依赖于 $U(\omega)$。布居数的变化率方程是

$$\begin{aligned} \frac{\mathrm{d}N_a}{\mathrm{d}t} &= -[A + BU(\omega)]N_a + CU(\omega)N_b \\ \frac{\mathrm{d}N_b}{\mathrm{d}t} &= -CU(\omega)N_b + [A + BU(\omega)]N_a \end{aligned} \tag{4.64}$$

布居数在长时间后达到稳态，于是令上述式子的左边等于 0，这就得到

$$[A + BU(\omega)]N_a = CU(\omega)N_b \tag{4.65}$$

再用（4.61）式中的关系，我们得到

$$U(\omega) = \frac{A}{C\exp(\hbar\omega/kT) - B} \tag{4.66}$$

然而对于热场，通过比对（2.151）式，我们必然得到 $C = B$，且有

$$\frac{A}{B} = \frac{\hbar\omega^3}{\pi^2 c^3} \tag{4.67}$$

比较自发辐射率 A 和受激辐射率 $BU(\omega)$ 可知

$$\frac{A}{BU(\omega)} = \exp(\hbar\omega/kT) - 1 \tag{4.68}$$

对于一个自然光源（比如太阳），我们把它当作表面温度 $T \approx 6000K$ 的黑体，这个比例对于波长 $\lambda = 400nm$ 的光约是 400，对于波长 $\lambda = 400nm$ 的光约是 30[5]。因此在可见光波段的两端，自发辐射都远远超过了受激辐射。在可见光波段，只有"非自然"的存在布居数反转（也就是说在激发态上的原子多于在基态上的）光源比如激光，受激辐射才处在支配地位。

　　自发辐射是一个复杂现象，我们才仅仅讨论了其最本质的特征。对于处在自由空间的原子，它可以把光子辐射到无数模式中去。在此情况下魏斯科普夫-维格纳（Weisskopft-Wigner）理论[6] 可以很好地把自发辐射描述为一个不可逆的退化过程。对该理论的讨论超出了本书范围。然而在特定情况下，原子仅能辐射到唯一一个模式，比如对原子处在一个谐振腔的情况。此时自发辐射就变得可逆了，也就是说原子可以重新吸收它发射出的光子。这个行为将在 4.5 节中讨论。

4.4　拉比模型

　　用微扰论方法处理原子-场相互作用的假定是原子在初始态上的布居基本不变，也就是说原子处在别的态上的几率保持很小。另外，与一对原子能级（假定宇称/奇偶性相反）近共振的强激光场将导致它们之间发生显著的布居转换，而对非共振的其他态没有大影响。在这种情况下，微扰论必须被放弃。这时只保留两个起主导作用的态，而这个问题将能较为"精确"地解决。这就是拉比（Rabi）模型[7]。之所以这么命名是因为多年前拉比在研究核磁共振时首次提出这个模型。我们先研究半经典的拉比模型。

　　为确定起见，也为遵循惯例，我们把原子的两个态标记为 $|g\rangle$（表示基态）和 $|e\rangle$（表示激发态）。这两个态之间的能量差表征为跃迁频率 $\omega_0 = (E_e - E_g)/\hbar$。如图 4.3 所示，

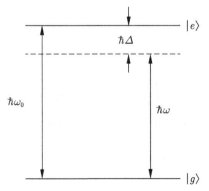

图 4.3　耦合到频率为 ω 的近共振经典驱动场的二能级原子能级示意图。原子能级间的共振频率是 ω_0。原子和场之间的失谐量是 $\Delta = \omega_0 - \omega$

这个频率接近于驱动场的频率 ω。我们把相互作用哈密顿量写为

$$\hat{H}^{(I)}(t) = \hat{V}_0 \cos \omega t \qquad (4.69)$$

其中 $\hat{V}_0 = -\hat{\boldsymbol{d}} \cdot \boldsymbol{E}_0$。态矢量写做

$$|\psi(t)\rangle = C_g(t)\mathrm{e}^{-\mathrm{i}E_g t/\hbar}|g\rangle + C_e(t)\mathrm{e}^{-\mathrm{i}E_e t/\hbar}|e\rangle \qquad (4.70)$$

它所满足的薛定谔方程是

$$\mathrm{i}\hbar\frac{\partial|\psi(t)\rangle}{\partial t} = \hat{H}(t)|\psi(t)\rangle \qquad (4.71)$$

其中,

$$\hat{H}(t) = \hat{H}_0(t) + \hat{V}_0 \cos \omega t \qquad (4.72)$$

于是我们得到一组耦合的微分方程

$$\begin{aligned}
\dot{C}_g &= -\frac{\mathrm{i}}{\hbar}\mathcal{V}\cos\omega t\,\mathrm{e}^{-\mathrm{i}\omega_0 t}C_e \\
\dot{C}_e &= -\frac{\mathrm{i}}{\hbar}\mathcal{V}\cos\omega t\,\mathrm{e}^{\mathrm{i}\omega_0 t}C_g
\end{aligned} \qquad (4.73)$$

其中 $\mathcal{V} = \langle e|\hat{V}_0|g\rangle = -\hat{\boldsymbol{d}}_{eg}\cdot\boldsymbol{E}_0$,这里我们取其为实数。我们取初始条件是所有布居均在基态上: $C_g(0) = 1, C_e(0) = 0$。我们把 (4.73) 式中的 $\cos\omega t$ 展开为指数函数并仅保留以频率 $\omega_0 - \omega$ 振动的项,得到

$$\begin{aligned}
\dot{C}_g &= -\frac{i}{2\hbar}\mathcal{V}\exp[\mathrm{i}(\omega-\omega_0)t]C_e \\
\dot{C}_e &= -\frac{i}{2\hbar}\mathcal{V}\exp[-\mathrm{i}(\omega-\omega_0)t]C_g
\end{aligned} \qquad (4.74)$$

舍弃以频率 $\omega_0 + \omega$ 振动的项当然构成了旋转波近似。消去 C_g 得到

$$\ddot{C}_e + \mathrm{i}(\omega - \omega_0)\dot{C}_e + \frac{1}{4}\frac{\mathcal{V}^2}{\hbar^2}C_e = 0 \qquad (4.75)$$

作为试解,令

$$C_e(t) = \mathrm{e}^{\mathrm{i}\lambda t} \qquad (4.76)$$

代入可得两个根:

$$\lambda_\pm = \frac{1}{2}[\Delta \pm (\Delta^2 + \mathcal{V}^2/\hbar^2)^{1/2}] \qquad (4.77)$$

其中 $\Delta = \omega_0 - \omega$ 是原子跃迁频率和激光场频率之间的失谐。因而一般解的形式是

$$C_e(t) = A_+\mathrm{e}^{\mathrm{i}\lambda_+ t} + A_-\mathrm{e}^{\mathrm{i}\lambda_- t} \qquad (4.78)$$

其中从初始条件必然有

$$A_\pm = \mp\frac{1}{2\hbar}\mathcal{V}(\Delta^2 + \mathcal{V}^2/\hbar^2)^{-1/2} \qquad (4.79)$$

于是最终的解是

$$
\begin{aligned}
C_e(t) &= \mathrm{i}\frac{\mathcal{V}}{\Omega_\mathrm{R}\hbar}\mathrm{e}^{\mathrm{i}\Delta t/2}\sin(\Omega_\mathrm{R}t/2) \\
C_g(t) &= \mathrm{e}^{\mathrm{i}\Delta t/2}\left[\cos(\Omega_\mathrm{R}t/2) - \mathrm{i}\frac{\Delta}{\Omega_\mathrm{R}}\sin(\Omega_\mathrm{R}t/2)\right]
\end{aligned}
\tag{4.80}
$$

其中，

$$
\Omega_\mathrm{R} = (\Delta^2 + \mathcal{V}^2/\hbar^2)^{1/2}
\tag{4.81}
$$

是所谓拉比频率。原子处在状态 $|e\rangle$ 的几率是

$$
P_e(t) = |C_e(t)|^2 = \frac{\mathcal{V}^2}{\Omega_\mathrm{R}^2\hbar^2}\sin^2(\Omega_\mathrm{R}t/2)
\tag{4.82}
$$

在图 4.4 中描绘了 P_e 在不同 Δ 下的动力学。对于精确共振的情况，$\Delta = 0$，有

$$
P_e(t) = \sin^2\left(\frac{\mathcal{V}t}{2\hbar}\right)
\tag{4.83}
$$

因而在 $t = \pi\hbar/\mathcal{V}$ 时，原子全部布居都转到激发态上。

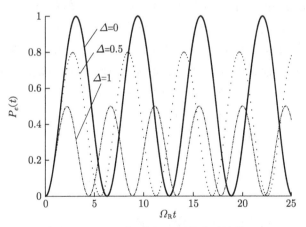

图 4.4　$P_e(t)$ 在不同 Δ 下的随时演化

考虑称之为原子反转的物理量 $W(t)$ 常常比较方便，它定义为激发态和基态布居数的差：

$$
W(t) = P_e(t) - P_g(t)
\tag{4.84}
$$

在共振且初始时原子处在基态的条件下，

$$
W(t) = \sin^2\left(\frac{\mathcal{V}t}{2\hbar}\right) - \cos^2\left(\frac{\mathcal{V}t}{2\hbar}\right) = -\cos(\mathcal{V}t/\hbar)
\tag{4.85}
$$

注意到当 $\Delta = 0$ 时，拉比频率正好是 $\Omega_\mathrm{R} = \mathcal{V}/\hbar$，即原子反转的振动频率。当 $t = \pi\hbar/\mathcal{V}$ 时，所有布居再次转至激发态：$W(\pi\hbar/\mathcal{V}) = 1$。用核磁共振实验[8] 的术语来说，这种转

换称之为 π 脉冲。另外，如果 $t = \pi\hbar/2\mathcal{V}$，则 $W(\pi\hbar/2\mathcal{V}) = 0$，此时布居数相干地分布在激发态和基态上，其几率幅是

$$C_e(\pi\hbar/2\mathcal{V}) = \frac{\mathrm{i}}{\sqrt{2}}, \quad C_g(\pi\hbar/2\mathcal{V}) = \frac{1}{\sqrt{2}} \tag{4.86}$$

所以有

$$|\psi(\pi\hbar/2\mathcal{V})\rangle = \frac{1}{\sqrt{2}}(|g\rangle + \mathrm{i}|e\rangle) \tag{4.87}$$

显然布居从基态到（4.87）式状态的转换称之为 π/2 脉冲。通过 π 脉冲或 π/2 脉冲转换布居不仅是核磁共振实验[2]中操控自旋态的标准过程，而且已经成为在激光光学谱实验[9]中操控原子或离子状态的标准方法。

当 $\mathcal{V}/2\hbar$ 相比失谐 Δ 足够小以至于在 Ω_{R} 中可以忽略，或者当辐射场作用时间足够短以至于 $\sin^2(\mathcal{V}t/2\hbar)$ 可合理替换为其展开首项时，拉比模型可以重现微扰论的结果。在上述两种情况中，原子初态布居数的损耗极小，微扰论方法仍然适用。

4.5　全量子模型与 J-C 模型

现在转到拉比模型的量子电动力学版本。在先前用微扰论讨论原子与量子化的电磁场作用时，我们假设场是单模自由场（平面波场）。正如我们刚在 4.4 节讨论的，自由原子与无穷模式相互作用，因而其动力学并不能在单模场假设下得以描写。另外，近来已有可能塑造环境，使得模式密度与自由空间显著不同。我们知道小的微波腔或某些情况下的光学腔能够仅支持单模或频率分得较开的少数几个模式。因此在某些条件下，理想的单模耦合能够在实验室中实现。我们在第 10 章中将讨论一些特例，不过现在我们考虑如以前由 $|g\rangle$ 和 $|e\rangle$ 构成的原子，作用于形为

$$\hat{E} = e\left(\frac{\hbar\omega}{\epsilon_0 V}\right)^{1/2}(\hat{a} + \hat{a}^\dagger)\sin(kz) \tag{4.88}$$

的单模腔场，这里的 e 是任意取向的偏振矢量。

现在相互作用哈密顿量是

$$\hat{H}^{(I)} = -\hat{\boldsymbol{d}}\cdot\boldsymbol{E} = \hat{d}g(\hat{a} + \hat{a}^\dagger) \tag{4.89}$$

其中，

$$g = -\left(\frac{\hbar\omega}{\epsilon_0 V}\right)^{1/2}\sin(kz) \tag{4.90}$$

并有 $\hat{d} = \hat{\boldsymbol{d}}\cdot\boldsymbol{e}$。

为方便起见，引入所谓原子跃迁算符

$$\hat{\sigma}_+ = |e\rangle\langle g|, \quad \hat{\sigma}_- = |g\rangle\langle e| = \hat{\sigma}_+^\dagger \tag{4.91}$$

以及反转算符

$$\hat{\sigma}_3 = |e\rangle\langle e| - |g\rangle\langle g| \tag{4.92}$$

这些算符遵守泡利自旋代数

$$[\hat{\sigma}_+, \hat{\sigma}_-] = \hat{\sigma}_3, \quad [\hat{\sigma}_3, \hat{\sigma}_\pm] = \pm 2\hat{\sigma}_\pm \tag{4.93}$$

出于能级宇称（奇偶性）的考虑有 $\langle e|\hat{d}|e\rangle = 0 = \langle g|\hat{d}|g\rangle$，偶极算符中仅有非对角元才是非零的。所以可以写出

$$\hat{d} = d|g\rangle\langle e| + d^*|e\rangle\langle g| = d\hat{\sigma}_- + d^*\hat{\sigma}_+ = d(\hat{\sigma}_+ + \hat{\sigma}_-) \tag{4.94}$$

这里令 $\langle e|\hat{d}|g\rangle = d$ 并不失一般性地假设 d 是实数。因此相互作用哈密顿量是

$$\hat{H}^{(I)} = \hbar\lambda(\hat{\sigma}_+ + \hat{\sigma}_-)(\hat{a} + \hat{a}^\dagger) \tag{4.95}$$

其中 $\lambda = dg/\hbar$。

如果图 4.5 把状态 $|g\rangle$ 和 $|e\rangle$ 正中间的能量定为 0，那么自由原子哈密顿量可以写为

$$\hat{H}_A = \frac{1}{2}(E_e - E_g)\hat{\sigma}_3 = \frac{1}{2}\hbar\omega_0\hat{\sigma}_3 \tag{4.96}$$

其中 $E_e = -E_g = \frac{1}{2}\hbar\omega_0$。舍掉零点能后的自由场哈密顿量是

$$\hat{H}_F = \hbar\omega\hat{a}^\dagger\hat{a} \tag{4.97}$$

因此整体哈密顿量是

$$\hat{H} = \hat{H}_A + \hat{H}_F + \hat{H}^{(I)} = \frac{1}{2}\hbar\omega_0\hat{\sigma}_3 + \hbar\omega\hat{a}^\dagger\hat{a} + \hbar\lambda(\hat{\sigma}_+ + \hat{\sigma}_-)(\hat{a} + \hat{a}^\dagger) \tag{4.98}$$

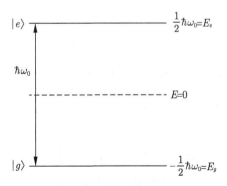

图 4.5 原子能级图，其中两能级中间定为 $E = 0$

在自由场情况下，正如我们已经讨论过的，算符 $\hat{a}$ 和 $\hat{a}^\dagger$ 演化为

$$\hat{a}(t) = \hat{a}(0)e^{-i\omega t}, \quad \hat{a}^\dagger(t) = \hat{a}^\dagger(0)e^{i\omega t} \tag{4.99}$$

类似可知对于自由原子，

$$\hat{\sigma}_{\pm}(t) = \hat{\sigma}_{\pm}(0)e^{\pm i\omega_0 t} \tag{4.100}$$

因而我们知道在（4.98）式中的算符乘积大致会有如下的时间依赖性：

$$\hat{\sigma}_+\hat{a} \sim e^{i(\omega_0-\omega)t}, \quad \hat{\sigma}_-\hat{a}^\dagger \sim e^{-i(\omega_0-\omega)t}, \quad \hat{\sigma}_+\hat{a}^\dagger \sim e^{i(\omega_0+\omega)t}, \quad \hat{\sigma}_-\hat{a} \sim e^{-i(\omega_0+\omega)t} \tag{4.101}$$

当 $\omega_0 \approx \omega$ 时，后两项相比前两项的变化率要大很多。另外与前两项不同的是，后两项能量不守恒：$\hat{\sigma}_+\hat{a}^\dagger$ 对应于当原子从基态跃迁至激发态同时又辐射出一个光子的过程，而 $\hat{\sigma}_-\hat{a}$ 对应于当原子从激发态跃迁至基态同时又吸收一个光子的过程。类似微扰论情况，对薛定谔方程积分会导致后两项中出现含有 $\omega_0 + \omega$ 的分母，而前两者相比之下出现含有 $\omega_0 - \omega$ 的分母。所以读者不应奇怪我们打算舍掉能量不守恒的项，也就是再做旋转波近似，于是在此近似下我们的哈密顿量是

$$\hat{H} = \frac{1}{2}\hbar\omega_0\hat{\sigma}_3 + \hbar\omega\hat{a}^\dagger\hat{a} + \hbar\lambda(\hat{\sigma}_+\hat{a} + \hat{\sigma}_-\hat{a}^\dagger) \tag{4.102}$$

这个哈密顿量所描述的相互作用就是广为人知的 J-C 模型[10]。

在任意条件下计算动力学之前，我们要注意特定模型的运动积分常数。显然有一个就是电子"数"

$$\hat{P}_E = |e\rangle\langle e| + |g\rangle\langle g| = 1, \quad [\hat{H}, \hat{P}_E] = 0 \tag{4.103}$$

在没有其他原子态被占据时，它总是成立的。另一个是激发数

$$\hat{N}_e = \hat{a}^\dagger\hat{a} + |e\rangle\langle e|, \quad [\hat{H}, \hat{N}_e] = 0 \tag{4.104}$$

用这些运动常数我们可以把哈密顿量（4.102）式分为对易的两部分：

$$\hat{H} = \hat{H}_I + \hat{H}_{II} \tag{4.105}$$

其中，

$$\begin{aligned}
\hat{H}_I &= \hbar\omega\hat{N}_e + \hbar\left(\frac{\omega_0}{2} - \omega\right)\hat{P}_E \\
\hat{H}_{II} &= -\hbar\Delta|g\rangle\langle g| + \hbar\lambda(\hat{\sigma}_+\hat{a} + \hat{\sigma}_-\hat{a}^\dagger)
\end{aligned} \tag{4.106}$$

这样 $[\hat{H}_I, \hat{H}_{II}] = 0$。显然所有本质动力学都蕴含在 $\hat{H}_{II}$ 中，而 $\hat{H}_I$ 仅对全局的无关相位有贡献。

现在考虑一个简单例子，$\Delta = 0$，原子初始处在激发态 $|e\rangle$，场初始处在数态 $|n\rangle$。于是原子-场复合系统的初态为 $|i\rangle = |e\rangle|n\rangle$，其能量 $E_i = \frac{1}{2}\hbar\omega + n\hbar\omega$。状态 $|i\rangle$（仅仅）耦合到能量为 $E_f = -\frac{1}{2}\hbar\omega + (n+1)\hbar\omega$ 的状态 $|f\rangle = |g\rangle|n+1\rangle$ 上。注意到 $E_i = E_f$。我们把态矢量写为

$$|\psi(t)\rangle = C_i(t)|i\rangle + C_f(t)|f\rangle \tag{4.107}$$

其中，$C_i(0) = 1, C_f(0) = 0$。按照标准处理过程，我们从相互作用表象下的薛定谔方程 $i\hbar d|\psi(t)\rangle/dt = \hat{H}_{II}|\psi(t)\rangle$ 可以得到系数方程：

$$\dot{C}_i = -i\lambda\sqrt{n+1}C_f$$
$$\dot{C}_f = -i\lambda\sqrt{n+1}C_i \tag{4.108}$$

消除 C_f 可得

$$\ddot{C}_i + \lambda^2(n+1)C_i = 0 \tag{4.109}$$

符合初始条件的解是

$$C_i(t) = \cos(\lambda t\sqrt{n+1}) \tag{4.110}$$

从（4.108）式可得

$$C_f(t) = -i\sin(\lambda t\sqrt{n+1}) \tag{4.111}$$

因此我们的解是

$$|\psi(t)\rangle = \cos(\lambda t\sqrt{n+1})|e\rangle|n\rangle - i\sin(\lambda t\sqrt{n+1})|g\rangle|n+1\rangle \tag{4.112}$$

系统留在初态上的几率是

$$P_i(t) = |C_i(t)|^2 = \cos^2(\lambda t\sqrt{n+1}) \tag{4.113}$$

而跃迁到状态 $|f\rangle$ 的几率是

$$P_f(t) = |C_f(t)|^2 = \sin^2(\lambda t\sqrt{n+1}) \tag{4.114}$$

原子反转是

$$W(t) = \langle\psi(t)|\hat{\sigma}_3|\psi(t)\rangle = P_i(t) - P_f(t) = \cos(2\lambda t\sqrt{n+1}) \tag{4.115}$$

我们可以把 $\Omega(n) = 2\lambda\sqrt{n+1}$ 定义为量子电动力学的拉比频率，所以

$$W(t) = \cos[\Omega(n)t] \tag{4.116}$$

显然当场初始处在数态时，原子反转是严格周期性的（图 4.6），这和半经典的情况（（4.85）式）一样（除了因为原子初态不同而出现的负号）。另一个不同的事实是在半经典情况下初始时刻场必然是存在的。不过在量子力学中，即使当 $n = 0$ 时也会有拉比振荡。这就是真空拉比振荡[11]，它当然没有经典对应。这是原子自发辐射出光子，接着重新吸收它，然后再辐射出来，不断这样下去的结果。这也是可逆自发辐射的一个例子。如果原子在极高品质因子的腔内与场相互作用，也可以观察到这种效应。不过除去这一点，光子数确定下的原子动力学的行为整体而言和半经典拉比模型极为类似，即它是周期性的且有规律的。这也许有点违反直觉，因为数态在所有场态中是最非经典的。直觉

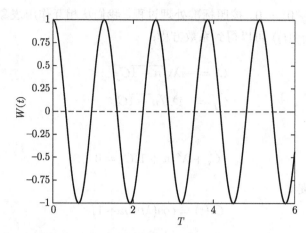

图 4.6 原子数布居反转的周期性振荡。场态初始制备在数态 $|n = 5\rangle$ 上

上似乎是当场初始时处在相干态时,我们应该恢复半经典的周期性的有规律的拉比振荡。不过正如我们打算要展示的,直觉在这个情况下会失败。

现在考虑更一般的(纯态)动力学解。我们假定原子初始时处在 $|e\rangle$ 和 $|g\rangle$ 的叠加态:

$$|\psi(0)\rangle_{\text{atom}} = C_g|g\rangle + C_e|e\rangle \tag{4.117}$$

而场初始时处在纯态

$$|\psi(0)\rangle_{\text{field}} = \sum_{n=0}^{\infty} C_n|n\rangle \tag{4.118}$$

于是初始时原子-场状态是

$$|\psi(0)\rangle = |\psi(0)\rangle_{\text{atom}} \otimes |\psi(0)\rangle_{\text{field}} \tag{4.119}$$

现在薛定谔方程的解是

$$|\psi(t)\rangle = \sum_{n=0}^{\infty} \{[C_e C_n \cos(\lambda t\sqrt{n+1}) - \mathrm{i}C_g C_{n+1} \sin(\lambda t\sqrt{n+1})]|e\rangle +$$

$$[-\mathrm{i}C_e C_{n-1} \sin(\lambda t\sqrt{n}) + C_g C_n \cos(\lambda t\sqrt{n})]|g\rangle\}|n\rangle \tag{4.120}$$

一般情况下这是纠缠态。

对于原子初始时处在激发态的情况,$C_e = 1, C_g = 0$,我们可以把解写成

$$|\psi(t)\rangle = |\psi_g(t)\rangle|g\rangle + |\psi_e(t)\rangle|e\rangle \tag{4.121}$$

其中 $|\psi_g(t)\rangle$ 和 $|\psi_e(t)\rangle$ 是 $|\psi(t)\rangle$ 的场分量:

$$|\psi_g(t)\rangle = -\mathrm{i}\sum_{n=0}^{\infty} C_n \sin(\lambda t\sqrt{n+1})|n+1\rangle$$

$$|\psi_e(t)\rangle = \sum_{n=0}^{\infty} C_n \cos(\lambda t\sqrt{n+1})|n\rangle$$

(4.122)

原子反转等于

$$W(t) = \langle\psi(t)|\hat{\sigma}_3|\psi(t)\rangle = \langle\psi_e(t)|\psi_e(t)\rangle - \langle\psi_g(t)|\psi_g(t)\rangle = \sum_{n=0}^{\infty} |C_n|^2 \cos(2\lambda t\sqrt{n+1})$$

(4.123)

这个结果正好是（4.115）式中场初态为 n 光子数态情况下的反转结果以场初态光子数分布作为权重的求和。

对于相干态，即最经典的量子态，有

$$C_n = \mathrm{e}^{-|\alpha|^2/2}\frac{\alpha^n}{\sqrt{n!}}$$

(4.124)

因此原子反转是

$$W(t) = \mathrm{e}^{-\bar{n}}\sum_{n=0}^{\infty}\frac{\bar{n}^n}{n!}\cos(2\lambda t\sqrt{n+1})$$

(4.125)

图 4.7 描绘了 $W(t)$ 随标度时间 $T = \lambda t$ 的变化，它揭露了全量子拉比振荡和半经典拉比振荡的显著差异。我们首先注意到拉比振荡从开始就似乎逐渐减弱或崩塌。拉比振荡的崩塌在相当早期的这个"理想化"了的模型相互作用的研究[12] 中已经被注意到。数年后也许是因为计算程序运行时间更长的缘故，人们发现在崩塌了的一段静默期后，拉比振荡开始复苏[13]，尽管没有完全恢复。在更长时间尺度内，可以发现一系列的崩塌和复苏，随着时间推移复苏变得越来越微弱。全量子模型中拉比振荡的崩塌和复苏行为与经典情况中振荡幅度不变的行为截然不同。我们现在必须解释这个不同。

我们先考虑崩塌。平均光子数是 $\bar{n} = |\alpha|^2$，所以起主导作用的拉比频率是

$$\Omega(\bar{n}) = 2\lambda\sqrt{\bar{n}+1} \approx 2\lambda\sqrt{\bar{n}}, \quad \bar{n} \gg 1$$

(4.126)

然而几率分布 $|C_n|^2$ 在 $\bar{n}$ 附近 $\bar{n} \pm \Delta n$ 范围内的分布导致（从 $\Omega(\bar{n}-\Delta n)$ 到 $\Omega(\bar{n}+\Delta n)$）整个范围内的频率都"起作用"。崩塌时间 t_c 可以从时间-频率"不确定"关系得到估算:

$$t_c[\Omega(\bar{n}+\Delta n) - \Omega(\bar{n}-\Delta n)] \simeq 1$$

(4.127)

在频域的"铺开"是拉比振动发生"退相位"的主要原因。对于相干态，$\Delta n = \bar{n}^{1/2}$，且有

$$\Omega(\bar{n}\pm\bar{n}^{1/2}) \simeq 2\lambda(\bar{n}\pm\bar{n}^{1/2})^{1/2} = 2\lambda\bar{n}^{1/2}\left(1\pm\frac{1}{\bar{n}^{1/2}}\right)^{1/2} \simeq 2\lambda\bar{n}^{1/2}\left(1\pm\frac{1}{2\bar{n}^{1/2}}\right) = 2\lambda\bar{n}^{1/2}\pm\lambda$$

(4.128)

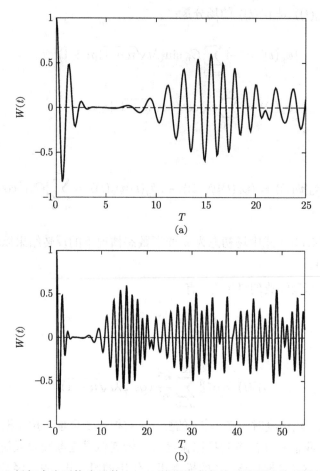

图 4.7 (a) 场初态为平均光子数 $\bar{n} = 1$ 的相干态条件下的原子数反转；(b) 与 (a) 一样，但描绘的时间尺度更长，远超过拉比振荡的首次复苏。这里 $T = \lambda t$

这就导致

$$t_c[\Omega(\bar{n} + \Delta n) - \Omega(\bar{n} - \Delta n)] \simeq t_c 2\lambda \simeq 1 \tag{4.129}$$

因此 $t_c \simeq (2\lambda)^{-1}$，它独立于 $\bar{n}$。

前面有关崩塌时间的"推导"不太严格。我们现在给出更严格的推导。在 $\bar{n}$ 附近展开 $(n+1)^{1/2}$：

$$(n + 1)^{1/2} = (\bar{n} + 1)^{1/2} + \frac{1}{2(\bar{n} + 1)^{1/2}}(n - \bar{n}) + \cdots \tag{4.130}$$

于是可以近似得到原子反转为

$$W(t) \simeq \frac{1}{2} e^{-\bar{n}} \sum_{n=0}^{\infty} \frac{\bar{n}^n}{n!} \left[e^{2i\lambda t(\bar{n}+1)^{1/2}} e^{i\lambda nt/(\bar{n}+1)^{1/2}} e^{-i\lambda \bar{n}t/(\bar{n}+1)^{1/2}} + c.c. \right] \tag{4.131}$$

注意到

$$\sum_{n=0}^{\infty} \frac{\bar{n}^n}{n!} e^{i\lambda nt/(\bar{n}+1)^{1/2}} = \exp\left[\bar{n} e^{i\lambda t/(\bar{n}+1)^{1/2}}\right] \tag{4.132}$$

在短时间内

$$e^{i\lambda t/(\bar{n}+1)^{1/2}} \simeq 1 + i\lambda t/(\bar{n}+1)^{1/2} - \frac{\lambda^2 t^2}{2(\bar{n}+1)} \tag{4.133}$$

因此

$$\exp\left[\bar{n} e^{i\lambda t/(\bar{n}+1)^{1/2}}\right] \simeq e^{\bar{n}} e^{i\lambda t\bar{n}/(\bar{n}+1)^{1/2}} e^{-\lambda^2 t^2 \bar{n}/[2(\bar{n}+1)]} \tag{4.134}$$

把所有这些结合在一起，我们得到

$$W(t) \simeq \cos\left[2\lambda t(\bar{n}+1)^{1/2}\right] \exp\left(-\frac{1}{2}\frac{\lambda^2 t^2 \bar{n}}{\bar{n}+1}\right) \tag{4.135}$$

这个结果在短时间适用。原子反转显然呈现出高斯型衰减率，它的衰减时间是

$$t_c = \frac{\sqrt{2}}{\lambda}\sqrt{\frac{\bar{n}+1}{\bar{n}}} \simeq \frac{\sqrt{2}}{\lambda}, \quad \bar{n} \gg 1 \tag{4.136}$$

除去一个约等于 1 的常数因子，这个时间和先前的估算一样。

现在考察复苏现象。$W(t)$ 显然由很多振动项构成，每一项以特定的拉比频率 $\Omega(n) = 2\lambda\sqrt{n+1}$ 振动。如果近邻两项的相位彼此错开 $180°$，那么我们能期待至少这两项近似相消。另外，如果近邻项彼此同相的话，我们就能预料它们干涉相长。事实上只要相邻相位错开 2π 的整数倍，这应该是可实现的。既然只有那些 $\bar{n}$ 附近的重要频率起作用，复苏应该在满足如下式子的时间 $t = t_R$ 发生：

$$[\Omega(\bar{n}+1) - \Omega(\bar{n})]t_R = 2\pi k, \quad k = 0, 1, 2, \cdots \tag{4.137}$$

展开 $\Omega(\bar{n})$ 和 $\Omega(\bar{n}+1)$ 可以容易得到 $t_R = (2\pi/\lambda)\bar{n}^{1/2}k, \bar{n} \gg 1$。更严格地我们可以得到

$$W(t) \simeq \cos\left[2\lambda t(\bar{n}+1)^{1/2} + \lambda t\bar{n}/(\bar{n}+1)^{1/2} - \bar{n}\sin\left(\frac{\lambda t}{(\bar{n}+1)^{1/2}}\right)\right] \times$$

$$\exp\left\{-\bar{n}\left[1 - \cos\left(\frac{\lambda t}{(\bar{n}+1)^{1/2}}\right)\right]\right\} \tag{4.138}$$

显然只要时间满足 $t = t_R = (2\pi/\lambda)(\bar{n}+1)^{1/2}k \sim (2\pi/\lambda)\bar{n}^{1/2}k$，振幅就能取最大值，这和前面的分析是一致的。在第 10 章里将讨论两个实验，一个背景是腔量子电动力学；另一个是囚禁离子的质心运动，它们都可以观察到理论上预言的拉比振荡崩塌和复苏。

4.6 缀饰态

计算 J-C 模型的动力学有许多方法（参见综述文献 [14]）。在 4.5 节我们已经计算了薛定谔方程：先是处理了场中有 n 个光子的情况；然后利用简单外推法，处理了处在数

态叠加态的场。另一个获得动力学的方法是首先找到 J-C 模型哈密顿量的稳态。出于各种很快就清楚的原因,这些本征态被称为"缀饰"态[15]。

再次考虑 J-C 模型哈密顿量

$$\hat{H} = \frac{1}{2}\hbar\omega_0\hat{\sigma}_3 + \hbar\omega\hat{a}^\dagger\hat{a} + \hbar\lambda(\hat{a}\hat{\sigma}_+ + \hat{a}^\dagger\hat{\sigma}_-) \tag{4.139}$$

这里我们没有假设共振条件 $\omega = \omega_0$。用场数态的语言说,$\hat{H}$ 中的相互作用项只能产生如下类型的转换:

$$|e\rangle|n\rangle \leftrightarrow |g\rangle|n+1\rangle \tag{4.140}$$

或者是

$$|e\rangle|n-1\rangle \leftrightarrow |g\rangle|n\rangle \tag{4.141}$$

直积态 $|e\rangle|n-1\rangle$ 和 $|g\rangle|n\rangle$ 等有时被称为 J-C 模型的"裸"态:它们是没有受到扰动的原子和场的直积态。对于固定的 n,动力学被完全封闭在二维直积态空间内,要么是 $(|e\rangle|n-1\rangle, |g\rangle|n\rangle)$,要么是 $(|e\rangle|n\rangle, |g\rangle|n+1\rangle)$。对给定 n,我们定义如下直积态:

$$|\psi_{1n}\rangle = |e\rangle|n\rangle, \quad |\psi_{2n}\rangle = |g\rangle|n+1\rangle \tag{4.142}$$

显然 $\langle\psi_{1n}|\psi_{2n}\rangle = 0$。我们使用这个基底得到 $\hat{H}$ 的矩阵元,$\hat{H}_{ij}^{(n)} = \langle\psi_{in}|\hat{H}|\psi_{jn}\rangle$,它们是

$$\hat{H}_{11}^{(n)} = \hbar\left(n\omega + \frac{\omega_0}{2}\right), \quad \hat{H}_{22}^{(n)} = \hbar\left[(n+1)\omega - \frac{\omega_0}{2}\right], \quad \hat{H}_{12}^{(n)} = \hbar\lambda\sqrt{n+1} = \hat{H}_{21}^{(n)} \tag{4.143}$$

于是得到 $\hat{H}$ 在以 (4.142) 式为基底的 2×2 子空间内的矩阵表示:

$$\hat{H}^{(n)} = \hbar\begin{bmatrix} n\omega + \dfrac{\omega_0}{2} & \lambda\sqrt{n+1} \\ \lambda\sqrt{n+1} & (n+1)\omega - \dfrac{\omega_0}{2} \end{bmatrix} \tag{4.144}$$

正如我们已经讲过的,因为动力学仅仅与光子数改变量为 ± 1 的那些态相关,所以这个矩阵是"独立"的。对于一个给定的 n,$\hat{H}^{(n)}$ 的能量本征值是:

$$E_\pm(n) = \left(n + \frac{1}{2}\right)\hbar\omega \pm \frac{1}{2}\hbar\Omega_n(\Delta) \tag{4.145}$$

其中,

$$\Omega_n(\Delta) = [\Delta^2 + 4\lambda^2(n+1)]^{1/2}, \quad \Delta = \omega_0 - \omega \tag{4.146}$$

是考虑了失谐量 Δ 效应之后的拉比频率。对于 $\Delta = 0$,显然有 $\Omega_n(0) = 2\lambda\sqrt{n+1}$,这是先前我们得到的量子电动力学中的拉比频率。与这些本征值相关的本征态是

$$|n,+\rangle = \cos(\Phi_n/2)|\psi_{1n}\rangle + \sin(\Phi_n/2)|\psi_{2n}\rangle$$

$$|n,-\rangle = -\sin(\Phi_n/2)|\psi_{1n}\rangle + \cos(\Phi_n/2)|\psi_{2n}\rangle \tag{4.147}$$

其中角度 Φ_n 定义为

$$\Phi_n = \arctan\left(\frac{2\lambda\sqrt{n+1}}{\Delta}\right) = \arctan\left(\frac{\Omega_n(0)}{\Delta}\right) \tag{4.148}$$

所以有

$$\sin(\Phi_n/2) = \frac{1}{\sqrt{2}}\left[\frac{\Omega_n(\Delta) - \Delta}{\Omega_n(\Delta)}\right]^{1/2}$$
$$\cos(\Phi_n/2) = \frac{1}{\sqrt{2}}\left[\frac{\Omega_n(\Delta) + \Delta}{\Omega_n(\Delta)}\right]^{1/2} \tag{4.149}$$

状态 $|n, \pm\rangle$ 通常被称为"缀饰态"或 J-C 双重态。裸态 $|\psi_{1n}\rangle$ 和 $|\psi_{2n}\rangle$ 的能量分别是 $E_{1n} = \hbar(\omega_0/2 + n\omega)$ 和 $E_{2n} = \hbar[-\omega_0/2 + (n+1)\omega]$；如图 4.8 所示它们会因为原子-场相互作用分裂为缀饰态。从裸态到缀饰态的分裂是一种 Stark 位移，通常称之为 AC 或动力学 Stark 位移。注意在精确共振极限下，$\Delta = 0$，裸态是简并的但是缀饰态的能级分裂当然还是存在。在此极限下，缀饰态与裸态的关联是

$$|n, +\rangle = \frac{1}{\sqrt{2}}(|e\rangle|n\rangle + |g\rangle|n+1\rangle)$$
$$|n, -\rangle = \frac{1}{\sqrt{2}}(-|e\rangle|n\rangle + |g\rangle|n+1\rangle) \tag{4.150}$$

缀饰态可以用来替代一般的初态获得动力学。要看到这一点，我们考虑场被制备为某种特定的数态叠加态

$$|\psi_f(0)\rangle = \sum_n C_n|n\rangle \tag{4.151}$$

然后把一个状态制备为 $|e\rangle$ 的原子投射到场中。因此原子-场系统的初态是

$$|\psi_{af}(0)\rangle = |\psi_f(0)\rangle|e\rangle = \sum_n C_n|n\rangle|e\rangle = \sum_n C_n|\psi_{1n}\rangle \tag{4.152}$$

根据（4.147）式，我们用缀饰态表达 $|\psi_{1n}\rangle$：

$$|\psi_{1n}\rangle = \cos(\Phi_n/2)|n, +\rangle - \sin(\Phi_n/2)|n, -\rangle \tag{4.153}$$

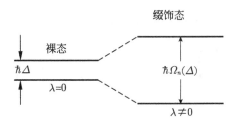

图 4.8　由于原子和量子化场相互作用引起的能级分裂。图右分裂的能级就是缀饰态的能量本征态

因而

$$|\psi_{af}(0)\rangle = \sum_n C_n[\cos(\Phi_n/2)|n,+\rangle - \sin(\Phi_n/2)|n,-\rangle] \tag{4.154}$$

由于缀饰态 $|n,\pm\rangle$ 是原子-场系统的稳态，所以 $t > 0$ 时的态矢量正好是

$$
\begin{aligned}
|\psi_{af}(t)\rangle &= \exp\left(-\frac{\mathrm{i}}{\hbar}\hat{H}t\right)|\psi_{af}(0)\rangle \\
&= \sum_n C_n\left[\cos(\Phi_n/2)|n,+\rangle\mathrm{e}^{-\mathrm{i}E_+(n)t/\hbar} - \sin(\Phi_n/2)|n,-\rangle\mathrm{e}^{-\mathrm{i}E_-(n)t/\hbar}\right]
\end{aligned} \tag{4.155}
$$

最终结果当然可以根据（4.147）式中定义重新回到人们更熟悉的"裸态"基矢上去。在 $\Delta = 0$ 极限下将恢复先前（4.120）式的结果。我们把演算作为习题留给读者。

4.7 密度算符方法：在热态上的应用

到目前为止我们仅考虑场和原子初始时处在纯态的情况。而在一般情况下，这两个子系统中的一个或两个都可能初始时处在混合态上，这就要求我们寻求用密度算符表示的解。举个例子，场可能初始时处在（2.144）式密度算符描述的热平衡态。通过用密度算符研究、描述二能级原子与热态的相互作用，实际上提供了另一个解决 J-C 模型动力学的方法。

我们将在相互作用表象下处理，并同时再次采用共振条件的假设，于是动力学被如下哈密顿量驱动：

$$\hat{H}_I = \hbar\lambda(\hat{a}\hat{\sigma}_+ + \hat{a}^\dagger\hat{\sigma}_-) \tag{4.156}$$

如果 $\hat{\rho}(t)$ 是原子-场系统在 t 时刻的密度算符，那么系统演化由下式给出

$$\frac{\mathrm{d}\hat{\rho}}{\mathrm{d}t} = -\frac{\mathrm{i}}{\hbar}[\hat{H}_I, \hat{\rho}] \tag{4.157}$$

它的解可以写为

$$\hat{\rho}(t) = \hat{U}_I(t)\hat{\rho}(0)\hat{U}_I^\dagger(t) \tag{4.158}$$

其中，

$$\hat{U}_I(t) = \exp(-\mathrm{i}\hat{H}_It/\hbar) = \exp[-\mathrm{i}\lambda t(\hat{a}\hat{\sigma}_+ + \hat{a}^\dagger\hat{\sigma}_-)] \tag{4.159}$$

在二维原子空间中，算符 $\hat{\sigma}_\pm$ 和 $\hat{\sigma}_3$ 的矩阵表示是

$$\hat{\sigma}_+ = \begin{pmatrix} 0 & 1 \\ 0 & 0 \end{pmatrix}, \quad \hat{\sigma}_- = \begin{pmatrix} 0 & 0 \\ 1 & 0 \end{pmatrix}, \quad \hat{\sigma}_3 = \begin{pmatrix} 1 & 0 \\ 0 & -1 \end{pmatrix} \tag{4.160}$$

其中我们已按惯例使用标记

$$\hat{\sigma}_j = \begin{pmatrix} \langle e|\hat{\sigma}_j|e\rangle & \langle e|\hat{\sigma}_j|g\rangle \\ \langle g|\hat{\sigma}_j|e\rangle & \langle g|\hat{\sigma}_j|g\rangle \end{pmatrix}, \quad j = \pm, 3 \tag{4.161}$$

演化算符 $\hat{U}_I(t)$ 在此二维子空间中可以展开为

$$\hat{U}_I(t) = \begin{pmatrix} \hat{C}(t) & \hat{S}'(t) \\ \hat{S}(t) & \hat{C}'(t) \end{pmatrix} \tag{4.162}$$

其中，

$$\hat{C}(t) = \cos(\lambda t \sqrt{\hat{a}\hat{a}^\dagger}) \tag{4.163}$$

$$\hat{S}(t) = -\mathrm{i}\hat{a}^\dagger \frac{\sin(\lambda t \sqrt{\hat{a}\hat{a}^\dagger})}{\sqrt{\hat{a}\hat{a}^\dagger}} \tag{4.164}$$

$$\hat{C}'(t) = \cos(\lambda t \sqrt{\hat{a}^\dagger \hat{a}}) \tag{4.165}$$

$$\hat{S}'(t) = -\mathrm{i}\hat{a} \frac{\sin(\lambda t \sqrt{\hat{a}^\dagger \hat{a}})}{\sqrt{\hat{a}^\dagger \hat{a}}} \tag{4.166}$$

（这里的算符 $\hat{C}$、$\hat{S}$ 等不应与第 2 章中引入的相位余弦和正弦算符混淆。）（4.162）式中 $\hat{U}_I(t)$ 的厄米共轭正好是

$$\hat{U}_I^\dagger(t) = \hat{U}_I(-t) = \begin{pmatrix} \hat{C}(t) & -\hat{S}'(t) \\ -\hat{S}(t) & \hat{C}'(t) \end{pmatrix} \tag{4.167}$$

我们假定在 $t = 0$ 时，原子-场系统的密度算符可分解为场和原子的单独部分：

$$\hat{\rho}(0) = \hat{\rho}^{\mathrm{F}}(0) \otimes \hat{\rho}^{\mathrm{A}}(0) \tag{4.168}$$

我们进一步假定（为算出一个特例）原子初始时处在激发态 $|e\rangle$，也就说 $\hat{\rho}^{\mathrm{A}}(0) = |e\rangle\langle e|$。原子对应的密度矩阵 (使用（4.161）式的惯例标记) 是

$$\hat{\rho}^{\mathrm{A}}(0) = \begin{pmatrix} 1 & 0 \\ 0 & 0 \end{pmatrix} \tag{4.169}$$

因此对全系统

$$\hat{\rho}(0) = \begin{pmatrix} \hat{\rho}^{\mathrm{F}}(0) & 0 \\ 0 & 0 \end{pmatrix} = \hat{\rho}^{\mathrm{F}}(0) \otimes \begin{pmatrix} 1 & 0 \\ 0 & 0 \end{pmatrix} \tag{4.170}$$

把 （4.162）式、（4.167）式和（4.170）式代入 （4.158）式可得

$$\hat{\rho}(t) = \begin{pmatrix} \hat{C}(t)\hat{\rho}^{\mathrm{F}}(0)\hat{C}(t) & -\hat{C}(t)\hat{\rho}^{\mathrm{F}}(0)\hat{S}'(t) \\ \hat{S}(t)\hat{\rho}^{\mathrm{F}}(0)\hat{C}(t) & -\hat{S}(t)\hat{\rho}^{\mathrm{F}}(0)\hat{S}'(t) \end{pmatrix} \tag{4.171}$$

对原子状态求迹可得到场的约化密度算符：

$$\hat{\rho}^{\mathrm{F}}(t) = \mathrm{Tr}_{\mathrm{A}}\hat{\rho}(t) = \hat{C}(t)\hat{\rho}^{\mathrm{F}}(0)\hat{C}(t) - \hat{S}(t)\hat{\rho}^{\mathrm{F}}(0)\hat{S}'(t) \tag{4.172}$$

场的密度算符矩阵元是

$$\hat{\rho}_{nm}^{\mathrm{F}}(t) \equiv \langle n|\hat{\rho}^{\mathrm{F}}(t)|m\rangle = \langle n|\hat{C}(t)\hat{\rho}^{\mathrm{F}}(0)\hat{C}(t)|m\rangle - \langle n|\hat{S}(t)\hat{\rho}^{\mathrm{F}}(0)\hat{S}'(t)|m\rangle \tag{4.173}$$

另外，对场态求迹就得到原子的约化密度算符：

$$\hat{\rho}^{\mathrm{A}}(t) = \mathrm{Tr}_{\mathrm{F}}\hat{\rho}(t) = \sum_{n=0}^{\infty} \langle n|\hat{\rho}(t)|n\rangle \tag{4.174}$$

它的矩阵元则是

$$\langle i|\hat{\rho}^{\mathrm{A}}(t)|j\rangle = \sum_{n=0}^{\infty} \langle i,n|\hat{\rho}(t)|j,n\rangle = \hat{\rho}_{ij}^{\mathrm{A}}(t) \tag{4.175}$$

其中 $i,j = e,g$。对角元 $\hat{\rho}_{ee}^{\mathrm{A}}(t)$ 和 $\hat{\rho}_{gg}^{\mathrm{A}}(t)$ 分别是激发态和基态的布居数，满足归一化条件

$$\hat{\rho}_{gg}^{\mathrm{A}}(t) + \hat{\rho}_{ee}^{\mathrm{A}}(t) = 1 \tag{4.176}$$

原子反转是

$$W(t) = \hat{\rho}_{ee}^{\mathrm{A}}(t) - \hat{\rho}_{gg}^{\mathrm{A}}(t) = 2\hat{\rho}_{ee}^{\mathrm{A}}(t) - 1 \tag{4.177}$$

从（4.171）式到（4.175）式，我们得到

$$\hat{\rho}_{ee}^{\mathrm{A}}(t) \equiv \sum_{n=0}^{\infty} \langle n|\hat{C}(t)\hat{\rho}^{\mathrm{F}}(0)\hat{C}(t)|n\rangle = \sum_{n=0}^{\infty} \langle n|\hat{\rho}^{\mathrm{F}}(0)|n\rangle \cos^2(\lambda t\sqrt{n+1}) \tag{4.178}$$

如果场初始时处在纯态

$$|\psi_{\mathrm{F}}\rangle = \sum_{n=0}^{\infty} C_n|n\rangle \tag{4.179}$$

那么

$$\hat{\rho}^{\mathrm{F}}(0) = |\psi_{\mathrm{F}}\rangle\langle\psi_{\mathrm{F}}| \tag{4.180}$$

因此

$$\hat{\rho}_{ee}^{\mathrm{A}}(t) = \sum_{n=0}^{\infty} |C_n|^2 \cos^2(\lambda t\sqrt{n+1}) \tag{4.181}$$

于是通过（4.177）式，我们给出了（4.123）式中发现的原子数反转。然而现在假定场初始时在热平衡态（一种混合态）上，那么

$$\hat{\rho}^{\mathrm{F}}(0) = \hat{\rho}_{\mathrm{Th}} = \sum_n P_n|n\rangle\langle n| \tag{4.182}$$

其中 P_n 由（2.145）式给出。根据（4.178）式我们最终可得当原子与热态在共振条件下耦合时的原子数反转[16] 是

$$W(t) = \sum_{n=0}^{\infty} P_n \cos(2\lambda t\sqrt{n+1}) \tag{4.183}$$

图 4.9 描绘了 $W(t)$ 随 λt 的变化，其中热场的平均光子数为 $\bar{n} = 2$。读者可自行分析图像中的动力学行为。

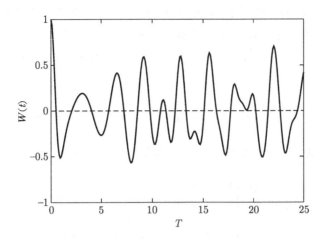

图 4.9　原子数反转的随时演化。初始时原子处在激发态而场处在热态
且 $\bar{n} = 2$、$T = \lambda t$

4.8　大失谐下的 J-C 模型：色散相互作用

我们在前面章节中大部分考虑的是共振情况：$\Delta = \omega_0 - \omega = 0$。原始 J-C 模型的一个重要推广是失谐量大到原子的直接跃迁并不发生，然而尽管如此单个原子与谐振腔场之间依然发生 "色散" 相互作用[17]。这种类型的 J-C 模型在有关量子力学基本原理检验的许多应用中发挥重要作用，我们将在第 10 章讨论部分此类应用。

正如附录 C 中所示，在大失谐条件下的原子-场有效哈密顿量是

$$\hat{H}_{\text{eff}} = \hbar\chi(\hat{\sigma}_+\hat{\sigma}_- + \hat{a}^\dagger\hat{a}\hat{\sigma}_3) \tag{4.184}$$

其中 $\chi = \lambda^2/\Delta$。注意到 $\hat{\sigma}_+\hat{\sigma}_- = |e\rangle\langle e|$。假设原子-场初态是 $|\psi(0)\rangle = |g\rangle|n\rangle$，也就是说原子处在基态上而场处在数态上。那么根据相互作用哈密顿量（4.184）式，当 $t > 0$ 时

$$|\psi(t)\rangle = \text{e}^{-\text{i}\hat{H}_{\text{eff}}t/\hbar}|\psi(0)\rangle = \text{e}^{\text{i}\chi nt}|g\rangle|n\rangle \tag{4.185}$$

而对于初态 $|\psi(0)\rangle = |e\rangle|n\rangle$，有

$$|\psi(t)\rangle = \text{e}^{-\text{i}\hat{H}_{\text{eff}}t/\hbar}|\psi(0)\rangle = \text{e}^{\text{i}\chi(n+1)t}|e\rangle|n\rangle \tag{4.186}$$

显然此处只是乘以不能测量的相位因子。另外，对于场的初态为相干态的情况，有 $|\psi(0)\rangle = |g\rangle|\alpha\rangle$，并且

$$|\psi(t)\rangle = \text{e}^{-\text{i}\hat{H}_{\text{eff}}t/\hbar}|\psi(0)\rangle = |g\rangle|\alpha\text{e}^{\text{i}\chi t}\rangle \tag{4.187}$$

而对于 $|\psi(0)\rangle = |e\rangle|\alpha\rangle$，有

$$|\psi(t)\rangle = \text{e}^{-\text{i}\hat{H}_{\text{eff}}t/\hbar}|\psi(0)\rangle = \text{e}^{-\text{i}\chi t}|e\rangle|\alpha\text{e}^{-\text{i}\chi t}\rangle \tag{4.188}$$

我们注意到相干态振幅在相空间中转动了 χt 角，但转动的方向依赖于原子的状态。现在假设原子被制备为基态和激发态的叠加态。为简单起见我们取一个"平衡"态，形式为 $|\psi_{\text{atom}}\rangle = (|g\rangle + \mathrm{e}^{\mathrm{i}\phi}|e\rangle)/\sqrt{2}$，其中 ϕ 是相位。在初态为 $|\psi(0)\rangle = |\psi_{\text{atom}}\rangle|\alpha\rangle$ 的条件下，有

$$|\psi(t)\rangle = \mathrm{e}^{-\mathrm{i}\hat{H}_{\text{eff}}t/\hbar}|\psi(0)\rangle = \frac{1}{\sqrt{2}}\left(|g\rangle|\alpha\mathrm{e}^{\mathrm{i}\chi t}\rangle + \mathrm{e}^{-\mathrm{i}(\chi t - \phi)}|e\rangle|\alpha\mathrm{e}^{-\mathrm{i}\chi t}\rangle\right) \tag{4.189}$$

事实上这个态很有趣，因为一般情况下原子和场之间存在纠缠。如果取 $\chi t = \pi/2$，就有

$$\left|\psi\left(\frac{\pi}{2\chi}\right)\right\rangle = \frac{1}{\sqrt{2}}\left(|g\rangle|\mathrm{i}\alpha\rangle - \mathrm{i}\mathrm{e}^{\mathrm{i}\phi}|e\rangle|-\mathrm{i}\alpha\rangle\right) \tag{4.190}$$

注意用相空间的语言说，（4.190）式中的两个相干态分开了 $180°$，这是最大的分离了。在相位上错开 $180°$ 的相干态由于它们之间实质上没有任何重叠（至少在 $|\alpha|$ 足够大的情况下）而具有最大可分辨性。事实上即使当 $|\alpha|$ 小到只有 $\sqrt{2}$，这个判断也是成立的。对于非常大的 $|\alpha|$，这两个相干态称为具有"宏观"可分辨性；如果中等程度大的话，称为"介观"可分辨的。（4.190）式中的纠缠态让人想起薛定谔的不幸的猫的传奇[18]。这只猫处在不确定的状态中，也就是处在生与死以及微观原子非延迟与延迟辐射的纠缠之中。薛定谔著名"悖论"中的纠缠态可以象征性地表达为

$$|\psi_{\text{原子-猫}}\rangle = \frac{1}{\sqrt{2}}[|\text{原子未衰减}\rangle|\text{活猫}\rangle + |\text{原子已衰减}\rangle|\text{死猫}\rangle] \tag{4.191}$$

这个态明显类似于（4.190）式中的态；二能级原子的状态起到辐射原子的作用而两个在相位上错开的相干态则起到猫态的作用。

还有一种经常考虑的原子初态。假设原子另外有一个态，我们标记为 $|f\rangle$，其能量如图 4.10 所示的 $E_f \ll E_g$，且它的宇称和 $|g\rangle$ 相反。假设腔内没有模式与变换 $f \leftrightarrow g$ 共振，并进一步假设 $|f\rangle$ 和能够访问的腔长模式全部远离共振，以至于也没有可分辨的色散相

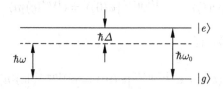

图 4.10　能级 $|e\rangle$ 与 $|g\rangle$ 和场之间远失谐，所以它们之间没有直接跃迁而仅有色散相互作用。$|f\rangle$ 态与 $|g\rangle$ 态和场之间超远失谐，以至于甚至色散相互作用也不存在

互作用。因而如果原子初始制备在状态 $|f\rangle$ 而场初始制备在相干态 $|\alpha\rangle$ 的话，它就会保持原样，也就是说它不会演化。现在假设原子制备在叠加态 $|\psi_{atom}\rangle = (|g\rangle + e^{i\phi}|f\rangle)/\sqrt{2}$，那么容易发现原子-场的初始态 $|\psi(0)\rangle = |\psi_{atom}\rangle|\alpha\rangle$ 演化为

$$\psi(t)\rangle = \frac{1}{\sqrt{2}}\left(|g\rangle|\alpha e^{i\chi t}\rangle + e^{i\phi}|f\rangle|\alpha\rangle\right) \tag{4.192}$$

在此情况下，原子初始叠加态中仅有一个分量会在相干态中产生相移，这在特定应用中有好处。当 $\chi t = \pi$ 时，我们得到另一种薛定谔猫态：

$$\left|\psi\left(\frac{\pi}{\chi}\right)\right\rangle = \frac{1}{\sqrt{2}}\left(|g\rangle|-\alpha\rangle + e^{i\phi}|f\rangle|\alpha\rangle\right) \tag{4.193}$$

我们在第 7、8、10 章中将进一步阐述有关猫态的问题。

4.9　J-C 模型的推广

原始的 J-C 模型有许多种可能的推广，涉及不同类型的相互作用，其中包括那些双光子跃迁模型、多模式与多能级原子模型、Raman 耦合模型、双通道模型等。我们在这里不会讨论这些模型，但把已经发表了的多篇综述[14, 19] 以及其中的参考文献推荐给读者。有些推广会出现在后面的习题中。另外人们发现 J-C 模型的相互作用也可能出现于禁闭在电磁势阱中的离子的振动中。我们将在第 10 章讨论相关的简单例子。

4.10　J-C 模型的施密特分解和冯·诺伊曼熵

我们在本章最后一节讨论从属于 J-C 模型的施密特（Schmidt）分解以及相关的冯·诺伊曼（von Neumann）熵。由于讨论的是两体系统，所以正如附录 A 所讲的，可以进行施密特分解。我们已经在（4.120）式中给出了薛定谔方程的一般解，现在重写如下：

$$|\Psi(t)\rangle = \sum_{n=0}^{\infty}[a_n(t)|g\rangle|n\rangle + b_n(t)|e\rangle|n\rangle] \tag{4.194}$$

其中，

$$
\begin{aligned}
a_n(t) &= C_g C_n \cos(\lambda t\sqrt{n}) - iC_e C_{n-1} \sin(\lambda t\sqrt{n}) \\
b_n(t) &= C_e C_n \cos(\lambda t\sqrt{n+1}) - iC_g C_{n+1} \sin(\lambda t\sqrt{n+1})
\end{aligned}
\tag{4.195}
$$

然而根据施密特分解，在任何时刻 t，我们总能找到原子的某个基底 $\{|u_i(t)\rangle\}$ 和场的某个基底 $\{|v_i(t)\rangle\}$，使系统的纯态可以写为

$$|\Psi(t)\rangle = g_1(t)|u_1(t)\rangle|v_1(t)\rangle + g_2(t)|u_2(t)\rangle|v_2(t)\rangle \tag{4.196}$$

在这些基底上，原子和场的约化密度矩阵是完全相同的：

$$\hat{\rho}_u(t) = \begin{pmatrix} |g_1(t)|^2 & 0 \\ 0 & |g_2(t)|^2 \end{pmatrix} = \hat{\rho}_v(t) \tag{4.197}$$

为得到系数 $g_1(t)$、$g_2(t)$ 以及本征态 $|u_i\rangle$ 和 $|v_i\rangle$，我们先计算原子在裸态基底 $|e\rangle$ 和 $|g\rangle$ 上的约化密度算符，并得到

$$\hat{\rho}_u(t) = \begin{pmatrix} \displaystyle\sum_{n=0}^{\infty} |a_n(t)|^2 & \displaystyle\sum_{n=0}^{\infty} a_n(t)b_n^*(t) \\ \displaystyle\sum_{n=0}^{\infty} b_n(t)a_n^*(t) & \displaystyle\sum_{n=0}^{\infty} |b_n(t)|^2 \end{pmatrix} \tag{4.198}$$

然后我们按照附录 A（A.25）式中布洛赫矢量分量的定义，并利用密度矩阵的参数得到

$$s_1(t) = \sum_{n=0}^{\infty} [a_n(t)b_n^*(t) + b_n(t)a_n^*(t)]$$

$$s_2(t) = -\mathrm{i}\sum_{n=0}^{\infty} [a_n(t)b_n^*(t) - b_n(t)a_n^*(t)] \tag{4.199}$$

$$s_3(t) = \sum_{n=0}^{\infty} \left[|a_n(t)|^2 - |b_n(t)|^2\right]$$

接着正如附录 A 所讨论的，系数 $g_1(t)$、$g_2(t)$ 可以用布洛赫矢量的长度来表示：

$$g_1(t) = \frac{1}{2}[1 + |\boldsymbol{s}(t)|], \quad g_2(t) = \frac{1}{2}[1 - |\boldsymbol{s}(t)|] \tag{4.200}$$

注意原先在无限维福克（Fock）态基底上描述的场模在施密特基底上可约化为一个"二能级"系统。布洛赫矢量的长度是原子-场系统纯度的一种度量。对处在纯态中的原子-场系统，布洛赫矢量的长度是 1。

根据附录 A 中的讨论，施密特分解的用处是它能容易获得冯·诺伊曼熵的表达式，对于 J-C 模型的任何一个子系统，都有

$$S(\hat{\rho}_u) = -g_1(t)\ln g_1(t) - g_2(t)\ln g_2(t) = S(\hat{\rho}_v) \tag{4.201}$$

只要 $|\boldsymbol{s}| = 1$，就有 $S(\hat{\rho}_u) = 0 = S(\hat{\rho}_v)$。在图 4.11 中，对于初始处在激发态的原子和初始处在相干态 $\alpha = \sqrt{30}$ 的场，我们在子图 (a)、(b)、(c) 中分别描绘了布洛赫矢量的 s_3 分量、s_2 分量，以及冯·诺伊曼熵 $S(\hat{\rho}_u)$，所有图的横坐标都是标度时间 $T = \lambda t$。在这个特定初始条件下，s_1 始终为 0。我们注意到 s_3 经历了原子反转的崩塌和复苏，而 s_2 在前者崩塌的时期内接近于 1，这表明原子和场在那段时间近似处于纯态。当然那时

冯·诺伊曼熵处在最低点。这个结果也许有点奇怪和反直觉。这个现象首次被吉尔-巴纳克洛赫（Gea-Banacloche）[20] 采用不同的计算方法获得，并被菲尼克斯（Phoenix）和奈特（Knight）[21] 随后检验。

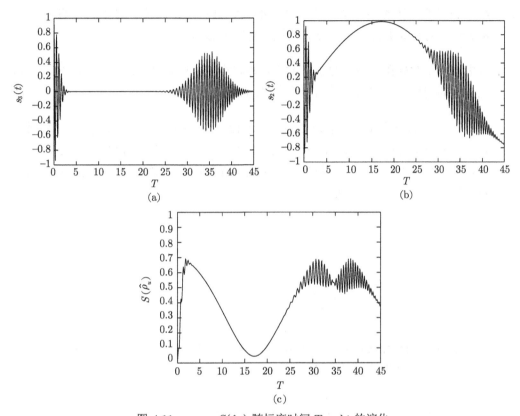

图 4.11　$s_3, s_2, S(\hat{\rho}_u)$ 随标度时间 $T = \lambda t$ 的演化

习题

1. 在 RWA 近似下考虑（4.74）式中的半经典拉比模型（即一个二能级原子与给定的经典场耦合）。假定原子初始在激发态，得到它的动力学解。计算原子布居数反转。

2. 利用习题 1 结果在精确共振条件下计算原子偶极矩算符 $\hat{d} = d(\hat{\sigma}_+ + \hat{\sigma}_-)$ 的期望值。在同样精确共振条件下比较偶极矩和原子布居数反转演化的动力学。

3. 在 RWA 近似下的二能级原子耦合量子化场的全量子模型就是 J-C 模型，在初始态为原子处在激发态、场处在数态 $|n\rangle$，且精确共振的情况下得到了精确解（参看（4.107) 式至 (4.116) 式）。在这样的前提下原子布居数反转的拉比振荡正好和半经典模型一样都是周期性的。利用这个结果计算原子偶极矩算符的期望值，并与习题 2 比较。量子模型是否和经典模型的结果类似？

4. 在场初始时处在相干态的条件下计算 J-C 模型中原子偶极矩算符的期望值。这个结果与前两种情况相比如何？画出偶极矩算符的期望值随时间变化的曲线。

5. 我们在正文中得到了 J-C 模型在精确共振条件下的动力学。考虑非共振情况。画出原子布居数反转的动力学并注意非零的失谐量对拉比振荡崩塌和复苏的影响。分析失谐量对拉比振荡崩塌和复苏出现的时间的影响。

6. 考虑场初始时处在热态下的 J-C 共振模型，并假定原子初始时处在激发态。分析拉比振荡的崩塌并得到崩塌时间和热态平均光子数的关系。

7. 考虑一个简单的简并拉曼散射模型（图 4.12），其中 $E_g = E_e$，相互作用哈密顿量是 $\hat{H}_I = \hbar\lambda\hat{a}^\dagger\hat{a}(\hat{\sigma}_+ + \hat{\sigma}_-)$。(a) 得到这个模型的缀饰态。(b) 假定初始时场处在相干态，原子处在基态 $|g\rangle$，证明拉比振荡的复苏是正常且完整的。(c) 在初始时场处在热态的前提下计算原子布居数反转。

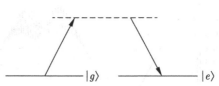

图 4.12　简并拉曼散射模型能级图。虚线代表可被填充的"虚拟"中间态，它和实际的上能级（上面的实线）远失谐

8. 双光子共振的广义 J-C 模型可用有效哈密顿量 $H_{\text{eff}} = \hbar\eta(\hat{a}^2\hat{\sigma}_+ + \hat{a}^{\dagger 2}\hat{\sigma}_-)$ 描述。为简单起见，这里已经忽略斯塔克位移项。这个哈密顿量代表在奇偶性相同的原子能级间吸收和发射双光子。这个过程可表示为图 4.13，其中的虚线代表奇偶性相反的虚拟中间态。(a) 得到这个模型的缀饰态；(b) 假定初始时场处在数态、原子处在基

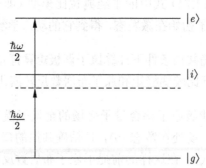

图 4.13　双光子共振过程能级图。$|e\rangle$ 和 $|g\rangle$ 的奇偶性一致，而中间态 $|i\rangle$ 和它们相反。虚线代表的"虚拟"中间态，它和 $|i\rangle$ 之间有失谐

态，计算原子布居数反转；场改为相干态呢？分析在这些情况下拉比振荡崩塌和复苏的性质。

9. 双模版本的双光子共振模型可用有效哈密顿量 $H_{\text{eff}} = \hbar\eta(\hat{a}\hat{b}\hat{\sigma}_+ + \hat{a}^\dagger\hat{b}^\dagger\hat{\sigma}_-)$ 描述，也就是说每个模式都吸收或发射一个光子。假如两个模式都处在相干态，计算原子布居数反转并分析拉比振荡崩塌和复苏现象。

10. 考虑场初始时处在相干态 $\alpha = \sqrt{30}$ 下的 J-C 共振模型，并假定原子初始时处在激发态。(a) 利用部分求迹分别得到原子和场部分的约化密度算符（参考附录 A），得到原子和场之间纠缠度的随时演化。特别要注意拉比振荡的首次崩塌和首次复苏的时间中心点附近发生了什么？这个行为奇异吗？如果有的话，你得到的结果和 4.10 节中讨论的结果之间有什么联系？(b) 画出从初始时刻到拉比振荡首次复苏时刻之间不同时间点的场态 Q 函数（(3.112) 式）等高线或三维图像。

11. 考虑 (4.193) 式的原子-场状态并假定 $\phi = 0$。假如我们有办法知道原子的状态（这至少通过场电离是可能的，详见第 10 章）。举例而言，如果探测到原子处在 $|g\rangle$，那么场态将约化到 $|-\alpha\rangle = \langle g|\psi\rangle/|\langle g|\psi\rangle|$。如果探测到原子处在 $|f\rangle$，结果类似可得。不过现在假设可能探测到原子处在叠加态 $|S_\pm\rangle = (|g\rangle \pm |f\rangle)/\sqrt{2}$。在这些情况下可产生什么场态？

12. 再考虑 4.10 节讨论的问题，不过原子初态现在取"平衡"叠加态 $|\psi(0)\rangle_{\text{atom}} = (|e\rangle + |g\rangle)/\sqrt{2}$。画出布洛赫矢量的各分量和冯·诺伊曼熵的曲线。把这个结果与原子处在激发态的情况进行对比。

参考文献

[1] J. J. Sakurai, Modern Quantum Mechanics, revised edition (Reading: Addison-Wesley, 1994), p. 316.

[2] Two standard references on nuclear magnetic resonance, wherein the rotating wave approximation is discussed, are: A. Abragam, Principles of Nuclear Magnetism (Oxford: Oxford University Press, 1961); C. P. Slichter, Principles of Magnetic Resonance, 3rd edition (Berlin: Springer, 1992).

[3] See Reference [1], p. 332.

[4] A. Einstein, Verh. Deutsch. Phys. Ges, 18 (1916), 318; Mitt. Phys. Ges. Zürich, 16 (1916), 47; Phys. Zeitschr., 18 (1917), 121. This last article appears in an English translation from the German in D. ter Haar, The Old Quantum Theory (Oxford: Pergamon, 1967) and is reprinted in P. L. Knight and L. Allen, Concepts in Quantum Optics (Oxford: Pergamon, 1983). See also, A. Pais "Subtle is the Lord" The Science and Life of Albert Einstein (Oxford: Oxford University Press, 1982), pp. 402–415.

[5] P. W. Milonni, Am. J. Phys., 52 (1984), 340.

[6] V. F. Weisskopf and E. Wigner, Z. Phys., 63 (1930), 54. See also, M. Sargent, III, M. O. Scully and W. E. Lamb, Jr., Laser Physics (Reading: Addison-Wesley, 1974), p. 236.

[7] I. I. Rabi, Phys. Rev., 51 (1937), 652.

[8] See References [2] and F. Bloch, Phys. Rev., 70 (1946), 460; E. L. Hahn, Phys. Rev., 80 (1950), 580.

[9] See, for example, B. W. Shore, The Theory of Coherent Atomic Excitation (New York: Wiley, 1990), and references therein.

[10] E. T. Jaynes and F. W. Cummings, Proc. IEEE, 51 (1963), 89.

[11] J. J. Sanchez-Mondragon, N. B. Narozhny and J. H. Eberly, Phys. Rev. Lett., 51 (1983), 550; G. S. Agarwal, J. Opt. Soc. Am. B, 2 (1985), 480.

[12] F. W. Cummings, Phys. Rev., 149 (1965), A1051; S. Stenholm, Phys. Rep., 6 (1973), 1; P. Meystre, E. Geneux, A. Quattropani and A. Faust, Nuovo Cim. B, 25 (1975), 521; J. Phys. A8, 95 (1975).

[13] J. H. Eberly, N. B. Narozhny and J. J. Sanchez-Mondragon, Phys. Rev. Lett., 44 (1980), 1323; N. B. Narozhny, J. J. Sanchez-Mondragon and J. H. Eberly, Phys. Rev. A, 23 (1981), 236; P. L. Knight and P. M. Radmore, Phys. Rev. A, 26 (1982), 676.

[14] H. J. Yoo and J. H. Eberly, Phys. Rep., 118 (1985), 239; B. W. Shore and P. L. Knight, J. Mod. Opt., 40 (1993), 1195.

[15] P. L. Knight and P. W. Milonni, Phys. Rep., 66 (1980), 21.

[16] P. L. Knight and P. M. Radmore, Phys. Lett. A, 90 (1982), 342. Note that in this paper, the atom is assumed to be initially in the ground state.

[17] C. M. Savage, S. L. Braunstein and D. F. Walls, Opt. Lett., 15 (1990), 628.

[18] E. Schrödinger, Naturwissenshaften, 23 (1935), 807, 823, 844. An English translation can be found in Quantum Theory of Measurement, edited by J. Wheeler and W. H. Zurek (Princeton: Princeton University Press, 1983).

[19] F. Le Kien and A. S. Shumovsky, Intl. J. Mod. Phys. B, 5 (1991), 2287; A. Messina, S. Maniscalco and A. Napoli, J. Mod. Opt., 50 (2003), 1.

[20] J. Gea-Banacloche, Phys. Rev. Lett., 65 (1990), 3385.

[21] S. J. D. Phoenix and P. L. Knight, Phys. Rev. A, 44 (1991), 6023. See also S. J. D. Phoenix and P. L. Knight, Ann. Phys. (N. Y.), 186 (1988), 381.

参考书目

除了那些已被引用的参考文献外，下列是我们为量子光学领域的读者选出的关于原子-场相互作用的有用书目，讨论范围涵盖经典场和量子场。

- W. H. Louisell, Quantum Statistical Properties of Radiation (New York: Wiley, 1973).
- L. Allen and J. H. Eberly, Optical Resonance and Two-Level Atoms (New York: Wiley, 1975; Mineola: Dover, 1987).
- R. Loudon, The Quantum Theory of Light, 3rd edition (Oxford: Oxford University Press, 2000).
- M. Weissbluth, Photon-Atom Interactions (New York: Academic Press, 1989).
- P. Meystre and M. Sargent, III, Elements of Quantum Optics, 3rd edition (Berlin: Springer, 1999).
- C. Cohen-Tannoudji, J. Dupont-Roc and G. Grynberg, Atom Photon Interactions (New York: Wiley, 1992).
- L. Mandel and E. Wolf, Optical Coherence and Quantum Optics (Cambridge: Cambridge University Press, 1995).

第 5 章　量子相干函数

本章讨论相干性的经典理论和量子理论。从杨氏干涉的例子出发，将回顾经典一阶相干理论和经典一阶相干函数的概念。然后介绍量子一阶相干函数并给出杨氏干涉的全量子描述。接下来介绍也称为强度-强度关联函数的二阶相干函数，以及它们与汉伯里-布朗（Hanbury Brown）和特威斯（Twiss）实验的关联，这是量子光学方面一个开创性的进展。通过介绍全部高阶相干函数来完成本章，这些函数将用来为量子化的辐射场提供全相干性的判断标准。

5.1　经典相干函数

首先简要回顾经典相干 [1]，且回顾的动机是图 5.1 所示的杨氏双缝干涉实验。干涉图样在一定条件下出现在屏幕上。如果光源带宽为 $\Delta\omega$ 且 $\Delta s = |s_1 - s_2|$ 是光程差，那么当 $\Delta s \leqslant c/\Delta\omega$ 时会出现干涉。物理量 $\Delta s_{\mathrm{coh}} = c/\Delta\omega$ 被称为相干长度；$\Delta t_{\mathrm{coh}} = \Delta s_{\mathrm{coh}}/c = 1/\Delta\omega$ 称为相干时间。在 $\Delta t_{\mathrm{coh}}\Delta\omega \simeq 1$ 的条件下干涉图样是明显可见的。

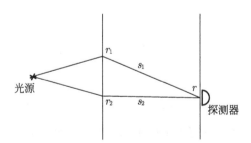

图 5.1　杨氏双缝干涉实验标准装备示意图

在 t 时刻照射到屏幕上的或者说探测器上的场能够写成更早时刻 $t_1 = t - s_1/c$、$t_2 = t - s_2/c$ 的两个场的线性叠加，也就是说

$$E(\boldsymbol{r},t) = K_1 E(\boldsymbol{r}_1,t_1) + K_2 E(\boldsymbol{r}_2,t_2) \tag{5.1}$$

其中 $E(\boldsymbol{r}_i,t_i)$ 表示从第 i 个狭缝出发到达屏幕的复数场，物理量 K_1 和 K_2 是复的分别依赖于距离 s_1 和 s_2 的几何因子。为简单起见我们在这里把场处理为标量，等价于假设

场的偏振方向相同。与狭缝有关的衍射效应被忽略。可见光探测器的反应时间较长，仅能测量平均光强。因而入射到探测器上的光强由（5.2）式给出

$$I(\boldsymbol{r}) = \langle |E(\boldsymbol{r}, t)|^2 \rangle \tag{5.2}$$

其中尖括号意味着对时间求平均：

$$\langle f(t) \rangle = \lim_{T \to \infty} \frac{1}{T} \int_0^T f(t) \mathrm{d}t \tag{5.3}$$

假定这个平均值是稳定的，也就是说与时间轴原点的选择无关。根据各态历经假说，时间平均将等价于系综平均。使用（5.1）式，有

$$I(\boldsymbol{r}) = |K_1|^2 \langle |E(\boldsymbol{r}_1, t_1)|^2 \rangle + |K_2|^2 \langle |E(\boldsymbol{r}_2, t_2)|^2 \rangle + 2\mathrm{Re}\left[K_1^* K_2 \langle E^*(\boldsymbol{r}_1, t_1) E(\boldsymbol{r}_2, t_2) \rangle \right] \tag{5.4}$$

其中前两项正好是从每个缝中发出的光场强度，而第三项给出干涉项。令

$$I_1 = |K_1|^2 \langle |E(\boldsymbol{r}_1, t_1)|^2 \rangle, \quad I_2 = |K_2|^2 \langle |E(\boldsymbol{r}_2, t_2)|^2 \rangle \tag{5.5}$$

现在引入归一化的一阶互相干函数

$$\gamma^{(1)}(x_1, x_2) = \frac{\langle E^*(x_1) E(x_2) \rangle}{\sqrt{\langle |E(x_1)|^2 \rangle \langle |E(x_2)|^2 \rangle}} \tag{5.6}$$

其中采用了标准的符号设定 $x_i = \boldsymbol{r}_i, t_i$。因而能用强度分量加上相干项写出屏幕上测量到的强度：

$$I(\boldsymbol{r}) = I_1 + I_2 + 2\sqrt{I_1 I_2}\,\mathrm{Re}\left[K_1 K_2 \gamma^{(1)}(x_1, x_2)\right] \tag{5.7}$$

如果设 $K_i = |K_i|\exp(\mathrm{i}\psi_i)$ 并写出

$$\gamma^{(1)}(x_1, x_2) = |\gamma^{(1)}(x_1, x_2)|\exp(\mathrm{i}\Phi_{12}) \tag{5.8}$$

那么有

$$I(\boldsymbol{r}) = I_1 + I_2 + 2\sqrt{I_1 I_2}\,|\gamma^{(1)}(x_1, x_2)|\cos(\Phi_{12} - \psi) \tag{5.9}$$

其中 $\psi = \psi_1 - \psi_2$ 是光程差（假定小于相干长度）引起的相差。当 $|\gamma^{(1)}(x_1, x_2)| \neq 0$ 时干涉发生。我们可以辨别出三种类型的相干：

$$\begin{aligned}
|\gamma^{(1)}(x_1, x_2)| &= 1, &\quad \text{完全相干} \\
0 < |\gamma^{(1)}(x_1, x_2)| &< 1, &\quad \text{部分相干} \\
|\gamma^{(1)}(x_1, x_2)| &= 0, &\quad \text{完全不相干}
\end{aligned} \tag{5.10}$$

引入瑞利关于条纹可见度的定义会较为方便：

$$\mathcal{V} = (I_{\max} - I_{\min})/(I_{\max} + I_{\min}) \tag{5.11}$$

其中,

$$I_{\mathrm{max,min}} = I_1 + I_2 \pm 2\sqrt{I_1 I_2}|\gamma^{(1)}(x_1, x_2)| \tag{5.12}$$

所以

$$\mathcal{V} = \frac{2\sqrt{I_1 I_2}|\gamma^{(1)}(x_1, x_2)|}{I_1 + I_2} \tag{5.13}$$

很清楚对于完全相干的情况, 条纹的可分辨性 (或称为对比度) 达到最大值:

$$\mathcal{V} = \frac{2\sqrt{I_1 I_2}}{I_1 + I_2} \tag{5.14}$$

而在完全不相干的情况下可分辨性为零 $\mathcal{V} = 0$。需要注意到的一个重要性质是: 回到 (5.6) 式, 显然如果分母可根据 (5.15) 式分解:

$$\langle E^*(x_1) E(x_2) \rangle = \sqrt{\langle |E(x_1)|^2 \rangle}\sqrt{\langle |E(x_2)|^2 \rangle} \tag{5.15}$$

那么有 $|\gamma^{(1)}(x_1, x_2)| = 1$。因此可分解性能够用来作为完全光学相干的标准。正如我们将了解的, 这个标准的量子版本, 即场算符乘积期望值的可分解性, 将给出量子光场的完全相干标准。

现在考虑经典一阶相干函数的一些例子。先考虑在一个固定位置的稳定光场的时间相干。举个例子, 沿着 z 方向传播的位于坐标 z 的单模光场在 t 和 $t+\tau$ 时的表达式分别是

$$E(z, t) = E_0 \mathrm{e}^{\mathrm{i}(kz - \omega t)}, \quad E(z, t+\tau) = E_0 \mathrm{e}^{\mathrm{i}[kz - \omega(t+\tau)]} \tag{5.16}$$

从其中的物理量 $E(x_1)$ 和 $E(x_2)$ 得到

$$\langle E^*(z, t) E(z, t+\tau) \rangle = E_0^2 \mathrm{e}^{-\mathrm{i}\omega\tau} \tag{5.17}$$

这称为自关联函数, 一般去掉位置变量写做 $\langle E^*(t) E(t+\tau) \rangle$。在此条件下显然有

$$\gamma^{(1)}(x_1, x_2) = \gamma^{(1)}(\tau) = \gamma^{(1)*}(-\tau) = \mathrm{e}^{-\mathrm{i}\omega\tau} \tag{5.18}$$

并因此 $|\gamma^{(1)}(\tau)| = 1$, 所以有完全的时间相干。然而完美的单模光源并不存在。更为现实的 "单模" 光源模型应该考虑光从光源内激发态原子跃迁中辐射出来的随机过程。这些 "单模" 光源会发出有限长度的波列, 这些波列之间因为不连续的相位改变而可分。给定光源的平均光波列时间 τ_0 被称为光源的相干时间。相干时间与光源中辐射原子的谱线自然宽度成反比。于是可以把波列的相干长度 l_{coh} 直接定义为 $l_{\mathrm{coh}} = c\tau_0$。因此现在我们考虑光场:

$$E(z, t) = E_0 \mathrm{e}^{\mathrm{i}(kz - \omega t)} \mathrm{e}^{\mathrm{i}\psi(t)} \tag{5.19}$$

如图 5.2(a) 所示, $\psi(t)$ 是周期为 τ_0、值域在 $(0, 2\pi)$ 内的随机阶跃函数。在此情况下自关联函数是

$$\langle E^*(t) E(t+\tau) \rangle = E_0^2 \mathrm{e}^{-\mathrm{i}\omega\tau} \left\langle \mathrm{e}^{\mathrm{i}[\psi(t+\tau) - \psi(t)]} \right\rangle \tag{5.20}$$

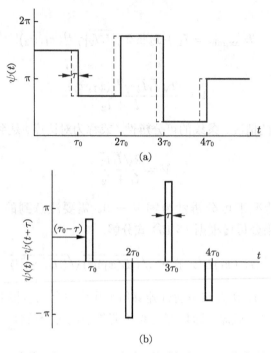

图 5.2　(a) $\psi(t)$（实线）和 $\psi(t+\tau)$（虚线）的随机相位，周期都是 τ_0；(b) $\psi(t) - \psi(t+\tau)$ 的相位差

所以

$$\gamma^{(1)}(\tau) = \mathrm{e}^{-\mathrm{i}\omega\tau} \lim_{T\to\infty} \int_0^T \mathrm{e}^{\mathrm{i}[\psi(t+\tau)-\psi(t)]} \mathrm{d}t \tag{5.21}$$

这里相位上的差如图 5.2(b) 所示。当 $0 < t < \tau_0 - \tau$ 时，$\psi(t+\tau) - \psi(t) = 0$。然而当 $\tau_0 - \tau < t < \tau_0$ 时，$\psi(t+\tau) - \psi(t)$ 是在范围 $(0, 2\pi)$ 内的随机数。同样的情况也发生在后续的相干时间间隔内。这个积分经计算（有关细节见参考文献 [1]）等于

$$\begin{aligned} \gamma^{(1)}(\tau) &= \left(1 - \frac{\tau}{\tau_0}\right) \mathrm{e}^{-\mathrm{i}\omega\tau}, \quad \tau < \tau_0 \\ &= 0, \qquad\qquad\qquad \tau \geqslant \tau_0 \end{aligned} \tag{5.22}$$

由此有

$$\begin{aligned} |\gamma^{(1)}(\tau)| &= \left(1 - \frac{\tau}{\tau_0}\right), \quad \tau < \tau_0 \\ &= 0, \qquad\qquad \tau \geqslant \tau_0 \end{aligned} \tag{5.23}$$

所以如果时间延迟 τ 比相干时间 τ_0 长，就没有相干性。

碰撞-展宽模型是更为现实的光场模型，它的辐射谱是一种以 ω_0 为中心频率的洛伦兹型能谱。在此情况下自关联函数（再次假设光场沿着 z 方向传播）是

$$\langle E^*(t)E(t+\tau)\rangle = E_0^2 \mathrm{e}^{-\mathrm{i}\omega_0 t - |\tau|/\tau_0} \tag{5.24}$$

这里的 τ_0 可以解释为平均碰撞时间间隔。这就导致

$$\gamma^{(1)}(\tau) = e^{-i\omega_0 t - |\tau|/\tau_0}, \quad 0 \leqslant |\gamma^{(1)}(\tau)| \leqslant 1 \tag{5.25}$$

显然当 $\tau \to \infty$ 时，$|\gamma^{(1)}(\tau)| \to 0$，所以随着时间延迟的增加，光束变得越来越不相干。当 $|\tau| \ll \tau_0$ 时，光场趋于完全相干。更进一步，当碰撞之间的平均时间变短，则能谱变宽且随着越来越大的 τ，$|\gamma^{(1)}(\tau)|$ 更快地趋于 0。此时这种自关联函数的光束称之为混乱的。当然也有别的能谱的光束比如高斯型也被归类为混乱的。

5.2 量子相干函数

格劳伯（Glauber）和其他一些人在 20 世纪 60 年代的一系列文章[2] 中展示量子相干理论是如何以一种基于密切类比经典理论可观察量的方式构建起来的。实际上用仪器测量的光束能量密度会因为光子被吸收而有所减弱。光束强度的真实测量取决于用某种方式测量吸收（光子）系统的反应。我们必须考虑由尺度小于光波长的单个原子构成的理想探测器。遍布很宽波段的光吸收导致原子的离子化；之后光电子的探测构成了光子的探测。通过对光电子计数，可以确定光场的统计性质。

单原子探测器通过偶极相互作用耦合到量子化光场（正如第 4 章中所讨论的）的哈密顿量是

$$\hat{H}^{(I)} = -\hat{\boldsymbol{d}} \cdot \hat{E}(\boldsymbol{r}, t) \tag{5.26}$$

这里使用海森伯表象，其中电场算符可以写为

$$\hat{\boldsymbol{E}}(\boldsymbol{r}, t) = i \sum_{\boldsymbol{k}, s} \left(\frac{\hbar \omega_k}{2\epsilon_0 V} \right)^{1/2} \boldsymbol{e}_{\boldsymbol{k}, s} \left[\hat{a}_{\boldsymbol{k}, s}(t) e^{i\boldsymbol{k} \cdot \boldsymbol{r}} - \hat{a}_{\boldsymbol{k}, s}^{\dagger}(t) e^{-i\boldsymbol{k} \cdot \boldsymbol{r}} \right] \tag{5.27}$$

由于光波长比原子尺度长，$|\boldsymbol{k} \cdot \boldsymbol{r}| \ll 1$（偶极近似），因而在原子探测器上的光场是

$$\hat{\boldsymbol{E}}(\boldsymbol{r}, t) \approx i \sum_{\boldsymbol{k}, s} \sqrt{\frac{\hbar \omega_k}{2\epsilon_0 V}} \boldsymbol{e}_{\boldsymbol{k}, s} \left[\hat{a}_{\boldsymbol{k}, s}(t) - \hat{a}_{\boldsymbol{k}, s}^{\dagger}(t) \right] \tag{5.28}$$

更进一步，描述吸收的场算符部分是正频部分

$$\hat{\boldsymbol{E}}^{(+)}(\boldsymbol{r}, t) = i \sum_{\boldsymbol{k}, s} \sqrt{\frac{\hbar \omega_k}{2\epsilon_0 V}} \boldsymbol{e}_{\boldsymbol{k}, s} \hat{a}_{\boldsymbol{k}, s}(t) \tag{5.29}$$

因为它包含了湮灭算符。假设原子初始时刻处在状态 $|g\rangle$，光场处在状态 $|i\rangle$。通过吸收辐射，原子跃迁到状态 $|e\rangle$，场跃迁到状态 $|f\rangle$。假设 $|e\rangle$ 是离子化的原子状态，可近似认为是一个自由电子态（这是一个高度理想化的光子探测模型）：

$$|e\rangle = \frac{1}{\sqrt{V}} e^{i\boldsymbol{q} \cdot \boldsymbol{r}} \tag{5.30}$$

式中，$\hbar q$ 是电离电子的动量。因而从初态 $|I\rangle = |g\rangle|i\rangle$ 到末态 $|F\rangle = |e\rangle|f\rangle$ 的跃迁矩阵元是

$$\langle F|\hat{H}^{(I)}|I\rangle = -\langle e|\hat{d}|g\rangle\langle f|\hat{E}^{(+)}(r,t)|i\rangle \tag{5.31}$$

原子-场系统的跃迁几率与

$$\left|\langle F|\hat{H}^{(I)}|I\rangle\right|^2 \tag{5.32}$$

成正比。光场从 $|i\rangle$ 到 $|f\rangle$ 跃迁几率与

$$\left|\langle f|\hat{E}^{(+)}(r,t)|i\rangle\right|^2 \tag{5.33}$$

成正比，它实际上只对探测器而不是光场的末态成正比，所以必须对所有可能的末态求和。从所有实用目的出发，这些末态的集合可以认为是完备的（而且总是可以认为是完备的，只要加上那些不被允许发生的跃迁涉及的态），所以

$$\sum_f\left|\langle f|\hat{E}^{(+)}(r,t)|i\rangle\right|^2 = \sum_f\langle i|\hat{E}^{(-)}(r,t)|f\rangle\langle f|\hat{E}^{(+)}(r,t)|i\rangle = \langle i|\hat{E}^{(-)}(r,t)\cdot\hat{E}^{(+)}(r,t)|i\rangle \tag{5.34}$$

其中当然有 $\hat{E}^{(-)}(r,t) = [\hat{E}^{(+)}(r,t)]^\dagger$。

先前我们已经假设光场初始时在一个纯态上。更多的可能是它初始时处在用密度算符描述的混态上：

$$\hat{\rho}_{\mathrm{F}} = \sum_i P_i|i\rangle\langle i| \tag{5.35}$$

在此情况下，表达式 (5.34) 的期望值可用系综平均取代

$$\mathrm{Tr}\left[\hat{\rho}_{\mathrm{F}}\hat{E}^{(-)}(r,t)\cdot\hat{E}^{(+)}(r,t)\right] = \sum_i P_i\langle i|\hat{E}^{(-)}(r,t)\cdot\hat{E}^{(+)}(r,t)|i\rangle \tag{5.36}$$

注意到算符的正规序，这是使用吸收探测器的结果。从现在开始我们诉诸早期的算符设定：光场的偏振一样。这样我们把算符当作标量处理，再使用符号标记 $x = (r,t)$ 并定义函数：

$$G^{(1)}(x,x) = \mathrm{Tr}\left[\rho\hat{E}^{(-)}(x)\hat{E}^+(x)\right] \tag{5.37}$$

表示光场在时空点 $x = r, t$ 的能量密度，也就是说 $I(r,t) = G^{(1)}(x,x)$ 是前面章节中光场时间或系综平均的经典表达式的量子对应。对于图 5.1 描绘的杨氏干涉实验，放置在地点 r 光子探测器在 t 时刻的光场正频部分是来自双缝的光场的叠加：

$$\hat{E}^{(+)}(r,t) = K_1\hat{E}^{(+)}(r_1,t_1) + K_2\hat{E}^{(+)}(r_2,t_2) \tag{5.38}$$

它正好就是经典关系式 (5.1) 的量子对应的正频部分。屏幕（其实是光子探测器）上的光强是

$$\begin{aligned} I(r,t) &= \mathrm{Tr}\left[\hat{\rho}\hat{E}^{(-)}(r,t)\hat{E}^{(+)}(r,t)\right] \\ &= |K_1|^2 G^{(1)}(x_1,x_1) + |K_2|^2 G^{(1)}(x_2,x_2) + 2\mathrm{Re}\left[K_1^* K_2 G^{(1)}(x_1,x_2)\right] \end{aligned} \tag{5.39}$$

在这里

$$G^{(1)}(x_i, x_i) = \mathrm{Tr}\left[\rho \hat{E}^{(-)}(x_i)\hat{E}^{+}(x_i)\right], \quad i = 1, 2, \cdots \tag{5.40}$$

且有

$$G^{(1)}(x_1, x_2) = \mathrm{Tr}\left[\rho \hat{E}^{(-)}(x_1)\hat{E}^{+}(x_2)\right] \tag{5.41}$$

式中，$x_1 = \boldsymbol{r}_1, t_1$；$x_2 = \boldsymbol{r}_2, t_2$。最后这个式子是一般情况下的一阶关联函数，而表达式 (5.40) 是特例。注意 $G^{(1)}(x_i, x_i)$ 正好是从时空坐标 x_i 出发到达探测器处的光强，而 $G^{(1)}(x_1, x_2)$ 是从时空坐标 x_1 和 x_2 发出的光场之间的关联，因此也是干涉的度量。类比 (5.6) 式中的经典相干函数 $\gamma^{(1)}(x_1, x_2)$，可以进一步定义归一化的一阶量子关联函数

$$g^{(1)}(x_1, x_2) = \frac{G^{(1)}(x_1, x_2)}{\left[G^{(1)}(x_1, x_1)G^{(1)}(x_2, x_2)\right]^{1/2}} \tag{5.42}$$

使得它满足

$$0 \leqslant \left|g^{(1)}(x_1, x_2)\right| \leqslant 1 \tag{5.43}$$

类比于经典的情况，我们也可以分辨三种相干：

$$
\begin{aligned}
\left|g^{(1)}(x_1, x_2)\right| = 1, &\qquad \text{完全相干} \\
0 < \left|g^{(1)}(x_1, x_2)\right| < 1, &\qquad \text{部分相干} \\
\left|g^{(1)}(x_1, x_2)\right| = 0, &\qquad \text{不相干}
\end{aligned}
\tag{5.44}
$$

从关联函数的定义不难发现

$$
\begin{aligned}
G^{(1)}(x_1, x_2) &= \left[G^{(1)}(x_2, x_1)\right]^{*} \\
G^{(1)}(x_i, x_i) &\geqslant 0 \\
G^{(1)}(x_1, x_1)G^{(1)}(x_2, x_2) &\geqslant \left|G^{(1)}(x_1, x_2)\right|^{2}
\end{aligned}
\tag{5.45}
$$

最后一个表达式中的等号意味着最大的条纹可见度，也就是说 $\left|g^{(1)}(x_1, x_2)\right| = 1$。

对于以波矢量 $\boldsymbol{k}$ 传播的单模平面量子场，其场算符的正频部分是

$$\hat{E}^{(+)}(x) = \mathrm{i}K\hat{a}\mathrm{e}^{\mathrm{i}(\boldsymbol{k}\cdot\boldsymbol{r}-\omega t)} \tag{5.46}$$

式中，

$$K = \left(\frac{\hbar\omega}{2\epsilon_0 V}\right)^{1/2} \tag{5.47}$$

如果场在数态 $|n\rangle$ 上，那么

$$G^{(1)}(x, x) = \langle n|\hat{E}^{(-)}(x)\hat{E}^{+}(x)|n\rangle = K^2 n \tag{5.48}$$

$$G^{(1)}(x_1, x_2) = \langle n|\hat{E}^{(-)}(x_1)\hat{E}^{+}(x_2)|n\rangle = K^2 n \exp\{\mathrm{i}[\boldsymbol{k}\cdot(\boldsymbol{r}_1 - \boldsymbol{r}_2) - \omega(t_2 - t_1)]\} \tag{5.49}$$

因而有

$$|g^{(1)}(x_1, x_2)| = 1 \tag{5.50}$$

对于相干态 $|\alpha\rangle$，

$$G^{(1)}(x, x) = \langle \alpha | \hat{E}^{(-)}(x) \hat{E}^{+}(x) | \alpha \rangle = K^2 |\alpha|^2 \tag{5.51}$$

$$G^{(1)}(x_1, x_2) = \langle \alpha | \hat{E}^{(-)}(x_1) \hat{E}^{+}(x_2) | \alpha \rangle$$

$$= K^2 |\alpha|^2 \exp\{i[\boldsymbol{k}(\boldsymbol{r}_1 - \boldsymbol{r}_2) - \omega(t_2 - t_1)]\} \tag{5.52}$$

所以同样有 $|g^{(1)}(x_1, x_2)| = 1$。与经典情况类似，一阶量子相干度的关键是关联函数 (5.42) 式分母期望值的可分解性，也就是说

$$G^{(1)}(x_1, x_2) = \left\langle \hat{E}^{(-)}(x_1) \hat{E}^{+}(x_2) \right\rangle = \left\langle \hat{E}^{(-)}(x_1) \right\rangle \left\langle \hat{E}^{+}(x_2) \right\rangle \tag{5.53}$$

数态和相干态都满足这个条件。热平衡态的情况留给读者作为习题。

5.3 杨氏干涉

作为一阶量子相干的最后一个例子，我们考察一下杨氏干涉实验的某些细节。遵循沃尔斯（Walls）的表述[3]，再次参考图 5.1，假设光源是单模的，且狭缝尺寸与光波长量级一样。后面这个假设允许忽略衍射效应并可把狭缝当作球面波的点波源。这样在 t 时刻位于 $\boldsymbol{r}$ 的屏幕（探测器）上的光场是每个狭缝发出的球面波的和：

$$\hat{E}^{(+)}(\boldsymbol{r}, t) = f(r) \left(\hat{a}_1 e^{iks_1} + \hat{a}_2 e^{iks_2} \right) e^{-i\omega t} \tag{5.54}$$

其中，

$$f(r) = i \left[\frac{\hbar\omega}{2\epsilon_0 (4\pi R)} \right]^{1/2} \frac{1}{r} \tag{5.55}$$

式中，R 是归一化体积的半径，s_1 和 s_2 是从狭缝到屏幕的距离。出现在 (5.55) 式中的 $r = |\boldsymbol{r}|$ 是近似结果 $s_1 \approx s_2 = r$。从每个狭缝中出来的光束的波数也是 $k = |\boldsymbol{k}_1| = |\boldsymbol{k}_2|$。场算符 $\hat{a}_1$ 和 $\hat{a}_2$ 与从狭缝 1 和狭缝 2 发射出来的光场的径向模式相关。光强则由 (5.56) 式给出

$$I(\boldsymbol{r}, t) = \text{Tr} \left[\hat{\rho} \hat{E}^{(-)}(\boldsymbol{r}, t) \hat{E}^{(+)}(\boldsymbol{r}, t) \right]$$

$$= |f(r)|^2 \left[\text{Tr} \left(\hat{\rho} \hat{a}_1^\dagger \hat{a}_1 \right) + \text{Tr} \left(\hat{\rho} \hat{a}_2^\dagger \hat{a}_2 \right) + 2 \left| \text{Tr} \left(\hat{\rho} \hat{a}_1^\dagger \hat{a}_2 \right) \right| \cos\Phi \right] \tag{5.56}$$

这里

$$\text{Tr} \left(\hat{\rho} \hat{a}_1^\dagger \hat{a}_2 \right) = \left| \text{Tr} \left(\hat{\rho} \hat{a}_1^\dagger \hat{a}_2 \right) \right| e^{i\psi} \tag{5.57}$$

并且有

$$\Phi = k(s_1 - s_2) + \psi \tag{5.58}$$

当 $\varPhi = 2\pi m$ 时出现了干涉条纹最大可见度，其中 m 是整数，可见度随着从中心条纹到探测器的距离平方下降。

但注意从狭缝出射的光束可近似视为平面波模式，且取对应的场算符为 $\hat{a}$。如果狭缝尺寸相同而且把探测器放到每个狭缝的探测器右边，那么入射光子将以同样的几率从每个缝出来。也就是说两个狭缝的功能是把单个光束分成两束。因而我们能写出

$$\hat{a} = \frac{1}{\sqrt{2}}(\hat{a}_1 + \hat{a}_2) \tag{5.59}$$

这些算符满足

$$\left[\hat{a}_i, \hat{a}_j^\dagger\right] = \delta_{ij}, \quad [\hat{a}_i, \hat{a}_j] = 0, \quad [\hat{a}, \hat{a}^\dagger] = 1 \tag{5.60}$$

不幸的是（5.59）式中的关系不构成幺正变换，需要引入另一个模式（称之为"虚拟"模式）构成幺正变换（这之后的原因在第 6 章中有仔细讨论）。我们把这个虚拟模式称之为 $\hat{b}$，且令 $\hat{b} = (\hat{a}_1 - \hat{a}_2)/\sqrt{2}$，它满足 $[\hat{b}, \hat{b}^\dagger] = 1$。这个模式永远处在真空态上，所以在后面的内容中可被忽略，但我们留着它为解释之用。

为与上述讨论保持一致，假设入射到狭缝上的光子处于模式 a，那么有 n 个光子的状态可写成直积态 $|n\rangle_a|0\rangle_b$。它与 a_1 和 a_2 模式状态的联系是

$$|n\rangle_a|0\rangle_b = \frac{1}{\sqrt{n!}}\hat{a}^{\dagger n}|0\rangle_a|0\rangle_b = \frac{1}{\sqrt{n!}}\left(\frac{1}{\sqrt{2}}\right)^n \left(\hat{a}_1^\dagger + \hat{a}_2^\dagger\right)^n |0\rangle_1|0\rangle_2 \tag{5.61}$$

其中 $|0\rangle_1|0\rangle_2$ 代表 a_1 和 a_2 模式真空态直积。在只有一个光子的情况下有

$$|1\rangle_a|0\rangle_b = \frac{1}{\sqrt{2}}(|1\rangle_1|0\rangle_2 + |0\rangle_1|1\rangle_2) = \frac{1}{\sqrt{2}}(|1,0\rangle + |0,1\rangle) \tag{5.62}$$

这里第二个等号后我们引入两个紧凑符号，其中 $|1,0\rangle$ 意味着模式 1 中有一个光子、模式 2 中没有光子；$|0,1\rangle$ 则反过来。注意到 $\hat{b} = (\hat{a}_1 - \hat{a}_2)/\sqrt{2}$ 作用到状态（5.62）式后确认结果为 0，这和虚拟模式中没有光子存在的想法自洽。如果入射光的状态是 $|1\rangle_a|0\rangle_b$，那么杨氏干涉实验中的光强是

$$I(\boldsymbol{r}, t) = |f(\boldsymbol{r})|^2 \left(\frac{1}{2}\langle 1,0|\hat{a}_1^\dagger\hat{a}_1|1,0\rangle + \frac{1}{2}\langle 0,1|\hat{a}_2^\dagger\hat{a}_2|0,1\rangle + \langle 1,0|\hat{a}_1^\dagger\hat{a}_2|0,1\rangle \cos\varPhi\right) \tag{5.63}$$

结果是

$$I(\boldsymbol{r}, t) = |f(\boldsymbol{r})|^2(1 + \cos\varPhi) \tag{5.64}$$

在双光子情况下，从（5.61）式可知

$$|2\rangle_a|0\rangle_b = \frac{1}{2}\left(|2,0\rangle + \sqrt{2}|1,1\rangle + |0,2\rangle\right) \tag{5.65}$$

式中等号右边各状态标记的意义应该容易理解。（注意到把 $\hat{b} = (\hat{a}_1 - \hat{a}_2)/\sqrt{2}$ 作用到表达式（5.65）仍然得到零。）这个态的光强是

$$I(\boldsymbol{r}, t) = 2|f(\boldsymbol{r})|^2(1 + \cos\varPhi) \tag{5.66}$$

更一般的 n 光子态的光强则是

$$I(\boldsymbol{r}, t) = n|f(\boldsymbol{r})|^2(1 + \cos\Phi) \tag{5.67}$$

对于入射到狭缝上的相干态，利用位移算符和（5.59）式，有

$$|\alpha\rangle_a|0\rangle_b = \hat{D}_a(\alpha)|0\rangle_a|0\rangle_b = \hat{D}_1\left(\frac{\alpha}{\sqrt{2}}\right)\hat{D}_2\left(\frac{\alpha}{\sqrt{2}}\right)|0,0\rangle = \left|\frac{\alpha}{\sqrt{2}}\right\rangle_1\left|\frac{\alpha}{\sqrt{2}}\right\rangle_2 \tag{5.68}$$

其中，

$$\hat{D}_i(\alpha/\sqrt{2}) = \exp\left(\frac{\alpha}{\sqrt{2}}\hat{a}^\dagger - \frac{\alpha^*}{\sqrt{2}}\hat{a}\right), \quad i = 1, 2 \tag{5.69}$$

在此情况下光强是

$$I(\boldsymbol{r}, t) = |\alpha|^2|f(\boldsymbol{r})|^2(1 + \cos\Phi) \tag{5.70}$$

在所有的这些情况中，用来干涉的两个模式是从入射到两个狭缝的同一个模式而来的。它们都有一阶相干性，给出同样的干涉图样；只有整体光强受准确光子数或平均光子数的影响。注意在所有的情况下，正如预设的那样，虚拟模式 b 保持在真空态上，于是我们能忽略它。事实上 Walls[3] 就是这么做的。但我们认为在所有的变换中确认幺正性得以保持是重要的。

（5.59）式似乎印证了狄拉克的著名论断[4]："每一个光子只和它自己干涉，不同光子间的干涉不会发生"。不幸的是这个论断可能想要隐喻光干涉的经典图像和量子图像之间的强烈对比；它有时被带离物理情境，被某些人解释为从独立光束中出来的光子不能干涉。如果模式 a_1 和 a_2 是完全独立的，则很容易看出乘积数态 $|n_1\rangle|n_2\rangle$ 事实上不能给出干涉图样。不过如果这些模式处在由独立的激光源引起的相干态 $|\alpha_1\rangle|\alpha_2\rangle$ 上，那么光强为

$$I(\boldsymbol{r}, t) = |f(\boldsymbol{r})|^2\left(|\alpha_1|^2 + |\alpha_2|^2 + 2|\alpha_1^*\alpha_2|\cos\Phi\right) \tag{5.71}$$

这就清楚地呈现出干涉图样。独立激光源发出光之间的干涉仅在激光发明数年后就在实验上被马格雅（Magyar）和曼德尔（Mandel）[5] 展示出来。

5.4 高阶相干函数

无论是经典还是量子情况，杨氏干涉实验中的一阶相干性在数学上也许都能理解为光场关联函数期望值的可分解性。此类实验能够用来判断光源在何种程度上是单模光或决定光的相干长度，但没有关于光的统计性质的信息。也就是说一阶相干性实验不能用来区别谱分布相同但光子数分布不同的光。我们已经知道处在数态和相干态的单模场都是一阶相干的，然而这些光的光子分布是相当不同的。

在 20 世纪 50 年代，汉伯里-布朗（Hanbury Brown）和特威斯（Twiss）在曼彻斯特[6] 进行了一项新的有关强度关联而非场关联的实验。该实验的示意图如图 5.3 所示。探测

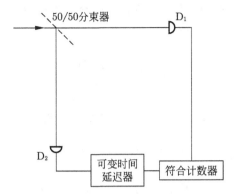

图 5.3　Hanbury Brown 和 Twiss 实验装备示意图

器 D_1 和 D_2 与分束器距离相等。这种装置测量"延迟符合计数"率, 即其中一个探测器在 t 时刻登记一次计数而另一个在 $t+\tau$ 时刻登记另一次。如果时间延迟 τ 小于相干时间 τ_0, 入射到分束器上的光束的统计信息就能被确定下来。

符合计数率与时间成正比, 其系综平均是

$$C(t, t+\tau) = \langle I(t)I(t+\tau)\rangle \tag{5.72}$$

其中 $I(t)$ 和 $I(t+\tau)$ 是在两个探测器上的即时强度 (在这里它们是经典量)。如果我们假设场是稳定的, 这个平均值仅是 τ 的函数。如果每个探测器上光强均值是 $\langle I(t)\rangle$, 则获得时间延迟为 τ 的符合计数的几率是

$$\gamma^{(2)}(\tau) = \frac{\langle I(t)I(t+\tau)\rangle}{\langle I(t)\rangle^2} = \frac{\langle E^*(t)E^*(t+\tau)E(t+\tau)E(t)\rangle}{\langle E^*(t)E(t)\rangle^2} \tag{5.73}$$

这就是经典的二阶相干函数。如果探测器与分束器之间距离不同, 那么二阶相干函数能被推广为

$$\gamma^{(2)}(x_1, x_2; x_2, x_1) = \frac{\langle I(x_1)I(x_2)\rangle}{\langle I(x_1)\rangle\langle I(x_2)\rangle} = \frac{\langle E^*(x_1)E^*(x_2)E(x_2)E(x_1)\rangle}{\langle |E(x_1)|^2\rangle\langle |E(x_2)|^2\rangle} \tag{5.74}$$

类比于一阶相干性, 当 $|\gamma^{(1)}(x_1, x_2)| = 1$ 和 $\gamma^{(2)}(x_1, x_2; x_2, x_1) = 1$ 时, 我们认为存在二阶经典相干。上述第二个条件要求如下可分解性:

$$\langle E^*(x_1)E^*(x_2)E(x_2)E(x_1)\rangle = \langle |E(x_1)|^2\rangle\langle |E(x_2)|^2\rangle \tag{5.75}$$

对于沿着 z 方向传播的平面波, 比如 (5.16) 式给出的那样, 容易发现

$$\langle E^*(t)E^*(t+\tau)E(t+\tau)E(t)\rangle = E_0^4 \tag{5.76}$$

且有 $\gamma^{(2)}(\tau) = 1$。对任何强度不变且没有涨落的光束, 有 $I(t) = I(t+\tau) = I_0$, $\gamma^{(2)}(\tau) = 1$。

然而与一阶相干函数不同的是，二阶相干函数并不局限于小于或等于 1。要看到这一点，我们先考虑零延迟相干函数

$$\gamma^{(2)}(0) = \frac{\langle I^2(t)\rangle}{\langle I(t)\rangle^2} \tag{5.77}$$

对在时间点 $t_1, t_2, \cdots, t_N$ 做的一系列测量，所需要的平均值由下面给出

$$\langle I(t)\rangle = \frac{I(t_1) + I(t_2) + \cdots + I(t_N)}{N}$$

$$\langle I^2(t)\rangle = \frac{I^2(t_1) + I^2(t_2) + \cdots + I^2(t_N)}{N} \tag{5.78}$$

现在考虑分别作用在时间 t_1 和 t_2 的两次测量，根据柯西不等式，有

$$2I(t_1)I(t_2) \leqslant I^2(t_1)I^2(t_2) \tag{5.79}$$

把这个结果用到 $\langle I(t)\rangle^2$ 中所有交叉项上，可知

$$\langle I^2(t)\rangle \geqslant \langle I(t)\rangle^2 \tag{5.80}$$

因此有

$$1 \leqslant \gamma^{(2)}(0) < \infty \tag{5.81}$$

且没有可能建立上限。

对于非零的时间延迟，光强的正值性确保了 $0 \leqslant \gamma^{(2)}(\tau) < \infty, \tau \neq 0$。但从不等式（5.80），可以发现

$$[I(t_1)I(t_1+\tau)+\cdots+I(t_N)I(t_N+\tau)]^2 \leqslant [I^2(t_1)+\cdots+I^2(t_N)][I^2(t_1+\tau)+\cdots+I^2(t_N+\tau)] \tag{5.82}$$

对一系列非常多的测量，上述不等式等价于

$$\langle I(t)I(t+\tau)\rangle \leqslant \langle I(t)\rangle^2 \tag{5.83}$$

因此得到

$$\gamma^{(2)}(\tau) \leqslant \gamma^{(2)}(0) \tag{5.84}$$

（5.80）式和（5.84）式的结果为经典光场（的相干性）建立上限。我们稍后将显示某些光量子态会违背不等式（5.84）的量子对应。

对于由大量经历碰撞展宽的独立辐射原子构成的光源，可以证明[7] 一阶和二阶相干函数根据下式关联在一起：

$$\gamma^{(2)}(\tau) = 1 + \left|\gamma^{(1)}(\tau)\right|^2 \tag{5.85}$$

这个关系对所有的混乱光源都是适用的。由于 $0 \leqslant |\gamma^{(1)}(\tau)| \leqslant 1$, 显然有 $1 \leqslant |\gamma^{(2)}(\tau)| \leqslant 2$。对于洛伦兹谱, 根据 (5.25) 式有

$$\gamma^{(2)}(\tau) = 1 + \mathrm{e}^{-2|\tau|/\tau_0} \tag{5.86}$$

尽管在 $\tau \to \infty$ 的情况下, $\gamma^{(2)}(\tau) \to 1$; 显然对于零时间延迟的情况, $\tau \to 0$, $\gamma^{(2)}(0) = 2$。事实上对于所有的混乱光源, $\gamma^{(2)}(0) = 2$。这个结果意味着如果入射到某个探测器上的光独立于入射到另一个探测器上的光, 那么符合计数率将是均匀的且与时间无关。这就是 Hanbury Brown 和 Twiss 实验[6] 所期望的。利用光源发射出的光子彼此独立的基本图像 (但这是错的!), 并假设分束器不会分割而只是反射或透射光子, Hanbury Brown 和 Twiss 期待能够展示光子的存在。他们发现零时延误下探测几率是长时延误下探测几率的 2 倍。假如光子存在的话, 它们显然在零时延迟下成对到达但在长时延迟下独立到达。光子以 "集束" 成对的方式到达现在称之为光子集束效应 (或称为 Hanbury Brown-Twiss 效应)。注意通过不断增加延迟时间测量符合计数可能用来测量光源相干时间 τ_0。

在前面一段中, 我们提到光子集束的概念, 尽管并没有在光的量子理论基础上推导出 (5.86) 式中的重要结果。我们现在介绍二阶量子相干函数, 并展示从稳定激光光源中获取的处于相干态 (作为合理近似) 的光在二阶函数上相干并且热光源显示出光子集束效应。量子和经典图像在这些情况下吻合, 但很清楚有些情况下量子理论预测出的结果没有经典对应。

我们把一阶相干的讨论推广到双光子吸收探测的情况。双光子吸收的转换几率与

$$\left| \langle f | \hat{E}^{(+)}(\boldsymbol{r}_2, t_2) \hat{E}^{(+)}(\boldsymbol{r}_1, t_1) | i \rangle \right|^2 \tag{5.87}$$

成正比。将其对所有末态求和, 则结果变成

$$\langle i | \hat{E}^{(-)}(\boldsymbol{r}_1, t_1) \hat{E}^{(-)}(\boldsymbol{r}_2, t_2) \hat{E}^{(+)}(\boldsymbol{r}_2, t_2) \hat{E}^{(+)}(\boldsymbol{r}_1, t_1) | i \rangle \tag{5.88}$$

再推广到非纯态的情况, 我们就可以引入二阶量子相干函数

$$G^{(2)}(x_1, x_2; x_2, x_1) = \mathrm{Tr} \left[\hat{\rho} E^{(-)}(x_1) E^{(-)}(x_2) E^{(+)}(x_2) E^{(+)}(x_1) \right] \tag{5.89}$$

它可以解释为 $I(x_1)I(x_2)$ 的系综平均。正如在一阶情况下, 吸收探测的场算符的正规序是重要的且必须保持。我们定义二阶量子相干函数为

$$g^{(2)}(x_1, x_2; x_2, x_1) = \frac{G^{(2)}(x_1, x_2; x_2, x_1)}{G^{(1)}(x_1, x_1) G^{(1)}(x_2, x_2)} \tag{5.90}$$

其中 $g^{(2)}(x_1, x_2; x_2, x_1)$ 是在 t_1 时刻于 $\boldsymbol{r}_1$ 处探测到第一个光子且在 t_2 时刻于 $\boldsymbol{r}_2$ 处探测到第二个的联合几率。如果 $|g^{(1)}(x_1, x_2)| = 1$ 且 $|g^{(2)}(x_1, x_2; x_2, x_1)| = 1$, 则称量子场是二阶相干的。这就要求 $G^{(2)}(x_1, x_2; x_2, x_1)$ 可根据下式分解

$$G^{(2)}(x_1, x_2; x_2, x_1) = G^{(1)}(x_1, x_1) G^{(1)}(x_2, x_2) \tag{5.91}$$

在一个固定位置，$g^{(2)}$ 仅依赖于时间差 $\tau = t_2 - t_1$：

$$g^{(2)}(\tau) = \frac{\left\langle \hat{E}^{(-)}(t)\hat{E}^{(-)}(t+\tau)\hat{E}^{(+)}(t+\tau)\hat{E}^{(+)}(t)\right\rangle}{\left\langle \hat{E}^{(-)}(t)\hat{E}^{(+)}(t)\right\rangle\left\langle \hat{E}^{(-)}(t+\tau)\hat{E}^{(+)}(t+\tau)\right\rangle} \tag{5.92}$$

它与一个光子在 t 时刻被探测到而另一个在 $t + \tau$ 时刻被探测到的联合几率成正比。

对于形式上由（5.46）式给出的单模场，$g^{(2)}(\tau)$ 约化为

$$g^{(2)}(\tau) = \frac{\langle \hat{a}^{\dagger}\hat{a}^{\dagger}\hat{a}\hat{a}\rangle}{\langle \hat{a}^{\dagger}\hat{a}\rangle^2} = \frac{\langle \hat{n}(\hat{n}-1)\rangle}{\langle \hat{n}\rangle^2} = 1 + \frac{\langle(\Delta\hat{n})^2\rangle - \langle\hat{n}\rangle}{\langle\hat{n}\rangle^2} \tag{5.93}$$

这个结果独立于 τ。

对于处在相干态 $|\alpha\rangle$，有

$$g^{(2)}(\tau) = 1 \tag{5.94}$$

这意味着延迟符合几率与时间无关。这个态是二阶相干的。对于处在单模（其他模式被过滤掉了）热态的场（2.138）式，可以发现

$$g^{(2)}(\tau) = 2 \tag{5.95}$$

这意味着探测到符合光子的几率较高。对于多模（不加过滤）热态，可知[7] 类似于经典情况

$$g^{(2)}(\tau) = 1 + |g^{(1)}(\tau)|^2 \tag{5.96}$$

它的范围是 $1 \leqslant g^{(2)}(\tau) \leqslant 2$。对于拥有洛伦兹谱及一阶相干函数

$$g^{(1)}(\tau) = \mathrm{e}^{-\mathrm{i}\omega_0\tau - |\tau|/\tau_0} \tag{5.97}$$

的碰撞展开光源（参见附录 B），有

$$g^{(2)}(\tau) = 1 + \mathrm{e}^{-2|\tau|/\tau_0} \tag{5.98}$$

它正好和经典情况完全一样。但在这里用光子到达来解释结果才是合理的。当 $|\tau| \ll \tau_0$ 时，在时间 $|\tau|$ 内得到双光子计数的几率要大于随机情况。在零时延迟的情况下，$g^{(2)}(0) = 2$ 且 $g^{(2)}(\tau) < g^{(2)}(0)$。这个不等式表征了光子集束。对于多模相干态，利用定义（5.93）式能够得到

$$g^{(2)}(\tau) = 1 \tag{5.99}$$

因而光子遵循泊松分布随机到达且 $g^{(2)}(\tau)$ 独立于延迟时间。不过也存在 $g^{(2)}(0) < g^{(2)}(\tau)$ 的可能。这就是光子集束的反面情况：光子反集束[8]。在这种情况下，光子趋于在时间上等间隔的到达。在时间间隔 τ 内同时获得光子的几率比相干态（随机）情况小。正如我们将在第 7 章展示的那样，这种情况就显然涉及到的负几率（对经典场无意义）而言是相当非经典的。但现在让我们考虑处在数态 $|n\rangle$ 上的单模场，从中有

$$g^{(2)}(\tau) = g^{(2)}(0) = \begin{cases} 0, & n = 0, 1 \\ 1 - \dfrac{1}{n}, & n \geqslant 2 \end{cases} \tag{5.100}$$

显然 $g^{(2)}(0) < 1$。正如前文所言，这超出了经典对应量 $\gamma^{(2)}(0)$ 所允许的范围。$g^{(2)}(0)$ 取到经典禁用值的事实也许能解释为量子力学对柯西不等式的违背。注意根据 (5.93) 式，只要 $\langle(\Delta\hat{n})^2\rangle < \langle\hat{n}\rangle$，$g^{(2)}(0)$ 将会小于 1。（对于数态有 $\langle(\Delta\hat{n})^2\rangle = 0$。）符合这一条件的态称为亚泊松态。（具备亚泊松统计的态也是非经典态，我们在第 7 章中将讨论它们。）由于 $g^{(2)}(\tau)$ 对于单模场是常数，光子反集束不会发生，因为发生条件是 $g^{(2)}(0) < g^{(2)}(\tau)$。问题在于光子反集束和亚泊松统计是不同的效应，尽管它们常常被混为一谈。实际上它们并不相同[9]。

把量子相干推广到 n 阶是直接的。第 n 阶量子关联函数定义为

$$G^{(n)}(x_1, \cdots, x_n; x_n, \cdots, x_1) = \mathrm{Tr}\left[\hat{\rho}E^{(-)}(x_1)\cdots E^{(-)}(x_n)E^{(+)}(x_n)\cdots E^{(+)}(x_1)\right]$$
$$(5.101)$$

且第 n 阶量子相干函数定义为

$$g^{(n)}(x_1, \cdots, x_n; x_n, \cdots, x_1) = \frac{G^{(n)}(x_1, \cdots, x_n; x_n, \cdots, x_1)}{G^{(1)}(x_1, x_1)\cdots G^{(1)}(x_n, x_n)} \qquad (5.102)$$

因为 $G^{(n)}$ 包含计数率（光强和符合计数率）而总是正的，所以有

$$G^{(n)}(x_1, \cdots, x_n; x_n, \cdots, x_1) \geqslant 0 \qquad (5.103)$$

推广关于二阶相干的定义，如果对所有的 $n \geqslant 1$ 都满足

$$|g^{(n)}(x_1, \cdots, x_n; x_n, \cdots, x_1)| = 1 \qquad (5.104)$$

则一个场可称为 n 阶相干。如果 (5.103) 式对 $n \to \infty$ 都成立，则这个态称之为完全相干的。(5.103) 式成立的充分必要条件是可分解性，也就是说

$$G^{(n)}(x_1, \cdots, x_n; x_n, \cdots, x_1) = G^{(1)}(x_1, x_1)\cdots G^{(1)}(x_n, x_n) \qquad (5.105)$$

这个条件对所有相干态自动满足。

习题

1. 在入射场处的 n 光子数态的条件下推导杨氏双缝实验的干涉图样，也就是确认 (5.66) 式。

2. 在入射场处的热态的条件下推导杨氏双缝实验的干涉图样。

3. 证明热态是一阶相干的，但不具有二阶以及高阶相干。

4. 考虑真空态和单光子态的叠加态：$|\psi\rangle = C_0|0\rangle + C_1|1\rangle$，其中 $|C_0|^2 + |C_1|^2 = 1$。探索它的相干性质。注意在量子力学中因为它是一个纯态而"相干"。比较这个结果与混态 $\rho = |C_0|^2|0\rangle\langle 0| + |C_1|^2|1\rangle\langle 1|$ 的结果。

5. 假设 $|\alpha|$ 较大，讨论两个相干态的叠加态（有时也称为薛定谔猫态）$|\psi\rangle = (|\alpha\rangle + |-\alpha\rangle)/\sqrt{2}$ 的相干性质。并与混态 $\rho = (|\alpha\rangle\langle\alpha| + |-\alpha\rangle\langle-\alpha|)/2$ 的结果对比。

参考文献

[1] G. R. Fowles, Introduction to Modern Optics, 2nd edition (Mineola: Dover, 1989), p. 58; F. L. Pedrotti and L. S. Pedrotti, Introduction to Optics, 2nd edition (Englewood Cliffs: Prentice Hall, 1993), p. 247.

[2] R. J. Glauber, Phys. Rev., 130 (1963), 2529; Phys. Rev., 131 (1963), 2766; U. M. Titulaer and R. J. Glauber, Phys. Rev., 140 (165), B676. See also C. L. Mehta and E. C. G. Sudarshan, Phys. Rev., 138 (1965), B274.

[3] D. F. Walls, Am. J. Phys., 45 (1977), 952.

[4] P. A. M. Dirac, The Principles of Quantum Mechanics, 4th edition (Oxford: Oxford University Press, 1958), p. 9.

[5] G. Magyar and L. Mandel, Nature, 198 (1963), 255.

[6] R. Hanbury Brown and R. Q. Twiss, Nature, 177 (1956), 27. For a complete and historical account of intensity interferometry, see R. Hanbury Brown, The Intensity Interferometer (London: Taylor and Francis, 1974).

[7] See R. Loudon, The Quantum Theory of Light, 3rd edition (Oxford: Oxford University Press, 2000), chapter 3.

[8] See R. Loudon, Phys. Bull., 27 (1976), 21, reprinted in L. Allen and P. L. Knight, Concepts of Quantum Optics (Oxford: Pergamon, 1983), p. 174; and the review article, D. F. Walls, Nature, 280 (1979), 451.

[9] X. T. Zou and L. Mandel, Phys. Rev. A, 41 (1990), 475.

参考书目

一般有关经典相干理论和经典光学的标准信息来源是：

- M. Born and E. Wolf, Principles of Optics, 7th edition (Cambridge: Cambridge University Press, 1999).

另一本有用的书，其中有一章介绍经典相关理论的内容不错：

- S. G. Lipson, H. Lipson, and D. S. Tannhauser, Optical Physics 3rd edition (Cambridge: Cambridge University Press, 1995).

下面是一本既讨论经典相干又讨论量子相干的大部头书：

- L. Mandel and E. Wolf, Optical Coherence and Quantum Optics (Cambridge: Cambridge University Press, 1995).

下列书对量子光学相干性有很好的讨论：

- M.Weissbluth, Photon–Atom Interactions (New York: Academic Press, 1989). Our discussion of quantum coherence is fairly close to the one presented in this book.
- R. Loudon, The Quantum Theory of Light, 3rd edition (Oxford: Oxford University Press, 2000).
- D. F. Walls and G. J. Milburn, Quantum Optics, 2nd edition (Berlin: Springer, 1994).

尽管有了些年头，依然推荐以下经典综述文章：

- L. Mandel and E. Wolf, Coherence Properties of Optical Fields, Rev. Mod. Phys., 37 (1965), 231.

第 6 章　分束器与干涉仪

6.1　单光子实验

从前面的章节明显可知光子的概念居于整个量子光学领域的核心。然而也许值得停下来问一个问题：光子存在的证据是什么？我们中绝大多数人是在光电效应的背景下第一次遇到光子的概念。正如我们在第 5 章所述，光电效应实际上是用对光电子作为实体进行计数来间接探测光子的存在。但反过来光电效应的某些方面可以不用引入光子概念而得到解释。事实上，人们可以用半经典理论就能走得很远，其中只需要原子是量子化的而光场则被处理为经典的。但我们得赶紧说一句，如果要完美解释光电效应的所有方面，必须对场进行量子化。碰巧的是康普顿效应，另一个被认为光子存在的重要"证据"，也能在没有量子化场的情况下得到解释。

为试图用光得到量子效应，1909 年泰勒（Taylor）[1] 在实验中用极端微弱的光源获得了干涉图样。他的光源是气体火焰，所射出的光被用烟色玻璃制成的屏幕减弱。实验中的"双缝"实际上是一根针，当直接用光源出来的光照射时，它的影子在屏上呈现出散射图样的条纹。然而泰勒发现条纹不会随着光源亮度减弱而消失，甚至在光强降到最低时也有条纹存在。单从能量角度考虑，这时候甚至可以认为光源与屏幕之间最多只有一个光子。显然一次只有一个穿过针的光子引起了干涉。可以推测，这就是狄拉克在其著作[2] 中谈到"每一个光子仅与其自身干涉，不会发生两个光子之间的干涉"的来源。通过第 5 章的讨论，我们现在知道一个热光源，比如泰勒用到的气体火焰，每一个时刻不会只产生一个光子，而是以集束的方式产生它们。因此仅从能量的角度考虑而得到在一个给定时刻光源与屏幕之间的光子数是幼稚而错误的。有很大可能性在这里同时出现两个光子，即光子集束效应。激光光源随机地产生光子，因此即便将其减弱，也有一些机会在光源与屏幕之间有多于一个光子。要尽可能在光源与屏幕之间接近得到单光子需要反集束光子源。这就反过来需要仅用少量原子构成的光源，理想情况下就是单原子。

这样的光源仅在近期才由格朗吉尔（Grangier）等[3] 开发出来，起初目的是为了检验量子力学基本原理，即为了探索贝尔不等式的违背且用来展示光子的不可分辨性。他们的光源由一束钙原子组成，激光辐射到原子把它激发到高能级 s 态上。这个 s 态经过快速的向下跃迁到达 p 态并放出一个频率为 ν_1 的光子。随后原子再经过另一次快速的向下跃迁，这次到达基态 s 态并放出第二个光子，它的频率为 ν_2（图 6.1）。根据动量守恒，这两个光子出射的方向相反。在文献 [3] 描述的实验中，如图 6.2 所示，被 D_{trig} 探测到的第一个光子被用来触发放置在第二个光子所入射的 50∶50 分束器输出端的光子探测器。通过在极短时间间隔内对探测电子做门控，触发引起光子探测器期望一个光子从分束器中射出来。这样的安排消除了从无关光源处来的光子进入探测器引发的伪计数。如图 6.2 所描绘的实验装置将只会显示光子的粒子性。换言之进入分束器的单光子要么反射到探测器 D_{ref}，要么入射到探测器 D_{tran}，也就是说这是一个"路径选择"实验，不指望有任何干涉效应。这里应该不会发生反射光子和入射光子的同时计数（它们的计数是反关联的）。而且因为分束器是 50∶50 的，重复运行实验的结果是每个探测器大约在 50% 的时间内会触发计数。这些期望结果已经被研究者们所确认。

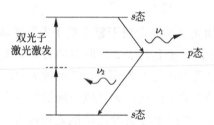

图 6.1　Grangier 等人实验中用的双光子光源能级示意图。一个钙原子被激光激励。原子吸收双光子被激发到高能级 s 态，然后经过级联型跃迁：首先跃迁到 p 态，发出频率为 ν_1 的光子（这个光子用来触发装置）；然后再跃迁回初始的 s 态，发出频率为 ν_2 的光子

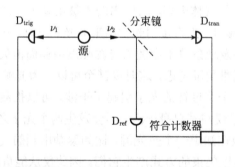

图 6.2　Grangier 等人的反关联实验。对触发光子的探测可让人期望另一个光子通过分束器的符合计数。这里采用 50∶50 的分束器

6.2　分束器的量子力学描述

我们必须现在暂停一下，先考虑分束器在全量子力学框架下的描述。6.1 节中分束器的概念用得有些随意。我们能摆脱这样随意的方式是因为分束器对于"类经典的"光束、相干光束和热光束的量子处理和经典处理并无不同。但在单光子或少数几个光子的层次上，分束器的经典处理方法会产生错误的和相当令人误解的结果。

想要看看分束器的经典理论如何出错，我们首先考虑复振幅为 $\mathcal{E}_1$ 的经典光场入射到无损耗的分束器上，如图 6.3 所示。$\mathcal{E}_2$ 和 $\mathcal{E}_3$ 分别是反射和入射（透射）光的振幅。如果用 r 和 t 表示分束器的（复的）反射率和透射率，则有

$$\mathcal{E}_2 = r\mathcal{E}_1, \quad \mathcal{E}_3 = t\mathcal{E}_1 \tag{6.1}$$

对 $50\!:\!50$ 分束器，我们将有 $|r| = |t| = 1/\sqrt{2}$。不过为一般性起见，我们在这里对此条件不加限制。因为假设分束器是无损耗的，所以输入光的强度应等于两个输出光强度的和：

$$|\mathcal{E}_1|^2 = |\mathcal{E}_2|^2 + |\mathcal{E}_3|^2 \tag{6.2}$$

这就要求

$$|r|^2 + |t|^2 = 1 \tag{6.3}$$

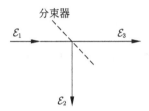

图 6.3　经典分束器。幅度为 $\mathcal{E}_1$ 的经典光场被分为 $\mathcal{E}_2$ 和 $\mathcal{E}_3$ 的经典光场

为了在量子力学的框架下处理分束器，我们可以试着把经典场的复振幅 $\mathcal{E}_i$ 替换为一组湮灭算符 $\hat{a}_i$（$i = 1, 2, 3$），如图 6.4 所示。类比于经典的情况，也许可令

$$\hat{a}_2 = r\hat{a}_1, \quad \hat{a}_3 = t\hat{a}_1 \tag{6.4}$$

然而每个场的算符理应满足对易关系：

$$\left[\hat{a}_i, \hat{a}_j^\dagger\right] = \delta_{ij}, \quad \left[\hat{a}_i, \hat{a}_j\right] = 0 = \left[\hat{a}_i^\dagger, \hat{a}_j^\dagger\right], \quad (i, j = 1, 2, 3) \tag{6.5}$$

但容易看出对表达式（6.4）中的算符，有

$$\left[\hat{a}_2, \hat{a}_2^\dagger\right] = |r|^2, \quad \left[\hat{a}_3, \hat{a}_3^\dagger\right] = |t|^2, \quad \left[\hat{a}_2, \hat{a}_3^\dagger\right] = rt^* \tag{6.6}$$

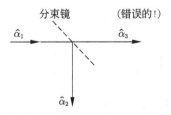

图 6.4　关于分束器的幼稚的、不正确的量子描述

因此表达式 (6.4) 中的变换不能保持对易关系，从而不能为分束器提供正确的量子力学描述。这道难题可以如此解决：在分束器的经典图像中有一个未使用的"端口"，对输入场来说是空的，对输入光束也没作用。然而在量子图像中，"未使用的"端口仍然容纳了一个量子化的场模，即使它处在真空态。正如我们已经重复看到的那样，真空涨落会导致重要的物理效应，分束器的情况也不例外。在图 6.5 中我们为了分束器的合理量子描述而标记了所有模式，其中 $\hat{a}_0$ 代表经典真空输入模式的场算符。同时标记的还有两组反射率和透射率，这就包含了不对称分束器的可能。现在我们用场算符写出分束器变换：

$$\hat{a}_2 = r\hat{a}_1 + t'\hat{a}_0, \quad \hat{a}_3 = t\hat{a}_1 + r'\hat{a}_0 \tag{6.7}$$

或集体地表达为

$$\begin{pmatrix} \hat{a}_2 \\ \hat{a}_3 \end{pmatrix} = \begin{pmatrix} t' & r \\ r' & t \end{pmatrix} \begin{pmatrix} \hat{a}_0 \\ \hat{a}_1 \end{pmatrix} \tag{6.8}$$

容易发现只要下列关系成立：

$$|r'| = |r|, \quad |t| = |t'|, \quad |r|^2 + |t|^2 = 1, \quad r^*t' + r't^* = 0, \quad r^*t + r't'^* = 0 \tag{6.9}$$

(6.5) 式中的对易关系就都得到满足。这些关系被称为交互性关系，并且可在能量守恒的基础上推导出来。

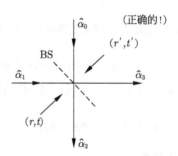

图 6.5 关于分束器的正确量子描述

我们检查几个相关的例子。反射光和透射光的相移依赖于分束器的组成[4]。假如分束器由单层电介质构成，反射光与透射光的相差将会是 $\exp(\pm i\pi/2) = \pm i$。对一个 $50:50$ 分束器，假设反射光发生 $\pi/2$ 相移，输入光模式与输出光模式的关系将是

$$\hat{a}_2 = \frac{1}{\sqrt{2}}(\hat{a}_0 + i\hat{a}_1), \quad \hat{a}_3 = \frac{1}{\sqrt{2}}(i\hat{a}_0 + \hat{a}_1) \tag{6.10}$$

由于输入与输出模式之间的变换必然是幺正的，我们可以把表达式 (6.8) 写为

$$\begin{pmatrix} \hat{a}_2 \\ \hat{a}_3 \end{pmatrix} = \hat{U}^\dagger \begin{pmatrix} \hat{a}_0 \\ \hat{a}_1 \end{pmatrix} \hat{U} \tag{6.11}$$

其中 $\hat{U}$ 是幺正算符。这个变换构成了分束器的海森伯表象形式。对于 (6.10) 式代表的特殊变换，算符 $\hat{U}$ 的形式是

$$\hat{U} = \exp\left[\mathrm{i} \frac{\pi}{4} \left(\hat{a}_0^\dagger \hat{a}_1 + \hat{a}_0 \hat{a}_1^\dagger \right) \right] \tag{6.12}$$

这个结果可以很容易在（6.11）式中使用贝克-豪斯多夫（Baker-Hausdorf）引理确认。

换个角度，我们也可以采用薛定谔表象，并考虑如下问题：对分束器的一个给定输入态，输出态是什么？我们记得所有的光子数态 $|n\rangle$，以及推广到任何数态的叠加态或混合态，都可以用产生算符的 n 次方作用到真空态上得到。我们可以根据（6.7）式和（6.8）式，用变换了的产生算符作用到输出模式真空态，从而构建输出态。显然从输入真空态变换到输出真空态是：$|0\rangle_0|0\rangle_1 \to |0\rangle_2|0\rangle_3$。

考虑一个例子，单光子输入态 $|0\rangle_0|1\rangle_1$ 可以写为 $\hat{a}_1^\dagger|0\rangle_0|0\rangle_1$。对于（6.10）式描述的分束器，可知 $\hat{a}_1^\dagger = (i\hat{a}_2^\dagger + \hat{a}_3^\dagger)/\sqrt{2}$。因而利用 $|0\rangle_0|0\rangle_1 \xrightarrow{\text{BS}} |0\rangle_2|0\rangle_3$，可以写出

$$|0\rangle_0|1\rangle_1 \xrightarrow{\text{BS}} \frac{1}{\sqrt{2}} \left(\mathrm{i}\hat{a}_2^\dagger + \hat{a}_3^\dagger \right) |0\rangle_2|0\rangle_3 = \frac{1}{\sqrt{2}} \left(\mathrm{i}|1\rangle_2|0\rangle_3 + |0\rangle_2|1\rangle_3 \right) \tag{6.13}$$

这是一个重要结果。它表明在分束器的一个输入端入射单光子，另一个仅保持真空态，将会以同样的几率透射或反射出来。当然这和我们前面声明的一样，并解释了为什么在分束器输出端放置光子探测器得不到符合计数，这一点被格朗吉耶（Grangier）等的实验确认 [3]。实际上因为人们对分束器的理解已经非常清楚，在上述实验中符合计数的缺乏可以用来表明光源确实在产生单光子态。分束器显然是要么制造，要么消灭光子的被动装备。当然也存在主动装备，比如把一个光子转换为两个，我们将在第 7 章碰到这些装备。

关于（6.13）式的输出态还有一点应该被澄清。它是一个纠缠态：它不能被写成独立模式 2 和模式 3 的直积态。（6.13）式中的纯态对应的密度算符（附录 A）是

$$\hat{\rho}_{23} = \frac{1}{2} \left[|1\rangle_2|0\rangle_{32}\langle 1|_3\langle 0| + |0\rangle_2|1\rangle_{32}\langle 0|_3\langle 1| + \mathrm{i}|1\rangle_2|0\rangle_{32}\langle 0|_3\langle 1| - \mathrm{i}|0\rangle_2|1\rangle_{32}\langle 1|_3\langle 0| \right] \tag{6.14}$$

通过把探测器放置在两个输出光束的光路上，我们就可以测量态矢量（6.13）式或等价的密度算符（6.14）式描述的全部"相干性"。另外，假设我们不对其中一个模式，比方说模式 3 进行测量，那么模式 2 就该用约化密度算符（通过对未测量模式的态求迹，详见附录 A）描述：

$$\hat{\rho}_2 = \mathrm{Tr}_3 \hat{\rho}_{23} = \sum_{n=0}^{\infty} {}_3\langle n|\hat{\rho}_{23}|n\rangle_3 = \frac{1}{2} \left(|0\rangle_{22}\langle 0| + |1\rangle_{22}\langle 1| \right) \tag{6.15}$$

它仅表示一个统计混合态，没有形如 $|0\rangle\langle 1|$ 或 $|1\rangle\langle 0|$ 的"非对角"相干项。因而仅在其中一路输出光束上放置探测器导致随机性结果 0 和 1，正如我们可预测的那样，它们每个时刻出现的几率都是 50%。

在转向单光子干涉之前，我们再考虑两个有关分束器的例子。首先考虑用一个相干态入射到分束器上且另一个输入端仍然是真空态。相干态与高度非经典的单光子态相反，类似于一个经典态。也就是说初态是 $|0\rangle_0|\alpha\rangle_1 = \hat{D}_1(\alpha)|0\rangle_0|0\rangle_1$，其中 $\hat{D}_1(\alpha) = \exp(\alpha\hat{a}_1^\dagger - \alpha^*\hat{a}_1)$ 是模式 1 的位移算符。根据前述流程，则获得如下输出态：

$$|0\rangle_0|\alpha\rangle_1 \xrightarrow{\text{BS}} \exp\left[\frac{\alpha}{\sqrt{2}}\left(i\hat{a}_2^\dagger + \hat{a}_3^\dagger\right) - \frac{\alpha^*}{\sqrt{2}}\left(-i\hat{a}_2 + \hat{a}_3\right)\right]|0\rangle_2|0\rangle_3$$

$$= \exp\left[\left(\frac{i\alpha}{\sqrt{2}}\right)\hat{a}_2^\dagger - \left(\frac{-i\alpha^*}{\sqrt{2}}\right)\hat{a}_2\right]\exp\left[\left(\frac{\alpha}{\sqrt{2}}\right)\hat{a}_3^\dagger - \left(\frac{\alpha^*}{\sqrt{2}}\right)\hat{a}_3\right]|0\rangle_2|0\rangle_3$$

$$= \left|\frac{i\alpha}{\sqrt{2}}\right\rangle_2 \left|\frac{\alpha}{\sqrt{2}}\right\rangle_3 \tag{6.16}$$

我们明显得到了从经典光波可期望的结果,其中输入光强平均地分配到两个输出光束,也就是说每个输出光束中平均出现一半的输入光子数 $|\alpha|^2/2$。对于反射光波,我们也如可期望的自然获得相移 $i = e^{i\pi/2}$。最后注意到输出光不是纠缠光。

每一个关于相干态输入分束器的事件本质上都是经典的,有鉴于此,我们在这里插入一段注解作为警示。单光子入射分束器不能作为相干态入射的极限情况(即当 $|\alpha|$ 极小时)。容易检验,单光子导致的结果(6.13)式在任何情况下不能作为相干态的结果(6.16)式的极限情况。这一点是很清楚的,无需做任何计算,因为前者是纠缠态而后者不是。量子纠缠不能从直积态的极限情况中发生。正如我们在本章前面部分所提到的,指望从经典结果就可以外推到弱场行为的企图是令人误解的,也是相当错误的。

作为算符变换的最后一个例子,我们回到严格意义下的量子领域考虑两个单光子同时入射 50:50 分束器两个输入端的情况,入射态是 $|1\rangle_0|1\rangle_1 = \hat{a}_0^\dagger \hat{a}_1^\dagger |0\rangle_0|0\rangle_1$。再次根据上述流程中的 $\hat{a}_0^\dagger = (\hat{a}_2^\dagger + i\hat{a}_3^\dagger)/\sqrt{2}$ 和 $\hat{a}_1^\dagger = (i\hat{a}_2^\dagger + \hat{a}_3^\dagger)/\sqrt{2}$,有

$$|1\rangle_0|1\rangle_1 \xrightarrow{\text{BS}} \frac{1}{2}\left(\hat{a}_2^\dagger + i\hat{a}_3^\dagger\right)\left(i\hat{a}_2^\dagger + \hat{a}_3^\dagger\right)|0\rangle_2|0\rangle_3 = \frac{i}{2}\left(\hat{a}_2^\dagger\hat{a}_2^\dagger + \hat{a}_3^\dagger\hat{a}_3^\dagger\right)|0\rangle_2|0\rangle_3$$

$$= \frac{i}{\sqrt{2}}\left(|2\rangle_2|0\rangle_3 + |0\rangle_2|2\rangle_3\right) \tag{6.17}$$

这两个光子显然一起出现以至于放在输出光束上的光子探测器不应该记录到同步计数。但不像一个单光子输入的情况,不能获得同步计数的物理基础不是光子的粒子性导致的结果。不如说它是由于两种可能得到的输出态 $|1\rangle_2|1\rangle_3$ 的路径干涉相消(这是一个波动效应)所导致的:这两种过程分别是两个光子都透射出来(图 6.6(a))和两个光子都反射出来(图 6.6(b))。注意这两个都得到输出态 $|1\rangle_2|1\rangle_3$ 的过程是不可分辨的。考虑费恩曼

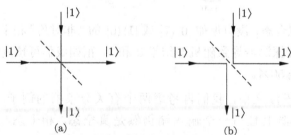

图 6.6 两种不能分辨的自发单光子输入过程

(a) 两个光子都透射;(b) 两个光子都反射

关于得到能够由几种不可分辨过程导致同一输出态几率的定律[5]: 把所有过程的几率幅简单相加然后计算模平方。假设分束器由 (6.10) 式描述, 每个反射出的光子获得相移 $e^{i\pi/2} = i$。每个光子透射几率幅 $A_T = 1/\sqrt{2}$, 反射几率幅 $A_R = i/\sqrt{2}$。因此两个光子的透射几率幅是 $A_T \cdot A_T$, 反射几率幅是 $A_R \cdot A_R$。所以在两个输出光模式内都有光子出现的几率是

$$P_{11} = |A_T \cdot A_T + A_R \cdot A_R|^2 = \left| \frac{1}{\sqrt{2}} \cdot \frac{1}{\sqrt{2}} + \frac{i}{\sqrt{2}} \cdot \frac{i}{\sqrt{2}} \right|^2 = 0 \tag{6.18}$$

洪 (Hong)、欧 (Ou) 和曼德尔 (Mandel)[6] 首先完成这个效应的实验展示, 我们将在第 9 章中讨论。

有人也许试图把 (6.17) 式的结果解释为光子作为玻色子的特性, 也就是一种类似玻色-爱因斯坦凝聚 (BEC) 的聚集效应。的确在费米子的情况下, 比如中子干涉仪, 对应于相同输入, 分束器输出的结果是费米子总是根据泡利不相容原理而出现在不同的输出端。费米子以及光子的行为当然要联系到粒子的统计性质, 也当然联系到描述它们的算符特性。但是对光子来说, 把 BEC 式的凝聚类比推广得太远是令人误解的。举例而言, 假如有 n 个光子同时入射到每个输入端, 也就是说输入态是 $|n\rangle_0|n\rangle_1$, 读者可以简单检查一下, 除了 $n = 1$ 以外, 输出态并不是 $\sim |2n\rangle_2|0\rangle_3 + e^{i\phi}|0\rangle_2|2n\rangle_3$。

我们现在重新考虑表达式 (6.16) 给出的真空态和相干态输入到分束器的情况。我们把直积态 $|0\rangle_0|\alpha\rangle_1$ 展开为

$$|\text{in}\rangle = |0\rangle_0|\alpha\rangle_1 = e^{-|\alpha|^2/2} \sum_{N=0}^{\infty} \frac{\alpha^N}{\sqrt{N!}} |0\rangle_0|N\rangle_1 \tag{6.19}$$

它显然是有关于直积态 $|0\rangle_0|N\rangle_1$ 的叠加态。因为分束器保持光子数不变, 所以我们应该能够对表达式 (6.16) 的最后结果作直积态的展开, 并把它们根据光子数之和 N 分组, 从而得到分束器关于输入态 $|0\rangle_0|N\rangle_1$ 的变换。我们先写出

$$|\text{out}\rangle = \left| \frac{i\alpha}{\sqrt{2}} \right\rangle_2 \left| \frac{\alpha}{\sqrt{2}} \right\rangle_3 = e^{-|\alpha|^2/2} \sum_{n=0}^{\infty} \sum_{m=0}^{\infty} \frac{(i\alpha/\sqrt{2})^n (\alpha/\sqrt{2})^m}{\sqrt{n!m!}} |n\rangle_2|m\rangle_3 \tag{6.20}$$

然后设 $m = N - n$, 重组之后有

$$|\text{out}\rangle = e^{-|\alpha|^2/2} \sum_{N=0}^{\infty} \frac{\alpha^N}{\sqrt{N!}} |\psi_N\rangle_{2,3} \tag{6.21}$$

其中,

$$|\psi_N\rangle_{2,3} = \frac{1}{2^{N/2}} \sum_{n=0}^{N} i^n \left[\frac{N!}{n!(N-n)!} \right]^{1/2} |n\rangle_2|N-n\rangle_3 \tag{6.22}$$

由此分束器产生的变换是 $|0\rangle_0|N\rangle_1 \rightarrow |\psi_N\rangle_{2,3}$。状态 $|\psi_N\rangle_{2,3}$ 是 N 个光子以二项式形式分布在两个模式上的二项式态。

另外还有一种方法得到这个结果，这就是利用投影算符（参见附录 B）。（我们要强调这里只用到投影算符的数学；但不意味着有任何约化测量。）如令 $\hat{P}_N^{(0,1)} = |0\rangle_0|N\rangle_{10}\langle 0|_1\langle N|$ 表示投影到 $0-1$ 模式上 N 光子态的算符，它对应的投影到 $2-3$ 模式的算符是

$$\hat{P}_N^{(2,3)} = \sum_{k=0}^{N} |k\rangle_2|N-k\rangle_{32}\langle k|_3\langle N-k| \tag{6.23}$$

显然有

$$|0\rangle_0|N\rangle_1 = \frac{\hat{P}_N^{(0,1)}|\text{in}\rangle}{\langle\text{in}|\hat{P}_N^{(0,1)}|\text{in}\rangle^{1/2}} \tag{6.24}$$

所以有

$$|\psi_N\rangle_{2,3} = \frac{\hat{P}_N^{(2,3)}|\text{out}\rangle}{\langle\text{out}|\hat{P}_N^{(2,3)}|\text{out}\rangle^{1/2}} \tag{6.25}$$

用类似的从 $|\text{in}\rangle = |\alpha\rangle_0|\alpha\rangle_1$ 出发的方法可以获得对应于输入态 $|N\rangle_0|N\rangle_1$ 的输出态。我们把这个留作习题 8。

6.3 单光子干涉仪

现在我们回到 Grangier 等的单光子实验[3]。正如我们说过的那样，这些研究者通过把探测器放到分束器输出端得不到符合计数来验证他们使用的原子光源确实产生出单光子。当然这样的装置仅考虑了光子的粒子性但不能展示干涉。为了用单光子获得干涉效果，我们必须凑出通往探测器的不同路径，使得在缺乏路径信息时能产生干涉。完成这一点比较便利的方式是搭建一个马赫-曾德尔（Mach-Zehnder, MZI）干涉仪，如图 6.7 所示它由两个分束器和一组反射镜构成。干涉之所以发生是因为探测器 D_1 和 D_2 不能区分光子走的是顺时针还是逆时针的路径。在逆时针路径中放置一个移相器，它可以仅

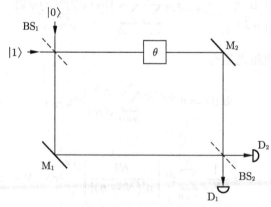

图 6.7　单光子输入马赫-曾德尔干涉仪。分束器 BS_1 和 BS_2 都是 $50:50$ 的，M_1 和 M_2 是反射镜。标记为 θ 的盒子代表两条光路之间的相对相移

仅是一段光纤，使得关于 MZI 的两段光程是不同且可调的。移相器可以表示为幺正算符 $\exp(\mathrm{i}\theta\hat{n})$，其中 $\hat{n}$ 可以理解为相关干涉仪部分场的数算符。角度 θ 在现实中代表两段路径之间的相对相移。

要看到 MZI 内如何出现单光子干涉，设输入态为 $|0\rangle|1\rangle$，如图 6.7 所示，其中我们约定的惯例是沿着逆时针路径领先于顺时针路径。假设我们用的是用表达式（6.10）描写的分束器，第一个分束器（BS_1）把输入态转换为

$$|0\rangle_0|1\rangle_1 \xrightarrow{\text{BS}} \frac{1}{\sqrt{2}}(|0\rangle|1\rangle + \mathrm{i}|1\rangle|0\rangle) \tag{6.26}$$

反射镜给每个光路贡献因子 $\mathrm{e}^{\mathrm{i}\pi/2}$，等价于提供了一个无关的相位，于是我们忽略掉它。在顺时针光路中的移相器给（量子叠加态的）第一个组成部分提供了相位改变：

$$\frac{1}{\sqrt{2}}(|0\rangle|1\rangle + \mathrm{i}|1\rangle|0\rangle) \xrightarrow{\theta} \frac{1}{\sqrt{2}}(\mathrm{e}^{\mathrm{i}\theta}|0\rangle|1\rangle + \mathrm{i}|1\rangle|0\rangle) \tag{6.27}$$

在第二个分束器（BS_2）上，有如下变换：

$$\begin{aligned}
|0\rangle|1\rangle &\xrightarrow{\text{BS}_2} \frac{1}{\sqrt{2}}(|0\rangle|1\rangle + \mathrm{i}|1\rangle|0\rangle) \\
|1\rangle|0\rangle &\xrightarrow{\text{BS}_2} \frac{1}{\sqrt{2}}(|1\rangle|0\rangle + \mathrm{i}|0\rangle|1\rangle)
\end{aligned} \tag{6.28}$$

其中（注意我们选择的传播方向）等式右边每个直积态的第一个态表示入射到探测器 D_1 的光束，而第二个表示入射到 D_2 的光束。因而第二个分束器把整个叠加态转换为

$$\frac{1}{\sqrt{2}}(\mathrm{e}^{\mathrm{i}\theta}|0\rangle|1\rangle + \mathrm{i}|1\rangle|0\rangle) \xrightarrow{\text{BS}_2} \frac{1}{2}[(\mathrm{e}^{\mathrm{i}\theta} - 1)|0\rangle|1\rangle + \mathrm{i}(\mathrm{e}^{\mathrm{i}\theta} + 1)|1\rangle|0\rangle] \tag{6.29}$$

所以探测到 $|0\rangle|1\rangle$ 态（仅有 D_1 反应）的几率是

$$P_{01} = \frac{1}{2}(1 - \cos\theta) \tag{6.30}$$

而探测到 $|1\rangle|0\rangle$ 态（仅有 D_2 反应）的几率是

$$P_{10} = \frac{1}{2}(1 + \cos\theta) \tag{6.31}$$

明显当光程也就是 θ 发生变换时，这些几率会呈现出振荡。这当然就是表明单光子干涉的干涉条纹。这就是 Grangier 等[3] 已经在实验中观察到的条纹。

6.4　无相互作用测量

现在我们希望利用到目前为止挖掘的量子机制去展示量子力学最奇特的一个特征，即在没有从物体上散射任何量子（在这里指的是光子）的情况下探测物体存在的能力。传统物理告诉我们要想探测到一个物体的存在，至少需要探测到从物体上散射出来的一

个光子。但近年来，Elitzur 和 Vaidman[7] 在理论上、Kwiat 等人[8] 在实验上证明这个想法未必那么正确。

为描述这个反直觉效应做好准备，我们再次考虑图 6.7 中的 MZI 装置，并选择两臂长度相等，也就是 $\theta = 0$。在此情况下仅有探测器 D_1 有反应，而 D_2 因为干涉仪两条路径干涉相消的缘故而不会有反应。现在设想如图 6.8 所示把一个物体放在 MZI 内某一条光路上。在此情况下逆时针光路上物体的存在改变了所有事情。设想我们现在把一个探测器或就此而言大量探测器放在物体的边缘以使得我们能够探测到从物体上散射出的每一个光子。通过探测到光子，我们了解到两个事实：①这个光子在经过第一个分束器后选择的是逆时针路径（也就是说我们得到了路径信息）；②在该路径上有一个物体。但其实我们发现甚至并不需要探测到被散射的光子，也可以确定物体的存在。假设在该物体附近没有额外的探测器，我们把注意力集中到 MZI 输出端的探测器上。如果在某次实验运行过程中这两个探测器中没有一个有反应，那么我们也能了解到光子走的路径并知道它已经被物体散射掉了。考虑如下事实：在经过第一个分束器后，光子有一半的几率走逆时针路径，所以光子有一半的几率从物体上散射出去，因而在半数实验运行中没有一个探测器会有反应。不过光子也有一半的几率选择顺时针路径。因为能够产生干涉的开放路径现在不复存在，光子在第二个探测器上各有一半的机会，要么透射到探测器 D_1，要么反射到探测器 D_2。所以在有探测器做出反应的情况下，D_1 和 D_2 各有一半时间反应。因此就干涉仪作为一个整体而言，有 $1/2$ 的几率无探测器有反应，而 D_1 和 D_2 各有 $1/4$ 的几率有反应。我们不要忘了初始时 MZI 被配置为如果没有任何物体在任何路径上，则只有 D_1 会在全部时间内有所反应。所以一旦 D_2 做出反应了，我们就知道在 MZI 其中一臂上必有一个物体。D_2 有无反应的事实（有的话就会占 $1/4$ 的时间）可能作为探测到有物体在干涉仪其中一条光路上的判据，即便没有光子被其散射。

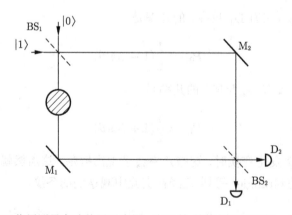

图 6.8 无相互作用测量实验装置示意图。在马赫-曾德尔干涉仪的一条光路上放置了一个用阴影椭圆表示的物体

这个奇异的事实在本质上是量子力学的一个相当一般的特征，被称为非局域性：由相互作用和测量导致的显然瞬间作用的特定影响。另一个非局域效应的例子是阿哈罗诺

夫-玻姆（Aharonov-Bohm）效应，其中电子波函数因为一个遥远且封闭但从不会与电子直接作用的磁通而能累积相位 [9]，并进而违背各种形式的贝尔不等式。我们将在第 9 章讨论贝尔不等式。

6.5　相干光的干涉测量

在单光子水平上（其中量子效应如预料般突出）检验过干涉测量后，现在我们在另外一个极端情况下检验干涉测量，假设输入一个相干态。这个结果在本质上应是经典的。

为此目的我们想象在图 6.7 中的 MZI，其中原来输入单个光子的模式现在输入一个相干态 $|\alpha\rangle$。按照之前的算符约定并使用（6.16）式，第一个分束器执行如下变换：

$$|0\rangle|\alpha\rangle \xrightarrow{\text{BS}_1} \left|\frac{\mathrm{i}\alpha}{\sqrt{2}}\right\rangle \left|\frac{\alpha}{\sqrt{2}}\right\rangle \tag{6.32}$$

忽略由反射镜引起的公共相移，移相器在顺时针路径中的作用是

$$\left|\frac{\mathrm{i}\alpha}{\sqrt{2}}\right\rangle \left|\frac{\alpha}{\sqrt{2}}\right\rangle \xrightarrow{\theta} \left|\frac{\mathrm{i}e^{\mathrm{i}\theta}\alpha}{\sqrt{2}}\right\rangle \left|\frac{\alpha}{\sqrt{2}}\right\rangle \tag{6.33}$$

最后 BS_2 执行变换

$$\left|\frac{\mathrm{i}e^{\mathrm{i}\theta}\alpha}{\sqrt{2}}\right\rangle \left|\frac{\alpha}{\sqrt{2}}\right\rangle \xrightarrow{\text{BS}_2} \left|\frac{\mathrm{i}(e^{\mathrm{i}\theta}+1)\alpha}{2}\right\rangle \left|\frac{(1-e^{\mathrm{i}\theta})\alpha}{2}\right\rangle \tag{6.34}$$

在用 MZI 进行典型的相移测量中，相移 θ 取决于从探测器 D_1 和 D_2 获得的光强之差。这个差别与这两个模式的（光子）数差算符成正比。假设算符 $(\hat{a}, \hat{a}^\dagger)$ 代表入射到探测器 D_1 的光束，而算符 $(\hat{b}, \hat{b}^\dagger)$ 代表入射到探测器 D_2 的光束。然后我们指定数差算符为 $\hat{O} = \hat{a}^\dagger\hat{a} - \hat{b}^\dagger\hat{b}$。从（6.34）式右端，我们得到 $\langle\hat{O}\rangle = |\alpha|^2\cos\theta$。这本质上是用经典的相干光波获得的结果。但故事还没完。

我们千万不能忘了，即使有许多经典性质，相干态的本质仍是量子的。因而正如我们已经看到的，它会携带量子涨落。这些涨落为相位测量的精度设置了极限。通过计算误差传播，相位测量的不确定度由下式给出：

$$\Delta\theta = \frac{\Delta O}{\left|\dfrac{\partial\langle\hat{O}\rangle}{\partial\theta}\right|} \tag{6.35}$$

其中 $\Delta O = \sqrt{\langle\hat{O}^2\rangle - \langle\hat{O}\rangle^2}$。用相干态作为输入态，则相位不确定度是

$$\Delta\theta = \frac{1}{\sqrt{\bar{n}}|\sin\theta|} \tag{6.36}$$

其中 $\bar{n} = |\alpha|^2$。相位不确定度显然依赖于相对相位 θ，且我们容易获得当 θ 等于奇数个 $\pi/2$ 时，相位不确定度的优化值或者说最低值是 $\Delta\theta_{\min} = 1/\sqrt{\bar{n}}$。

然而这个极限（通常称之为标准量子极限）从基本原理角度通过使用非经典场态来做干涉测量是可能被超越的。相位不确定度的基本限制（称之为海森伯极限）是 $\Delta\theta_{\mathrm{H}} = 1/\bar{n}$。趋近这个极限已经成为过去 30 年来量子光学研究的重要目标，特别是延续到现在，它与探测微弱信号相关联，比如引力波穿过地球时引起的微弱信号。事实上这类信号是如此微弱以至于它们通常被记录为探测器的真空噪声。当代的引力波探测器，比如在 LIGO 和 VIRGO 这些项目中使用的大规模干涉仪能够从使用非经典态中获益，从而增强相位测量的敏感度。非经典态将是我们第 7 章讨论的课题。在干涉仪中使用纠缠态增进敏感度则将在第 11 章中讨论。

习题

1. 证明（6.10）式中的分束器变换方程实际上可从（6.11）式得到。

2. 考虑算符 $\hat{U}(\theta) = \exp(\mathrm{i}\theta\hat{J}_1)$，其中 $\hat{J}_1$ 定义为 $\hat{J}_1 \equiv (\hat{a}_0^\dagger\hat{a}_1 + \hat{a}_1^\dagger\hat{a}_0)/2$。显然当 $\theta = \pi/2$ 时，得到（6.10）式和（6.11）式中的 50∶50 分束器。更一般的情况下分束器不是 50∶50 的。试计算一般情况下的模式算符的变换公式，并用 θ 表示出 r、t、r'、t'。

3. 考虑构造用变换算符 $\hat{U}(\theta) = \exp(\mathrm{i}\theta\hat{J}_2)$（其中 $\hat{J}_2 \equiv (\hat{a}_0^\dagger\hat{a}_1 - \hat{a}_1^\dagger\hat{a}_0)/2\mathrm{i}$）描述的分束器。试计算一般情况下以及 50∶50 条件下的模式算符的变换公式。

4. 定义算符 $\hat{J}_3 \equiv (\hat{a}_0^\dagger\hat{a}_0 - \hat{a}_1^\dagger\hat{a}_1)/2$。证明 $\hat{J}_1$、$\hat{J}_2$、$\hat{J}_3$ 满足角动量对易关系：$[\hat{J}_i, \hat{J}_j] = \mathrm{i}\epsilon_{ijk}\hat{J}_k$，其中 ϵ_{ijk} 是常用的完全反对称张量。进一步证明算符 $\hat{J}_0 \equiv (\hat{a}_0^\dagger\hat{a}_0 + \hat{a}_1^\dagger\hat{a}_1)/2$ 和算符 $\hat{J}_1$、$\hat{J}_2$、$\hat{J}_3$ 都对易，并且"角动量"平方满足 $\hat{J}^2 = \hat{J}_1^2 + \hat{J}_2^2 + \hat{J}_3^2 = \hat{J}_0(\hat{J}_0 + 1)$。分析分束器变换和三维赝空间中转动的联系。

5. 假设分束器变换描述为 $\hat{U}(\theta) = \exp(\mathrm{i}\theta\hat{J}_1)$，输入态是 $|\mathrm{in}\rangle = |0\rangle_0|N\rangle_1$。证明输出态是

$$|\mathrm{out}\rangle = [1 + \tan^2(\theta/2)]^{-N/2} \sum_{k=0}^{N} \binom{N}{k}^{1/2} [\mathrm{i}\tan(\theta/2)]^k |k\rangle_2|N-k\rangle_3$$

检查在模式 2 和模式 3 中分别找到 n 个以及 m 个光子的联合几率，证明非零几率构成二项式分布。状态 $|\mathrm{out}\rangle$ 是纠缠态吗？如果是，那么纠缠度随 θ 如何变化？

6. 假设 50∶50 的 $\hat{J}_1$ 型分束器的输入态是 $|\mathrm{in}\rangle = |\alpha\rangle_0|\beta\rangle_1$。计算其输出态。它是纠缠态吗？

7. 考虑 $\hat{J}_1$ 型分束器的输入态是 $|\mathrm{in}\rangle = |N\rangle_0|N\rangle_1$。可否无需利用变换公式计算而证明在任何输出模式上不会出现奇光子数态？并证明模式 2 和模式 3 所联系的投影算符在这个输入态下是 $\hat{P}_{2N}^{(2,3)} = \sum_{k=0}^{N} |2k\rangle_2|2N-2k\rangle_{32}\langle 2k|_3\langle 2N-2k|$。

8. 对 $50:50$ 的 $\hat{J}_1$ 型分束器，证明如果输入态是 $|\text{in}\rangle = |N\rangle_0|N\rangle_1$，那么输出态是

$$|\text{out}\rangle = \sum_{k=0}^{N} \left[\binom{2k}{k} \binom{2N-2k}{N-k} \left(\frac{1}{2}\right)^{2N} \right]^{1/2} |2k\rangle_2 |2N-2k\rangle_3$$

检查在模式 2 和模式 3 中分别找到 n 个以及 m 个光子的联合几率。在此情况下非零几率构成反正弦分布[10]。

9. 使用习题 8 中的分束器，假设输入态是 $|\text{in}\rangle = |0\rangle_0(|\alpha\rangle_1 + |-\alpha\rangle_1)/\sqrt{2}$，并且其中 $|\alpha|$ 足够大使得 $\langle-\alpha|\alpha\rangle \simeq 0$。计算输出态并检查它是否是纠缠态。

10. 考虑图 6.7 中的马赫-曾德尔干涉仪，但现在在第一个分束器前的输入态与习题 9 相同。计算光子数差算符 $\hat{O} = \hat{a}^\dagger\hat{a} - \hat{b}^\dagger\hat{b}$ 的期望值。并在此输入态下考虑测量相移 θ 的不确定度。比较这个结果和使用相干态输入的结果。

11. 6.4 节中对无相互作用测量的描述假设了使用 $50:50$ 的分束器。在一边光路中放置的物体可以通过某个探测器（因为干涉）没有计数而被察觉到；而不放物体的话则探测器会以 $1/4$ 的几率计数。考虑这样一个问题：探测一边光路中放置物体的效率可以通过使用非 $50:50$ 的分束器而更高一些吗？

参考文献

[1] G. I. Taylor, Proc. Camb. Philos. Soc., 15 (1909), 114.

[2] P. A. M. Dirac, The Principles of Quantum Mechanics, 4th edition (Oxford: Oxford University Press, 1958), p. 9.

[3] P. Grangier, G. Roger and A. Aspect, Europhys. Lett., 1 (1986), 173.

[4] See M. W. Hamilton, Am. J. Phys., 68 (2000), 186.

[5] R. P. Feynman, R. B. Leighton and M. Sands, The Feynman Lectures on Physics (Reading: Addison-Wesley, 1965), Vol. III, chapter 3.

[6] C. K. Hong, Z. Y. Ou and L. Mandel, Phys. Rev. Lett., 59 (1987), 2044.

[7] A. C. Elitzur and L. Vaidman, Found. Phys., 23 (1993), 987. See also, R. H. Dicke, Am. J. Phys., 49 (1981), 925.

[8] P. Kwiat, H. Weinfurter, T. Herzog and A. Zielinger, Phys. Rev. Lett., 74 (1995), 4763.

[9] Y. Aharanov and D. Bohm, Phys. Rev., 115 (1959), 484.

[10] See W. Feller, An Introduction to the Probability Theory and its Applications, 3rd edition (New York: Wiley, 1968), Vol. I, p. 79.

参考书目

以下是关于分束器的量子力学描述的论文：

- A. Zeilinger, Am. J. Phys., 49 (1981), 882.

- S. Prasad, M. O. Scully and W. Martienssen, Opt. Commun., 62 (1987), 139.
- Z. Y. Ou, C. K. Hong and L. Mandel, Opt. Commun., 63 (1987), 118.
- Z. Y. Ou and L. Mandel, Am. J. Phys., 57 (1989), 66.

　　尽管在正文中没有明确讨论（但在课后习题中有），但有一个非常有用的关于分束器的描述，形式上采用了角动量算符或使用了 SU(2) 幺正群的语言。以下论文讨论了这个形式：

- B. Yurke, S. L. McCall and J. R. Klauder, Phys. Rev. A, 33 (1986), 4033.
- R. A. Campos and B. A. E. Saleh, Phys. Rev. A, 40 (1989), 1371.
- U. Leonhardt, Phys. Rev. A, 48 (1993), 3265.

第 7 章 非 经 典 光

"'经典' 一词在科学范畴内仅仅意味着一件事情: 它是错的 [1]!"

在前文中我们已经强调过这样的事实: 光的所有状态都是量子的而且因此是非经典的, 从光子的分立性可以推导出某些量子特性。当然在实践中光的非经典特性难以观察。(我们将在本章中或多或少交换使用 "量子的" 和 "非经典的"。) 我们已经讨论过单光子态 —— 它绝对是光的所有非经典态中最为非经典的。不过正如我们将看到的, 在涉及很大光子数时也有可能出现非经典态。然而我们需要一个非经典性的标准。回顾在第 5 章中我们以赝几率分布讨论过一个标准, 即 P 函数 $P(\alpha)$。那些在相空间中 P 函数处处为正或者 P 函数没有比 δ 函数更奇异的态是经典的; 而有些地方 P 函数为负或者 P 函数比 δ 函数更奇异的态是非经典的。事实上我们已经展示相干态的 $P(\alpha)$ 是一个 δ 函数, 而希勒里 (Hillery) [2] 已经证明其他所有纯态的 $P(\alpha)$ 都会在相空间中的某处为负或比 δ 函数更为奇异。显然非经典态场的多样性相当丰富。

本章我们将讨论一些最为重要的非经典态。从压缩态开始, 即正交压缩态和光子数压缩态 (后者也成为亚泊松统计态), 然后讨论光子反聚束的非经典本质, 接着引入薛定谔猫态、双光束关联态、高阶压缩等概念, 最后介绍宽带压缩光。

7.1 正交压缩

如果算符 $\hat{A}$ 和 $\hat{B}$ 满足对易关系 $[\hat{A}, \hat{B}] = i\hat{C}$, 那么有

$$\left\langle (\Delta \hat{A})^2 \right\rangle \left\langle (\Delta \hat{B})^2 \right\rangle \geqslant \frac{1}{4} |\langle \hat{C} \rangle|^2 \tag{7.1}$$

如果系统的状态满足如下条件之一:

$$\left\langle (\Delta \hat{A})^2 \right\rangle < \frac{1}{2} |\langle \hat{C} \rangle| \quad \text{或} \quad \left\langle (\Delta \hat{B})^2 \right\rangle < \frac{1}{2} |\langle \hat{C} \rangle| \tag{7.2}$$

则称之为压缩态。因为 (7.1) 式的缘故, 我们显然不能同时让这两个方差都小于 $|\langle \hat{C} \rangle|/2$。那些满足等式 $[\hat{X}_1, \hat{X}_2] = i/2$ 的压缩态有时称之为理想压缩态, 而且是我们在第 3 章中讨论过的 "智能" 态的范例。

在正交压缩态下, 我们取 $\hat{A} = \hat{X}_1$, $\hat{B} = \hat{X}_2$。这里的 $\hat{X}_1$ 和 $\hat{X}_2$ 是 (2.52) 式和 (2.53) 式中定义的正交算符, 它们满足 (2.55) 式, 因此 $\hat{C} = 1/2$。根据 (2.56) 式, 只要满足

$$\left\langle (\Delta \hat{X}_1)^2 \right\rangle < \frac{1}{4} \quad \text{或} \quad \left\langle (\Delta \hat{X}_2)^2 \right\rangle < \frac{1}{4} \tag{7.3}$$

则系统存在压缩[3]。我们已经确认相干态 $|\alpha\rangle$ 满足（2.56）式中的相等关系，而且两个正交变量的方差相等：$\left\langle (\Delta \hat{X}_1)^2 \right\rangle = \left\langle (\Delta \hat{X}_2)^2 \right\rangle = 1/4$。不仅如此，而且相干态的结果和真空态完全一样（(2.59) 式）。那些让（7.3）式中某个条件满足的状态在其中一个正交变量上比起相干态或真空态具有较小"噪声"——这个正交变量的涨落就被压缩了。当然另一个正交变量的涨落必然会提高，因为不能违背不确定关系。确实有些压缩态的不确定关系保持不变，但这一般来说不是必要的。我们可以在图 7.1 中看到压缩范围的图像。

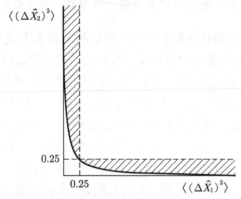

图 7.1　正交压缩的图像特征。压缩存在于阴影部分面积中。两条实线是从不确定关系 $\left\langle (\Delta \hat{X}_1)^2 \right\rangle \left\langle (\Delta \hat{X}_2)^2 \right\rangle = 1/16$ 得来的双曲线

在给出压缩态的具体实例之前，我们想先展示为何正交压缩必然可以当作是一个非经典效应。为此目的，我们用 P 函数表达相关期望值。利用（3.108）式容易发现

$$\left\langle (\Delta \hat{X}_1)^2 \right\rangle = \frac{1}{4} \left\{ 1 + \int P(\alpha)[(\alpha + \alpha^*) - (\langle \hat{a} \rangle + \langle \hat{a}^\dagger \rangle)]^2 \mathrm{d}^2\alpha \right\} \tag{7.4}$$

以及

$$\left\langle (\Delta \hat{X}_2)^2 \right\rangle = \frac{1}{4} \left\{ 1 + \int P(\alpha)[(\alpha - \alpha^*)/\mathrm{i} - (\langle \hat{a} \rangle - \langle \hat{a}^\dagger \rangle)/\mathrm{i}]^2 \mathrm{d}^2\alpha \right\} \tag{7.5}$$

其中，

$$\langle \hat{a} \rangle = \int P(\alpha)\alpha \mathrm{d}^2\alpha, \quad \langle \hat{a}^\dagger \rangle = \int P(\alpha)\alpha^* \mathrm{d}^2\alpha \tag{7.6}$$

因为在方括号内的项必然总是正的，显然 $\left\langle (\Delta \hat{X}_{1,2})^2 \right\rangle < 1/4$ 的条件必定要求 $P(\alpha)$ 至少在相空间的某些区域是非正的。

有时为方便引入一般正交算符：

$$\hat{X}(\theta) = \frac{1}{2}(\hat{a}\mathrm{e}^{-\mathrm{i}\theta} + \hat{a}^\dagger \mathrm{e}^{\mathrm{i}\theta}) \tag{7.7}$$

显然有 $\hat{X}(0) = \hat{X}_1$ 和 $\hat{X}(\pi/2) = \hat{X}_2$。为表征压缩，我们引入变量

$$s(\theta) = \frac{\left\langle [\Delta \hat{X}(\theta)]^2 \right\rangle - 1/4}{1/4} = 4 \left\langle [\Delta \hat{X}(\theta)]^2 \right\rangle - 1 \tag{7.8}$$

只要某些角度 θ 使得 $-1 \leqslant s(\theta) < 0$ 成立，则存在压缩。换句话说，我们可以引入正规序方差 $\langle : [\Delta \hat{X}(\theta)]^2 : \rangle$，这样只要有 $-1/4 \leqslant \langle : [\Delta \hat{X}(\theta)]^2 : \rangle < 0$，就有压缩。用正规序方差的术语，有

$$s(\theta) = 4\langle : [\Delta \hat{X}(\theta)]^2 : \rangle \tag{7.9}$$

那么如何产生压缩态呢？在数学上产生压缩态的一种方法（对应着我们在后面讨论的一种物理过程）是通过"压缩"算符的作用，这种算符定义为

$$\hat{S}(\xi) = \exp\left[\frac{1}{2}(\xi^* \hat{a}^2 - \xi \hat{a}^{\dagger 2})\right] \tag{7.10}$$

其中 $\xi = re^{i\theta}$，这里 r 称为压缩系数 $0 \leqslant r < \infty$ 而 $0 \leqslant \theta \leqslant 2\pi$。算符 $\hat{S}(\xi)$ 是位移算符（用来定义通常单模场相干态，见第 3 章中的讨论）的一种双光子推广形式。显然算符 $\hat{S}(\xi)$ 作用到真空态后会产生某种"双光子相干态"，因为在算符作用下光子明显会成对产生或消灭。为了解算符作用后的结果，我们考虑状态

$$|\psi_s\rangle = \hat{S}(\xi)|\psi\rangle \tag{7.11}$$

其中 $|\psi\rangle$ 目前是任意的而 $|\psi_s\rangle$ 表示 $\hat{S}(\xi)$ 作用到 $|\psi\rangle$ 后产生的状态。为得到 $\hat{X}_1$ 和 $\hat{X}_2$ 的方差，需要 $\hat{a}$、$\hat{a}^2$ 等算符的期望值。为此目的我们需要用贝克-豪斯多夫（Baker-Hausdorf）引理获得如下结果：

$$\hat{S}^\dagger(\xi)\hat{a}\hat{S}(\xi) = \hat{a}\cosh r - \hat{a}^\dagger e^{i\theta}\sinh r, \quad \hat{S}^\dagger(\xi)\hat{a}^\dagger\hat{S}(\xi) = \hat{a}^\dagger\cosh r - \hat{a}e^{-i\theta}\sinh r \tag{7.12}$$

其中 $\hat{S}^\dagger(\xi) = \hat{S}(-\xi)$。因此有

$$\langle\psi_s|\hat{a}|\psi_s\rangle = \langle\psi|\hat{S}^\dagger(\xi)\hat{a}\hat{S}(\xi)|\psi\rangle \tag{7.13}$$

以及

$$\langle\psi_s|\hat{a}^2|\psi_s\rangle = \langle\psi|\hat{S}^\dagger(\xi)\hat{a}\hat{S}(\xi)\hat{S}^\dagger(\xi)\hat{a}\hat{S}(\xi)|\psi\rangle \tag{7.14}$$

等。特别当 $|\psi\rangle$ 是真空态 $|0\rangle$ 时，$|\psi_s\rangle$ 是压缩真空态，我们把它标记为 $|\xi\rangle$：

$$|\xi\rangle = \hat{S}(\xi)|0\rangle \tag{7.15}$$

利用（7.12）式 $\sim$（7.15）式，我们发现对于压缩真空态有

$$\left\langle (\Delta\hat{X}_1)^2 \right\rangle = \frac{1}{4}\left(\cosh^2 r + \sinh^2 r - 2\sinh r\cosh r\cos\theta\right) \tag{7.16}$$

$$\left\langle (\Delta\hat{X}_2)^2 \right\rangle = \frac{1}{4}\left(\cosh^2 r + \sinh^2 r + 2\sinh r\cosh r\cos\theta\right) \tag{7.17}$$

在 $\theta = 0$ 的情况下，这些结果约化为

$$\left\langle (\Delta \hat{X}_1)^2 \right\rangle = \frac{1}{4} e^{-2r}, \quad \left\langle (\Delta \hat{X}_2)^2 \right\rangle = \frac{1}{4} e^{2r} \tag{7.18}$$

显然现在正交变量 $\hat{X}_1$ 有压缩。在 $\theta = \pi$ 的情况下，则正交变量 $\hat{X}_2$ 有压缩。注意它们不确定度的乘积是 $1/16$，所以当 $\theta = 0, \pi$，真空压缩态都会让（2.56）式中的不确定关系取到等号。压缩态不需要而且一般也不会让不确定关系取到等号。

有一种简单的用图像表示压缩的方法。回顾在图 3.1 和图 3.2 中我们分别提供了与相干态和真空态关联的噪声的相空间表示，这两种情况下正交算符的涨落是相等的，$\Delta X_1 = \Delta X_2 = 1/2$。图 7.2 则给出 $\theta = 0$ 时的压缩真空态图像，其中 X_1 中的涨落被减少了；而图 7.3 则给出 $\theta = \pi$ 时的压缩真空态表示。

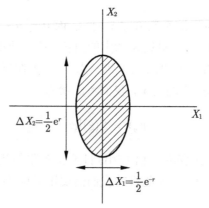

图 7.2　压缩真空态的误差椭圆，其中压缩发生在正交变量 $\hat{X}_1$ 上

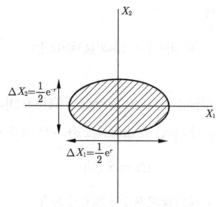

图 7.3　压缩真空态的误差椭圆，其中压缩发生在正交变量 $\hat{X}_2$ 上

在 $\theta = 0$ 或 $\theta = \pi$ 的情况下，压缩沿着 X_1 或 X_2 轴。对别的 θ 值，我们定义旋转正交算符 $\hat{Y}_1$ 和 $\hat{Y}_2$ 如下：

$$\begin{pmatrix} \hat{Y}_1 \\ \hat{Y}_2 \end{pmatrix} = \begin{pmatrix} \cos\theta/2 & \sin\theta/2 \\ -\sin\theta/2 & \cos\theta/2 \end{pmatrix} \begin{pmatrix} \hat{X}_1 \\ \hat{X}_2 \end{pmatrix} \tag{7.19}$$

或

$$\hat{Y}_1 + \mathrm{i}\hat{Y}_2 = (\hat{X}_1 + \mathrm{i}\hat{X}_2)\mathrm{e}^{-\mathrm{i}\theta/2} \tag{7.20}$$

对于 (7.12) 式决定的压缩真空态, 可以发现

$$\left\langle (\Delta\hat{Y}_1)^2 \right\rangle = \frac{1}{4}\mathrm{e}^{-2r}, \quad \left\langle (\Delta\hat{Y}_2)^2 \right\rangle = \frac{1}{4}\mathrm{e}^{2r} \tag{7.21}$$

图 7.4 给出了相应的图像, 重要的是压缩不一定非要沿着 X_1 或 X_2。

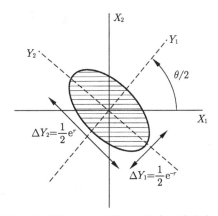

图 7.4　压缩真空态旋转了的误差椭圆, 其中压缩发生在 $\theta/2$ 方向上

更一般的压缩态可以通过把位移算符作用到 (7.12) 式:

$$|\alpha, \xi\rangle = \hat{D}(\alpha)\hat{S}(\xi)|0\rangle \tag{7.22}$$

显然当 $\xi = 0$ 时我们得到的正好是相干态。由于位移算符产生的变换是

$$\hat{D}^\dagger(\alpha)\hat{a}\hat{D}(\alpha) = \hat{a} + \alpha, \quad \hat{D}^\dagger(\alpha)\hat{a}^\dagger\hat{D}(\alpha) = \hat{a}^\dagger + \alpha^* \tag{7.23}$$

位移算符和压缩算符乘积作用到 $\hat{a}$ 和 $\hat{a}^\dagger$ 的结果可从 (7.12) 式和 (7.23) 式中获得。我们把相关计算步骤作为习题留给读者。可以发现

$$\langle \hat{a} \rangle = \alpha \tag{7.24}$$

这和压缩系数 r 无关, 而且有

$$\langle \hat{a}^2 \rangle = \alpha^2 - \mathrm{e}^{\mathrm{i}\theta}\sinh r\cosh r \tag{7.25}$$

$$\langle \hat{a}^\dagger\hat{a} \rangle = |\alpha|^2 + \sinh^r \tag{7.26}$$

当然这些值在 $r \to 0$ 时恢复到相干态的情况, 而在 $\alpha \to 0$ 时恢复到压缩真空态的情况。另外还有

$$\langle \hat{Y}_1 + i\hat{Y}_2 \rangle = \alpha e^{-i\theta/2} \tag{7.27}$$

从中再次可得

$$\left\langle (\Delta \hat{Y}_1)^2 \right\rangle = \frac{1}{4} e^{-2r}, \quad \left\langle (\Delta \hat{Y}_2)^2 \right\rangle = \frac{1}{4} e^{2r} \tag{7.28}$$

在 $\theta = 0$ 时，如图 7.5 所示相空间中表示压缩态的"误差椭圆"实际上就是真空压缩态的"误差椭圆"偏离了 α。当然在更一般 θ 情况下图像就是一个偏离的旋转了的"误差椭圆"，如图 7.6 所示。

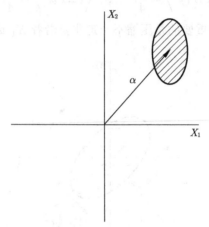

图 7.5 位移压缩真空态的误差椭圆，其中压缩发生在正交变量 $\hat{X}_1$ 上

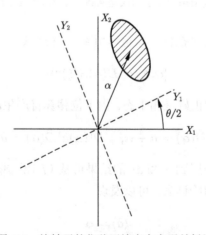

图 7.6 旋转了的位移压缩真空态误差椭圆

在继续讨论之前，我们先看一下压缩态的电场。(2.15) 式中的单模电场算符可以写为

$$\hat{E}(\chi) = \mathcal{E}_0 \sin(kz)(\hat{a}e^{-i\chi} + \hat{a}^\dagger e^{i\chi}) \tag{7.29}$$

其中 $\hat{a}$ 和 $\hat{a}^\dagger$ 就是 $t = 0$ 时的算符，$\chi = \omega t$ 是场相位，因此 $\hat{E}(\chi)$ 是依赖于相位的电场。(7.29) 式可以用正交算符表达为

$$\hat{E}(\chi) = 2\mathcal{E}_0 \sin(kz)(\hat{X}_1 \cos \chi + \hat{X}_2 \sin \chi) \tag{7.30}$$

由对易式 $[\hat{X}_1, \hat{X}_2] = \mathrm{i}/2$，有

$$[\hat{E}(0), \hat{E}(\chi)] = \mathrm{i}\mathcal{E}_0^2 \sin^2(kz) \sin \chi \tag{7.31}$$

因此在不同相位（或时间）上的电场算符并不对易。由（7.28）式可知

$$\left\langle (\Delta \hat{E}(0))^2 \right\rangle \left\langle (\Delta \hat{E}(\chi))^2 \right\rangle \geqslant \frac{1}{4} \left[\mathcal{E}_0^2 \sin^2(kz) \sin \chi \right] \tag{7.32}$$

许多场态的不确定度与相位 χ 无关（例如相干态、热态）。但假如有

$$\Delta E(0) < \frac{1}{\sqrt{2}} |\sin(kz) \sin \chi| \tag{7.33}$$

则必然在某个相位上有

$$\Delta E(\chi) > \frac{1}{\sqrt{2}} |\sin(kz) \sin \chi| \tag{7.34}$$

在这个意义上，压缩光的噪声与相位有关，在某些相位上噪声被压缩到小于真空态水平，而在另外一些相位上被提高到大于真空态水平。因为正交压缩是依赖于相位的，所以它与光的波动性相关。

我们在图 7.7 中使用相矢量图展示了压缩态电场的噪声分布。相干态的噪声相矢量图见图 3.8。

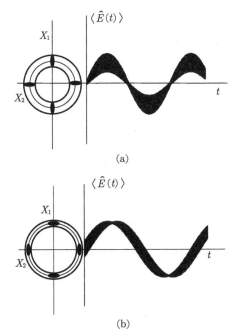

(a)

(b)

图 7.7 压缩态电场的相矢量图展示了噪声的分布
(a) 初始压缩在正交变量 $\hat{X}_1$ 上；(b) 初始压缩在正交变量 $\hat{X}_2$ 上

　　压缩态光波的某些部分比真空态的噪声水平更低的事实在技术方面（特别是在探测弱信号方面）有可能的应用。一个重要的例子是用大规模干涉仪[4] 探测引力波，比如在 LIGO[5] 和 VIRGO[6] 项目中。另一个可能的应用是在光学通信和量子信息处理[7] 领域。我们在这里不打算讨论这些应用。

　　为了再深入了解压缩态并最终得到用光子数态来表示它们，我们从真空态 $|0\rangle$ 开始讨论。真空态满足

$$\hat{a}|0\rangle = 0 \tag{7.35}$$

从左边乘上 $\hat{S}(\xi)$ 并利用压缩算符是幺正算符的事实，可以得到

$$\hat{S}(\xi)\hat{a}\hat{S}^\dagger(\xi)\hat{S}(\xi)|0\rangle = 0 \tag{7.36}$$

或写做

$$\hat{S}(\xi)\hat{a}\hat{S}^\dagger(\xi)|\xi\rangle = 0 \tag{7.37}$$

由于

$$\hat{S}(\xi)\hat{a}\hat{S}^\dagger(\xi) = \hat{a}\cosh r + \hat{a}^\dagger e^{i\theta}\sinh r \tag{7.38}$$

我们可以把（7.37）式改写为

$$\left(\hat{a}\mu + \hat{a}^\dagger\nu\right)|\xi\rangle = 0 \tag{7.39}$$

其中 $\mu = \cosh r$、$\nu = e^{i\theta}\sinh r$。因此压缩真空态是算符 $\hat{a}\mu + \hat{a}^\dagger\nu$ 的本征态，其本征值为 0。对于更一般的压缩相干态（7.22）式，类似地有

$$\hat{D}(\alpha)\hat{S}(\xi)\hat{a}\hat{S}^\dagger(\xi)\hat{D}^\dagger(\alpha)\hat{D}(\alpha)\hat{S}(\xi)|0\rangle = 0 \tag{7.40}$$

利用关系式

$$\hat{D}(\alpha)\hat{a}\hat{D}^\dagger(\alpha) = \hat{a} - \alpha \tag{7.41}$$

和（7.38）式，压缩相干态的情况也可以重新表达为一个本征值问题：

$$\left(\hat{a}\mu + \hat{a}^\dagger\nu\right)|\alpha,\xi\rangle = \gamma|\alpha,\xi\rangle \tag{7.42}$$

其中，

$$\gamma = \alpha\cosh r + \alpha^* e^{i\theta}\sinh r \tag{7.43}$$

显然当 $r = 0$ 时或当 $\alpha = 0$ 时，这就是一个普通相干态或压缩真空态的本征值问题。现在把

$$\hat{a} = \hat{X}_1 + i\hat{X}_2 = (\hat{Y}_1 + i\hat{Y}_2)e^{i\theta/2} \tag{7.44}$$

代入（7.42）式，经过重组，可得到

$$(\hat{Y}_1 + i\hat{Y}_2 e^{-2r})|\alpha,\xi\rangle = \beta|\alpha,\xi\rangle \tag{7.45}$$

其中,

$$\beta = \alpha \mathrm{e}^{-r}\mathrm{e}^{-\mathrm{i}\theta/2} = \langle \hat{Y}_1 \rangle + \mathrm{i}\langle \hat{Y}_2 \rangle \mathrm{e}^{-2r} \tag{7.46}$$

(7.45) 式的形式正好是让算符 $\hat{Y}_1$ 和 $\hat{Y}_2$ 不确定度之积取到等号 (不确定原理下限) 的本征方程。由于 $[\hat{Y}_1, \hat{Y}_2] = \mathrm{i}/2$, 正好有

$$\left\langle (\Delta \hat{Y}_1)^2 \right\rangle \left\langle (\Delta \hat{Y}_2)^2 \right\rangle = \frac{1}{16} \tag{7.47}$$

比较 (7.45) 式和 (3.19) 式, 令 $\hat{A} = \hat{Y}_1$、$\hat{B} = \hat{Y}_2$、$\hat{C} = 1/2$, 可以推导出

$$\left\langle (\Delta \hat{Y}_2)^2 \right\rangle = \frac{1}{4}\mathrm{e}^{2r} \tag{7.48}$$

然后根据 (7.47) 式,

$$\left\langle (\Delta \hat{Y}_1)^2 \right\rangle = \frac{1}{4}\mathrm{e}^{-2r} \tag{7.49}$$

因而状态 $|\alpha, \xi\rangle$ 就旋转正交算符 $\hat{Y}_1$ 和 $\hat{Y}_2$ 而言是 "智能" 态。

就原始正交算符 $\hat{X}_1$ 和 $\hat{X}_2$ 而言, (7.42) 式可写做

$$(\hat{X}_1 + \mathrm{i}\lambda \hat{X}_2)|\alpha, \xi\rangle = \gamma |\alpha, \xi\rangle \tag{7.50}$$

其中,

$$\lambda = \frac{\mu - \nu}{\mu + \nu}, \quad \gamma = \frac{\alpha}{\mu + \nu} \tag{7.51}$$

当 $\theta = 0$ 时, (7.45) 式的形式是

$$(\hat{X}_1 + \mathrm{i}\lambda \hat{X}_2 \mathrm{e}^{-2r})|\alpha, \xi\rangle = \alpha \mathrm{e}^{-r}|\alpha, \xi\rangle \tag{7.52}$$

然而当 $\theta \neq 0$ 时情况如何呢? 为了理解这种情况的意义, 我们回到对易关系 $[\hat{A}, \hat{B}] = \mathrm{i}\hat{C}$, 并注意到不确定关系的最一般表述实际上不是 (7.1) 式, 而是

$$\left\langle (\Delta \hat{A})^2 \right\rangle \left\langle (\Delta \hat{B})^2 \right\rangle \geqslant \frac{1}{4}\left[|\langle \hat{F} \rangle|^2 + |\langle \hat{C} \rangle|^2 \right] \tag{7.53}$$

其中,

$$\langle \hat{F} \rangle = \langle \hat{A}\hat{B} + \hat{B}\hat{A} \rangle - 2\langle \hat{A} \rangle \langle \hat{B} \rangle \tag{7.54}$$

是协方差, 本质上是可观察量 $\hat{A}$ 和 $\hat{B}$ 的关联度量。(7.53) 式中的等号在量子态 $|\psi\rangle$ 满足如下条件时取得:

$$(\hat{A} + \mathrm{i}\lambda \hat{B})|\psi\rangle = (\langle \hat{A} \rangle + \mathrm{i}\lambda \langle \hat{B} \rangle)|\psi\rangle \tag{7.55}$$

其中 λ 一般可取复数。从 (7.55) 式容易得到

$$\left\langle (\Delta \hat{A})^2 \right\rangle - \lambda^2 \left\langle (\Delta \hat{B})^2 \right\rangle = \mathrm{i}\lambda \left\langle \hat{F} \right\rangle \tag{7.56}$$

$$\left\langle (\Delta \hat{A})^2 \right\rangle + \lambda^2 \left\langle (\Delta \hat{B})^2 \right\rangle = \lambda \left\langle \hat{C} \right\rangle \tag{7.57}$$

如果 λ 是实数,则从 (7.56) 式可知必有 $\langle \hat{F} \rangle = 0$,由此 $\hat{A}$ 和 $\hat{B}$ 之间没有关联。如果 λ 是纯虚数,则从 (7.57) 式可知必有 $\langle \hat{C} \rangle = 0$,由此 $\langle \hat{C} \rangle = 0$。然而在 $\hat{A} = \hat{X}_1$、$\hat{B} = \hat{X}_2$ 的条件下,$\lambda = (\mu - \nu)/(\mu + \nu)$ 不可能是纯虚数。当它是实数时 ($\theta = 0$),

$$\langle \hat{F} \rangle = \langle \hat{X}_1 \hat{X}_2 + \hat{X}_2 \hat{X}_1 \rangle - 2\langle \hat{X}_1 \rangle \langle \hat{X}_2 \rangle = 0 \tag{7.58}$$

由此 $\hat{X}_1$ 和 $\hat{X}_2$ 之间没有关联。但对于 $\theta \neq 0$ 或 $\theta \neq 2\pi$,λ 是复数,容易发现在此情况下 $\langle \hat{F} \rangle \neq 0$。因此一般形式的压缩态 $|\alpha, \xi\rangle = \hat{D}(\alpha)\hat{S}(\xi)|0\rangle$ 可以用可观察量 $\hat{X}_1$ 和 $\hat{X}_2$ 之间存在的关联来表征。在极限条件 $\xi \to 0 (r \to 0)$ 下,恢复到相干态 $|\alpha\rangle$ 的情况,其中 $\hat{X}_1$ 和 $\hat{X}_2$ 之间就没有关联。我们也将遇到别的非经典态,其正交算符间呈现出关联。再次强调建构压缩态 $|\alpha, \xi\rangle$ 是明确含有压缩特性的,但也有许多纯态至少在相关参数空间的某些范围内呈现出压缩。

现在为了考察其光子统计,把压缩态分解为光子数态。先考虑压缩真空态,

$$|\xi\rangle = \sum_{n=0}^{\infty} C_n |n\rangle \tag{7.59}$$

把它代入 (7.42) 式可得到递推关系式

$$C_{n+1} = -\frac{\nu}{\mu} \left(\frac{n}{n+1} \right)^{1/2} C_{n-1} \tag{7.60}$$

注意到这个关系式仅连接相隔一个的光子态。事实上这导致两个不同的解,一个仅涉及偶数个光子态而另一个仅涉及奇数个光子态。显然只有"偶数"解才含有真空态,所以这里只考虑这种情况。递推关系式的解是

$$C_{2m} = (-1)^m (\mathrm{e}^{\mathrm{i}\theta} \tanh r)^m \left[\frac{(2m-1)!!}{(2m)!!} \right]^{1/2} C_0 \tag{7.61}$$

C_0 可根据归一化条件得到

$$\sum_{m=0}^{\infty} |C_{2m}|^2 = 1 \tag{7.62}$$

这将导致

$$|C_0|^2 \left(1 + \sum_{m=1}^{\infty} \frac{(\tanh r)^{2m}(2m-1)!!}{(2m)!!} \right) = 1 \tag{7.63}$$

幸好有个数学恒等式

$$1 + \sum_{m=1}^{\infty} \frac{z^m (2m-1)!!}{(2m)!!} = (1-z)^{-1/2} \tag{7.64}$$

从中容易得到 $C_0 = 1/\sqrt{\cosh r}$。最终利用恒等式

$$(2m)!! = 2^m m! \tag{7.65}$$

$$(2m-1)!! = \frac{1}{2^m} \frac{(2m)!}{m!} \tag{7.66}$$

得到压缩真空态最常见的展开系数形式:

$$C_{2m} = (-1)^m \frac{\sqrt{(2m)!}}{2^m m!} \frac{(\mathrm{e}^{\mathrm{i}\theta} \tanh r)^m}{\sqrt{\cosh r}} \tag{7.67}$$

因此压缩真空态等于

$$|\xi\rangle = \frac{1}{\sqrt{\cosh r}} \sum_{m=0}^{\infty} (-1)^m \frac{\sqrt{(2m)!}}{2^m m!} \mathrm{e}^{\mathrm{i}m\theta} (\tanh r)^m |2m\rangle \tag{7.68}$$

在光场中探测到 $2m$ 个光子的几率是

$$P_{2m} = |\langle 2m|\xi\rangle|^2 = \frac{(2m)!}{2^{2m}(m!)^2} \frac{(\tanh r)^{2m}}{\cosh r} \tag{7.69}$$

而探测到 $2m+1$ 个光子的几率是

$$P_{2m+1} = |\langle 2m+1|\xi\rangle|^2 = 0 \tag{7.70}$$

因而压缩真空态的光子几率分布是振荡的, 在所有奇数光子数态上等于 0。图 7.8 给出压缩真空态的一个典型分布。

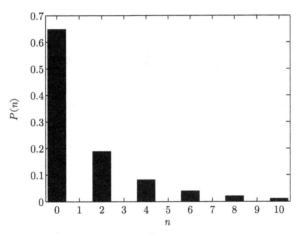

图 7.8　压缩真空态的光子数分布直方图

　　除了振荡特性之外, 还应注意分布类似于热辐射分布。必须记住压缩真空态是纯态, 而热态是混态。

　　现在寻求当 $\alpha \neq 0$ 时 (7.42) 式的一般解。再次假设形式上类似 (7.59) 式的解。我们利用在 $\alpha = 0$ 时了解的解形式, 做出如下拟设:

$$C_n = \mathcal{N}(\cosh r)^{-1/2} \left(\frac{1}{2} \mathrm{e}^{\mathrm{i}\theta} \tanh r \right)^{n/2} f_n(x) \tag{7.71}$$

其中 $f_n(x)$ 目前仍是未知函数而 $\mathcal{N}$ 是归一化因子。把拟设代入 (7.42) 式得到的关于 $f_n(x)$ 的递推关系式是

$$(n+1)^{1/2}f_{n+1}(x) - 2\gamma(e^{i\theta}\sinh 2r)^{-1/2}f_n(x) + 2n^{1/2}f_{n-1}(x) = 0 \tag{7.72}$$

其中 γ 由 (7.43) 式给出。这个式子与厄米多项式 $H_n(x)$ 的递推关系式完全一样:

$$H_{n+1}(x) - 2xH_n(x) + 2nH_{n-1}(x) = 0 \tag{7.73}$$

只要令

$$f_n(x) = H_n(x)/\sqrt{n!}, \quad x = \gamma(e^{i\theta}\sinh 2r)^{-1/2} \tag{7.74}$$

因此有

$$C_n = \mathcal{N}(n!\cosh r)^{-1/2}\left(\frac{1}{2}e^{i\theta}\tanh r\right)^{n/2} H_n[\gamma(e^{i\theta}\sinh 2r)^{-1/2}] \tag{7.75}$$

要得到 $\mathcal{N}$,我们设 (7.75) 式中的 $n = 0$,这样得到

$$C_0 = \mathcal{N}(\cosh r)^{-1/2} \tag{7.76}$$

并且注意到

$$C_0 = \langle 0|\alpha,\xi\rangle = \langle 0|\hat{D}(\alpha)\hat{S}(\xi)|0\rangle = \langle 0|\hat{D}^\dagger(-\alpha)\hat{S}(\xi)|0\rangle = \langle -\alpha|\xi\rangle \tag{7.77}$$

这个结果是相干态 $|-\alpha\rangle$ 和压缩真空态 $|\xi\rangle$ 的内积。它可以表达为

$$\langle -\alpha|\xi\rangle = \exp\left(-\frac{1}{2}|\alpha|^2\right)\sum_{m=0}^{\infty}(\alpha^*)^{2m}[(2m)!]^{-1/2}C_{2m} \tag{7.78}$$

其中 C_{2m} 由 (7.67) 式给出。因而根据 (7.77) 式和 (7.78) 式,并且利用 (7.67) 式,我们得到

$$\mathcal{N} = (\cosh r)^{1/2}\langle -\alpha|\xi\rangle = \exp\left(-\frac{1}{2}|\alpha|^2 - \frac{1}{2}\alpha^{*2}e^{i\theta}\tanh r\right) \tag{7.79}$$

因此压缩态 $|\alpha,\xi\rangle$ 的数态展开式是

$$|\alpha,\xi\rangle = \frac{1}{\sqrt{\cosh r}}\exp\left(-\frac{1}{2}|\alpha|^2 - \frac{1}{2}\alpha^{*2}e^{i\theta}\tanh r\right) \times$$

$$\sum_{n=0}^{\infty}\frac{\left(\frac{1}{2}e^{i\theta}\tanh r\right)^{n/2}}{\sqrt{n!}}H_n[\gamma(e^{i\theta}\sinh 2r)^{-1/2}]|n\rangle \tag{7.80}$$

在场中发现 n 个光子的几率是

$$P_n = |\langle n|\alpha,\xi\rangle|^2 = \frac{\left(\frac{1}{2}e^{i\theta}\tanh r\right)^n}{n!\cosh r}\exp\left(-|\alpha|^2 - \frac{1}{2}(\alpha^{*2}e^{i\theta} + \alpha^2 e^{-i\theta})\tanh r\right) \times$$

$$\left|H_n[\gamma(e^{i\theta}\sinh 2r)^{-1/2}]\right|^2 \tag{7.81}$$

回顾（7.26）式给出的压缩相干态平均光子数。如果 $|\alpha|^2 \gg \sinh^2 r$，我们可以说这个态的"相干"部分支配了它的"压缩"部分。然而根据（7.81）式显然光子数分布依赖于 α。在图 7.9 中我们给出压缩相干态在两个不同 $\psi - \theta/2$ 取值下的光子数分布，其中 ψ 是 α 的相位，即 $\alpha = |\alpha| e^{i\psi}$，并把它们和平均光子数一样的相干态光子数分布进行对比。

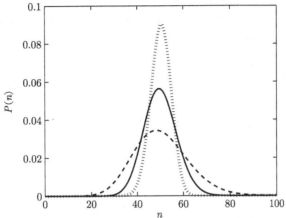

图 7.9　相干态（满足 $|\alpha|^2 = 50$，实线）和压缩态（满足 $|\alpha|^2 = 50, r = 0.5$；短划线对应 $\psi - \theta/2 = 0$，虚线对应 $\psi - \theta/2 = \pi/2$）的光子数几率分布

在图 7.9 中可以看到当 $\psi - \theta/2 = 0$ 时，光子数分布要比相干态窄。这实际上体现出另一种压缩形式，有时称之为（光子）数压缩，其中光子数分布是亚泊松分布，也就是说比相干态的泊松分布要窄。与正交压缩一样，这是一种非经典效应。我们稍后会再回到这一点。当 $\psi - \theta/2 = \pi/2$ 时，光子数分布要比相干态宽，因而称之为超泊松分布。这就不是一个非经典效应了。

图 7.10 描绘了压缩相干态的"压缩"部分起主导作用的情况，也就是说 $\sinh^2 r \gg |\alpha|^2$，我们取 $\psi - \theta/2 = 0$。在相当大的范围内光子数分布又出现了振荡。光子数振荡分

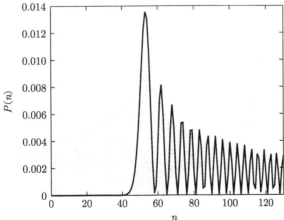

图 7.10　压缩态（满足 $|\alpha|^2 = 50, r = 4, \psi - \theta/2 = 0$）光子数几率分布

布被施莱希（Schleich）和惠勒（Wheeler）[8] 解释为相空间误差轮廓之间的干涉结果。我们在这里不会仔细讨论这个有趣的想法但推荐读者去看 Schleich 最近的一本书[9]。这本书涵盖了这个想法以及从相空间的角度看到的量子光学中几乎所有有趣的现象。

在结束本节前我们计算压缩态的某些赝几率分布函数。我们当然已经知道至少当我们希望写出某种正常函数时，压缩态的 P 函数是病态的。或者说压缩态以及别的非经典态的 P 函数是高度奇异的，含有类似 δ 函数导数之类的部分。但 Q 函数和 Wigner 函数则总是正常表现的。使用相干态 $|\beta\rangle$，压缩相干态 $|\alpha, \xi\rangle$ 的 Q 函数写做

$$
\begin{aligned}
Q(\beta) &= \frac{1}{\pi} |\langle \beta | \alpha, \xi \rangle|^2 \\
&= \frac{1}{\pi \cosh r} \exp \Bigg\{ -(|\alpha|^2 + |\beta|^2) + \frac{\beta^* \gamma + \beta \gamma^*}{\cosh r} - \\
&\quad \frac{1}{2} [\mathrm{e}^{\mathrm{i}\theta}(\beta^{*2} - \alpha^{*2}) + \mathrm{e}^{-\mathrm{i}\theta}(\beta^2 - \alpha^2)] \tanh r \Bigg\}
\end{aligned}
\tag{7.82}
$$

我们在图 7.11 中描绘了以 $x = \mathrm{Re}(\beta)$ 和 $y = \mathrm{Im}(\beta)$ 为变量的 Q 函数，取 $\theta = 0$，分别取 $(a)\alpha = 0$ 和 $(b)\alpha = \sqrt{5}$。选择这个 θ 意味着压缩是沿着 $\hat{X}_1$ 方向，Q 函数在 $\hat{X}_1$ 方向的高

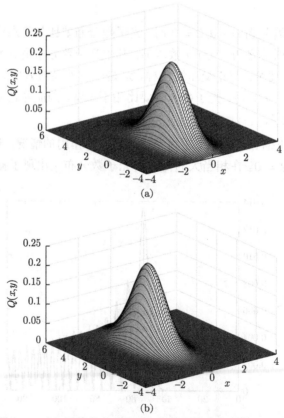

图 7.11　(a) 压缩真空态和 (b) 位移压缩真空态的 Q 函数

斯型轮廓会变窄而在 $\hat{X}_2$ 方向会相应变宽。在 $\alpha = 0$ 的情况下，Q 函数的峰值位于 $\beta = 0$，恰好是压缩真空态；而在 $\alpha = \sqrt{5}$ 的情况下，峰值直接移动到 $\beta = \sqrt{5}$。利用（3.132）式的傅里叶变换，我们可以得到反正规序的特征函数 $C_A(\lambda)$。然后根据（3.129）式我们得到 Wigner 特征函数 $C_W(\lambda)$。最终根据（3.136）式我们得到 Wigner 函数

$$W(\beta) = \frac{2}{\pi} \exp\left(-\frac{1}{2}x^2 e^{-2r} - \frac{1}{2}y^2 e^{2r} \right) \tag{7.83}$$

注意在这个例子中 $\theta = 0$。我们再次得到高斯型函数，它在压缩方向上变窄而在垂直方向上变宽。注意对于压缩态来说，它的 Wigner 函数是非负的。事实上可以证明[10] 形如 $|\alpha, \xi\rangle$ 的压缩态，包括其特例纯相干态 $|\alpha\rangle$，$(\xi = 0)$，是唯一具有非负 Wigner 函数的纯态。

7.2　正交压缩光的产生

大部分产生正交压缩光的方案是利用各种非线性光学设备进行某种参量转换。一般需要相互作用哈密顿量中含有待压缩场模的湮灭和产生算符的二次型。考虑一个简并参量下转换器。其中用频率 ω_p 的场泵浦某种特定非线性介质，使得场中一些光子被转换为成对的频率为 $\omega = \omega_p/2$ 的全同光子，进入到"信号"场。这个过程称为"简并参量下转换"。这个过程的哈密顿量是

$$\hat{H} = \hbar\omega\hat{a}^\dagger\hat{a} + \hbar\omega_p\hat{b}^\dagger\hat{b} + i\hbar\chi^{(2)}(\hat{a}^2\hat{b}^\dagger - \hat{a}^{\dagger 2}\hat{b}) \tag{7.84}$$

其中 b 是泵浦光模式，而 a 是信号光模式，$\chi^{(2)}$ 是二阶非线性磁化率。（对非线性光学的讨论，读者可以参考其他文献，如博伊德（Boyd）的书[11]。）我们现在做"参量近似"，也就是说假定泵浦光是强相干经典光场，它在相关时间尺度内保持不会枯竭的光子；假设泵浦场处在相干态 $|\beta e^{-i\omega_p t}\rangle$ 上，并把算符 $\hat{b}$ 和 $\hat{b}^\dagger$ 分别近似为数字 $\beta e^{-i\omega_p t}$ 和 $\beta^* e^{i\omega_p t}$。舍掉不相关的常数项，哈密顿量（7.84）式的参量近似形式是

$$\hat{H}^{(PA)} = \hbar\omega\hat{a}^\dagger\hat{a} + i\hbar(\eta^*\hat{a}^2 e^{i\omega_p t} - \eta\hat{a}^{\dagger 2}e^{-i\omega_p t}) \tag{7.85}$$

其中 $\eta = \chi^{(2)}\beta$。最后转换到相互作用表象下，我们得到

$$\hat{H}_I(t) = i\hbar\left[\eta^*\hat{a}^2 e^{i(\omega_p - 2\omega)t} - \eta\hat{a}^{\dagger 2}e^{-i(\omega_p - 2\omega)t}\right] \tag{7.86}$$

一般而言它是含时的。但如果取 ω_p 使得 $\omega_p = 2\omega$，我们得到不含时的相互作用哈密顿量

$$\hat{H}_I = i\hbar(\eta^*\hat{a}^2 - \eta\hat{a}^{\dagger 2}) \tag{7.87}$$

它所联系的演化算符是

$$\hat{U}_I(t, 0) = \exp(-i\hat{H}_I t/\hbar) = \exp(\eta^* t\hat{a}^2 - \eta t\hat{a}^{\dagger 2}) \tag{7.88}$$

显然它具有压缩算符（7.10）式的形式：$\hat{U}_I(t,0) = \hat{S}(\xi)$，其中 $\xi = 2\eta t$。

另有一种称之为简并四波混频的产生压缩光的非线性过程，其中两个泵浦光子被转换为同频率的两个信号光子。这个过程的全量子化哈密顿量是

$$\hat{H} = \hbar\omega\hat{a}^\dagger\hat{a} + \hbar\omega\hat{b}^\dagger\hat{b} + i\hbar\chi^{(3)}(\hat{a}^2\hat{b}^{\dagger 2} - \hat{a}^{\dagger 2}\hat{b}^2) \tag{7.89}$$

其中 $\chi^{(3)}$ 是三阶非线性磁化率。再进行一次类似上述关于参量下转换的讨论，并且又在强经典泵浦场假设下，我们就可以得到（7.87）式中的参量近似哈密顿量，不过在这个情况下 $\eta = \chi^{(3)}\beta^2$。

7.3　正交压缩光的探测

仅产生压缩光当然还是不够的，我们还必须有能力探测到它。人们已经提出并实现了多种探测方案。在所有这些方法背后的共同思想是把假定带有压缩性质的信号光场与称之为"局域谐振子"的强相干场混合在一起。这里仅考虑一种被称为"平衡零差探测"的方法。

图 7.12 是这个方法的示意图。模式 a 承载可以被压缩的单模场。模式 b 承载振幅为 β 的强经典相干场。图中的分束器设为 50:50 型（这就是"平衡"零差探测的由来）。假设输入模式算符 $(\hat{a}, \hat{b})$ 和输出模式算符 $(\hat{c}, \hat{d})$ 之间的关系与（6.10）式一样：

$$\begin{aligned}\hat{c} &= \frac{1}{\sqrt{2}}(\hat{a} + i\hat{b}) \\ \hat{d} &= \frac{1}{\sqrt{2}}(\hat{b} + i\hat{a})\end{aligned} \tag{7.90}$$

放在输出光束上的探测器测量光强 $I_c = \langle\hat{c}^\dagger\hat{c}\rangle$ 和 $I_d = \langle\hat{d}^\dagger\hat{d}\rangle$，它们的差是

$$I_c - I_d = \langle\hat{n}_{cd}\rangle = \langle\hat{c}^\dagger\hat{c} - \hat{d}^\dagger\hat{d}\rangle = i\langle\hat{a}^\dagger\hat{b} - \hat{a}\hat{b}^\dagger\rangle \tag{7.91}$$

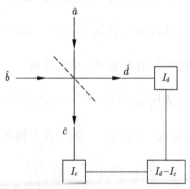

图 7.12　平衡零差探测法探测压缩示意图。待测的场进入 $\hat{a}$ 模而强相干场注入 $\hat{b}$ 模。左下方和右上方的盒子代表测量各自光电流的光子探测器。右下方的盒子代表测量两个光电流之差的关联器件

这里我们应用了 (7.90) 式的结果，而且我们设 $\hat{n}_{cd} = \hat{c}^{\dagger}\hat{c} - \hat{d}^{\dagger}\hat{d}$。假定 b 模式处在相干态 $|\beta e^{-i\omega t}\rangle$，其中 $\beta = |\beta|e^{i\psi}$，我们有

$$\langle \hat{n}_{cd} \rangle = |\beta| \left(\hat{a} e^{i\omega t} e^{-i\theta} + \hat{a}^{\dagger} e^{-i\omega t} e^{i\theta} \right) \tag{7.92}$$

其中 $\theta = \psi + \pi/2$。假设 a 模光频率也是 ω（在实践中 a、b 两个模式的光场可以用同一个激光驱动），我们可以设 $\hat{a} = \hat{a}_0 e^{-i\omega t}$，于是可以写出

$$\langle \hat{n}_{cd} \rangle = 2|\beta| \langle \hat{X}(\theta) \rangle \tag{7.93}$$

其中，

$$\hat{X}(\theta) = \frac{1}{2} \left(\hat{a}_0 e^{-i\theta} + \hat{a}_0^{\dagger} e^{i\theta} \right) \tag{7.94}$$

是光场在角度 θ 上的正交算符。通过改变 θ（改变局域谐振子的相位 ψ 就可以办到），我们能测量信号光场的任意正交分量。当然一般而言我们会挑选合适的 θ 使得正交压缩度达到最大值。输出光子数差算符 $\hat{n}_{cd}$ 的方差在强局域谐振子的极限下是

$$\langle (\Delta \hat{n}_{cd})^2 \rangle = 4|\beta|^2 \langle [\Delta \hat{X}(\theta)]^2 \rangle \tag{7.95}$$

在输入态压缩条件 $\langle [\Delta \hat{X}(\theta)]^2 \rangle < 1/4$ 的情况下，我们有 $\langle (\Delta \hat{n}_{cd})^2 \rangle < |\beta|^2$。在实际实验中，先屏蔽信号光束以得到散粒噪声水平；另外还需要考虑光子探测器的效率。在这里我们忽略这些因素，并且推荐读者去看相关文献。

斯卢舍（Slusher）等[12] 首次在实验上利用四波混频作用实现了压缩光，并让噪声降低到所允许的散粒噪声水平之下约 20%。随后吴令安等[13] 取得了噪声降低到所允许的散粒噪声水平之下约 65% 的结果。她们的方法用的是参量放大器。近些年来[14] 人们得到了更低的噪声水平。

7.4 振幅（或光子布居数）压缩态

回顾第 2 章中光子数与相位的不确定关系 $[\hat{n}, \hat{\varphi}] = i$，尽管技术上还不完备，也让我们在大平均光子数区域得到了启发性正确的结果 $\Delta n \Delta \varphi \geqslant 1/2$。对于相干态 $|\alpha\rangle$ 而言，$\Delta n = \bar{n}^{1/2}$ $(\bar{n} = |\alpha|^2)$，而且可以发现在 $\bar{n} \gg 1$ 的情况下 $\Delta \varphi = 1/(2\bar{n}^{1/2})$（习题 3.2），因而布居数与相位的不确定关系可以取到等号。不过类比于正交压缩，可能设想布居数压缩态会使得 $\Delta n < \bar{n}^{1/2}$，或在相位方面有 $\Delta \varphi < 1/(2\bar{n}^{1/2})$。相位压缩态可能难以被归类为非经典态，部分是因为缺乏代表相位的厄米算符（见第 2 章中的讨论），部分是因为并不清楚它克服了什么经典极限。毕竟相干态的相位涨落可以通过增加 $\bar{n}$ 变得任意小。但对于光子数态来说，这是另外一个故事。我们可以把布居数方差写为

$$\langle (\Delta \hat{n})^2 \rangle = \langle \hat{n} \rangle + \left(\langle \hat{a}^{\dagger 2} \hat{a}^2 \rangle - \langle \hat{a}^{\dagger} \hat{a} \rangle^2 \right) \tag{7.96}$$

如果用 P 函数，则写为

$$\langle (\Delta \hat{n})^2 \rangle = \langle \hat{n} \rangle + \int d^2 \alpha P(\alpha) \left(|\alpha|^2 - \langle \hat{a}^{\dagger} \hat{a} \rangle \right)^2 \tag{7.97}$$

其中，

$$\langle \hat{a}^\dagger \hat{a} \rangle = \int \mathrm{d}^2\alpha P(\alpha)|\alpha|^2 \tag{7.98}$$

显然振幅（或光子数）压缩条件 $\langle (\Delta \hat{n})^2 \rangle < \langle \hat{n} \rangle$ 将导致 $P(\alpha)$ 不得不在相空间的某些区域取负值。因而振幅压缩是非经典的。也许值得指出（7.97）式的第一项有时被称为"粒子性"贡献而第二项被称为"波动性"贡献。实际上对于热光场，我们有 $\langle (\Delta \hat{n})^2 \rangle = \langle \hat{n} \rangle + \langle \hat{n} \rangle^2$；对于相干态光场，我们有 $\langle (\Delta \hat{n})^2 \rangle = \langle \hat{n} \rangle$；它们的"粒子性"和"波动性"是分离的。然而对于振幅压缩光，把它的方差第二项解释为"波动性"其实是有点含糊的，因为它显然具有量子属性。呈现出振幅压缩的量子态被称为具备亚泊松统计，它的分布比同样平均光子数的相干态要收窄。而那些光子数分布比相干态加宽的态被认为具备超泊松统计也并不奇怪。

一个简单的测量任何状态的光子数统计特性的方法是计算所谓的 Q 参数（不要和 Q 函数混为一谈）：

$$Q = \frac{\langle (\Delta \hat{n})^2 \rangle - \langle \hat{n} \rangle}{\langle \hat{n} \rangle} \tag{7.99}$$

如果一个态的 Q 参数在范围 $-1 \leqslant Q < 0$ 内，它的统计特性就是亚泊松分布的；如果 $Q > 0$，则是超泊松分布的。显然对于相干态，$Q = 0$。

我们在图 7.13 中画了一个典型的振幅压缩态的相空间分布。显然这样的态有时称为"新月"态。在极端情况比如数态下，如图 3.7 所示，"新月"就展开为一个圆周并且 Q 参数趋于 0。

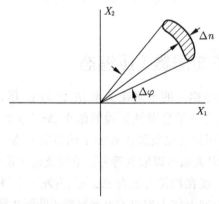

图 7.13 数态压缩态的相空间表示。注意这个态也是正交分量压缩态

某些场态可能同时呈现出正交压缩和振幅压缩。再次考虑状态 $|\alpha, \xi\rangle = \hat{D}(\alpha)\hat{S}(\xi)|0\rangle$。我们已经知道在这个态下

$$\langle \hat{n} \rangle = |\alpha|^2 + \sinh^2 r \tag{7.100}$$

也可证明

$$\langle (\Delta \hat{n})^2 \rangle = |\alpha \cosh r - \alpha^* \mathrm{e}^{\mathrm{i}\theta/2} \sinh r|^2 + 2\sinh^2 r \cosh^2 r \tag{7.101}$$

设 $\alpha = |\alpha|\mathrm{e}^{\mathrm{i}\psi}$ 并且选择 $\psi - \theta/2 = \pi/2$，我们得到

$$\langle(\Delta\hat{n})^2\rangle = |\alpha|^2\mathrm{e}^{2r} + 2\sinh^2 r\cosh^2 r \tag{7.102}$$

很清楚它没有发生振幅压缩。另一方面在 $\psi = \theta/2$ 的情况下，我们得到

$$\langle(\Delta\hat{n})^2\rangle = |\alpha|^2\mathrm{e}^{-2r} + 2\sinh^2 r\cosh^2 r \tag{7.103}$$

那么如果选择合适的 $|\alpha|$ 和 r 就可能出现光子数（振幅）压缩。举个例子，如果 $|\alpha|^2$ 很大而 r 较小使得 $\sinh r \approx 0$，则有 $\langle\hat{n}\rangle \approx |\alpha|^2$ 以及 $\langle(\Delta\hat{n})^2\rangle \approx \langle\hat{n}\rangle\mathrm{e}^{-2r}$，这样就导致 $\langle(\Delta\hat{n})^2\rangle < \langle\hat{n}\rangle$。利用 (7.28) 式可以明确它和正交压缩的关系：

$$\langle(\Delta\hat{n})^2\rangle \approx \langle\hat{n}\rangle\langle(\Delta\hat{Y}_1)^2\rangle \tag{7.104}$$

在实验方面，肖特（Short）和曼德尔（Mandel）[15] 首次确认观察到了亚泊松统计。他们的实验是关于单原子共振荧光的。

7.5　光子反聚束

在 5.4 节我们曾讨论过 (5.91) 式中的二阶相干函数 $g^{(2)}(\tau)$，用来表征探测到第一个光子后在延迟时间 τ 内又探测到第二个光子的联合几率。如果 $g^{(2)}(\tau) = 1$ 那么光子独立地到达探测器；事实上我们可以预测对任何场态，当 $\tau \to \infty$ 时，$g^{(2)}(\tau) \to 1$。也就是说在足够长的时间后，探测到第一个光子的"记忆"效应必会消失。对相干态而言，$g^{(2)}(\tau) = 1$。如果 $g^{(2)}(\tau) < g^{(2)}(0)$，也就是说在延迟时间 τ 后探测到第二个光子的几率减小了，那么它反应出光子的聚束效应。对热态而言，$g^{(2)}(0) = 2$。另一方面，如果 $g^{(2)}(\tau) > g^{(2)}(0)$，则意味着探测到第二个光子的几率随延迟时间而增加。这就反应出光子反聚束效应，正如我们在第 5 章中所讨论的，这是一个非经典效应。我们现在可以解释为什么这样说。

我们先考虑单模场（根据 (5.92) 式）：

$$g^{(2)}(\tau) = g^{(2)}(0) = \frac{\langle\hat{a}^\dagger\hat{a}^\dagger\hat{a}\hat{a}\rangle^2}{\langle\hat{a}^\dagger\hat{a}\rangle^2} = 1 + \frac{\langle(\Delta\hat{n})^2\rangle - \langle\hat{n}\rangle}{\langle\hat{n}\rangle^2} \tag{7.105}$$

严格意义上说，对于单模场没有所谓光子反聚束或聚束，因为 $g^{(2)}(\tau)$ 与延迟时间 τ 无关。尽管如此 (7.105) 式可用 P 函数改写为

$$g^{(2)}(0) = 1 + \frac{\int P(\alpha)(|\alpha|^2 - \langle\hat{a}^\dagger\hat{a}\rangle)^2\mathrm{d}^2\alpha}{\langle\hat{a}^\dagger\hat{a}\rangle^2} \tag{7.106}$$

其中 $\langle\hat{a}^\dagger\hat{a}\rangle$ 由 (7.98) 式给出。对于一个经典场态，它满足 $P(\alpha) \geqslant 0$，必有 $g^{(2)}(0) \geqslant 1$。但对于一个非经典场态，有可能发生 $g^{(2)}(0) < 1$，正如之前讨论的，它可以解释为量子力学对柯西不等式的违背。读者如果足够细心应该已经注意到 $g^{(2)}(0) < 1$ 的条件正是 (7.99)

式中 Q 系数变成负值的条件；换句话说，也是亚泊松统计的条件。其实对于单模场来说，Q 系数与 $g^{(2)}(0)$ 的关系是

$$Q = \langle \hat{n} \rangle [g^{(2)}(0) - 1] \tag{7.107}$$

考虑到亚泊松统计和光子反聚束的关系，当 $g^{(2)}(0) < 1$ 时 $Q < 0$ 的事实曾引起某些混淆。再次强调对于单模场，$g^{(2)}(\tau) = g^{(2)}(0) = $ 常数，因而不会出现光子反聚束或聚束。聚束和反聚束仅发生于多模场。多模场涉及 P 函数 $P(\{\alpha_i\})$，其中 $\{\alpha_i\}$ 表示和每个模式关联的相空间变量的集合，这些模式用标志 i、j 加以区分。容易发现：

$$g^{(2)}(0) = 1 + \frac{\displaystyle\int P(\{\alpha_i\}) \left(\sum_j |\alpha_j|^2 - \langle \hat{a}_j^\dagger \hat{a}_j \rangle \right)^2 \mathrm{d}^2\{\alpha_i\}}{\left(\displaystyle\sum_j \langle \hat{a}_j^\dagger \hat{a}_j \rangle \right)^2} \tag{7.108}$$

其中，$\mathrm{d}^2\{\alpha_i\} = \mathrm{d}^2\alpha_1 \mathrm{d}^2\alpha_2 \cdots$，并且

$$\langle \hat{a}_j^\dagger \hat{a}_j \rangle = \int P(\{\alpha_i\}) |\alpha_j|^2 \mathrm{d}^2\{\alpha_i\} \tag{7.109}$$

对于经典场，还是有 $P(\{\alpha_i\}) \geqslant 0$ 和 $g^{(2)}(0) \geqslant 1$。把柯西-施瓦兹（Cauchy-Schwarz）不等式应用到对应的经典相干函数 $\gamma^{(2)}(\tau)$ 的结果显示对于经典场，总是有 $g^{(2)}(\tau) \leqslant g^{(2)}(0)$；如第 5 章中所示这不允许光子反聚束发生。因而反聚束条件 $g^{(2)}(\tau) > g^{(2)}(0)$ 和条件 $g^{(2)}(0) < 1$ 一样都是非经典光的指示器。读者要记住当 $\tau \to \infty$ 时，$g^{(2)}(\tau) \to 1$，所以条件 $g^{(2)}(0) < 1$ 意味着光子反聚束。只是除了单模场的情况（这是特别重要的反例！）或许因为某种别的原因导致 $g^{(2)}(\tau)$ 是常数。但反过来的表述不一定成立。反聚束条件 $g^{(2)}(\tau) > g^{(2)}(0)$ 并不意味着亚泊松统计，即 $g^{(2)}(0) < 1$。正相反的是邹（Zou）和曼德尔（Mandel）[16] 在一篇讨论亚泊松统计和光子反聚束之间常常发生混淆的文章中，（某种程度上人为地）构建了同时具备亚泊松统计和光子反聚束性质的双模态。

和正交压缩不同的是，亚泊松统计和光子反聚束依赖于相位并因此与光的粒子性相关。

人们在被共振激光场驱动的二能级原子的共振荧光中首次预测了光子反聚束现象[17]。对共振荧光的完整讨论不在本书范围内，但二阶相干函数的预测结果容易陈述和解释。设 Ω 是驱动场的拉比频率，γ 是自发辐射衰减率，则稳定的二阶相干函数 $g^{(2)}(\tau)$ 是

$$g^{(2)}(\tau) = [1 - \exp(-\gamma\tau/2)]^2, \quad \Omega \ll \gamma \tag{7.110}$$

或者

$$g^{(2)}(\tau) = 1 - \exp(-3\gamma\tau/4) \cos(\Omega\tau), \quad \Omega \ll \gamma \tag{7.111}$$

这些函数的极限都是 $g^{(2)}(0) = 0$（图 7.14）。

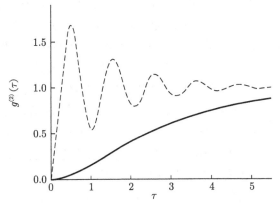

图 7.14 共振荧光的二阶相干函数。虚线和实线表示 $\Omega \gg \gamma$ 和 $\Omega \ll \gamma$ 的情况

图像上呈现的行为可以作如下解释。考虑 $g^{(2)}(\tau)$ 实质上是在 $t = 0$ 时探测到一个光子并在 $t = \tau$ 时探测到另一个光子的联合几率。但光子源是被相干场驱动的单原子。一个在 $t = 0$ 时被探测到的荧光光子当然是电子从激发态"跳跃"到基态的结果。然而处在基态的电子没有可能（或者说几率为 0）在延迟时间 $\tau = 0$ 时再发射另一个光子。在激光场把电子驱动回激发态之前有一段"沉寂"期，在这段时间内才有限几率发射另一个光子。如果原子初始时刻处在基态，那么关联函数 $g^{(2)}(\tau)$ 事实上正比于原子在 τ 时刻处在激发态的几率。

Mandel 与其合作者[18] 的实验证实了这些理论预测。这些实验涉及以一个特定角度用稳频的染料激光器照射的低密度钠原子束。激光频率被调整到与一个特定的超精细跃迁共振（从 $3P_{3/2}, F = 3, M_F = 2$ 到 $3^2S_{1/2}, F = 2, M_F = 2$）。原子束密度低到使得在观察区域（对原子和光束的特定角度而言）内一个时刻只有原子占据。

7.6 薛定谔猫态

最后介绍一类重要的具有强非经典性的单模场态。我们考虑两个振幅一样大，但相位上错开 180° 的相干态组合成的叠加态，形式如下：

$$|\psi\rangle = \mathcal{N}(|\alpha\rangle + e^{i\Phi}|-\alpha\rangle) \tag{7.112}$$

其中归一化因子

$$\mathcal{N} = \left[2 + 2\exp(-2\alpha^2)\cos\Phi\right]^{1/2} \tag{7.113}$$

这里取 α 为实数。对于较大的 $|\alpha|$，状态 $|\alpha\rangle$ 和 $|-\alpha\rangle$ 是宏观可分辨的；形如（7.112）式的叠加态常常被称为薛定谔的猫态。注意到薛定谔的猫[19] 的命运将终结为宏观可分辨的状态（猫或生或死）的叠加态。应该强调的是，薛定谔的本意不是为了展示量子力学的古怪特性是如何能够提升到日常经典世界的，而是为了讽刺哥本哈根学派对量子力学的诠释。薛定谔和许多人包括爱因斯坦在内认为哥本哈根诠释是荒谬的。尽管如此，近

年来随着技术的发展，考虑某种形式上宏观可分辨的量子叠加态在实验室中实现成为可能。人们在这个方向上努力的原动力是试图回答这样一个问题：量子世界和经典世界的边界到底在哪里？形如（7.112）式的叠加态在日常宏观世界中从未见过。为什么会这样？部分回答似乎是：没有任何量子系统，特别是宏观量子系统是真正的封闭系统；它终究会和宇宙的其他部分（即"环境"）相互作用。环境具备数不清的尽管观察不到的自由度。在某种程度上，环境"观测"了系统，有效地与之发生耗散相互作用。在现实中，整个宇宙当然是量子力学系统，并且当其中一小部分与其余部分相互作用时，这两个子系统会变成纠缠态。正如附录 A 证明的，对一个纠缠系统的不可测部分的变量求迹会使得我们所感兴趣的系统处于混态。这就是这里的一般思想。如果形如（7.112）式的相干宏观叠加态能够用某种办法制备出来，一经与环境相互作用，它会迅速"退相干"到如下统计混合态：

$$\hat{\rho} = \frac{1}{2}(|\beta\rangle\langle\beta| + |-\beta\rangle\langle-\beta|) \tag{7.114}$$

其中 $\beta = \alpha e^{-\gamma t/2}$，这里的 γ 是能量耗散率。另外还应注意：初始叠加态的分量越宏观，也就是说 $|\alpha|$ 越大，则猫态会更快地退相干。我们将在第 8 章处理这个问题的更多细节。我们在当前集中考虑（7.112）式中猫态的属性，特别是那些非经典的性质。这对于区分叠加态和统计混合态是重要的，后者仅有经典属性。

依赖于相对相位 Φ 的选择共有三种重要的猫态。当 $\Phi = 0$ 时，我们得到偶函数相干态：

$$|\psi_e\rangle = \mathcal{N}_e(|\alpha\rangle + |-\alpha\rangle) \tag{7.115}$$

当 $\Phi = \pi$ 时，我们得到奇函数相干态：

$$|\psi_o\rangle = \mathcal{N}_o(|\alpha\rangle - |-\alpha\rangle) \tag{7.116}$$

其中，

$$\mathcal{N}_e = \frac{1}{\sqrt{2}}[1 + \exp(-2\alpha^2)]^{-1/2}, \quad \mathcal{N}_o = \frac{1}{\sqrt{2}}[1 - \exp(-2\alpha^2)]^{-1/2} \tag{7.117}$$

分别是这两个态的归一化因子。这两个态由多德诺夫（Dodonov）等[20] 首次引入。当 $\Phi = \pi/2$ 时，我们有约克-斯托勒（Yurke-Stoler）态[7]：

$$|\psi_{ys}\rangle = \frac{1}{\sqrt{2}}(|\alpha\rangle + i|-\alpha\rangle) \tag{7.118}$$

所有这三个态都是湮灭算符平方的本征态，其本征值都是 α^2：

$$\hat{a}^2 |\psi\rangle = \alpha^2 |\psi\rangle \tag{7.119}$$

我们必须要能够区分这三种猫态（$|\alpha\rangle$ 和 $|-\alpha\rangle$ 相干叠加态）和统计混合态：

$$\hat{\rho}_{\mathrm{mixture}} = \frac{1}{2}(|\alpha\rangle\langle\alpha| + |-\alpha\rangle\langle-\alpha|) \tag{7.120}$$

而猫态所对应的密度算符，比如偶函数相干态是

$$\hat{\rho}_e = |\psi_e\rangle\langle\psi_e| = |\mathcal{N}_e|^2(|\alpha\rangle\langle\alpha| + |-\alpha\rangle\langle-\alpha| + |-\alpha\rangle\langle\alpha| + |\alpha\rangle\langle-\alpha|) \tag{7.121}$$

我们需要有能力探测到没有出现在统计混合态（7.120）式中的"相干"项 $|\alpha\rangle\langle-\alpha|$ 和 $|-\alpha\rangle\langle\alpha|$ 的效果。

先考虑光子统计。对于 $|\psi_e\rangle$ 来说，可以得到

$$P_n = \begin{cases} \dfrac{2\exp(-\alpha^2)}{1+\exp(-\alpha^2)}\dfrac{\alpha^{2n}}{n!}, & n \text{ 为偶数} \\ 0, & n \text{ 为奇数} \end{cases} \tag{7.122}$$

而对于奇函数相干态来说，可以得到

$$P_n = \begin{cases} 0, & n \text{ 为偶数} \\ \dfrac{2\exp(-\alpha^2)}{1+\exp(-\alpha^2)}\dfrac{\alpha^{2n}}{n!}, & n \text{ 为奇数} \end{cases} \tag{7.123}$$

对于约克-斯托勒（Yurke-Stoler）态来说，P_n 正好是泊松分布，这和相干态 $|\alpha\rangle$ 以及统计混合态（7.120）式的结果一样，也就是说 $P_n = \langle n|\hat{\rho}_{\mathrm{mixture}}|n\rangle$。所以至少对于偶函数以及奇函数相干态来说，振荡的光子数分布让它们可以和统计混合态相区分。容易看到 $|\psi_e\rangle$ 中的奇数态布居为 0 或者 $|\psi_o\rangle$ 中的偶数态布居为 0 都是量子干涉的结果。偶函数相干态的 Q 参数是

$$Q = \frac{4\alpha^2\exp(-\alpha^2)}{1+\exp(-4\alpha^2)} > 0 \tag{7.124}$$

表明它对所有的 α 都是超泊松分布。而对于奇函数相干态，

$$Q = -\frac{4\alpha^2\exp(-\alpha^2)}{1+\exp(-4\alpha^2)} < 0 \tag{7.125}$$

表明它对所有的 α 都是亚泊松分布。当 α 变大时，无论偶函数还是奇函数相干态都有 $Q \to 0$。对于 Yurke-Stoler 态，对于所有 α，$Q = 0$。

现在考虑正交压缩。对于偶函数相干态我们发现

$$\left\langle (\Delta \hat{X}_1)^2 \right\rangle = \frac{1}{4} + \frac{\alpha^2}{1+\exp(-2\alpha^2)} \tag{7.126}$$

$$\left\langle (\Delta \hat{X}_2)^2 \right\rangle = \frac{1}{4} - \frac{\alpha^2\exp(-2\alpha^2)}{1+\exp(-2\alpha^2)} \tag{7.127}$$

所以当 α 不特别大时在正交分量 $\hat{X}_2$ 上出现了涨落减少（压缩）。对于奇函数相干态我们发现

$$\left\langle (\Delta \hat{X}_1)^2 \right\rangle = \frac{1}{4} + \frac{\alpha^2}{1 - \exp(-2\alpha^2)} \tag{7.128}$$

$$\left\langle (\Delta \hat{X}_2)^2 \right\rangle = \frac{1}{4} + \frac{\alpha^2 \exp(-2\alpha^2)}{1 - \exp(-2\alpha^2)} \tag{7.129}$$

所以没有明显的压缩。（注意在正交压缩和亚泊松统计方面，偶函数与奇函数相干态之间的角色颠倒。）对于 Yurke-Stoler 态我们发现

$$\left\langle (\Delta \hat{X}_1)^2 \right\rangle = \frac{1}{4} + \alpha^2 \tag{7.130}$$

$$\left\langle (\Delta \hat{X}_2)^2 \right\rangle = \frac{1}{4} - \alpha^2 \exp(-4\alpha^2) \tag{7.131}$$

所以压缩出现在 $\hat{X}_2$ 上。最后对于统计混合态（7.120）式，我们有

$$\left\langle (\Delta \hat{X}_1)^2 \right\rangle = \frac{1}{4} + \alpha^2 \tag{7.132}$$

$$\left\langle (\Delta \hat{X}_2)^2 \right\rangle = \frac{1}{4} \tag{7.133}$$

正如可预测的，它不会呈现出压缩。

另一种区分相干叠加态和统计混合态的方法是检查相分布。使用第 2 章中引入的 $|\theta\rangle$，对于（7.112）式中的猫态，我们在大 α（再次令 α 是实数）极限下将得到相分布：

$$\mathcal{P}_{|\psi\rangle}(\theta) \approx \left(\frac{2\bar{n}}{\pi} \right)^{1/2} |\mathcal{N}|^2 \big\{ \exp(-2\bar{n}\theta^2) + \exp[-2\bar{n}(\theta - \pi)^2] +$$
$$2\cos(\bar{n}\pi - \Phi) \exp[-\bar{n}\theta^2 - \bar{n}(\theta - \pi)^2] \big\} \tag{7.134}$$

其中 $\bar{n} = |\alpha|^2$。对统计混合态（7.120）式我们有

$$\mathcal{P}_{\rho}(\theta) \approx \frac{1}{2} \left(\frac{2\bar{n}}{\pi} \right)^{1/2} \{ \exp(-\bar{n}\theta^2) + \exp[-\bar{n}(\theta - \pi)^2] \} \tag{7.135}$$

可预测的是这两个分布都在 $\theta = 0$ 和 $\theta = \pi$ 处出现峰值，不过第一个有干涉项。不幸的是因为乘积中两个高斯函数几乎无重叠，所以干涉项太小。

至于赝几率分布函数，其中 P 函数高度奇异，涉及到无穷个 δ 函数高阶微分的求和。Q 函数当然总是正的，而它不能给出清楚的非经典性的标志。但是 Wigner 函数一旦取负值就是非经典性的明确标志。利用第 3 章的一些结果，我们发现统计混合态的 Wigner 函数是

$$W_M(x, y) = \frac{1}{\pi} \{ \exp[-2(x - \alpha)^2 - 2y^2] + \exp[-2(x + \alpha)^2 - 2y^2] \} \tag{7.136}$$

它总是正的而且在 $x = \pm\alpha$ 处有两个高斯峰值，如图 7.15(a) 所示。然而偶函数相干态的 Wigner 函数是

$$W_e(x,y) = \frac{1}{\pi[1 + \exp(-2\alpha^2)]}\Big\{ \exp[-2(x - \alpha)^2 - 2y^2] + \exp[-2(x + \alpha)^2 - 2y^2] +$$
$$2\exp(-2x^2 - 2y^2)\cos(4y\alpha)\Big\} \tag{7.137}$$

其中最后一项是两个态 $|\alpha\rangle$ 和 $|-\alpha\rangle$ 之间干涉的结果。它造成 Wigner 函数变得高度振荡，类似于干涉条纹并在某些区域出现负值，如图 7.15(b) 所示。在此情况下的负值性使 Wigner 函数不再能够解释为一种几率分布。为讨论完整起见，我们再给出奇函数相干态和 Yurke-Stoler 态所对应的 Wigner 函数：

$$W_o(x,y) = \frac{1}{\pi[1 + \exp(-2\alpha^2)]}\Big\{ \exp[-2(x - \alpha)^2 - 2y^2] + \exp[-2(x + \alpha)^2 - 2y^2] -$$
$$2\exp(-2x^2 - 2y^2)\cos(4y\alpha)\Big\} \tag{7.138}$$

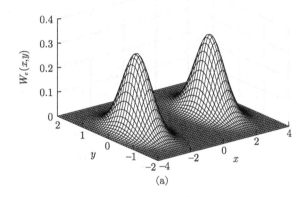

(a)

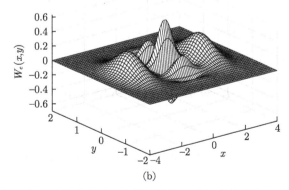

(b)

图 7.15　(a) 相干态统计混合态和 (b) 偶函数相干叠加态的 Wigner 函数。两者都有 $\alpha = \sqrt{5}$。显然前者总是正的，而后者在相空间某些区域变成负的且高频振荡（即呈现出相干条纹）

$$W_{ys}(x,y) = \frac{1}{\pi} \big\{ \exp[-2(x-\alpha)^2 - 2y^2] + \exp[-2(x+\alpha)^2 - 2y^2] -$$

$$2\exp(-2x^2 - 2y^2)\sin(4y\alpha) \big\} \tag{7.139}$$

这些函数类似于偶函数相干态的情况。

如何在原则上产生（7.115）式、（7.116）式和（7.118）式中的薛定谔猫态呢（暂时把退相干的问题放到一边）？我们先前讨论过如何用参量下转换过程产生压缩。压缩态用幺正演化产生，其中演化算符实现了压缩算符。如果初始态是真空态，压缩态随时间演化，则态仅在偶数光子态上有布居。对于（7.115）式中的偶函数相干态，同样也仅在偶数光子态上有布居，不过这次似乎没有办法以幺正演化方式从真空态或别的态中产生这个态。对奇函数相干态也是这样。简单地说，我们将描述一种产生猫态的非幺正方法，即使用投影态缩编。但 Yurke-Stoler 态可以从特定非线性介质（比如克尔类介质）中相干态的幺正演化中获得[21]。相关的相互作用是一种"自相互作用"，也就是不涉及参量驱动场，哈密顿量是

$$\hat{H}_I = \hbar K(\hat{a}^\dagger \hat{a})^2 = \hbar K \hat{n}^2 \tag{7.140}$$

其中 K 与三阶非线性磁化率 $\chi^{(3)}$ 成正比。初始为相干态的系统演化为

$$|\psi(t)\rangle = \mathrm{e}^{-\mathrm{i}\hat{H}_I t/\hbar}|\alpha\rangle = \exp(-|\alpha|^2/2)\sum_{n=0}^{\infty} \frac{\alpha^n}{\sqrt{n!}} \mathrm{e}^{-\mathrm{i}K n^2 t}|n\rangle \tag{7.141}$$

因为 n^2 是个整数，$|\psi(t)\rangle$ 是周期为 $T = 2\pi/K$ 的周期性函数。当 $t = \pi/K$ 时我们有 $\mathrm{e}^{-\mathrm{i}K n^2 t} = \mathrm{e}^{-\mathrm{i}\pi n^2} = (-1)^n$，因而 $|\psi(\pi/K)\rangle = |-\alpha\rangle$。但当 $t = \pi/(2K)$ 时，

$$\mathrm{e}^{-\mathrm{i}K n^2 t} = \mathrm{e}^{-\mathrm{i}\pi n^2/2} = \begin{cases} 1, & n \text{ 为偶数} \\ \mathrm{i}, & n \text{ 为奇数} \end{cases} \tag{7.142}$$

因此我们有

$$|\psi[\pi/(2K)]\rangle = \frac{1}{\sqrt{2}} \mathrm{e}^{-\mathrm{i}\pi/4}(|\alpha\rangle + \mathrm{i}|-\alpha\rangle) \tag{7.143}$$

除了一个无关的整体相位因子外这个态显然就是（7.118）式中的 Yurke-Stoler 态。

更实际的克尔相互作用哈密顿量[22] 是

$$\hat{H}_I = \hbar K \hat{a}^{\dagger 2} \hat{a}^2 = \hbar K(\hat{n}^2 - \hat{n}) \tag{7.144}$$

相应演化算符作用到相干态的结果是

$$|\psi(t)\rangle = \mathrm{e}^{-\mathrm{i}\hbar K t(\hat{n}^2 - \hat{n})}|\alpha\rangle = \mathrm{e}^{-\mathrm{i}K t \hat{n}^2}|\alpha \mathrm{e}^{\mathrm{i}K t}\rangle \tag{7.145}$$

在 $t = \pi/(2K)$ 时我们有

$$|\psi[\pi/(2K)]\rangle = \frac{1}{\sqrt{2}} \mathrm{e}^{-\mathrm{i}\pi/4}(|\beta\rangle + \mathrm{i}|-\beta\rangle) \tag{7.146}$$

其中 $\beta = i\alpha$。这个态在形式上和（7.143）式完全一样，也是一个除了无关的整体相位因子外的 Yurke-Stoler 态。关于算符 $\hat{n}$ 的线性项的效应只不过是让相干态振幅产生额外的旋转。

我们现在为初始制备在相干态上的光场提供一个产生偶函数猫态、奇函数猫态以及 Yurke-Stoler 态的非幺正方法。这个方法首次被格里（Gerry）讨论[23]。方法背后的核心思想是投影测量，即在可能有纠缠态的情况下通过对纠缠态中一个子系统的测量从而把另一个子系统投影到一个纯态上去（详见附录 B）。

我们在图 7.16 中给出所需实验装备简图。本质上我们有一个马赫-曾德尔干涉仪，它的模式（我们标记为 b 和 c）通过非线性介质形成的所谓交叉克尔相互作用耦合到一个外部模式 a，其哈密顿量为

$$\hat{H}_{CK} = \hbar K \hat{a}^{\dagger} \hat{a} \hat{b}^{\dagger} \hat{b} \tag{7.147}$$

其中 K 与三阶非线性磁化率 $\chi^{(3)}$ 成正比。介质在干涉仪中的作用由幺正演化算符提供：

$$\hat{U}_{CK} = \exp\left(-itK\hat{a}^{\dagger}\hat{a}\hat{b}^{\dagger}\hat{b}\right) \tag{7.148}$$

其中 t 是作用时间，$t = l/v$，l 是介质长度，而 v 是介质中的光速。在干涉仪上面的光路中放置一个移相器（使得相位改变 θ），它由算符

$$\hat{U}_{PS}(\theta) = \exp\left(i\theta\hat{c}^{\dagger}\hat{c}\right) \tag{7.149}$$

产生，其中 θ 也可调整。分束器 BS_1 和 BS_2 采用的是（6.10）式描述的类型。D_1 和 D_2 是放置在输出端 b 光束与 c 光束内的探测器。假定 a 模式状态是相干态 $|\alpha\rangle$，并且如图 7.16 所示一个单光子入射到 BS_1 上。也就是说 BS_1 处的输入态是 $|1\rangle_b |0\rangle_c \equiv |10\rangle_{bc}$。刚经过 BS_1 后的状态是

$$|\text{out}\rangle_{BS_1} = |\alpha\rangle_a \frac{1}{\sqrt{2}}(|10\rangle_{bc} + i|01\rangle_{bc}) \tag{7.150}$$

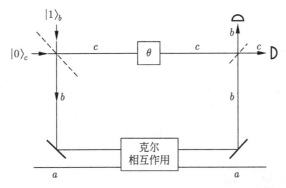

图 7.16 产生薛定谔猫态的实验设想图。单光子入射到干涉仪的第一个分束器；制备为相干态的一个外部模式通过交叉克尔作用耦合到一个内部模式。一旦在任何一个探测器上探测到光子就完成了态的投影缩编

其中 $|01\rangle_{bc} \equiv |0\rangle_b|1\rangle_c$。移相器和交叉克尔介质的作用产生如下状态:

$$|Kt, \theta\rangle = \frac{1}{\sqrt{2}} \left(|\mathrm{e}^{-\mathrm{i}Kt}\alpha\rangle_a|10\rangle_{bc} + \mathrm{i}\mathrm{e}^{\mathrm{i}\theta}|\alpha\rangle_a|01\rangle_{bc} \right) \tag{7.151}$$

其中第一项中旋转了的相干态来自于 b 模式中存在一个光子;第二项中因为光子在 c 模上所以产生相移 θ。现在假定 $Kt = \pi$,于是我们有

$$|\pi, \theta\rangle = \frac{1}{\sqrt{2}} \left(|-\alpha\rangle_a|10\rangle_{bc} + \mathrm{i}\mathrm{e}^{\mathrm{i}\theta}|\alpha\rangle_a|01\rangle_{bc} \right) \tag{7.152}$$

接下来根据(6.21)式,BS_2 产生如下旋转:

$$|10\rangle_{bc} \xrightarrow{\mathrm{BS}_2} \frac{1}{\sqrt{2}}(|10\rangle_{bc} + \mathrm{i}|01\rangle_{bc})$$

$$|01\rangle_{bc} \xrightarrow{\mathrm{BS}_2} \frac{1}{\sqrt{2}}(|01\rangle_{bc} + \mathrm{i}|10\rangle_{bc}) \tag{7.153}$$

所以经过 BS_2 后我们得到

$$
\begin{aligned}
|\mathrm{out}\rangle_{\mathrm{BS}_2} &= \frac{1}{2} \left[|-\alpha\rangle_a(|10\rangle_{bc} + \mathrm{i}|01\rangle_{bc}) + \mathrm{i}\mathrm{e}^{\mathrm{i}\theta}|\alpha\rangle_a(|01\rangle_{bc} + \mathrm{i}|10\rangle_{bc}) \right] \\
&= \frac{1}{2} \left[(|-\alpha\rangle_a - \mathrm{e}^{\mathrm{i}\theta}|\alpha\rangle_a)|10\rangle_{bc} + \mathrm{i}(|-\alpha\rangle_a + \mathrm{e}^{\mathrm{i}\theta}|\alpha\rangle_a)|01\rangle_{bc}) \right]
\end{aligned} \tag{7.154}
$$

选择 $\theta = \pi$,我们得到

$$|\mathrm{out}\rangle_{\mathrm{BS}_2} = \frac{1}{2} \left[(|\alpha\rangle_a + |-\alpha\rangle_a)|10\rangle_{bc} - \mathrm{i}(|\alpha\rangle_a - |-\alpha\rangle_a)|01\rangle_{bc}) \right] \tag{7.155}$$

现在如果探测器 D_1 有反应,表明光子从分束器的 b 模式中出来,则 a 模式被投影为偶函数相干态 $|\alpha\rangle_a + |-\alpha\rangle_a$,它的归一化形式在(7.115)式中。而如果探测器 D_2 有反应,表明光子从分束器的 c 模式中出来,则 a 模式被投影为奇函数相干态 $|\alpha\rangle_a - |-\alpha\rangle_a$,它的归一化形式在(7.116)式中。以上状态缩编是一个非连续的因而是非幺正的过程,我们可以利用它作为一种产生许多量子纠缠系统的方法。值得注意的是,一旦我们选择在光到达第二个分束器之前(也就是说系统处在 (7.152) 式时)就进行状态缩编的话,我们将不能投影到偶函数或奇函数相干。分束器 BS_2 有效地提供了一种混合路径信息的方法,因而为利用测量制备叠加态提供所需的量子干涉。作为对比,对(7.152)式中的量子态进行测量会产生路径信息,并且因此就不会存在干涉。另一个值得注意的是一旦我们选择 $\theta = \pi/2$,投影测量将产生 $|\alpha\rangle_a \pm \mathrm{i}|-\alpha\rangle_a$,它本质上是 Yurke-Stoler 态。我们在第 10 章中将在腔量子电动力学框架下描述一种产生猫态的类似方法。

7.7 双模压缩真空态

本章到目前为止仅考虑了单模场的非经典态。然而只要多模场状态不是每个模式态的简单直积,它的非经典效应就会更加丰富。换句话说,如果有纠缠多模场态,我们期待

超越单模场的更强烈更丰富的非经典效应就是可能的。我们在本节将考虑简单但仍然非常重要的双模压缩真空态的例子。

类比于 (7.10) 式中的单模压缩算符，我们开始引入双模压缩算符

$$\hat{S}_2(\xi) = \exp(\xi^* \hat{a}\hat{b} - \xi \hat{a}^\dagger \hat{b}^\dagger) \tag{7.156}$$

其中像以前一样 $\xi = re^{i\theta}$，$\hat{a}$ 和 $\hat{b}$ 是两个模式的算符。它们当然满足 $[\hat{a}, \hat{b}^\dagger] = 0$ 等对易关系。注意 $\hat{S}_2(\xi)$ 不能分解为形如 (7.10) 式中的单模压缩算符的直积。现在我们用 $\hat{S}_2(\xi)$ 作用到双模真空态 $|0\rangle_a|0\rangle_b = |0,0\rangle$ 定义双模压缩真空态：

$$|\xi\rangle_2 = \hat{S}_2(\xi)|0,0\rangle = \exp(\xi^* \hat{a}\hat{b} - \xi \hat{a}^\dagger \hat{b}^\dagger)|0,0\rangle \tag{7.157}$$

因为 $\hat{S}_2$ 不是单模压缩算符的直积，所以双模压缩真空态也就不是单模压缩真空态的直积；而是蕴含双模之间强烈关联的纠缠态。我们随后会证明这一点。注意双模压缩算符含有成对出现的产生或湮灭算符。

由于双模之间的关联，我们发现量子涨落的压缩不是在两个独立模式上，而是在它们的叠加态上。我们根据下式定义叠加的正交算符：

$$\begin{aligned}
\hat{X}_1 &= \frac{1}{2^{3/2}}(\hat{a} + \hat{a}^\dagger + \hat{b} + \hat{b}^\dagger) \\
\hat{X}_2 &= \frac{1}{2^{3/2}i}(\hat{a} - \hat{a}^\dagger + \hat{b} - \hat{b}^\dagger)
\end{aligned} \tag{7.158}$$

这两个算符和单模的情况一样满足对易关系：$[\hat{X}_1, \hat{X}_2] = i/2$。因此如果条件 (7.3) 式满足，则压缩存在于叠加的正交变量中。这种压缩的非经典性可以从双模 P 函数看出。双模 P 函数可以类比于 (7.4) 式和 (7.5) 式，$P(\alpha, \beta) = P(\alpha)P(\beta)$。如果压缩存在的话，$P(\alpha, \beta)$ 必然在相空间中某些区域内是非正的或奇异的。我们在这里忽略这些细节。

为研究双模态的压缩特性，我们用贝克-豪斯多夫（Baker-Hausdorf）引理得到

$$\begin{aligned}
\hat{S}_2^\dagger(\xi)\hat{a}\hat{S}_2(\xi) &= \hat{a}\cosh r - e^{i\theta}\hat{b}^\dagger \sinh r \\
\hat{S}_2^\dagger(\xi)\hat{b}\hat{S}_2(\xi) &= \hat{b}\cosh r - e^{i\theta}\hat{a}^\dagger \sinh r
\end{aligned} \tag{7.159}$$

利用这些结果，我们可以证明（具体细节留作习题）对于双模压缩真空态，

$$\langle \hat{X}_1 \rangle = 0 = \langle \hat{X}_2 \rangle \tag{7.160}$$

以及

$$\begin{aligned}
\langle \hat{X}_1^2 \rangle &= \frac{1}{4}(\cosh^2 r + \sinh^2 r - 2\sinh r \cosh r \cos\theta) \\
\langle \hat{X}_2^2 \rangle &= \frac{1}{4}(\cosh^2 r + \sinh^2 r + 2\sinh r \cosh r \cos\theta)
\end{aligned} \tag{7.161}$$

当 $\theta = 0$ 时，我们有

$$\langle \hat{X}_1^2 \rangle = \frac{1}{4} \mathrm{e}^{-2r}, \quad \langle \hat{X}_2^2 \rangle = \frac{1}{4} \mathrm{e}^{2r} \tag{7.162}$$

（7.162）式中的结果在数学上等同于单模压缩真空态的情况，但在这里应该用双模叠加来解释。

现在用双模数态 $|n\rangle_a \otimes |m\rangle_b \equiv |n, m\rangle$ 来分解我们的 $|\xi\rangle_2$。我们根据早先的推导过程，从下式开始

$$\hat{a}|0, 0\rangle = 0 \tag{7.163}$$

然后利用

$$\hat{S}_2(\xi) \hat{a} \hat{S}_2^\dagger(\xi) = \hat{a} \cosh r + \mathrm{e}^{\mathrm{i}\theta} \hat{b}^\dagger \sinh r \tag{7.164}$$

可以写出本征方程

$$\hat{S}_2(\xi) \hat{a} \hat{S}_2^\dagger(\xi) \hat{S}_2(\xi)|0, 0\rangle = (\mu \hat{a} + \nu \hat{b}^\dagger)|\xi\rangle_2 = 0 \tag{7.165}$$

其中 $\mu = \cosh r$、$\nu = \mathrm{e}^{\mathrm{i}\theta} \sinh r$。把 $|\xi\rangle_2$ 展开为

$$|\xi\rangle_2 = \sum_{n,m} C_{n,m}|n, m\rangle \tag{7.166}$$

则本征方程变成

$$\sum_{n,m} C_{n,m}(\mu\sqrt{n}|n-1, m\rangle + \nu\sqrt{m+1}|n, m+1\rangle) = 0 \tag{7.167}$$

在多种可能的解中，我们仅对含有双模真空态 $|0, 0\rangle$ 的解感兴趣。这个解的形式是

$$C_{n,m} = C_{0,0}\left(-\frac{\nu}{\mu}\right)^n \delta_{n,m} = C_{0,0}(-1)^n \mathrm{e}^{\mathrm{i}n\theta} \tanh^n r \delta_{n,m} \tag{7.168}$$

其中 $C_{0,0}$ 由归一化条件所决定。我们发现 $C_{0,0} = (\cosh r)^{-1}$。因此如果用数态表示，双模压缩真空态是

$$|\xi\rangle_2 = \frac{1}{\cosh r} \sum_{n=0}^{\infty} (-1)^n \mathrm{e}^{\mathrm{i}n\theta} (\tanh r)^n |n, n\rangle \tag{7.169}$$

除了显然是纠缠态的事实之外，也许这类态最显著的特征是双模之间明显的强关联：（7.169）式中的叠加态中只有配对的 $|n, n\rangle$。这是这类态常被称为"孪生光束"的原因之一。另一种表达关联的方式是 $|\xi\rangle_2$ 同样是数差算符 $\hat{n}_a - \hat{n}_b$ 的本征态，其中 $\hat{n}_a = \hat{a}^\dagger \hat{a}$、$\hat{n}_b = \hat{b}^\dagger \hat{b}$，且相应的本征值为 0：

$$(\hat{n}_a - \hat{n}_b)|\xi\rangle_2 = 0 \tag{7.170}$$

因为双模之间的关联和对称性，每个模式上的平均光子数都是一样的，而且容易发现：

$$\langle \hat{n}_a \rangle = \langle \hat{n}_b \rangle = \sinh^2 r \tag{7.171}$$

这个表达式和单模压缩真空态（见 (7.26) 式，并取 $\alpha = 0$）。数算符方差是

$$\langle(\Delta\hat{n}_a)^2\rangle = \langle(\Delta\hat{n}_b)^2\rangle = \sinh^2 r \cosh^2 r = \frac{1}{4}\sinh^2(2r) \tag{7.172}$$

显然 $\langle(\Delta\hat{n}_i)^2\rangle > \langle\hat{n}_i\rangle, i = a, b$，所以两个模式都呈现出超泊松光子统计。

为了量化双模之间的量子关联，我们必须检查作用到两个系统上的算符。这里我们取复合系统光子数算符 $\hat{n}_a \pm \hat{n}_b$，并检查方差

$$\langle[\Delta(\hat{n}_a \pm \hat{n}_b)]^2\rangle = \langle(\Delta\hat{n}_a)^2\rangle + \langle(\Delta\hat{n}_b)^2\rangle \pm 2\text{cov}(\hat{n}_a, \hat{n}_b) \tag{7.173}$$

其中光子数协方差定义为

$$\text{cov}(\hat{n}_a, \hat{n}_b) \equiv \langle\hat{n}_a\hat{n}_b\rangle - \langle\hat{n}_a\rangle\langle\hat{n}_b\rangle \tag{7.174}$$

对于那些不含有模式间关联的状态，数算符直积的期望值可分解为 $\langle\hat{n}_a\hat{n}_b\rangle = \langle\hat{n}_a\rangle\langle\hat{n}_b\rangle$，这样协方差将等于 0。但是对于双模压缩真空态，利用 (7.170) 式可知数差算符 $\hat{n}_a - \hat{n}_b$ 的方差必然是 0：

$$\langle[\Delta(\hat{n}_a \pm \hat{n}_b)]^2\rangle = 0 \tag{7.175}$$

根据 (7.172) 式和 (7.173) 式可得

$$\text{cov}(\hat{n}_a, \hat{n}_b) = \frac{1}{4}\sinh^2(2r) \tag{7.176}$$

因此根据 (7.172) 式和 (7.176) 式，定义为

$$\hat{J}(\hat{n}_a, \hat{n}_b) = \frac{\text{cov}(\hat{n}_a, \hat{n}_b)}{\langle[\Delta(\hat{n}_a)]^2\rangle^{1/2}\langle[\Delta(\hat{n}_b)]^2\rangle^{1/2}} \tag{7.177}$$

的线性关联系数的取值是

$$\hat{J}(\hat{n}_a, \hat{n}_b) = 1 \tag{7.178}$$

这是它能达到的最大值，意味着模式之间的强关联。

根据 (7.169) 式我们可以获得在模式 a 中发现 n_1 个光子而在模式 b 中发现 n_2 个光子的联合几率：

$$P_{n_1, n_2} = |\langle n_1, n_2|\xi\rangle_2|^2 = (\cosh r)^{-2}(\tanh r)^{2n}\delta_{n_1, n}\delta_{n_2, n} \tag{7.179}$$

如果我们描绘作为 n_1 和 n_2 函数的 P_{n_1, n_2}，正如图 7.17 所示，联合几率显然在对角元 $n_1 = n_2$ 上单调递减。

为检查独立模式的性质，我们引入 $|\xi\rangle_2$ 的密度算符：

$$\hat{\rho}_{ab} = |\xi\rangle_{22}\langle\xi| \tag{7.180}$$

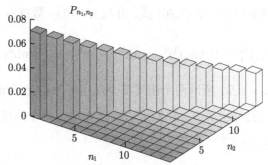

图 7.17 双模压缩真空态 ($r = 2$) 的联合几率 P_{n_1, n_2}

容易发现每个模式的约化密度算符是（详见附录 A）

$$\hat{\rho}_a = \sum_{n=0}^{\infty} \frac{1}{(\cosh r)^2} (\tanh r)^{2n} |n\rangle_{aa}\langle n|$$

$$\hat{\rho}_b = \sum_{n=0}^{\infty} \frac{1}{(\cosh r)^2} (\tanh r)^{2n} |n\rangle_{bb}\langle n| \tag{7.181}$$

无论在模式 a 还是 b 中找到 n 光子的几率都是

$$P_n^{(i)} = \langle n|\hat{\rho}_i|n\rangle_i = \frac{(\tanh r)^{2n}}{(\cosh r)^2}, \quad i = a, b \tag{7.182}$$

根据（7.171）式，我们可以写出

$$P_n^{(i)} = \frac{\langle \hat{n}_i \rangle^n}{1 + \langle \hat{n}_i \rangle^{n+1}} \tag{7.183}$$

这等于平均光子数为 $\langle \hat{n}_i \rangle = \sinh^2 r$ 的热态光子数分布。换句话说忽视（也就是不对此做测量）双模压缩真空态中一个模式得到的另一个模式的辐射场和热光源的辐射场是无法区分的[24]。当前这个"光源"模式的等效温度可以根据（2.141）式，并且用 $\langle \hat{n}_i \rangle$ 取代 $\bar{n}$ 得到。结果是

$$T_{\text{eff}} = \frac{\hbar \omega_i}{2k_B \ln(\coth r)} \tag{7.184}$$

其中 ω_i 是该模式频率。

读者如果留心就会注意到（7.169）式中的表达式已经具备施密特（Schmidt）分解的形式，只是含有无穷项。另外我们已经发现两个模式的约化密度算符在形式上完全一样。因此我们可以利用附录 A 中的结果计算冯·诺伊曼熵（作为纠缠度量）：

$$S(\hat{\rho}_a) = -\sum_{n=0}^{\infty} \left(\frac{\tanh^{2n} r}{\cosh^2 r} \right) \ln \left(\frac{\tanh^{2n} r}{\cosh^2 r} \right) = S(\hat{\rho}_b) \tag{7.185}$$

我们在图 7.18 中描绘了作为压缩参量 r 函数的冯·诺伊曼熵。显然系统纠缠度随着 r 的增长而变大。

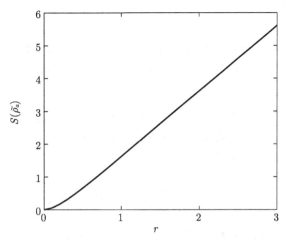

图 7.18 冯·诺伊曼熵 $S(\tilde{\rho}_a)$ 与压缩度 r 的关系曲线

类似单模压缩真空态，双模压缩真空态也可以利用参量驱动非线性介质产生。在这种情况下的哈密顿量（所有模式都量子化）是

$$\hat{H} = \hbar\omega_a\hat{a}^\dagger\hat{a} + \hbar\omega_b\hat{b}^\dagger\hat{b} + \hbar\omega_p\hat{c}^\dagger\hat{c} + i\hbar\chi^{(2)}(\hat{a}\hat{b}\hat{c}^\dagger - \hat{a}^\dagger\hat{b}^\dagger\hat{c}) \tag{7.186}$$

其中 c 模含有泵浦场。我们仍然假定泵浦场是强场，是不会耗尽光子的相干态 $|\gamma e^{-i\omega_p t}\rangle$。对（7.186）式做参量近似后得到

$$\hat{H}^{(PA)} = \hbar\omega_a\hat{a}^\dagger\hat{a} + \hbar\omega_b\hat{b}^\dagger\hat{b} + i\hbar(\eta^*e^{i\omega_p t}\hat{a}\hat{b} - \eta e^{-i\omega_p t}\hat{a}^\dagger\hat{b}^\dagger) \tag{7.187}$$

其中 $\eta = \chi^{(2)}\gamma$。转至相互作用表象下，我们得到时间相关的相互作用哈密顿量：

$$\hat{H}_I = i\hbar\left[\eta^*e^{i(\omega_p-\omega_a-\omega_b)t}\hat{a}\hat{b} - \eta e^{-i(\omega_p-\omega_a-\omega_b)t}\hat{a}^\dagger\hat{b}^\dagger\right] \tag{7.188}$$

把泵浦光调整到 $\omega_p = \omega_a + \omega_b$，我们得到时间无关的相互作用哈密顿量

$$\hat{H}_I = i\hbar\left[\eta^*\hat{a}\hat{b} - \eta\hat{a}^\dagger\hat{b}^\dagger\right] \tag{7.189}$$

它描绘了"非简并参量下转换过程"，其中一个泵浦光子被转换为两个光子，a、b 模式各一个。显然相关演化算符是

$$\hat{U}_I(t,0) = \exp(-i\hat{H}_I t) = \hat{S}_2(\xi) \tag{7.190}$$

其中 $\xi = \eta t$。

通过非简并参量下转换过程产生的状态（也就是双模压缩真空态）是纠缠态；并且人们已经讨论过它的许多性质。它在实验上被用来检测量子力学基本原理（我们将在第 9 章讨论某些方面）。双模压缩真空态也被用在量子信息处理的多种应用上，特别是量子隐形传态方面[25]。

7.8 高阶压缩

我们不可能穷尽所有的非经典态和所有非经典态的判断标准。有些非经典态可能呈现出正交压缩但没有布居数压缩，反过来也一样。甚至有可能有些非经典态既没有正交压缩也没有布居数压缩。

本节将介绍一种称为高阶压缩的形式，特别是由洪（Hong）和曼德尔（Mandel）引入的那种[26]。其他形式的高阶压缩将在习题中提到。Hong-Mandel 高阶压缩是指正交算符高阶矩中的压缩。令以下算符

$$\hat{X}(\theta) = \frac{1}{2}(\hat{a}e^{-i\theta} + \hat{a}^\dagger e^{i\theta}) \tag{7.191}$$

作为我们的一般正交算符。如果在某个 θ 上，量子态满足 $\langle(\Delta\hat{X})^N\rangle < \langle(\Delta\hat{X})^N\rangle_{\text{coh}}$（不等式右边的期望值是对相干态而言），则这个场态就具备 N 阶压缩的性质。这个定义是通常的二阶正交压缩 $\langle(\Delta\hat{X})^2\rangle < \langle(\Delta\hat{X})^2\rangle_{\text{coh}} = 1/4$ 的直接推广。然而尽管后者可以写为 $\langle:(\Delta\hat{X})^2:\rangle < 0$，但是 N 阶压缩条件不能简化为 $\langle:(\Delta\hat{X})^N:\rangle < 0$。这是因为高阶矩 $\langle(\Delta\hat{X})^N\rangle$ 与其正规序 $\langle:(\Delta\hat{X})^N:\rangle$ 之间的关系当 $N > 2$ 时变得极为复杂。理解这个关系，我们要应用贝克-豪斯多夫-坎贝尔（Baker-Hausdorf-Campbell）理论（读者在第 2 章的第 3 个习题中已经接触过该理论）。对于不对易的算符 $\hat{A}$ 和 $\hat{B}$，也就是说 $[\hat{A}, \hat{B}] \neq 0$，但是假设它们都和它们的对易式对易，即 $[\hat{A}, [\hat{A}, \hat{B}]] = 0 = [\hat{B}, [\hat{A}, \hat{B}]]$，那么有

$$e^{\hat{A}+\hat{B}} = \exp\left(-\frac{1}{2}[\hat{A}, \hat{B}]\right)e^{\hat{A}}e^{\hat{B}} \tag{7.192}$$

用这个公式可以证明

$$\exp(y\Delta\hat{X}) =: \exp(y\Delta\hat{X}) : \exp(y^2/8) \tag{7.193}$$

其中 y 是一个常数。计算这个算符关系时我们要用泰勒展开，并让等号两边 y 的等幂项相等，得到

$$\langle(\Delta\hat{X})^N\rangle = \langle:(\Delta\hat{X})^N:\rangle + \frac{N^{(2)}}{1!}\left(\frac{1}{8}\right)\langle:(\Delta\hat{X})^{N-2}:\rangle + \frac{N^{(4)}}{1!}\left(\frac{1}{8}\right)^2\langle:(\Delta\hat{X})^{N-4}:\rangle + \cdots +$$

$$\begin{cases} (N-1)!!\left(\dfrac{1}{4}\right)^{N/2-3/2}, & N \text{ 为偶数}, \\[2mm] \dfrac{N!}{3!2^{N/2-3/2}}\dfrac{\left(\dfrac{1}{4}\right)^{N/2-3/2}}{N/2-3/2}\langle:(\Delta\hat{X})^3:\rangle, & N \text{ 为奇数} \end{cases} \tag{7.194}$$

其中 $N^{(r)} = N(N-1)\cdots(N-r+1)$。对于相干态，所有正规序矩都等于 0：$\langle:(\Delta\hat{X})^N:\rangle = 0$。所以在 N 为奇数的条件下 $N = 2l+1, l = 0, 1, 2, \cdots$，我们得到 $\langle(\Delta\hat{X})^{2l+1}\rangle_{\text{coh}} = 0$。因为高次矩期望值不可能为负，所以正交算符的奇次矩中没有高阶压缩。另一方面，当

N 为偶数时，$N = 2l$，有

$$\langle (\Delta \hat{X})^{2l} \rangle_{\text{coh}} = (2l - 1)!! \left(\frac{1}{4} \right)^l \tag{7.195}$$

因此我们可以说只要

$$\langle (\Delta \hat{X})^{2l} \rangle_{\text{coh}} < (2l - 1)!! \left(\frac{1}{4} \right)^l \tag{7.196}$$

那么场态就会有 $2l$ 阶压缩。如果有

$$\langle : (\Delta \hat{X})^2 : \rangle < 0 \tag{7.197}$$

则有二阶压缩。如果有

$$\langle : (\Delta \hat{X})^4 : \rangle + \frac{3}{2} \langle : (\Delta \hat{X})^2 : \rangle < 0 \tag{7.198}$$

则有四阶压缩。如果有

$$\langle : (\Delta \hat{X})^6 : \rangle + \frac{15}{4} \langle : (\Delta \hat{X})^4 : \rangle + \frac{45}{16} \langle : (\Delta \hat{X})^2 : \rangle < 0 \tag{7.199}$$

则有六阶压缩。即使 $\langle : (\Delta \hat{X})^N : \rangle$ 在 $N > 2$ 时保持非负，(7.196) 式也有可能满足，这是因为展开序列由二阶项 $\langle : (\Delta \hat{X})^2 : \rangle$ 支配。在此情况下，这个态只有内在二阶压缩。

作为 (7.8) 式中表征二阶压缩的参量的推广，N 阶压缩可以较为方便地由下面的参量表征

$$s_N(\theta) = \frac{\left\langle (\Delta \hat{X})^N \right\rangle - (N-1)!! (1/4)^{N/2}}{(N-1)!! (1/4)^{N/2}} \tag{7.200}$$

后面的习题考虑了高阶压缩态的一些具体例子。

7.9　宽带压缩光

在对非经典光的讨论中，迄今为止我们局限于单模场或频率相当错开的双模场。它们当然是高度理想化的模型，在实验上难以实现。比较现实的方案应该考虑感兴趣的模式附近以及探测器灵敏度带宽中其他模式的存在。为了让读者有所感觉，我们在这里简要讨论宽度压缩光。

为了尽可能地简化，假设所有模式都是理想极化的，因此可把场当作标量。进一步地，假设某个频率 ω_0 是赝单模场的中心频率。根据 (2.125) 式，场的正频部分由集体湮灭算符给出

$$\hat{E}^{(+)}(\boldsymbol{r}, t) = \sum_{[\boldsymbol{k}]} l(\omega_k) \hat{a}_{\boldsymbol{k}} \mathrm{e}^{\mathrm{i}(\boldsymbol{k} \cdot \boldsymbol{r} - \omega_k t)} \tag{7.201}$$

其中 $l(\omega_k) = i[\hbar\omega_k/(2\epsilon V)]^{1/2}$，$[\boldsymbol{k}]$ 代表相关平面波模式的集合。集体产生算符当然就是 $\hat{E}^{(-)}(\boldsymbol{r},t) = [\hat{E}^{(+)}(\boldsymbol{r},t)]^\dagger$。这些算符满足的等时对易关系是

$$\left[\hat{E}^{(+)}(\boldsymbol{r},t), \hat{E}^{(-)}(\boldsymbol{r},t)\right] = \sum_{[\boldsymbol{k}]} |l(\omega_k)|^2 \equiv C \tag{7.202}$$

其中为简单起见我们已经舍掉了位置矢量。现在定义两个集体正交算符：

$$\begin{aligned} \hat{X}_1^{(c)}(t) &= \frac{1}{2}\left[\hat{E}^{(+)}(\boldsymbol{r},t) + \hat{E}^{(-)}(\boldsymbol{r},t)\right] \\ \hat{X}_2^{(c)}(t) &= \frac{1}{2}\left[\hat{E}^{(+)}(\boldsymbol{r},t) - \hat{E}^{(-)}(\boldsymbol{r},t)\right] \end{aligned} \tag{7.203}$$

它们则满足

$$\left[\hat{X}_1^{(c)}(t), \hat{X}_2^{(c)}(t)\right] = \frac{i}{2}C \tag{7.204}$$

由此可得

$$\left\langle (\Delta\hat{X}_1^{(c)})^2 \right\rangle \left\langle (\Delta\hat{X}_2^{(c)})^2 \right\rangle \geqslant \frac{1}{16}|C|^2 \tag{7.205}$$

如果有

$$\left\langle (\Delta\hat{X}_1^{(c)})^2 \right\rangle < \frac{1}{4}|C|, \quad i = 1 \text{ 或 } 2 \tag{7.206}$$

则存在宽带压缩光。人们无论对单模还是双模场都提出了其他形式的高阶压缩。本章习题中会提到其中一些。

习题

1. 研究压缩真空态以及更一般压缩态波包的时间演化。考虑不同时刻它们在谐振子势中的几率分布并描绘出来。显示真空压缩态是一个"呼吸器"，也就是说它的几何中心是稳定的，但它的宽度以谐振子势 2 倍的频率振荡。

2. 完成获得真空压缩态魏格纳函数（7.83）式的步骤。

3. 计算位移真空压缩态魏格纳函数。

4. 我们在（7.22）式中定义了一般的压缩态（位移真空压缩态），也就是用算符 $\hat{D}(\alpha)\hat{S}(\xi)$ 作用到真空态上产生的态。现在考虑用顺序反过来的算符即 $\hat{S}(\xi)\hat{D}(\alpha)$ 作用到真空态上产生的态，称为压缩相干态。计算它的本征值问题。研究这个态的性质，比如光子统计、正交压缩和光子数压缩。这样的态如何与位移真空压缩态联系？

5. 湮灭算符作用到相干态上没有效应，因为 $\hat{a}|\alpha\rangle = \alpha|\alpha\rangle$。考虑产生算符对相干态的作用，即 $\hat{a}^\dagger|\alpha\rangle$。把结果归一化并研究它的性质。它是非经典态吗？

6. 假设原子总是制备在激发态，场制备在相干态。在数值上研究 J-C 模型动力学过程中是否有压缩（正交压缩或光子数压缩）。考虑增加平均光子数从 $\bar{n} = 5$ 到 $\bar{n} = 100$ 的效应。

7. 计算当场初始的相干态变成（7.80）式的压缩态时 J-C 模型动力学过程。检查 $r \rightarrow 0$（趋于相干态）和 $\alpha \rightarrow 0$（真空压缩态）下的极端情况。

8. 考虑（7.144）式中的克尔相互作用。(a) 写出湮灭算符的海森伯方程并求解。(b) 证明初始为相干态时光子统计在任何时刻都遵循泊松分布。(c) 考虑可能的正交压缩。

9. 考虑所谓的"实态"和"虚态"，即 $|\alpha\rangle \pm |\alpha^*\rangle$。假设 α 是复数。把这两个叠加态归一化，并研究正交压缩和光子数压缩。计算它们的魏格纳函数。

10. 考虑如下算符：$\hat{K}_1 = (\hat{a}^{\dagger 2} + \hat{a}^2)/2$、$\hat{K}_2 = (\hat{a}^{\dagger 2} - \hat{a}^2)/(2i)$ 和 $\hat{K}_3 = (\hat{a}^{\dagger}\hat{a} + 1/2)/2$。前两个有时称之为场的正交平方算符[27]。(a) 证明这些算符在对易操作下是封闭的。(b) 计算 $\hat{K}_1$ 和 $\hat{K}_2$ 的不确定度的乘积。(c) 用相干态检查它们是否等于它们乘积的不确定度。(d) 考虑作为高阶压缩特例的平方场压缩问题，它是非经典效应么？(e) 如果是的话，检查（偶函数或奇函数）薛定谔猫态、Yurke-Stoler 态在此意义上是否压缩。

11. 证明正交算符的所有正规序矩都等于 0，即 $\langle : (\Delta \hat{X})^N : \rangle = 0$，$\hat{X}$ 由（7.191）式给出。

12. 推导（7.194）式。

13. 证明利用 P 函数构建的符合 Hong-Mandel 定义的高阶压缩确实是非经典效应。

14. 推导宽频场中高阶压缩的条件。

15. 考虑双模相干态 $|\eta, q\rangle$，它被定义为双模湮灭算符 $\hat{a}\hat{b}$ 的本征值为复数 η 的本征态，同时也是光子数差算符 $\hat{a}^{\dagger}\hat{a} - \hat{b}^{\dagger}\hat{b}$ 的本征值为 $q = 0, \pm 1, \pm 2$ 的本征态。试在 $q \geqslant 0$ 的条件下求解它的本征值问题。然后检查这个态的性质，特别是联合光子几率分布、模式间关联以及双模压缩。

16. 考虑不等式 $\langle \hat{a}^{\dagger 2} \hat{a}^2 \rangle \langle \hat{b}^{\dagger 2} \hat{b}^2 \rangle \geqslant \langle \hat{a}^{\dagger} \hat{a} \hat{b}^{\dagger} \hat{b} \rangle^2$。这是一种 Cauchy-Schwarz 不等式[28]。容易发现它对相干态乘积取等号。这个不等式的违背意味着强烈的非经典关联。双模压缩真空态是否违背了这个不等式？习题 15 中的双模相干态呢？

17. 计算双模相干态的冯·诺伊曼熵。检查纠缠度随本征值 η 和 q 的变化。

18. 考虑第 6 章中讲述的马赫-曾德尔干涉仪，假设其中一个输入模式处在相干态而另一个处在压缩真空态。证明输出端的相位涨落把标准量子极限 $\Delta\varphi_{SQL} = 1/\sqrt{n}$ 降低到 $\Delta\varphi = e^{-r}/\sqrt{n}$。

19. 把压缩真空态换成偶函数或奇函数猫态，重新考虑上述问题。如果有的话，这些态是否降低了干涉仪输出端的噪声？

20. 考虑哈密顿量

$$\hat{H} = \hbar\omega_p \hat{a}^\dagger \hat{a} + \hbar\omega_b \hat{b}^\dagger \hat{b} + \hbar\omega_c \hat{c}^\dagger \hat{c} + i\hbar\chi^{(2)}(\hat{a}\hat{b}\hat{c}^\dagger - \hat{a}^\dagger \hat{b}^\dagger \hat{c})$$

它类似于（7.186）式，但在这里取 a 模为泵浦模。在此情况下非线性介质将起到频率变换的作用。(a) 做参量近似并证明在 $\omega_p = \omega_b - \omega_c$ 条件下，相互作用表象下的哈密顿量形式是 $\hat{H}_I = -i\hbar(\eta\hat{b}^\dagger \hat{c} - \eta^*\hat{b}\hat{c}^\dagger)$。(b) 利用演化算符 $\hat{U}_{fc}(t) = \exp(-i\hat{H}_I t/\hbar) = \exp[t(\eta\hat{b}^\dagger \hat{c} - \eta^*\hat{b}\hat{c}^\dagger)]$ 得到算符 $\hat{b}$、$\hat{c}$ 的时间演化表达式。(c) 显然真空态 $|0\rangle_b|0\rangle_c$ 在此相互作用下仍然保持真空态。但 $|0\rangle_b|N\rangle_c$ 呢？证明联合光子数分布满足在两个模式上的 N 光子二项式分布。它是纠缠态么？模式间有没有关联？(d) 考虑初态 $|0\rangle_b|\alpha\rangle_c$。在 $t > 0$ 时模式间有没有关联？

参考文献

[1] J. R. Oppenheimer as paraphrased by B. R. Frieden, Probability, Statistical Optics, and Data Testing (Berlin: Springer, 1991), p. 363.

[2] M. Hillery, Phys. Lett. A, 111 (1985), 409.

[3] Early papers on squeezing in optical systems are: B. R. Mollow and R. J. Glauber, Phys. Rev., 160 (1967), 1076; Phys. Rev., 160 (1967), 1097; D. Stoler, Phys. Rev. D, 1 (1970), 3217; E. C. Y. Lu, Lett. Nuovo Cimento, 2 (1971), 1241; H. P. Yuen, Phys. Rev. A, 13 (1976), 2226.

[4] P. Hello, in Progress in Optics XXXVIII, E. Wolf (editor) (Amsterdam: Elsevier, 1998), p. 85.

[5] B. Caron et al., Class. Quantum. Grav., 14 (1997), 1461.

[6] See Y. Yamamoto and H. A. Haus, Rev. Mod. Phys., 58 (1986), 1001, and references therein.

[7] R. E. Slusher and B. Yurke, IEEE J. Lightwave Tech., 8 (1990), 466. See also E. Giacobino, C. Fabre and G. Leuchs, Physics World, 2 (Feb. 1989), 31.

[8] W. Schleich and J. A. Wheeler, Nature, 326 (1987), 574; J. Opt. Soc. Am. B, 4 (1987), 1715.

[9] W. Schleich, Quantum Optics in Phase Space (Berlin: Wiley-VCH, 2001); see chapters 7 and 8.

[10] R. L. Hudson, Rep. Math. Phys., 6 (1974), 249.

[11] R. W. Boyd, Nonlinear Optics, 2nd edition (New York: Academic Press, 2003).

[12] R. E. Slusher, L. W. Hollberg, B. Yurke, J. C. Mertz and J. F. Valley, Phys. Rev. Lett., 55 (1985), 2409.

[13] L.-A. Wu, H. J. Kimble, J. L. Hall and H. Wu, Phys. Rev. Lett., 57 (1987), 2520.

[14] G. Breitenbach, T. Mueller, S. F. Pereira, J.-Ph. Poizat, S. Schiller and J. Mlynek, J. Opt. Soc. Am. B, 12 (1995), 2304.

[15] R. Short and L. Mandel, Phys. Rev. Lett., 51 (1983), 384.

[16] X. T. Zou and L. Mandel, Phys. Rev. A, 41 (1990), 475.

[17] H. J. Carmichael and D. F. Walls, J. Phys., 9B (1976), L43; C. Cohen-Tannoudji, in Frontiers in Laser Spectroscopy, edited by R. Balian, S. Haroche and S. Liberman (Amsterdam: North Holland, 1977); H. J. Kimble and L. Mandel, Phys. Rev. A, 13 (1976), 2123.

[18] H. J. Kimble, M. Dagenais and L. Mandel, Phys. Rev. Lett., 39 (1977), 691.

[19] E. Schrödinger's original articles on the so-called "cat paradox", originally published in Natur-wissenschaften in 1935, can be found, in an English translation, in Quantum Theory of Measurement, edited by J. A. Wheeler and W. H. Zurek (Princeton: Princeton University Press, 1983), pp. 152–167.

[20] V. V. Dodonov, I. A. Malkin and V. I. Manko, Physica, 72 (1974), 597. See also V. Buzek, A. Vidiella-Barranco and P. L. Knight, Phys. Rev. A, 45 (1992), 6570; C. C. Gerry, J. Mod. Opt., 40 (1993), 1053.

[21] B. Yurke and D. Stoler, Phys. Rev. Lett., 57 (1986), 13.

[22] N. Imoto, H. A. Haus and Y. Yamamoto, Phys. Rev. A, 32 (1985), 2287; M. Kitagawa and Y. Yamamoto, Phys. Rev. A, 34 (1986), 3974.

[23] C. C. Gerry, Phys. Rev. A, 59 (1999), 4095.

[24] S. M. Barnett and P. L. Knight, J. Opt. Soc. Am. B, 2 (1985), 467; B. Yurke and M. Potasek, Phys. Rev. A, 36 (1987), 3464; S. M. Barnett and P. L. Knight, Phys. Rev. A, 38 (1988), 1657.

[25] See, for example, P. T. Cochrane, G. J. Milburn and W. J. Munro, Phys. Rev. A, 62 (2000), 307.

[26] C. K. Hong and L. Mandel, Phys. Rev. Lett., 54 (1985), 323; Phys. Rev. A, 32 (1985), 974.

[27] M. Hillery, Phys. Rev. A, 36 (1987), 3796.

[28] R. Loudon, Rep. Prog. Phys., 43 (1980), 58.

参考书目

下面是我们选出的从早期到近期有关非经典光的综述文章：

- D. F. Walls, "Evidence for the quantum nature of light", Nature, 280 (1979), 451.
- D. F. Walls, "Squeezed states of light", Nature, 306 (1983), 141.
- L. Mandel, "Non-classical states of the electromagnetic field", Physica Scripta, T12 (1985), 34.
- R. W. Henry and S. C. Glotzer, "A squeezed-state primer", Am. J. Phys., 56 (1988), 318.
- J. J. Gong and P. K. Aravind, "Expansion coefficients of a squeezed coherent state in a number state basis", Am. J. Phys., 58 (1990), 1003.
- M. C. Teich and B. E. A. Saleh, "Tutorial: Squeezed states of light", Quantum Opt., 1 (1989), 153.
- P. L. Knight, "Quantum fluctuations in optical systems", lectures in Les Houches, Session LXIII, 1995, Quantum Fluctuations, edited by S. Reynaud, E. Giacobini and J. Zinn-Justin (Amsterdam: Elsevier, 1997).
- V. Buzek and P. L. Knight, "Quantum interference, superposition states of light, and nonclassical effects", in Progress in Optics XXXIV, edited by E. Wolf (Amsterdam: Elsevier, 1995), p. 1.
- L. Davidovich, "Sub-Poissonian processes in quantum optics", Rev. Mod. Phys., 68 (1996), 127.
- D. N. Klyshko, "The nonclassical light", Physics-Uspeki, 39 (1996), 573.
- C. C. Gerry and P. L. Knight, "Quantum superpositions and Schrödinger cat states in quantum optics", Am. J. Phys., 65 (1997), 964.

近期一本回顾了经典光诸多方面，包括其中至少一些状态的关联以及一些简单李（Lie）群，比如 $SU(2)$ 和 $SU(1,1)$：

- V. V. Dodonov and V. I. Manko (editors), Theory of Nonclassical States of Light (London: Taylor and Francis, 2003).

下面这本书致力于讨论量子光学中的实验技术，包括产生压缩光：

- H.-A. Bachor, A Guide to Experiments in Quantum Optics (Weinhein: Wiley-VCH, 1998).

关于用压缩光进行干涉的讨论：

- C. M. Caves, "Quantum-mechanical noise in an interferometer", Phys. Rev. D, 23 (1981), 1693.

一篇关于在量子成像领域使用压缩光的近期综述：

- M. I. Kolobov, "The spatial behavior of nonclassical light", Rev. Mod. Phys., 71 (1999), 1539.

第 8 章　耗散相互作用和退相干

8.1　导引

　　至此我们讨论了有关单个量子化模式场和原子耦合的封闭系统，例如在第 4 章中讨论的 J-C 模型。正如我们在这个模型中观察到的，它的跃迁动力学是相干且可逆的：原子和场模之间来回交换激发，没有能量损耗。当我们加入更多的模式与原子发生耦合，这种相干动力学就会随着有关原子-场耦合状态间的同相或反相以及节拍（从而决定整体状态的占据几率）而变得更为复杂。随着时间流转，这些节拍逐渐不再合拍，导致初始态占据几率的明显衰减。但在更晚一些时候，这些节拍的本征频率（的振动）又回到合拍的状态，这让人联想起在本书之前部分提到的 J-C 复苏现象，它实际上导致初始态几率的部分重现或复苏。部分复苏的时间尺度依赖于参与（作用）的电磁场模式数量。当数量增加到自由空间中开放系统的一定合适水平以后，即便在遥远的将来，复苏也不可重现；而且可以发现（占据几率）指数衰减率是描述耗散的很好近似[1]。

　　我们在第 4 章已经用微扰论讨论了自发辐射和爱因斯坦 A 系数的来源。出于多重目的，我们现在需要做的就是在相干激发原子动力学的讨论中加入耗散，也就是对上能级布居数加入损耗，这反映了由激发原子衰减导致的下能级布居数增益；同时也要加入相干项（或偶极矩）的合适衰减。这样获得的方程被称之为光学布洛赫（Bloch）方程[2]。其动力学常常可以用一个拟设近似描写，该拟设使得上能级非稳定态的能量值变成一个复数，其虚部反映了上能态的寿命。但在几率幅计算中应用这个简单拟设的时候需十分小心，因为它不能可靠地得到低能态的布居数增加。

　　更为严格的自发辐射模型必须考虑与原子相互作用的自由空间真空场的量子化本质。在多模式的薛定谔表象下处理此问题涉及方程数量无限的耦合方程组，描述有关原子处在激发态同时场中没有光子的几率幅以及无数个单模处在激发态而原子处在基态的几率幅。这组方程是没有解析解的，但当原子和场的耦合弱到在相关辐射的相干时间（对真空态这确实是个极短的时间尺度！）内激发几率仅有极小变化产生的时候，可以得到指数衰减率。这就是韦斯科夫（Weisskopf）和维格纳（Wigner）有关自发辐射的标准理论的实质。如果我们用密度矩阵描述，等价的方法称之为玻恩-马尔可夫（Born-Markov）近似。对这些模型的描述超出了本书的范围，但读者可以在参考书目中找到它们的细节。

8.2 单系统实现或系综实现

量子力学通常作为一种系综理论被引入。但离子阱的发明提供了观察和操控单个粒子的可能性。对量子跃迁的观察（这在系综中不能直接实现）产生了一些概念上的问题，比如怎样描述系统的单个实现[3]。通常布洛赫方程或爱因斯坦几率方程被用来描述受光驱动的原子或离子系综的动力学。通过有条件的时间演化（如在没有发出光子的情况下）实现的新方案，则用来描述单个量子系统的实验实现。这导致用波函数而不是密度矩阵来描述系统。有条件的"量子轨迹"方法[4] 仍然是对系综（而不是我们已知何时有光子发出的子系综）的描述。在这样的描述中发生的量子跃迁可以被当作是我们多知道了一点关于系统状态（由波函数或密度算符代表）信息的结果。在将要呈现的形式中人们通常设想对辐射场做快速的、连续的（思想实验）测量。其结果要么是在环境中发现了已被发射出的光子，要么就没发现。关于辐射场信息的突变（如通过对系统发射到环境内光子的探测）导致了系统波函数的突变。然而无论是探测到光子还是没有探测到（也就是零结果）都会导致信息的增加。那么新的洞察便会注入到原子动力学及耗散过程中，这就发展出新的强有力的理论方法。除了对物理的新洞察，这些方法也会使得对复杂问题的模拟成为可能，比如原先用主方程方法完全无法处理的激光冷却问题。

通过使用密度算符，量子力学作为一种统计理论对系综（理想情况下由无数个等同制备的量子系统构成）的行为做出几率性预测。在量子力学问世后的前 60 年，这种描述是完全够用的，因为曾经普遍认为观察和操控单个量子系统是完全不可能的。举例而言，薛定谔在 1952 年写到[5]：

> ……我们从未仅仅对一个电子、一个原子或一个小分子直接进行实验。在思想实验中，我们有时设想我们能那么做，这总是引起荒谬的结果。……首先平心而论我们不是对单个粒子进行实验，这种可能性不比在动物园里喂养鱼龙更大。

这种相当极端的想法曾被德默尔特（Dehmelt）挑战，他在 1975 年把自己非凡的想法[6] 公之于众。Dehmelt 考虑高精度光谱学的问题，即想要通过观察共振荧光（作为部分光波频率标准）尽可能地提高光波频率测量的精度。然而这种测量的精度在根本上受限于待观测的跃迁过程带宽。频谱带宽由跃迁过程上能态的自发辐射产生，自发辐射导致上能态寿命是有限的 τ。由简单的傅里叶分析可知被散射光子的带宽量级为 $1/\tau$。因而如果要获得跃迁频率的精确数值，采用在测量时间内激发仅能散射少数几个光子的亚稳态跃迁的方法较为有利。但在另一方面，探测这极少数量的光子本身就是一个在直接测量中不太可能实现的问题。所以这就出现了让人明显左右为难的情况。然而 Dehmelt 在能够观测和操控单个离子或原子的基础上提出了解决这些问题的方案。随着单离子阱[7] 的发明，该方案变得有可能实现了。我们接下来以原始简化版的几率方程图像阐述 Dehmelt 的想法。正如图 8.1 所描绘的，他提出采用（三能级系统）光波双共振的方案，而不是直接观测亚稳的二能级系统发出的光子。

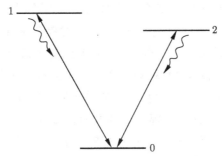

图 8.1　V 型三能级系统。上能级 1 和 2 耦合到共同的基态 0。假定两个跃迁频率相差较大，使得两束驱动激光只能分别与其中一个跃迁耦合。假定 0 ↔ 1 之间的跃迁很强；而 0 ↔ 2 之间的跃迁较弱

第一束激光用来驱动亚稳的能级 0 和能级 2 之间的跃迁；而第二束强得多的激光用来饱和驱动能级 0 和能级 1 之间的跃迁。上能级 1 和上能级 2 的寿命分别是 10ns 和 1s 量级。假如系统初态为低能级 0，则强激光会首先把系统激发到迅速耗散的能级 1 上，这导致在极短时间（与能级 1 的寿命量级一致）内光子的发射。发射使得系统恢复到低能级 0 上；然后强激光又开始激发系统到能级 1 上，接着又通过强跃迁过程发射出光子。这个过程不断重复直到在某个随机时刻，弱跃迁过程中的激光成功地把系统激发到亚稳态 2 上。系统在能级 2 上可以停留很长一段时间，直到它因为自发辐射或者弱跃迁过程中的受激辐射回到基态 0 上。因而在强跃迁过程中共振荧光的打开和关闭（这很容易观察到），我们能够获知能级 0 和能级 2 之间几率极低的弱跃迁过程。这样我们就有一个通过观察强跃迁过程中的荧光监控到弱跃迁过程中（极少数）量子过程的方法。图 8.2 通过绘制荧光强度 $I(t)$ 描画了一个典型的实验荧光信号[8]。

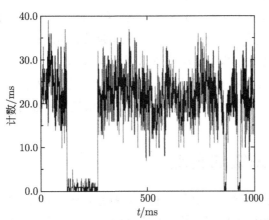

图 8.2　共振荧光记录了一个受激光激发的镁离子的量子跃迁过程[8]。高光子计数率的过程时而被低光子计数率的过程打断（除了不可避免的暗态计数率）

然而该方案仅当我们只观察单个量子系统时有效，因为假如我们同时观察大量系统，能级 0 和 2 之间跃迁的随机性会使得一些系统能够在强转换过程中散射出光子而

另一些由于处在它们的亚稳态则不能在那个时刻发出光子。同时观察大量离子的结果只能是得到几乎不变的强跃迁过程的光子发射密度。对单个系统性质进行计算的努力，比如强（跃迁过程）荧光周期长度的分布，最终发展出量子跃迁方法。且不说对单个量子系统进行研究的有趣理论启示，德默尔特（Dehmelt）的提议也具有明显重要的应用实践价值。一个经常被引用的例子是用势阱里的单个原子实现新的时间（测量）标准。这里关键的思想是使用强跃迁过程中辐射场的即时密度或光子统计（即亮暗周期的统计性质）稳定弱跃迁过程中的激光频率。因为强跃迁过程的光子统计性质依赖于弱跃迁过程的激光频率失谐量，所以该想法是可以实现的。因此亮暗周期统计的改变暗示了弱激光的频率漂移或者需要调整。然而对连续辐射激光而言，这个频率漂移也依赖于强跃迁过程的激光强度[9]。因此在实践中优先使用脉冲激光[10]。在 Dehmelt 提出方案的时代，由于实验中没有能力存储、操控、观察单个量子系统（离子），因此他的方案在实践和理论方面没有立即探索下去。大约在 10 年以后情况有所改变。那时库克（Cook）和金贝尔（Kimble）发表了一篇论文[11]，其中他们尝试在理论上首次做了上述情况的分析。他们的进展受鼓舞于在当时已经有可能在每个离子阱中存储单个离子的事实。在几率方程的基础上，Cook 和 Kimble 从受到非相干驱动的三能级原子（图 8.1）的几率方程入手，并假定能级 0 与能级 1 之间强跃迁过程受到饱和驱动（饱和的意思是指能级 0 和能级 1 的布居数被受激辐射场强烈驱动，以至于不能再通过增强激光强度提高跃迁几率）。接着他们简化了自己的几率方程，引入 P_+ 表示系统处在亚稳态的几率，P_- 表示系统处在强荧光跃迁过程的几率。这使得共振荧光的描述简化为一个双态随机电报过程。原子要么布局在能级 0 和能级 1 上（对应电报过程打开），也就是说离子正在发生强辐射；要么布居在亚稳态能级 2 上同时没有观察到荧光（对应电报过程关闭）。然后他们继续计算明、暗周期长度的分布，发现它们遵循泊松分布。这里我们当然只列举了他们在很多方面被简化了的分析过程。其中最重要的事实是 Cook 和 Kimble 预设了非相干驱动，因此采用了一个几率方程模型。真实实验中使用的是来自激光的相干辐射。由相干激发引起的复杂性导致了量子跃迁方法的发展。尽管有这样的问题，Cook 和 Kimble 的分析仍然显示了从单个离子的共振荧光中直接观测量子跃迁的可能性。这个预测很快被大量实验[12]所证实。接下来更多物理学家的努力最终汇合发展出量子跃迁方法[13]。

8.3 单个量子系统的实现

量子跃迁方法为耗散过程提供了一种简单描述，从而避免了那些更加形式化的方法所需要的技巧。量子跃迁的模拟采用了蒙特卡罗方法。文献 [3] 和 [14] 以绝对温度为零度的单模腔场为例（光场中的光子泄漏出去被腔壁所吸收）总结了这个方法。以下我们会用到"散射"这个词，在这里它是指光子从光场中散射出去也就是从光场中损失掉，在数学上表达为作用在场状态上的湮灭算符。我们用 γ 表示光场失去光子的速度或散射几率。于是跃迁过程如下所述：

1. 光子在时间段 δt 内散射的几率 ΔP 依赖于散射几率及其当前占据数:

$$\Delta P = \gamma \langle \Psi | \hat{a}^\dagger \hat{a} | \Psi \rangle \delta t \tag{8.1}$$

其中 $|\Psi\rangle$ 是系综内一个特定状态。

2. 产生一个 0 和 1 之间的随机数,用来与 ΔP 进行比较,从而决定散射是否发生。

3. 假如 $r < \Delta P$,则散射发生;这样系统跃迁到归一化形式的态:

$$|\Psi\rangle \to |\Psi_{\text{emit}}\rangle = \frac{\hat{a}|\Psi\rangle}{\langle \Psi | \hat{a}^\dagger \hat{a} | \Psi \rangle^{1/2}} \tag{8.2}$$

其中湮灭算符考虑了光场中的散射光子被外腔壁吸收。

4. 假如 $r > \Delta P$,则散射/跃迁没有发生,这样系统以下面方式进行非幺正演化

$$|\Psi\rangle \to |\Psi_{\text{no emit}}\rangle = \frac{e^{-i\delta t \hat{H}_{\text{eff}}} |\Psi\rangle}{\left[\langle \Psi | e^{i\delta t \hat{H}_{\text{eff}}^\dagger} e^{-i\delta t \hat{H}_{\text{eff}}} | \Psi \rangle \right]^{1/2}} = \frac{e^{-i\delta t \hat{H}_{\text{eff}}} |\Psi\rangle}{\left[\langle \Psi | e^{-\delta t \hat{a}^\dagger \hat{a}} | \Psi \rangle \right]^{1/2}}$$

$$\approx \frac{[1 - (i/\hbar)\hat{H}\delta t - (\gamma/2)\delta t \hat{a}^\dagger \hat{a}]|\Psi\rangle}{(1 - \Delta P)^{1/2}} \tag{8.3}$$

该结果精确到 δt 的量级,其中 $\hat{H}_{\text{eff}} = \hat{H} - i\hbar(\gamma/2)\hat{a}^\dagger \hat{a}$ 是描述非幺正演化的有效哈密顿量,它的第二项代表腔场的能量耗散。有关非跃迁过程更完备的讨论,建议读者参见文献 [14][1]。

5. 重复以上整个过程可以得到一条量子轨迹或经历,描述了耗散系统系综内一个样本的条件演化,演化中我们偶然地在时刻 $t_1, t_2, \cdots$ 记录下跃迁事件的发生。

6. 对观察到的大量量子轨迹做平均就可以获知整个系综的平均行为,其中包括了系统所有可能的经历。

为了确认这个过程是真实的,我们注意到一条特定轨迹的经历在短到至多允许发生一次跃迁的时间 Δt 内一分为二:要么记录到跃迁发生,要么没有:

$$|\Psi\rangle \to \begin{cases} |\Psi_{\text{emit}}\rangle & \text{发生几率为} \Delta P \\ |\Psi_{\text{no emit}}\rangle & \text{发生几率为} 1 - \Delta P \end{cases} \tag{8.4}$$

那么与纯态所相关的密度算符 $|\Psi\rangle\langle\Psi|$ 表达,在极短时间步长 δt 内的演化 [定义 $|\Psi(t)\rangle = |\Psi\rangle$, $|\Psi(\delta t)\rangle = |\Psi(t + \delta t)\rangle$] 是以上两种可能结果的总和:

$$|\Psi\rangle\langle\Psi| \to |\Psi(\delta t)\rangle\langle\Psi(\delta t)|$$

$$= \Delta P |\Psi_{\text{emit}}\rangle\langle\Psi_{\text{emit}}| + (1 - \Delta P)|\Psi_{\text{no emit}}\rangle\langle\Psi_{\text{no emit}}|$$

$$= \gamma\delta t \hat{a}|\Psi\rangle\langle\Psi|\hat{a}^\dagger + [1 - (i/\hbar)\hat{H}\delta t - (\gamma/2)\delta t \hat{a}^\dagger \hat{a}]|\Psi\rangle\langle\Psi|[1 + (i/\hbar)\hat{H}\delta t - (\gamma/2)\delta t \hat{a}^\dagger \hat{a}]$$

$$\approx |\Psi\rangle\langle\Psi| - \frac{i}{\hbar}\delta t[\hat{H}, |\Psi\rangle\langle\Psi|] + \frac{\gamma}{2}\delta t[2\hat{a}|\Psi\rangle\langle\Psi|\hat{a}^\dagger - \hat{a}^\dagger \hat{a}|\Psi\rangle\langle\Psi| - |\Psi\rangle\langle\Psi|\hat{a}^\dagger \hat{a}] \tag{8.5}$$

---

[1]原文此处写的是文献 [8],疑系原作者笔误。—— 译者注

其中略去二阶小量。对系综内所有样本求平均，可得短时间内的演化为

$$\hat{\rho}(t+\delta t) = \hat{\rho}(t) - \frac{\mathrm{i}}{\hbar}\delta t[\hat{H}, \hat{\rho}(t)] + \frac{\gamma}{2}\delta t(2\hat{a}\hat{\rho}\hat{a}^{\dagger} - \hat{a}^{\dagger}\hat{a}\hat{\rho} - \hat{\rho}\hat{a}^{\dagger}\hat{a}) \tag{8.6}$$

其中 $\hat{\rho}(t)$ 是系综的密度算符。这个结果形式上类似在求解常微分方程中用到的欧拉近似。事实上取极限 $\delta t \to 0$，可得关于密度算符的一阶微分方程：

$$\frac{\mathrm{d}\hat{\rho}}{\mathrm{d}t} = -\frac{\mathrm{i}}{\hbar}[\hat{H}, \hat{\rho}(t)] + \frac{\gamma}{2}(2\hat{a}\hat{\rho}\hat{a}^{\dagger} - \hat{a}^{\dagger}\hat{a}\hat{\rho} - \hat{\rho}\hat{a}^{\dagger}\hat{a}) \tag{8.7}$$

这个方程称为主方程，它和用更复杂方式处理零温下场耗散问题所得到的方程形式完全一样。

在进一步演绎之前，我们先看看量子跃迁对一些熟悉的场量子态究竟意味着什么。我们假设除了耗散相互作用以外并无别的哈密顿量存在，也就是说 $\hat{H}_{\text{eff}} = \hat{H} - \mathrm{i}\hbar(\gamma/2)\hat{a}^{\dagger}\hat{a} = -\mathrm{i}\hbar(\gamma/2)\hat{a}^{\dagger}\hat{a}$。设想腔场被制备为相干态 $|\alpha\rangle$。当量子跃迁发生时，场中的光子被散射出去；由于相干态是湮灭算符的本征态 $\hat{a}|\alpha\rangle = \alpha|\alpha\rangle$，即作用以后场不变，因而相干态继续保持相干。而非跃迁演化在 δt 较小时得到

$$\frac{\mathrm{e}^{-\hbar(\gamma/2)\delta t\hat{a}^{\dagger}\hat{a}}|\alpha\rangle}{\langle\alpha|\mathrm{e}^{-\hbar\gamma\delta t\hat{a}^{\dagger}\hat{a}}|\alpha\rangle} = |\alpha\mathrm{e}^{-\gamma\delta t/2}\rangle \tag{8.8}$$

所以作为非常接近于经典态的量子态，相干态在耗散过程中会继续保持形式不变，其概率幅会随时间指数下降。

考虑已经在第 7 章中讨论过的另一个例子，设想腔场被制备为一个偶函数猫态：

$$|\psi_e\rangle = \mathcal{N}_e(|\alpha\rangle + |-\alpha\rangle) \tag{8.9}$$

量子跃迁的效应是

$$\hat{a}(|\alpha\rangle + |-\alpha\rangle) = \alpha(|\alpha\rangle - |-\alpha\rangle)$$

也就是说腔场发射出一个光子会把偶函数猫态变成奇函数猫态：

$$|\psi_o\rangle = \mathcal{N}_o(|\alpha\rangle - |-\alpha\rangle) \tag{8.10}$$

从偶函数猫态变成奇函数猫态的突然转变有时被称为"猫跳"跃迁。对一个非跃迁转换，场态经历了衰减：

$$\exp(-\gamma\delta t\hat{a}^{\dagger}\hat{a}/2)(|\alpha\rangle \pm |-\alpha\rangle) = (|\alpha\mathrm{e}^{-\gamma\delta t/2}\rangle \pm |-\alpha\mathrm{e}^{-\gamma\delta t/2}\rangle) \tag{8.11}$$

因而表现出猫态在没有跃迁的时间段内发生了"收缩"。在偶函数猫态和奇函数猫态之间的跃迁从维格纳函数可以看到明显的行为，这是因为干涉条纹的符号变了。这可以从图 8.3(a) 到图 8.3(b) 的转变中看出来。接着猫态在非跃迁演化下收缩为图 8.3(c) 的图样。经过另一次跃迁，图 8.3(d) 显示出干涉条纹的符号再次改变。在描述腔场系综时求平均，也就是把偶函数猫态和奇函数猫态的维格纳函数加在一起，会导致干涉条纹的相互抵消。在系综平均下，这些不可控跃迁的总后果就是量子叠加态退相干到一个经典统计混合态。我们将在 8.5 节讨论退相干。

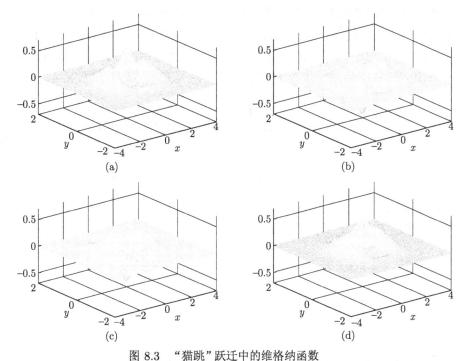

图 8.3　"猫跳"跃迁中的维格纳函数

(a) 初态为偶函数猫态；(b) 第一次跃迁后得到奇函数猫态；(c) 猫态发生了收缩；(d) 第二次跃迁
后的结果。注意每次跃迁都改变了干涉条纹的符号

8.4　三能级原子的亚稳态和传输动力学

我们现在略为细致地讨论（三能级原子）系统动力学如何决定明暗周期的统计性质。再次假设原子能级如图 8.1 所显示的那样。只要在 $0 \leftrightarrow 1$ 和 $0 \leftrightarrow 2$ 两种跃迁中的拉比频率比耗散率小，就能得到能级 1 在强荧光过程中的布居数变化行为，类似于图 8.2 所示（我们将在本章内推导细节）。

在我们为描述单条量子轨迹（即在一系列随机观察事件下的条件演化）建构理论模型之前，检查整个系综是如何演化的对于我们是有帮助的。这符合我们在系统的系综行为中探索量子跃迁特征的研究初衷。具体而言，我们在如图 8.1 所示的 V 型三能级结构中研究它的细节。为简单起见，我们检查非相干激发的情况。在文献 [15] 中可找到用布洛赫方程研究相干激发。但对我们的目标而言，以下关于原子密度矩阵元的爱因斯坦几率方程展现了关键效应[16]：

$$\frac{\mathrm{d}\rho_{11}}{\mathrm{d}t} = -(A_1 + B_1 W_1)\rho_{11} + B_1 W_1 \rho_{00}$$

$$\frac{\mathrm{d}\rho_{22}}{\mathrm{d}t} = -(A_2 + B_2 W_2)\rho_{22} + B_2 W_2 \rho_{00} \tag{8.12}$$

$$\frac{\mathrm{d}\rho_{00}}{\mathrm{d}t} = -(B_1 W_1 + B_2 W_2)\rho_{00} + (A_1 + B_1 W_1)\rho_{11} + (A_2 + B_2 W_2)\rho_{22}$$

其中：A_i 和 B_i 是爱因斯坦的 A、B 系数，分别对应相关能级的自发和受激跃迁过程；W_i 是外加辐射场在相关跃迁频率上的能量密度；ρ_{ii} 是能级 $|i\rangle$ 的布居数，对闭合系统满足 $\rho_{00} + \rho_{11} + \rho_{22} = 1$。在原子布居分布到亚稳态 $|2\rangle$ 的过程中，我们假设 B_1W_1 和 A_1 分别远大于 B_2W_2 和 A_2，更进一步有 $B_2W_2 \gg A_2$。这些几率方程的稳态解可以直接写为

$$\rho_{11}(t \to \infty) = \frac{B_1W_1(A_2 + B_2W_2)}{A_1(A_2 + 2B_2W_2) + B_1W_1(2A_2 + 3B_2W_2)}$$

$$\rho_{22}(t \to \infty) = \frac{B_2W_2(A_1 + B_1W_1)}{A_1(A_2 + 2B_2W_2) + B_1W_1(2A_2 + 3B_2W_2)}$$

(8.13)

$\rho_{11}(t \to \infty)$ 的表达式可直接根据恒等式 $\rho_{00} + \rho_{11} + \rho_{22} = 1$ 获得。现在假如允许 $0 \leftrightarrow 1$ 饱和驱动，也就是 $B_1W_1 \gg A_1$，我们有

$$\rho_{11}(t \to \infty) \approx \rho_{00}(t \to \infty) \approx \frac{A_2 + B_2W_2}{2A_2 + 3B_2W_2}$$

(8.14)

以及

$$\rho_{22}(t \to \infty) \approx \frac{B_2W_2}{2A_2 + 3B_2W_2}$$

(8.15)

现在可以看到亚稳态的弱受激辐射率 B_2W_2 对动力学有显著效应。注意到受激辐射率远大于自发辐射率，因此稳态布居是 $\rho_{00} = \rho_{11} = \rho_{22} = 1/3$，也就是说原子均匀地分布在发生跃迁的各能级上。然而布居数的动力学与稳态解有所不同。同样在饱和驱动下，如 $\rho_{00}(0) = 1$，激发态布居数的含时解为

$$\rho_{11}(t) = \frac{B_2W_2}{2(2A_2 + 3B_2W_2)}e^{-(A_2 + 3B_2W_2/2)t} - \frac{1}{2}e^{-(2B_1W_1 + A_1 + B_2W_2/2)t} + \frac{A_2 + B_2W_2}{2A_2 + 3B_2W_2}$$

(8.16)

以及

$$\rho_{22}(t) = \frac{B_2W_2}{2A_2 + 3B_2W_2}\left[1 - e^{-(A_2 + 3B_2W_2/2)t}\right]$$

(8.17)

注意这些表达式仅适用于 $0 \leftrightarrow 1$ 强驱动的情况。对于亚稳态 $|2\rangle$ 寿命极长的情况，在饱和驱动（$B_iW_i \gg A_i$）下

$$\rho_{11}(t) \approx \frac{1}{3}\left[1 + \frac{1}{2}\left(e^{-3B_2W_2t/2} - 3e^{-2B_1W_1t}\right)\right]$$

(8.18)

$$\rho_{22}(t) \approx \frac{1}{3}\left(1 - e^{-3B_2W_2t/2}\right)$$

(8.19)

这些简要的表达式蕴含了许多物理结果。记住能级 1 是强荧光态。在小于 $(B_2W_2)^{-1}$ 的时间尺度内，我们发现布居数达到近似用一能级 $0 \leftrightarrow 1$ 动力学描述的准稳态，在强驱动下布居数在能级 0 和能级 1 之间平均分布：

$$\rho_{11}(t, \text{short}) \sim \frac{1}{2}\left(1 - e^{-2B_1W_1t}\right) \to \frac{1}{2}$$

(8.20)

在较长时间后，第三个能级即亚稳态就会在强驱动下的稳态中发挥效应。正如我们在图 8.4 和图 8.5 中定性看到的，布居数会平均分布在三个能级上：

$$\rho_{11}(t, \log) \approx \frac{1}{3} \tag{8.21}$$

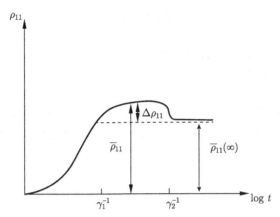

图 8.4 图 8.1 所描绘三能级离子中发出强荧光的能级 1 的布居数随时间的演化。时间轴上标出了时间尺度 γ_1^{-1} 和 γ_2^{-1}。$\bar{\rho}_{11}$ 是短时赝稳态密度矩阵元，其跃迁动力学类似于二能级系统；$\bar{\rho}_{11}(\infty)$ 是长时稳态密度矩阵元；$\Delta\rho_{11}$ 是前两者之差。这里关键的地方就是曲线"隆起"部分 $\Delta\rho_{11}$：它是荧光的电报过程本质的反应信号。正如我们早前对 (8.3) 式的讨论：只要我们足够聪明，从二能级到三能级系统动力学的改变就能给我们提供量子跃迁和"电报"荧光的信号。这幅图解释了从二能级到三能级系统动力学的改变

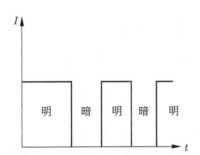

图 8.5 三能级系统荧光强度 I 中几个明暗过程序列。明过程的平均持续时间是 T_{B}；暗过程则是 T_{D}。在 20 世纪 80 年代中期对激光驱动下的三能级原子的量子跃迁动力学开始兴起时，人们用了大量精力探索在时间 t 探测到光子且过了 τ 时间后又探测到另一个光子的联合几率。许多物理学者都对此有详细描述（读者可参考文献 [3] 及其中的引文）

8.5 退相干

正如已经提到的，退相干描述了量子叠加态随时间转化为经典统计混合态的过程，它是量子系统与"环境"之间相互作用的结果。作为一个展示退相干效应的简单模型（也许过于简单了），考虑腔场初始处于公式 (8.9) 中"偶函数"猫态。那么腔场加上环境总

的系统初始态为

$$|\Psi(0)\rangle \approx (|\alpha\rangle + |-\alpha\rangle)|\mathcal{E}\rangle \tag{8.22}$$

这里 $|\mathcal{E}\rangle$ 代表环境量子态。环境当然由许多系统和状态构成，但我们对这些细节不感兴趣。之后总系统会演化到状态 [17]

$$|\Psi(t)\rangle \approx |\beta(t)\rangle|\mathcal{E}_1\rangle + |-\beta(t)\rangle|\mathcal{E}_2\rangle \tag{8.23}$$

其中 $\beta(t) = \alpha e^{-\gamma t/2}$（我们在之前的讨论中已经知道这一点）。我们发现腔场与环境的状态纠缠在一起。对应的密度算符是

$$
\begin{aligned}
\hat{\rho}(t) &\sim [|\beta(t)\rangle|\mathcal{E}_1\rangle + |-\beta(t)\rangle|\mathcal{E}_2\rangle][\langle\beta(t)|\langle\mathcal{E}_1| + \langle-\beta(t)|\langle\mathcal{E}_2|] \\
&= |\beta(t)\rangle\langle\beta(t)| \otimes |\mathcal{E}_1\rangle\langle\mathcal{E}_1| + |-\beta(t)\rangle\langle-\beta(t)| \otimes |\mathcal{E}_2\rangle\langle\mathcal{E}_2| + \\
&\quad |\beta(t)\rangle\langle-\beta(t)| \otimes |\mathcal{E}_1\rangle\langle\mathcal{E}_2| + |-\beta(t)\rangle\langle\beta(t)| \otimes |\mathcal{E}_2\rangle\langle\mathcal{E}_1|
\end{aligned}
\tag{8.24}
$$

对环境状态求迹，并假设 $\langle\mathcal{E}_i|\mathcal{E}_j\rangle = \delta_{i,j}$，得到场的约化密度算符为

$$\hat{\rho}_F(t) \sim \mathrm{Tr}_{\mathrm{env}}\hat{\rho}(t) = \sum_i \langle\mathcal{E}_i|\hat{\rho}(t)|\mathcal{E}_j\rangle = |\beta(t)\rangle\langle\beta(t)| + |-\beta(t)\rangle\langle-\beta(t)| \tag{8.25}$$

其形式上是相干态的统计混合态。注意到在极长时间后，我们又得到一个纯态，也就是真空态 $|0\rangle\langle0|$。主方程（8.26）所描述的非幺正演化会得到与（8.25）式一样的结果。

为叙述明确，我们研究 $\hat{H} = 0$ 的情况，于是主方程写为

$$\frac{\mathrm{d}\hat{\rho}}{\mathrm{d}t} = \frac{\gamma}{2}(2\hat{a}\hat{\rho}\hat{a}^\dagger - \hat{a}^\dagger\hat{a}\hat{\rho} - \hat{\rho}\hat{a}^\dagger\hat{a}) \tag{8.26}$$

首先考虑初始态为相干态 $\hat{\rho}(0) = |\alpha\rangle\langle\alpha|$。通过代入方程容易发现状态

$$\hat{\rho}(t) = |\alpha e^{-\gamma t/2}\rangle\langle\alpha e^{-\gamma t/2}| \tag{8.27}$$

是一个正确的解。显然在温度 $T = 0\mathrm{K}$ 时的耗散作用下，初态的相干态仍然保持相干态，只不过振幅以指数形式衰减。衰减相干态的平均光子占据数为

$$\bar{n}(t) = |\alpha|^2 e^{-\gamma t} \tag{8.28}$$

因而场能量的衰减时间为 $T_{\mathrm{decay}} = 1/\gamma$。现在考虑初始态为公式（8.9）中的"偶函数"猫态。则初始密度算符将是

$$\hat{\rho}_F(0)\rangle = |\psi_e\rangle\langle\psi_e| = \mathcal{N}_e^2[|\alpha\rangle\langle\alpha| + |-\alpha\rangle\langle-\alpha| + |\alpha\rangle\langle-\alpha| + |-\alpha\rangle\langle\alpha|] \tag{8.29}$$

我们想起方程（3.128b）中的正规序特征方程

$$C_N(\lambda, t) = \mathrm{Tr}[\hat{\rho}_F(t)e^{\lambda\hat{a}^\dagger}e^{-\lambda^*\hat{a}}] \tag{8.30}$$

对满足方程（8.26）的 $\hat{\rho}(t)$，它所对应的特征方程满足[18,19]

$$C_N(\lambda, t) = C_N(\lambda e^{-\kappa t/2}, 0) \tag{8.31}$$

因此通过简单对比，可以推导出解

$$\hat{\rho}_F(0)\rangle = \mathcal{N}_e^2\{|\alpha e^{-\gamma t/2}\rangle\langle\alpha e^{-\gamma t/2}| + |-\alpha e^{-\gamma t/2}\rangle\langle-\alpha e^{-\gamma t/2}| +$$

$$e^{-2|\alpha|^2(1-e^{-\gamma t})}[|\alpha e^{-\gamma t/2}\rangle\langle-\alpha e^{-\gamma t/2}| + |-\alpha e^{-\gamma t/2}\rangle\langle\alpha e^{-\gamma t/2}|]\} \tag{8.32}$$

在此情况下，能量衰减速率和相干态的情况一样，但这里还有另一个量也在衰减中，也就是"相干项"或者"非对角元" $|\pm\beta\rangle\langle\mp\beta|$ 的因子 $\exp[-2|\alpha|^2(1-e^{-\gamma t})]$。在短时间内我们可以通过展开得到 $\exp[-2|\alpha|^2(1-e^{-\gamma t})] \approx \exp[-2\gamma t|\alpha|^2]$，从中可以获得退相干时间 $T_{\text{decoh}} = 1/(2\gamma|\alpha|^2) = T_{\text{decay}}/(2|\alpha|^2)$。经过这个特征时间，系统相干性趋于消失。注意只要 $|\alpha|^2$ 足够高，相干衰减要比能量衰减快。

在图 8.6 中，我们展示了"偶函数"猫态的维格纳函数的演化。在足够长的时间后，干涉条纹消失但同时与初始叠加态关联的两个相干态组分仍然泾渭分明；尽管在更遥远的时间后，这两者合并成真空态的维格纳函数。

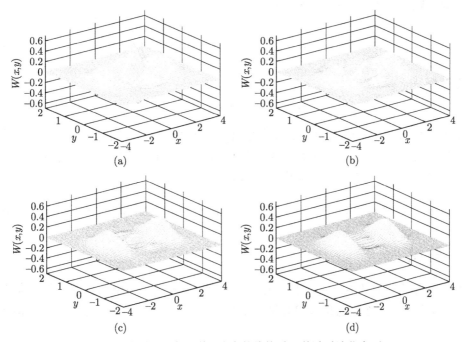

图 8.6　初态为"偶函数"猫态的维格纳函数随时演化序列

读者可以参考祖瑞克（Zurek）的综述文章[20] 以及其中文献，了解有关退相干现象的更多细节。

8.6　从退相干中生成相干态：光平衡

本章中已经展示了耗散如何破坏量子叠加效应中内在的量子相干性。因而可能会产生奇怪的现象，量子相干性在特定条件下能够由耗散效应而产生。如果我们观察主方程 (8.7)，会看到幺正和非幺正演化项都是存在的。前者是对易项，而后者是有关湮灭和产生算符的非线性耗散项，导致非相干耗散。这两者彼此竞争，从而当系统演化到时间 $t \to \infty$ 时，有可能进入某个非真空态。我们通过假设在光子吸收介质（吸收由主方程中的耗散项表示）中传播的单模泵浦光来展示这种称为"光平衡"的情况。该泵浦光的哈密顿量可写为

$$\hat{H}_1 = \hbar G(\hat{a} + \hat{a}^\dagger) \tag{8.33}$$

其中 G 代表经典泵浦光的强度。因此主方程变成

$$\frac{\mathrm{d}\hat{\rho}}{\mathrm{d}t} = -\mathrm{i}G[\hat{a} + \hat{a}^\dagger, \hat{\rho}] + \frac{\gamma}{2}(2\hat{a}\hat{\rho}\hat{a}^\dagger - \hat{a}^\dagger\hat{a}\hat{\rho} - \hat{\rho}\hat{a}^\dagger\hat{a}) \tag{8.34}$$

我们引入新算符 $\hat{b} = \hat{a} + \mathrm{i}G/\gamma$，这样可以把前面这个方程改写为

$$\frac{\mathrm{d}\hat{\rho}}{\mathrm{d}t} = \frac{\gamma}{2}(2\hat{b}\hat{\rho}\hat{b}^\dagger - \hat{b}^\dagger\hat{b}\hat{\rho} - \hat{\rho}\hat{b}^\dagger\hat{b}) \tag{8.35}$$

为求稳态，$\mathrm{d}\hat{\rho}/\mathrm{d}t = 0$，因此必须有 $\hat{b}\hat{\rho} = 0 = \hat{\rho}\hat{b}^\dagger$，这意味着

$$\left(\hat{a} + \frac{\mathrm{i}G}{\gamma}\right)\hat{\rho} = 0 = \hat{\rho}\left(\hat{a}^\dagger - \frac{\mathrm{i}G}{\gamma}\right) \tag{8.36}$$

这组方程解是

$$\hat{\rho} = |\alpha\rangle, \quad \alpha = -\mathrm{i}G/\gamma \tag{8.37}$$

因而相干过程与非相干过程的竞争导致系统在稳态区间趋于相干态[21]。注意到假如初始态是真空态 $\hat{\rho}(0) = |0\rangle\langle 0|$，那么在相比耗散作用特征时间尺度足够短的时间内，演化可认为是幺正的，同样在极短时间内可以得到一个相干态：

$$\hat{\rho}(t) \approx \mathrm{e}^{-\mathrm{i}Gt(\hat{a}+\hat{a}^\dagger)}\hat{\rho}(0)\mathrm{e}^{\mathrm{i}Gt(\hat{a}+\hat{a}^\dagger)} = \hat{D}(-\mathrm{i}Gt)|0\rangle\langle 0|\hat{D}^\dagger(-\mathrm{i}Gt) = |-\mathrm{i}Gt\rangle\langle -\mathrm{i}Gt| \tag{8.38}$$

8.7　总结

本章展现了量子光学如何处理有关理解单个量子系统动力学的问题。在当前量子计算方面的工作中，这些问题是人们对量子系统状态进行寻址、操控、读取的核心问题。

习题

1. 考虑处在数态 $|n\rangle$ 的腔场。描述在量子跃迁程序的各步骤中这个态发生了什么改变。

2. 假如腔场被制备在叠加态 $(|0\rangle + |10\rangle)/\sqrt{2}$。这个态的平均光子数是多少？如果现在发生了一次量子跃迁，也就是说发射出单光子，则现在平均光子数是多少？这个结果有意义吗？

3. 写出满足（8.26）式主方程的密度矩阵的各矩阵元的微分方程组。

4. 假设系统初态为数态 $|5\rangle$，解出习题 3 得到的方程组，如必要，数值解也可以。并在演化的各阶段画出三维的维格纳函数。

5. 假设系统初态为满足 $|\alpha|^2 = 2$ 的偶函数猫态，给出主方程的数值解。在演化中可计算（或描述出）$\mathrm{Tr}(\hat{\rho})$ 随时演化的结果，检验它是否总是 1（这是检查数值结果是否正确的一个好方法）并计算退相干度量 $\mathrm{Tr}(\hat{\rho}^2)$。

6. 证明（8.26）式主方程的解可以表达为如下迭代形式[22]：

$$\rho_{mn}(t) = \exp\left(-\frac{\gamma t(m+n)}{2}\right) \sum_l \left(\frac{(m+l)!(n+l)!}{m!n!}\right)^{1/2} \frac{[1-\exp(-\gamma t)]^l}{l!} \rho_{m+l,n+l}(0)$$

其中 $\rho_{mn} = \langle m|\hat{\rho}|n\rangle$。

7. 使用迭代法得到初态为相干态和偶函数猫态的主方程解，并比对上述解的形式。

8. 假定初态是真空态，请用数值解出（8.34）式主方程。在数值上确认短时间内和稳态区间内相干态的存在。随时演化的态是否总是相干态么？它总是纯态么？

参考文献

[1] M. Ligare and R. Oliveri, Am. J. Phys., 70 (2002), 58; V. Buzek, G. Drobny, M. G. Kim, M. Havukainen and P. L. Knight, Phys. Rev. A, 60 (1999), 582.

[2] See L. Allen and J. H. Eberly, Optical Resonance and the Two-Level Atom (New York: Wiley, 1975; Mineoloa: Dover, 1987).

[3] M. B. Plenio and P. L. Knight, Rev. Mod. Phys., 70 (1998), 101.

[4] T. A. Brun, Am. J. Phys., 70 (2002), 719.

[5] E. Schrödinger, Br. J. Philos. Sci., 3 (1952), 109; 233.

[6] H. Dehmelt, Bull. Am. Phys. Soc., 20 (1975), 60.

[7] G. Z. K. Horvath, P. L. Knight and R. C. Thompson, Contemp. Phys., 38 (1997), 25.

[8] R. C. Thompson, private communication (1996).

[9] This is merely the a.c. Stark effect: the strong radiation shifts the atomic energy levels in an intensity-dependent fashion.

[10] H. A. Klein, G. P. Barwood, P. Gill and G. Huang, Physica Scripta T, 86 (2000), 33.

[11] R. J. Cook and H. J. Kimble, "Possibility of Direct Observation of Quantum Jumps", Phys. Rev. Lett., 54 (1985), 1023.

[12] J. C. Bergquist, R. B. Hulet, W. M. Itano and D. J. Wineland, Phys. Rev. Lett., 57 (1986), 1699; W. Nagourney, J. Sandberg and H. G. Dehmelt, Phys. Rev. Lett., 56 (1986), 2797; T. Sauter, R. Blatt, W. Neuhauser and P. E. Toschek, Opt. Comm., 60 (1986), 287.

[13] See, for example, P. L. Knight, in Quantum Fluctuations Les Houches Session LXIII, S. Reynaud, E. Giacobino and J. Zinn-Justin (editors) (Amsterdam: Elsevier Science, 1997).

[14] J. Dalibard, Y. Castin and K. Molmer, Phys. Rev. Lett., 68 (1992), 580; G. C. Hegerfeldt and T. S. Wilser, in Proceedings of the II International Wigner Symposium, H. D. Doebner, W. Scherer and F. Schroek (editors) (Singapore: World Scientific, 1991).

[15] See, for example, M. S. Kim and P. L. Knight, Phys. Rev. A, 36 (1987), 5265; see also references in [3].

[16] D. T. Pegg, R. Loudon and P. L. Knight, Phys. Rev. A, 33 (1986), 4085.

[17] See W. Zurek, Physics Today, 44: 10 (1991), 36.

[18] J. Perina, Quantum Statistics of Linear and Nonlinear Optical Phenomena (Dordrecht: Reidel, 1984).

[19] M. Brune, S. Haroche, J. M. Raimond, L. Davidovich and N. Zagury, Phys. Rev. A, 45 (1992), 5193.

[20] W. Zurek, Rev. Mod. Phys., 75 (2003), 715.

[21] See G. S. Agarwal, J. Opt. Soc. Am. B, 5 (1988), 1940.

[22] J. Škvarček and M. Hillery, Acta Phys. Slovaca, 49 (1999), 756.

参考书目

- H. J. Carmichael, An Open Systems Approach to Quantum Optics, Lecture Notes in Physics (Berlin: Springer-Verlag, 1993).
- P. Ghosh, Testing Quantum Mechanics on New Ground (Cambridge: Cambridge University Press, 1999).
- W. H. Louisell, Quantum Statistical Properties of Radiation (New York: Wiley, 1973).
- I. Percival, Quantum State Diffusion (Cambridge: Cambridge University Press, 1998).
- S. Stenholm and M. Wilkens, "Jumps in quantum theory", Contemp. Phys., 38 (1997), 257.

第 9 章 量子力学的光学验证

过去 30 年左右的努力已经使得许多曾称为"思想实验"的实验成为现实。回顾在第 8 章里引用的薛定谔的话:"我们从未仅仅对一个电子、一个原子或一个小分子直接进行实验"。这句话不再成立了。我们已经能够对单个原子或分子甚至单个光子做实验,并因而可能演示薛定谔所暗示的"荒谬结果"其实是真实的。在第 6 章里我们已经讨论了一些单光子实验,而且在第 10 章我们将要讨论作用于单个原子和单个囚禁离子的实验。在本章中我们将进一步阐述有关少数几个光子的量子力学基本原理的实验验证。所谓验证基本原理,意思是对量子力学的验证可推翻局域实在论(也就是隐变量理论)。具体而言,我们将讨论用光学实验展示贝尔不等式的违背。贝尔最初是在两个自旋1/2 粒子[1]的情况下讨论这个不等式的。如果在实验中观察到这些违背的情况,就对局域实在隐变量理论进行了证伪。局域这个词指的是经典物理里一个熟悉的概念,即类空分离的事件之间不存在因果关系。这些事件不能由任何以小于或等于光速运动的信号所联系,也就是说它们都在相对论光锥之外。然而出现在量子力学中的非局域效应似乎可能会在一定限制条件下违背经典的局域概念。举个例子,对纠缠系统的一部分进行测量似乎在瞬间就把系统另外一部分投影到一个特定态上,即便这两部分之间也许相距遥远;这个事实就是非局域量子效应。在局域隐变量理论框架下的"实在"意味着量子系统在任何时刻的所有观察量都有客观的确定值(量子数)。举个例子,一个投影在 z 方向的自旋1/2 粒子必处在投影在 x 方向的本征态的叠加态。哥本哈根学派对量子力学的标准诠释认为粒子沿 x 方向的自旋在客观上是不确定的,也就是说直到测量把状态矢量约化到叠加态的某个分量,否则粒子沿 x 方向的自旋没有确定值。隐变量理论则假定粒子沿 x 方向的自旋尽管未知但是确定,而实验仅仅是揭示了早已被确定的粒子态。不过有两类隐变量理论,局域的和非局域的。玻姆所考虑的非局域隐变量理论[2] 可以重现标准量子力学的理论预言。量子力学所展现出来的非局域性甚至比实在性的缺失更让爱因斯坦忧心忡忡。局域隐变量理论则会做出与标准量子理论不同的理论预言,而贝尔的理论提供了验证它们的一种方法。本章以极化纠缠光子讨论局域隐变量理论的光学验证。

在以下内容中,我们将首先讨论用下转换过程(这个过程与第 6 章中讨论的原子能级级联跃迁技术相反)制备纠缠单光子态和纠缠光子对的现代光源。然后我们将回顾一些单光子和双光子干涉实验,在此背景下引出"量子擦除器"的概念。接着讨论有关诱导量子相干的一个实验。接下来我们讨论一个展示"超光速"效应的光子隧穿实验。

最后我们描述两个验证贝尔不等式的实验，第一个涉及极化纠缠光子；第二个（弗兰森（Franson）的实验）则基于时间-能量的不确定关系。

9.1　光子源：自发参量下转换

我们在第 7 章已经谈到用参量驱动非线性介质产生非经典光，这些介质由二阶非线性极化率 $\chi^{(2)}$ 表征。我们专注于非简并的情况，并假设使用量子化的泵浦场，则相互作用哈密顿量的形式是

$$\hat{H}_I \propto \chi^{(2)} \hat{a}_p \hat{a}_s^\dagger \hat{a}_i^\dagger + H.c. \tag{9.1}$$

在这个表达式里我们改造了第 7 章里的符号标记，现在 $\hat{a}_p$ 是泵浦光束的湮灭算符，而 $\hat{a}_s^\dagger$ 和 $\hat{a}_i^\dagger$ 分别是"信号"光束和"闲置"光束的产生算符。出于历史的原因这两束光被标记为"信号"和"闲置"，但并无特定意义，有时候光束标记的选择是任意的。在最简单的情形下，信号光与闲置光初始被制备为真空态；通常是紫外波长的单个泵浦光光子转换为两个可见光光子：一个是信号光，另一个是闲置光：

$$|1\rangle_p|0\rangle_s|0\rangle_i \Rightarrow \hat{a}_p \hat{a}_s^\dagger \hat{a}_i^\dagger |1\rangle_p|0\rangle_s|0\rangle_i = |0\rangle_p|1\rangle_s|1\rangle_i \tag{9.2}$$

由于信号光与闲置光的模式初始都在真空态上，这个过程可认为是"自发的"。注意在这两个模式中产生的光子一般被认为是同时生成的。伯纳姆（Burnham）和温伯格（Weinberg）在多年前使用探测器进行符合计数实现了这一过程[3]，两个探测器被设置为满足动量和能量守恒并具有相同的时间延迟。信号光子和闲置光子的同步产生是应用这样的参量资源检验量子力学基本原理的关键。然而为了下转换过程能够进行下去，还需满足一些其他条件。令 ω_p、ω_s、ω_i 分别代表泵浦光、信号光、闲置光的频率，那么能量守恒条件要求

$$\hbar\omega_p = \hbar\omega_s + \hbar\omega_i \tag{9.3}$$

进一步地，如果 k_p、k_s、k_i 分别代表波数，那么在晶体内部我们有

$$\hbar k_p \approx \hbar k_s + \hbar k_i \tag{9.4}$$

这里的约等号是一个不确定度的结果，该不确定度由非线性介质的尺度倒数给出[4]。方程（9.3）和方程（9.4）被称为"模式匹配"条件，它们在一定类型的非线性介质比如非对称晶体[5]中都能获得。注意仅在非对称晶体中才有不为零的 $\chi^{(2)}$，常用的晶体包括 KDP（KD_2PO_4）和 BBO（$\beta\text{-}BaB_2O_4$）。有关非线性光学的内容可参考附录 D。

实际上有两类自发参量下转换（简称 SPDC）过程。在第一类中，信号光子与闲置光子偏振一致但都与泵浦光子垂直。这类过程的哈密顿量是

$$\hat{H}_I = \hbar\eta \hat{a}_s^\dagger \hat{a}_i^\dagger + H.c. \tag{9.5}$$

这里我们已经做了参量近似（即把泵浦光算符替换为参量），且 $\eta \propto \chi^{(2)} \varepsilon_p$，其中 ε_p 是（泵浦光）经典相干场的振幅。模式匹配（9.4）式给出的限制条件使得信号光子和闲

置光子（作为共轭光子对）必须从以泵浦光方向为中心的同轴光锥上的相反方向从晶体中射出（图 9.1）。如图 9.2 所示，选择信号光与闲置光显然有无数种方式。实际上表达式（9.5）中的哈密顿量代表了一种特定的输出光束动量的"后选择"。

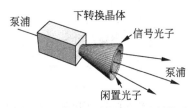

图 9.1　第一类下转换。从泵浦光束中出来的光子被转换为信号光子和闲置光子从晶体中沿着不同方向出射。信号光子和闲置光子的偏振方向相同但都和泵浦光子垂直。可能的所有方向构成了一组同轴光锥。从不同光锥上出来的光颜色不同，通常靠近中心轴的颜色是橘黄色的；而角度较大的颜色是红色的。泵浦光在紫外波段

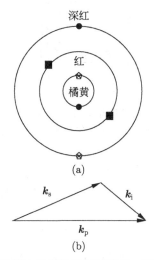

图 9.2　(a) 从第一类下转换器中出射的光锥横截面。相同的标记代表符合相位匹配条件的共轭光子。注意到在中间圆上的光子频率是简并的。(b) 相位匹配条件的图像

在第二类下转换过程中，信号光子和闲置光子的偏振方向相互垂直。如图 9.3 所示，产生的光子因为双折射效应沿着两个光锥出射，一个是正常光波（o 光），另一个是非常光（e 光）。两个光锥的交汇提供了一种产生偏振纠缠光子态的方法。我们使用符号 $|V\rangle$ 和 $|H\rangle$ 分别代表竖直和水平极化的单光子态。如图 9.4 所示，对光锥交汇部分出射的光子而言（交汇部分以外的光子被一块只在交汇部分前面开孔的屏幕屏蔽掉），我们无法分辨信号光子和闲置光子究竟处在竖直还是水平极化偏振态上。这个过程可描绘为如下哈密顿量：

$$\hat{H}_I = \hbar\eta \left(\hat{a}^\dagger_{Vs}\hat{a}^\dagger_{Hi} + \hat{a}^\dagger_{Hs}\hat{a}^\dagger_{Vi} \right) + H.c. \tag{9.6}$$

其中 $\hat{a}^\dagger_{Vs}$、$\hat{a}^\dagger_{Hs}$、$\hat{a}^\dagger_{Vi}$、$\hat{a}^\dagger_{Hi}$ 分别是竖直和水平偏振的信号光子和闲置光子的产生算符。类

似地，这个哈密顿量代表了在光源前放置屏幕而获得的后选择。这块屏幕被设置为仅在光束交汇处开孔。

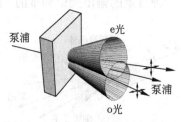

图 9.3　第二类下转换。信号光子和闲置光子的偏振方向相互垂直。双折射效应导致光子沿着相互交汇的两个光锥出射。其中一个是正常光（o 光），另一个是非常光（e 光）

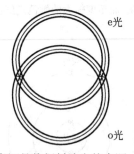

图 9.4　o 光和 e 光光锥的交汇是偏振纠缠光的来源。在这两个点是无法区分光子是从哪一个光束中获得的。(9.6) 式中的哈密顿量描述了从两个交汇点得到的光

我们取信号光与闲置光模式的初态为 $|\Psi_0\rangle = |\{0\}\rangle$，它代表了双模式的集体真空态（无论是哪一类下转换过程）。在任何过程中，态矢量根据下式演化

$$|\Psi(t)\rangle = \exp(-it\hat{H}_I/\hbar)|\Psi_0\rangle \tag{9.7}$$

由于 $\hat{H}_I$ 不显含时间，所以展开到时间第二阶，(9.7) 式约等于

$$|\Psi(t)\rangle \approx \left[1 - it\hat{H}_I/\hbar + \frac{1}{2}(-it\hat{H}_I/\hbar)^2\right]|\Psi_0\rangle \tag{9.8}$$

考虑第一类 SPDC，$|\Psi_0\rangle = |0\rangle_s|0\rangle_i$，我们有

$$|\Psi(t)\rangle = (1 - \mu^2/2)|0\rangle_s|0\rangle_i - i\mu|1\rangle_s|1\rangle_i \tag{9.9}$$

其中 $\mu = \eta t$。这个态在精确到 μ 一次方的情况下是归一化的，且我们丢掉了含有 $|2\rangle_s|2\rangle_i$ 但幅度为 μ^2 的项。如考虑第二类 SPDC，它的初态是 $|\Psi_0\rangle = |0\rangle_{Vs}|0\rangle_{Hs}|0\rangle_{Vi}|0\rangle_{Hi}$，我们有

$$|\Psi(t)\rangle = (1-\mu^2/2)|0\rangle_{Vs}|0\rangle_{Hs}|0\rangle_{Vi}|0\rangle_{Hi} - i\frac{\mu}{\sqrt{2}}(|1\rangle_{Vs}|0\rangle_{Hs}|0\rangle_{Vi}|1\rangle_{Hi} + |0\rangle_{Vs}|1\rangle_{Hs}|1\rangle_{Vi}|0\rangle_{Hi})$$

$$\tag{9.10}$$

定义极化竖直和水平偏振真空态和单光子态为：$|0\rangle \equiv |0\rangle_V|0\rangle_H$，$|V\rangle \equiv |1\rangle_V|0\rangle_H$ 和 $|H\rangle \equiv |0\rangle_V|1\rangle_H$，这样可以写出

$$|\Psi(t)\rangle = (1 - \mu^2/2)|0\rangle_s|0\rangle_i - i\mu(|V\rangle_s|H\rangle_i + |H\rangle_s|V\rangle_i) \tag{9.11}$$

其中第二项表示的态归一化以后就是

$$|\Psi^+\rangle = \frac{1}{\sqrt{2}}(|V\rangle_s|H\rangle_i + |H\rangle_s|V\rangle_i) \tag{9.12}$$

它是被称为贝尔态的四个态之一。贝尔态的完备集是

$$|\Psi^\pm\rangle = \frac{1}{\sqrt{2}}(|H\rangle_1|V\rangle_2 \pm |V\rangle_1|H\rangle_2) \tag{9.13}$$

$$|\Phi^\pm\rangle = \frac{1}{\sqrt{2}}(|H\rangle_1|H\rangle_2 \pm |V\rangle_1|V\rangle_2) \tag{9.14}$$

我们将在 9.6 节讨论这些态及其应用。

9.2 HOM 干涉仪

我们在第 6 章讨论过当两个单光子态同时入射到 50:50 分束器的两个输入端后，它们会融合在一起从某一个输出端出射，但不会在两个输出端都有出射。注意输入态是 $|1\rangle_s|1\rangle_i$，离开分束器后的态是

$$|\psi_{BS}\rangle = \frac{1}{\sqrt{2}}(|2\rangle_1|0\rangle_2 + |0\rangle_1|2\rangle_2) \tag{9.15}$$

其中我们根据示意图 9.5 将输出模式标记为 1 和 2。放置在输出端的光子探测器必然不可能记录到同步计数。缺乏同步计数这一事实可视为光子同时入射到分束器的标志。这一效应首先由洪（Hong）、欧（Ou）和曼德尔（Mandel）（简称 HOM）于 1987 年在如今被视为经典之作[6]的一次实验中展示出来。事实上他们设计这个实验是为了测量两个光子入射到分束器上的时间差。图 9.6 给出了实验草图。假设这里利用第一类下转换过程，

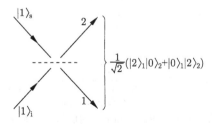

图 9.5 从第一类下转换器发出的信号光与闲置光作为 50:50 分束器的输入，1、2 用来标记它的输出模式。如果单光子态自发输入分束器，则输出态不会含有 $|1\rangle_1|1\rangle_2$，理由见第 6 章

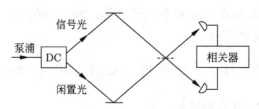

图 9.6　HOM 实验装置示意图。当两段光程相等时，就得不到符合计数

泵浦光驱动非线性晶体产生一对单光子态输入 50：50 分束器的输入端。光子探测器放置在分束器的输出端，且计数信号输入到一个关联器。改变分束器位置使得光子对进入分束器时间之间产生微小延迟。因为这个延迟，光子将会独立地在分束器上反射或透射出去，导致两个探测器在短时间内相继做出反应。HOM 论文[6] 表明同步探测到光子的几率 R_{coin} 可表达为如下形式：

$$R_{\text{coin}} \propto \left[1 - e^{-(\Delta\omega)^2(\tau_s - \tau_i)^2} \right] \tag{9.16}$$

其中，$\Delta\omega$ 是光的带宽，$c\tau_s$ 和 $c\tau_i$ 分别是信号光子和闲置光子从下转换器传播到分束器的光程。表达式 (9.16) 中出现带宽 $\Delta\omega$ 是基于信号光与闲置光实际上不可能是单模光的事实，它的具体形式是高斯型谱分布的结果。在 $\tau_s - \tau_i = 0$ 的情况下，显然有 $R_{\text{coin}} = 0$。而当 $|\tau_s - \tau_i| \gg \tau_{\text{corr}}$ 时，同步计数几率升至最大值，这里 $\tau_{\text{corr}} = 1/\Delta\omega$，是光子对之间的相干时间。一般相干时间尺度是几个纳秒，很难用传统计数测量出来。这是因为一般使用的探测器常常没有足够短的时间分辨率。然而用 HOM 干涉仪就能对它进行测量。实验结果描绘在从参考文献 [6] 中得到的图 9.7 中。这幅图描绘了在 10min 内得到的同步计数光子数与分束器位置差（本质是输入光子对的时间差）之间的关系，其中实线代表理论预言的结果。在最低点上实验数据没有完全精确对应于理论预测，这是因为光束不可能在分束器上精准重叠在一起。从统计分布上看，两个光子相干时间的可测量精度为 100fs。

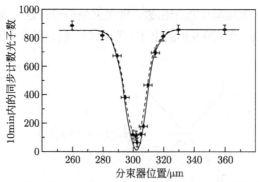

图 9.7　根据 HOM 论文重画的图。10min 之内的符合计数被绘制为分束器位置的函数。计数率不会精确到零，这是因为光束不能精确在分束器处重合（该图在原文中已获授权重印）

9.3　量子擦除器

在刚刚描述的 HOM 实验中光子不可分辨的事实是理解实验结果的关键。因为用第一类 SPDC 作为光源，所以两个光子的偏振相同。它们可能在能量上稍有不同，但其实光子探测器对能量差不敏感。我们并不需要确定偏振方向，唯一重要的是确保它们都一样。不过为明确起见，我们设光子为水平方向偏振（图 9.8），这样可标记两个单光子态为 $|H\rangle_s|H\rangle_i$。把它们输入到分束器内（假定分束器不影响光子偏振），输出态可写为 $i(|2H\rangle_1|0\rangle_2 + |0\rangle_1|2H\rangle_2)/\sqrt{2}$，其中 $|2H\rangle$ 是有两个水平偏振光子的态。

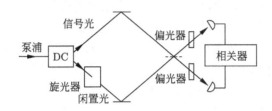

图 9.8　量子擦除器实验。闲置光路中的旋光器改变了闲置光子的偏振方向，因而标记出这些光子并给出路径信息。这就破坏了 HOM 实验中的量子干涉。把起偏器放到干涉仪后面的光路上，可以恢复量子干涉

假定把一个旋光器放置到比如说闲置光的光路上，这样如图 9.9 所示它的偏振会转到与水平方向夹角为 θ 的方向上。这等于把闲置光的偏振态转换为

$$|\theta\rangle_i = |H\rangle_i \cos\theta + |V\rangle_i \sin\theta \tag{9.17}$$

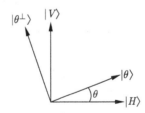

图 9.9　偏振矢量 $|\theta\rangle$、$|\theta^\perp\rangle$ 和 $|H\rangle$、$|V\rangle$ 之间的关系

和它正交的偏振态矢量则是

$$|\theta^\perp\rangle_i = -|H\rangle_i \sin\theta + |V\rangle_i \cos\theta \tag{9.18}$$

现在输入到分束器的态是

$$|H\rangle_s|\theta\rangle_i = \cos\theta|H\rangle_s|H\rangle_i + \sin\theta|H\rangle_s|V\rangle_i \tag{9.19}$$

输出态[1]将是

---

[1] 参考公式（6.17）计算可知，原文中该最后一项前为负号是错的，同时也影响（9.21）式。—— 译者注

$$|\psi_{\text{out}}(\theta)\rangle = \frac{\mathrm{i}}{\sqrt{2}} \cos\theta(|2H\rangle_1|0\rangle_2 + |0\rangle_1|2H\rangle_2) +$$

$$\frac{\sin\theta}{2}(|H\rangle_1|V\rangle_2 - |V\rangle_1|H\rangle_2) + \frac{\mathrm{i}\sin\theta}{2}(|H,V\rangle_1|0\rangle_2 + |0\rangle_1|H,V\rangle_2) \tag{9.20}$$

其中 $|H,V\rangle$ 代表有两个正交偏振光子的态，因而可分辨地沿着同一方向输出。如果闲置光束的偏振一直转到竖直方向，也就是 $\theta = \pi/2$，那么输出态是

$$|\psi_{\text{out}}(\pi/2)\rangle = \frac{1}{2}(|H\rangle_1|V\rangle_2 - |V\rangle_1|H\rangle_2) + \frac{\mathrm{i}}{2}(|H,V\rangle_1|0\rangle_2 + |0\rangle_1|H,V\rangle_2) \tag{9.21}$$

在此情况下在两个探测器上将只有符合计数。假定探测器效率为 100% 就不会出现单独响应的情况。通过把偏振方向旋转 90° 而标记出某个光束的效应就抹去了光子的可分辨性，因此就可能确定每个光子在进入分束器前所走的路径。在刚才讨论的情景中有趣的是光子偏振从未被测量过。实验者不需要知道光子偏振而只要测量计数。量子干涉显然会因为实验者有潜力了解光子路径信息而被破坏，即便实验者从未了解这些信息。在单光子输入到分束器的情况下，我们能通过把探测器放在分束器输出端观察到光子作为粒子的属性；或者通过使用马赫-曾德尔干涉仪（已在第 6 章中讨论过）观察到光子作为波的属性。这为玻尔互补性原则提供了一个范例。通常量子干涉的消失归咎于光子路径信息的可获得性所导致的系统消相干。一般认为"消相干"使得态矢量退化为统计混合态，其中仅会出现几率而不会出现几率幅。不过在我们这里讨论的双光子干涉实验中，在光子被探测到的那一瞬间之前，系统都处在纯态上。

现在假定把一个线偏振片以与水平方向夹角 θ_1 放在输出光束 1 的探测器之前。偏振片的放置加上光子探测构成了一次冯·诺伊曼投影（详见附录 B），从而把系统投影到态矢量

$$|\theta_1\rangle_1 = |H\rangle_1 \cos\theta_1 + |V\rangle_1 \sin\theta_1 \tag{9.22}$$

上。也就是说只有处在偏振态 $|\theta_1\rangle_1$ 上的光子才能被探测器测到。表达式（9.21）中的态则被变成以下纯态

$$|\psi, \theta_1\rangle = \frac{|\theta_1\rangle\langle\theta_1|\psi_{\text{out}}(\pi/2)\rangle}{\langle\psi_{\text{out}}(\pi/2)|\theta_1\rangle\langle\theta_1|\psi_{\text{out}}(\pi/2)\rangle^{1/2}} = \frac{1}{2}|\theta_1\rangle(|V\rangle_2 \cos\theta_1 - |H\rangle_2 \sin\theta_1) \tag{9.23}$$

其中模式 2 上光子的偏振与被探测到光子的偏振正交（（9.18）式）。类似地，假定把与水平方向夹角 θ_2 的起偏器放在输出光束 2 的探测器之前，那么探测到一个光子沿着 θ_1 方向偏振而另一个沿着 θ_2 方向偏振的符合计数率为

$$P_{\text{coin}} = |\langle\theta_1|\langle\theta_2|\psi_{\text{out}}(\pi/2)\rangle|^2 = \frac{1}{4}\sin^2(\theta_2 - \theta_1) \tag{9.24}$$

从这个结果我们可知在符合计数率中出现的低谷能否被复原取决于起偏器的相对角度。在探测器前面放置偏振片的效果就是把用旋光器对其中一个光束进行编码的信息擦除掉。换句话说，旋光器制造了哪个光子走哪条路径的信息（在德语中称之为 Welcher-Weg 信息），而偏振片把它擦掉了。注意擦除发生在 HOM 干涉仪之外，即在光束离开分束器之后。光学实验[7] 中的量子擦除效应已经由克怀特（Kwiat）、斯坦伯格（Steiberg）和赵（Chiao）展示。

9.4　诱导的量子相干

我们已经用一种相对令人难以置信的方式解释了一个有关路径信息破坏量子干涉的实验[8]。现在再讲解另外一个相关实验，不过在这里这些信息甚至不是在干涉路径中获得的。这个实验[9] 是由邹（Zou）、王（Wang）和曼德尔（Mandel）（ZWM）完成的。图 9.10 给出了实验示意图。注意到如果没有阻光器 B 阻塞下转换器 DC1，两个下转换器中的闲置光模式是对齐的。

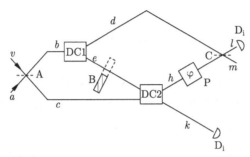

图 9.10　ZWM 实验示意图。标记为 v 的模式是真空态。B 是可以移入或移出光路的阻光器

实验在定性上的描述如下。氩离子激光器中发射出的泵浦光子输入分束器 A 后进入下转换器 DC1 或 DC2，这两个下转换器都属于第一种类型，其产生光子对的转换效率非常低，约为 $\gamma = 10^{-6}$。在光程调整合适且挪开阻光器 B 的情况下，监控对齐的闲置光束的探测器 D_i 并不能决定下转换发生在哪一块晶体（这两块晶体都是透明的）。结果是监控分束器 C（两束信号光在 C 处交汇）的某个输出端的探测器 D_s 可观测到量子干涉。可以通过调整光程或等价地调控示意图上的相位 φ 观察到干涉图样。无论对齐的闲置光子能否被探测到，干涉总会发生。然而假如 DC1 出来的闲置光束被阻塞，那么 D_i 如能探测到光子就意味着被探测到的光子一定是在 DC2 中产生；这反过来意味着初始输入的光子必然是经过靠下的路径到达 DC2。因而光子路径信息是可知的，那么在其他探测器上的干涉就会消失。这个实验的特点是闲置光即使不在光路上，也导致了量子干涉。

现在我们试着在定量上理解这个实验。使用在图 9.10 中给出的模式标记，系统初态是 $|1\rangle_a|0\rangle_v$，而其他模式都在真空态上。第一个分束器产生如下转换：

$$|1\rangle_a|0\rangle_v \to \frac{1}{\sqrt{2}}(|1\rangle_b|0\rangle_c + \mathrm{i}|0\rangle_b|1\rangle_c) \tag{9.25}$$

然后在 DC1 处我们有 $|1\rangle_b|0\rangle_d|0\rangle_e \to \gamma|0\rangle_b|1\rangle_d|1\rangle_e$；类似地，在 DC2 处我们有 $|1\rangle_c|0\rangle_h|0\rangle_k \to \gamma|0\rangle_c|1\rangle_h|1\rangle_k$。因此经过两个下转换器后，我们有

$$|\psi_{\mathrm{DC1,2}}\rangle \sim \frac{\gamma}{\sqrt{2}}|0\rangle_b|0\rangle_c(|1\rangle_d|1\rangle_e|0\rangle_h|0\rangle_k + \mathrm{i}|0\rangle_d|0\rangle_e|1\rangle_h|1\rangle_k) \tag{9.26}$$

在 h 光束上相移的结果是

$$|\psi_{\rm PS}\rangle \sim \frac{\gamma}{\sqrt{2}}|0\rangle_b|0\rangle_c(|1\rangle_d|1\rangle_e|0\rangle_h|0\rangle_k + {\rm i}e^{{\rm i}\varphi}|0\rangle_d|0\rangle_e|1\rangle_h|1\rangle_k) \tag{9.27}$$

C 处的分束器产生如下转换：

$$|1\rangle_d|0\rangle_h \rightarrow \frac{1}{\sqrt{2}}(|1\rangle_m|0\rangle_l + {\rm i}|0\rangle_m|1\rangle_l),$$

$$|0\rangle_d|1\rangle_h \rightarrow \frac{1}{\sqrt{2}}(|0\rangle_m|1\rangle_l + {\rm i}|1\rangle_m|0\rangle_l) \tag{9.28}$$

所以最后我们有

$$|\psi_{\rm out}\rangle \sim \frac{\gamma}{2}|0\rangle_b|0\rangle_c[|1\rangle_e|0\rangle_k(|1\rangle_m|0\rangle_l + {\rm i}|0\rangle_m|1\rangle_l) + {\rm i}e^{{\rm i}\varphi}|0\rangle_e|1\rangle_k(|0\rangle_m|1\rangle_l + {\rm i}|1\rangle_m|0\rangle_l)] \tag{9.29}$$

如果两个闲置光束完全对齐，则模式 e 与模式 k 就是完全相同的，而现在这个模式里有一个光子。也就是说我们能够写出 $(|0\rangle_e|1\rangle_k, |1\rangle_e|0\rangle_k) \rightarrow |1\rangle_k$，这反应出探测器不能区分是哪个下转换器产生这个光子的事实。因而表达式（9.29）可写为

$$|\psi_{\rm out}\rangle \sim \frac{\gamma}{2}|0\rangle_b|0\rangle_c|1\rangle_k[(1 - e^{{\rm i}\varphi})|1\rangle_m|0\rangle_l + {\rm i}(1 + e^{{\rm i}\varphi})|0\rangle_m|1\rangle_l] \tag{9.30}$$

状态 $|1\rangle_k$ 表示它含有从对齐的闲置光束中获得的一个光子；它从整体状态中分离出来的事实是在单光子统计中预测量子干涉的关键。由此可知用 D_s 和 D_i 对模式 l 和 m 分别进行单光子联合探测的几率幅是 ${\rm i}\gamma(1 + e^{{\rm i}\varphi})/2$，且所对应的几率是

$$P(1_l, 1_k) \sim \frac{\gamma^2}{2}(1 + \cos\varphi) \tag{9.31}$$

它清楚地含有相位信息并因此呈现出干涉效应。事实上因为在公式（9.30）中状态 $|1\rangle_k$ 被分解出来，这也是 e 光与 k 光对齐的结果，我们由此根本不需要对闲置光束做任何探测。我们所需要的就是用 D_s 进行探测，由此得到单光子的探测几率是

$$P(1_l) = P(1_l, 1_k) \sim \frac{\gamma^2}{2}(1 + \cos\varphi) \tag{9.32}$$

但设想我们现在把阻光器 B 插入进来。它实际上起到一个反射镜的作用，即把 e 模光子反射出去，远离所有探测器。在此提前下，闲置光束 e 和 k 不再彼此对齐，因而这些态也不再能够从表达式（9.29）的模式中分离出去。现在获得 D_s 和 D_i 符合计数率表达式是

$$P(1_l, 1_k) \sim \left|\frac{{\rm i}e^{{\rm i}\varphi}\gamma}{2}\right|^2 = \frac{\gamma^2}{4} \tag{9.33}$$

它就不含有任何干涉项。D_i 探测到光子必然意味着该光子由 DC2 产生，这就给出了路径信息。其他符合计数也是有可能的，但几率完全一样：

$$P(1_l, 1_k) = P(0_l, 0_k) = P(1_l, 0_k) = P(0_l, 1_k) \sim \frac{\gamma^2}{4} \tag{9.34}$$

注意 D_i 探测不到光子也同样给出路径信息。

假定我们不对 k 光做任何测量，即移走探测器 D_i，我们就得不到任何路径信息。那么通过 D_s 做单光子统计，可否重现量子干涉效应呢？在 l 模上探测到的单光子可以用投影算符表示为 $|1\rangle_{ll}\langle 1|$。由式（9.29）可知，探测几率为

$$P(1_l) = \langle\psi_{\text{out}}|1\rangle_{ll}\langle 1|\psi_{\text{out}}\rangle \sim \frac{\gamma^2}{2} \tag{9.35}$$

读者容易确认这个结果。不过其中没有任何相位信息，也因此在 D_s 的单光子统计中依然没有任何干涉。我们再次证明了认为缺乏路径信息是量子干涉条件的传统观念必然不充分。这里我们既没有路径信息也没有发生量子干涉。这个例子比前面的例子更生动地展示了与其说掌握路径信息不如说拥有掌握信息的潜力才能破坏量子干涉。

9.5　光子的超光速隧穿

HOM 干涉仪的一个有趣应用是测量光子穿过障碍物的隧穿时间。隧穿是量子力学最惊人的预言之一，它是严格意义上的量子力学现象，没有经典对应。一个反复被问到的问题是：什么是粒子穿过障碍物的时间或隧穿时间？该问题的答案多年来众说纷纭，我们也不想为此在这里回顾所有的文献（但读者可以去查参考文献 [10] 中的综述）。但我们想要指出的是 HOM 干涉仪可以用一种普通电子实验设备不可能简单办到的方式来测量光子隧穿时间。那些设备都太慢了。成功的关键还是在于信号光与闲置光能同时产生。

因此我们再次考虑 HOM 干涉仪，如图 9.11 所示，在信号光路上放置一个隧穿障碍物。在斯坦伯格（Steinberg）、克怀特（Kwiat）和赵（Chiao）的实验[11] 中的障碍物是由多层介电反射镜构成的一维光子带隙材料，其厚度是 $d = 1.1\mu\text{m}$。一个以光速运动的粒子穿过障碍物的时间是 $d/c = 3.6\text{fs}$。当然如果考虑折射率，穿过时间就更长一些。

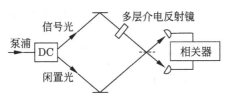

图 9.11　光子的超光速隧穿实验图。随着隧穿障碍物放置到信号光路上，必然增加信号光程，从而可以恢复经过分束器后的符合光子计数

假设在没有放置障碍物之前，HOM 干涉仪的两条路径相互对称，这样探测器上就没有符合计数：因为信号光与闲置光同时到达分束器。现在放上障碍物。我们可能简单凭直觉以为闲置光子会首先到达分束器。但这是一个简单直觉再次失败的例子。如果闲置光先期抵达分束器，我们可以设想通过延长它的路径总可以恢复对称的情况（也就是没有符合计数的情况）。然而实验显示信号光子的光程才是需要被延长的，这就表明穿过障碍物的光子才是先到达分束器的光子。事实上隧穿光子似乎以超光速穿过了障碍物，其速度大约是 1.7 倍光速！

这样解释实验结果毋庸置疑会带来一些争议。这个效应的传统解释如下。光子（或光子对）的发射时间并不能准确可知。因此它的位置也不能准确可知，尽管它的位置能够用高斯几率分布来描述，即高斯波包。两个光子之间因为存在关联，所以它们的高斯波包是完全等同的。撞击障碍物的波包会分裂开来，其大部分会被散射出去同时很小的一部分继续传播。这两者描述的是同一个光子。在绝大部分时间内光子是被散射开的。而代表穿过障碍物的光子隧穿部分则被认为是脉冲光由原始波包的大部分波前成分重新整合的结果。因此由于光子产生时间的不确定性所导致的部分波包会比另外一条路径上的波包中心更早到达分束器。任何光子无论如何也不能以比光速更快的速度运动，所以人们一定不能利用此现象实现超光速信号传递。然而这个解释不能让所有人满意，争议[12] 依旧存在。我们将在 9.7 节检查光子对产生过程中的时间不确定性所导致的另一个后果。

9.6 局域实在论和贝尔理论的光学验证

我们已经解释了如何在第一类下转换过程中生成贝尔态 $|\Psi^-\rangle$ 的过程，就是把一个 $\pi/2$ 旋光器放置在其中一条光路上。其他的贝尔态也能通过同样类型的下转换过程产生。比如可以把两个第一类下转换器叠加在一起，使得它们的光轴相互之间成 90°，同时泵浦极化方向与晶体光轴之间成 45° 的偏振光[13]。人们发现这样出来的光源确实是相当强的纠缠光源。这样的布局产生的是贝尔态 $|\Phi^{\pm}\rangle$。用哈密顿量（9.6）式描述的第二类下转换过程则能够产生所有四种贝尔态[14]。

现在假设我们能够通过某种下转换过程重复产生贝尔态，为明确起见定为

$$|\Psi^-\rangle = \frac{1}{\sqrt{2}}(|H\rangle_1|V\rangle_2 - |V\rangle_1|H\rangle_2) \tag{9.36}$$

接下来我们为每个模式定义沿着或垂直于方向角 θ（模式 1）和 ϕ（模式 2）的偏振态：

$$
\begin{aligned}
|\theta\rangle_1 &= \cos\theta|H\rangle_1 + \sin\theta|V\rangle_1 \\
|\theta^\perp\rangle_1 &= -\sin\theta|H\rangle_1 + \cos\theta|V\rangle_1 \\
|\phi\rangle_2 &= \cos\phi|H\rangle_2 + \sin\phi|V\rangle_2 \\
|\phi^\perp\rangle_2 &= -\sin\phi|H\rangle_2 + \cos\phi|V\rangle_2
\end{aligned}
\tag{9.37}
$$

用这些态我们可以写出

$$
\begin{aligned}
|\Psi^-\rangle = \frac{1}{\sqrt{2}}[&(\cos\theta\sin\phi - \sin\theta\cos\phi)|\theta\rangle_1|\phi\rangle_2 + \\
&(\cos\theta\cos\phi + \sin\theta\sin\phi)|\theta\rangle_1|\phi^\perp\rangle_2 - \\
&(\sin\theta\sin\phi + \cos\theta\cos\phi)|\theta^\perp\rangle_1|\phi\rangle_2 - \\
&(\sin\theta\cos\phi - \cos\theta\sin\phi)|\theta^\perp\rangle_1|\phi^\perp\rangle_2]
\end{aligned}
\tag{9.38}
$$

如果选择 $\phi = \theta$，则结果简化为

$$|\Psi^-\rangle = \frac{1}{\sqrt{2}}(|\theta\rangle_1|\theta^\perp\rangle_2 - |\theta^\perp\rangle_1|\theta\rangle_2) \tag{9.39}$$

它显示了状态 $|\Psi^-\rangle$ 的旋转不变性。状态 $|\Psi^-\rangle$ 在数学上等价于由两个自旋 1/2 粒子构成的自旋总数为 0 的自旋单态。其余贝尔态不是旋转不变的。有或没有旋转不变性对下面的讨论没有影响。

我们现在可以利用贝尔（John Bell）在多年前阐述的理论[1] 检测有关量子力学违背局域实在论的预言。不过我们先要描述一下如何测量光子偏振态。这极为简单，仅需要一片双折射材料如经典光学中熟悉的方解石和光子探测器。方解石晶体对一束非偏振光的作用是把光束分成水平偏振光和竖直偏振光。正如图 9.12(a) 所示，前者称为正常光（简称 o 光），沿着输入光的光路前进；后者称之为反常光（简称 e 光），沿着另一条路径前进。单光子的偏振态在操作中决定于观察哪一束光路上发射的光子：如果是 o 光，状态是 $|H\rangle$；如果是 e 光，则是 $|V\rangle$。如果围绕入射光旋转方解石晶体，o 光不会变化而 e 光按照图 9.12(b) 所示方向旋转。对于转了 θ 角的晶体而言，从 o 光中出来的那些单光子处在状态 $|\theta\rangle$，而从 e 光出来的那些处在状态 $|\theta^\perp\rangle$。

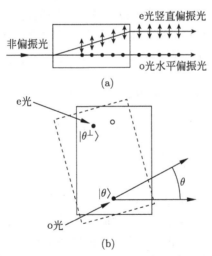

图 9.12　(a) 双折射材料如方解石晶体将无偏振的光束分为偏振相互垂直的两束光。o 光的传播方向不变而 e 光的方向偏折。(b) 在以 o 光为对称轴旋转晶体时，这两束光的偏振方向保持垂直

设想我们已经制备了如（9.39）式中的量子态并在每一束光前都放置一块方解石晶体。如图 9.13 所示做偏振测量实验。假定这些光束沿着不同方向前进，使得两个方解石测量装置距离很宽。理想状态下我们确实需要它们分得足够开，从而保证测量事件之间的时空距离是类空的。假定确实如此，并假定两个方解石晶体的偏振方向设成与水平方向成 θ 角，则将会发生以下后果。如果模式 1 中的光子处在偏振态 $|\theta\rangle_1$，则另一个必然能被探测为状态 $|\theta^\perp\rangle_2$，反过来也一样。这当然归因于状态（9.39）式中存在的强关联。

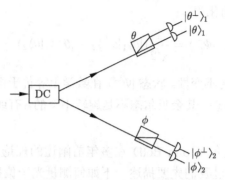

图 9.13　利用下转换过程光子检测贝尔理论的实验示意图。下转换器可以是第二类也可以是第一类，并将偏振旋光器放到其中一个光束之前

不过这里有一点神秘之处直指量子力学状态矢量诠释的核心。表达式（9.39）中描述的量子态到底指的是：给定的一对光子的偏振状态是在形成光子的时候就决定了要么是 $|\theta\rangle_1|\theta^\perp\rangle_2$，要么是 $|\theta^\perp\rangle_1|\theta\rangle_2$，而测量只不过是揭示出结果；还是指测量本身把其中一个光子随机地塌缩到某个特定偏振态并以某种方式迫使另一个光子，即便它处在相距非常遥远的地方，塌缩到与之垂直的偏振态上去？如果是后者，这似乎必然涉及到局域论的某种违背。假如测量事件之间是类空间隔的，那么相距遥远的光子是如何"知道"为了维持它们两个所处纠缠态 $|\Psi^-\rangle$ 的显然关联，探测器必须看到什么状态呢？但还有更神秘的地方。为了说明光子偏振和 1/2 自旋同构，我们可以建立如下算符：

$$\hat{\Sigma}_1 = |\theta\rangle\langle\theta^\perp| + |\theta^\perp\rangle\langle\theta|$$

$$\hat{\Sigma}_2 = -i(|\theta\rangle\langle\theta^\perp| - |\theta^\perp\rangle\langle\theta|) \qquad (9.40)$$

$$\hat{\Sigma}_3 = |\theta\rangle\langle\theta| - |\theta^\perp\rangle\langle\theta^\perp|$$

它们满足代数 $[\hat{\Sigma}_i, \hat{\Sigma}_j] = 2i\epsilon_{i,j,k}\hat{\Sigma}_k$。泡利自旋算符也满足一样的代数。因此海森伯不确定关系在偏振组分方面会发挥作用。举例而言，假如已知光子处在 $|\theta\rangle$ 态，其关于 $\hat{\Sigma}_3$ 的期望值是 1，那么它关于 $\hat{\Sigma}_1$ 和 $\hat{\Sigma}_2$ 的期望值则因为这些算符彼此间不对易而不能确定。如果模式 1 被探测为状态 $|\theta\rangle_1$，那么我们就能确定地说假如对光束 2 用沿着 θ 角的方解石进行测量，则结果必为 $|\theta^\perp\rangle_2$。但是如果并不做这个测量，我们能推断出光子必然处在 $|\theta^\perp\rangle_2$ 态吗？假如我们做出这样的推断，也就是说模式 2 上的光子处在该模式"自旋"算符 $\hat{\Sigma}_3^{(2)}$ 的本征态 $|\theta^\perp\rangle_2$ 上，那么就没有什么阻碍我们对算符 $\hat{\Sigma}_1^{(2)}$ 执行测量，从而发现光子处在该算符的某个本征态上。这反过来表明对不确定关系的违背，因为这些算符不是对易的。

爱因斯坦、波多尔斯基、罗森（简称 EPR）在 1935 年的论文[15] 中首次谈到了上述讨论中出现的难题，只是形式稍有不同。随后玻姆（Bohm）[16] 在自旋单态（数学上和上述偏振态等同）的背景下也讨论了这个问题。我们实际上面对两个问题：局域性问题和任何时刻可观察量是否有确定值的问题。后者就是"实在性"问题，EPR 称之为"实在元素"。缺乏确定的实在性元素使得 EPR 得出量子力学肯定不是一个完备理论的结论。从局域论的观点出发，我们期望一个合理的物理理论是局域的，意思是说它不能预言类似超光速信号传播这种物理结论。至于完备性，经典物理的推理可能暗示"隐变量"的存在，它将对量子力学进行补充和完备。1952 年，玻姆[2] 提出一个能够重复量子力学所有结果的隐变量理论。但它是非局域的。贝尔则在 1964 年[1] 显示局域隐变量理论能做出不同于量子力学的预言，因而提供了一种证伪量子力学或局域隐变量理论的方法。

为了看清楚这是怎么一回事，我们遵循贝尔的思路，定义如下关联函数：

$$C(\theta, \phi) = \text{Average}[A(\theta)B(\phi)] \tag{9.41}$$

这里的平均值是对很多次实验结果平均而来。假如光子 1 从 o 光路中出来（也就是说它处在状态 $|\theta\rangle_1$），则物理量 $A(\theta) = +1$；假如它从 e 光路中出来（处在状态 $|\theta^\perp\rangle_1$），则等于 -1。对光子 2 而言，我们可以同样定义 $B(\phi)$。至于乘积 $A(\theta)B(\phi)$，它在输出态为 $|\theta\rangle_1|\phi\rangle_2$ 或 $|\theta^\perp\rangle_1|\phi^\perp\rangle_2$ 时取值为 $+1$；而在输出态为 $|\theta\rangle_1|\phi^\perp\rangle_2$ 或 $|\theta^\perp\rangle_1|\phi\rangle_2$ 时取值为 -1。所以平均值必然是

$$C(\theta, \phi) = \Pr(|\theta\rangle_1|\phi\rangle_2) + \Pr(|\theta^\perp\rangle_1|\phi^\perp\rangle_2) - \Pr(|\theta\rangle_1|\phi^\perp\rangle_2) - \Pr(|\theta^\perp\rangle_1|\phi\rangle_2) \tag{9.42}$$

其中 $\Pr(|\theta\rangle_1|\phi\rangle_2)$ 是得到输出态 $|\theta\rangle_1|\phi\rangle_2$ 的几率，其他几率依此类推。对 (9.38) 式中的态 $|\Psi^-\rangle$，我们可以读取其几率幅，并利用它们的模平方稍加计算得到：

$$C(\theta, \phi) = -\cos[2(\theta - \phi)] \tag{9.43}$$

同样的结果可以从下面的期望值中得到：

$$C(\theta, \phi) = \langle\Psi^-|\hat{\sum}_3^{(1)}(\theta)\hat{\sum}_3^{(2)}(\phi)|\Psi^-\rangle = -\cos[2(\theta - \phi)] \tag{9.44}$$

其中算符

$$\hat{\sum}_3^{(1)}(\theta) = |\theta\rangle_{11}\langle\theta| - |\theta^\perp\rangle_{11}\langle\theta^\perp|, \quad \hat{\sum}_3^{(2)}(\phi) = |\phi\rangle_{22}\langle\phi| - |\phi^\perp\rangle_{22}\langle\phi^\perp| \tag{9.45}$$

是"自旋"算符沿着虚拟的第"3"轴的投影。这些算符的本征值很明显对应于 $A(\theta)$ 和 $B(\phi)$ 的取值。因此关联函数 (9.43) 式是量子力学的直接预言。

为了包含局域性，我们假定隐变量（标记为 λ）的存在，它的角色是决定光子对在被制备出来时的关联。隐变量可能随着实验的每次运行而发生随机变化，但对于某次给定的运行，$A(\theta)$ 和 $B(\phi)$ 的取值必然确定性地取决于隐变量。因此我们应该把它们表达为 $A(\theta, \lambda)$ 和 $B(\phi, \lambda)$，这里我们仍然有 $A(\theta, \lambda) = \pm 1$ 和 $B(\phi, \lambda) = \pm 1$。根据局域性原理，对其中一个光子的测量结果不依赖于对另一个进行测量时方解石晶体设定的角度，反过

来也一样。出于这个理由，我们排除形如 $A(\theta, \phi, \lambda)$ 和 $B(\theta, \phi, \lambda)$ 的方程的存在可能。假定在许多次实验运行后，可用 $\rho(\lambda)$ 表达隐变量 λ 的几率分布，也就是说：

$$\int \rho(\lambda) d\lambda = 1 \tag{9.46}$$

因此在局域隐变量理论中，关联函数将会是

$$C_{\mathrm{HV}}(\theta, \phi) = \int A(\theta, \lambda) B(\phi, \lambda) \rho(\lambda) d\lambda \tag{9.47}$$

我们必须检验这个表达式是否与符合量子力学的表达式（9.43）自洽。为达此目的，我们需要如下简单数学结果：如果 $X_1, X_1', X_2, X_2' = \pm 1$，则必有

$$S = X_1 X_2 + X_1 X_2' + X_1' X_2 - X_1' X_2' = X_1(X_2 + X_2') + X_1'(X_2 - X_2') = \pm 2 \tag{9.48}$$

这个结果很容易检验。如果我们令 $X_1 = A(\theta, \lambda)$，$X_1' = A(\theta', \lambda)$，$X_2 = B(\phi, \lambda)$，$X_2' = B(\phi', \lambda)$，把它们乘以 $\rho(\lambda)$ 再对 λ 积分，可得

$$-2 \leqslant C_{\mathrm{HV}}(\theta, \phi) + C_{\mathrm{HV}}(\theta', \phi) + C_{\mathrm{HV}}(\theta, \phi') - C_{\mathrm{HV}}(\theta', \phi') \leqslant 2 \tag{9.49}$$

这就是克劳泽（Clauser）、霍恩（Horne）、西蒙尼（Shimony）和霍尔特（Holt）给出的贝尔不等式形式[17]，简称为 CHSH 不等式。假如设 $\theta = 0$、$\theta' = \pi/4$、$\phi = \pi/8$、$\phi' = -\pi/8$，从基于量子力学的关联函数（9.43）式可发现

$$S = C_{\mathrm{HV}}(\theta, \phi) + C_{\mathrm{HV}}(\theta', \phi) + C_{\mathrm{HV}}(\theta, \phi') - C_{\mathrm{HV}}(\theta', \phi') = -2\sqrt{2} \tag{9.50}$$

这个结果明显超出了从局域隐变量理论得到的不等式（9.49）的上下限。对 CHSH 不等式的违背意味着量子力学的结果不能由任何局域隐变量理论做出解释。当然实验才是这个结果的最终判定者。

弗里德曼（Freedman）和克劳泽（Clauser）[18] 在 1970 年代早期开始用钙原子的级联型跃迁 $J = 0 \rightarrow 1 \rightarrow 0$ 产生的偏振光对贝尔类不等式进行实验检验；实验最终由阿斯佩克特（Aspect）等在 1982 年[19,20] 完成。在 Aspect 实验中，偏振分析仪随着光子的飞行而旋转。随后欧（Ou）与曼德尔（Mandel）组[21] 和史（Shih）与阿利（Alley）组[22] 各自独立地完成了用下转换过程作为偏振纠缠光子源的首批实验。

绝大多数实验都显示检测结果违背贝尔类不等式，但没有免除在数据处理中使用一定的额外假设。在任何用光子做的真实实验中，人们必须考虑探测器效率（我们把它标记为 η_{det}）不可能是理想的 $\eta_{\mathrm{det}} = 1$，尽管我们在推导中假设如此。在非理想情况下，表达式（9.43）应该改为

$$C(0, \phi) - \eta_{\mathrm{det}}^2 \cos[2(0 - \phi)] \tag{9.51}$$

这个结果是对表达式（9.42）中每一项乘以 η_{det}^2 而得来。事实上表达式中每一项都是两次测量的联合几率，而每一个 η_{det} 来自于单次测量。因而从表达式（9.51）可知我们必然

有 $S = \eta_{\text{det}}^2 2\sqrt{2}$。考虑到贝尔不等式当 $S > 2$ 时被破坏，显然为了获得违背不等式的结果，我们必须对探测器效率设置下限：$\eta_{\text{det}} > 1/\sqrt[4]{2} \approx 0.84$。

使用不完美的探测器导致所有光子对不能都被探测计数。所以在实际实验中有必要引入一个不可检验的额外假设。这个假设就是探测器实际上对所有探测事件构成的系综执行了公平抽样，也就是说那些双光子都被探测到的事件是整个系综的代表。因此我们根据下式重新定义关联函数

$$C(\theta, \phi) = \frac{\text{Average}[A(\theta)B(\phi)]}{\text{Average}[N_1 N_2]} \tag{9.52}$$

其中，N_1 是光束 1 中被探测到的光子总数（对任何一轮实验，$N_1 = 0$ 或 1），N_2 的定义类似，另外

$$\text{Average}[N_1 N_2] = \Pr(\theta, \phi) + \Pr(\theta^\perp, \phi^\perp) + \Pr(\theta, \phi^\perp) + \Pr(\theta^\perp, \phi) \tag{9.53}$$

因为无论分子和分母都正比于因子 η_{det}^2，所以关联函数与之无关。利用公平抽样假设，根据量子力学 CHSH 的贝尔不等式在任何效率的探测器条件下都将被破坏。

我们对这些实验的描述当然过于简化了。尽管如此，这些实验或此类实验即便用本科生的实验室装备做起来也不是特别复杂，代价也适中。德林格尔（Dehlinger）和米歇尔（Mitchell）[23] 曾介绍过一种用来产生偏振纠缠态的仪器，它可以在本科生实验室中展示贝尔不等式的违背。他们的装置是使用两个面对面的第一类 BBO 晶体下转换器，其中第二个围绕垂直于第一个的方向转动 90°。这两块晶体用一个二极管激光器中获得的 45° 偏振光进行泵浦。这样的安排产生如下形式的纠缠态：

$$|\Phi^+\rangle = \frac{1}{\sqrt{2}}(|H\rangle_1 |H\rangle_2 + |V\rangle_1 |V\rangle_2) \tag{9.54}$$

这里描述的双晶体方案是一种有效产生偏振态的方案，首次被克怀特（Kwiat）等 [24] 在实验中使用。他们的结果以 21 个标准方差违背了贝尔不等式。

不是所有使用下转换光展示违背贝尔类不等式的实验都用到了偏振纠缠。拉里蒂（Rarity）和泰普斯特（Tapster）[25] 曾经利用光束的动量纠缠做实验。另外一个例子是弗朗松（Franson）[26] 所提出的利用时间-能量不确定性。我们接下来讨论这个实验。

9.7　弗朗松实验

考虑图 9.14 的实验装置图。下转换器同时产生了一对光子（信号光和闲置光）射入干涉仪。因为光子相干长度远小于任意一个干涉仪的两条光路长度之差，所以在单个干涉仪中没有单光子干涉。但在探测器 D_1 与 D_2 之间的符合测量中有双光子干涉。为了观察所发生的事件，考虑如下情况。这对光子要到达探测器而选择的路径可能都是短的 (S, S)，或者都是长的 (L, L)，或者一短一长 (S, L)，或者一长一短 (L, S)。前两种情况是

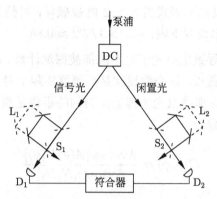

图 9.14 弗朗松实验示意图。干涉仪的光路可按要求进行调节

不可分辨的，因为我们无法知道光子什么时候被制造出来。设想在两个干涉仪上的光程完全一样，则两个探测器将会同时做出反应。后两种情况因为两个探测器做出反应之间的延迟则是可分辨的，走较短路径的光子会被先探测到。因此后两种情况彼此之间以及它们与前两种情况之间都是可以分辨的，因为在前两种情况下探测器必然同时"嘀嗒"。在实验条件下关联器的电快脉冲之间的时间窗口可以被设得足够短，这样就能舍弃来自两个可分辨过程的计数。这就起到把这两个光子后选择（约化或缩编）到

$$|\psi\rangle = \frac{1}{2}(|S\rangle_1 |S\rangle_2 + e^{i\Phi}|L_1\rangle_1|L_2\rangle_2) \tag{9.55}$$

的效应[1]。它明显是另一种形式的贝尔态。这里我们假设 $S_1 = S_2 = S$，但 L_1 和 L_2 可根据图 9.14 进行调节。相位 Φ 是 (S, S) 与 (L, L) 两个过程之间的相对相位，是不同光子获得的相对相位之和：

$$\begin{aligned}\Phi &= \omega_s \Delta L_1 / c + \omega_i \Delta L_2 / c \\ &= \frac{\omega_s + \omega_i}{2c}(\Delta L_1 + \Delta L_2) + \frac{\omega_s - \omega_i}{2c}(\Delta L_1 - \Delta L_2) \\ &\approx \frac{\omega_p}{2c}(\Delta L_1 + \Delta L_2)\end{aligned} \tag{9.56}$$

当 $\Delta L_1 - \Delta L_2$ 远小于信号光频率 ω_s 与闲置光频率 ω_i 带宽的倒数时，最后一个等号成立。$\omega_p = \omega_s + \omega_i$ 当然就是泵浦光频率。如果我们现在应用费曼关于不可分辨过程几率幅的相加法则，就能得到双光子探测符合计数率：

$$P_{\text{coin}} = \frac{1}{4}\left|1 + e^{i\Phi}\right|^2 = \frac{1}{2}(1 + \cos\Phi) = \frac{1}{2}\left[1 + \cos\left(\frac{\omega_p}{2c}(\Delta L_1 + \Delta L_2)\right)\right] \tag{9.57}$$

这个结果呈现出 100% 的可分辨度，意味着符合探测几率的最小值是 0。这个情况下进入两个干涉仪的光子对之间是反关联的：如果其中一个走短的路径，则另一个走长的路径，反之亦然。符合探测几率达到最大值的意思是光子对在干涉仪中是关联的：要么都走短

---

[1]注意后选择丢掉了其他可能性，理应是不保模的！

路，要么都走长路。没有任何经典的或隐变量模型对可分辨度的预测能超过 50%。出现高于 70.7% 的可分辨度条纹就违背了贝尔类不等式。克怀特（Kwiat）等的实验[27] 得到 80.4% ± 0.6% 的可分辨度。其他实现了弗朗松实验的小组包括欧（Ou）[28] 等、布伦德尔（Brendel）等[29] 和史（Shih）等[30]。

9.8　下转换光在无绝对标准度量学方面的应用

在本章的最后，我们简要讨论下转换光在实际问题中的应用。这些应用正是因为在下转换过程中自发产生的光子对之间的紧密关联而成为可能。下转换过程首先由伯纳姆（Burnham）和温伯格（Weinberg）[3] 证明。正如我们将看到的，使用下转换光的好处是执行测量后产生绝对结果而无需某个校准的标准。

我们先讨论光子探测器的绝对校准的确定，实质上是测量它的绝对量子效率。图 9.15 给出测量示意图。两个完全相同的光子探测器放置在第一类下转换器的输出端。我们把探测器 A 当作等待校准的探测器，而把探测器 B 作为触发，尽管谁扮演什么角色是相当任意的。因为下转换器成对制造光子，理想探测器的两端将会探测到同步发射的光子。量子效率的测量是相当简单的。设下转换器产生的光子对数为 N。只要探测器 B 触发信号，实验者就去检查探测器 A 是否也触发了信号。于是 B 探测事件中发生了 A 的同步探测的比例就是探测器 A 被测出的量子效率。这个方法不需要知道探测器 B 的量子效率。假如 B 没有发生探测事件，实验者简单无视探测器 A 就可以了。更定量的表述是，假如我们把探测器 A 和 B 的量子效率分别表示为 η_A 和 η_B，那么它们各自探测到的光子数分别是 $N_A = \eta_A N$ 和 $N_B = \eta_B N$。符合计数（同步得到的光子数）将是 $N_C = \eta_A \eta_B N = \eta_A N_B$。因此有 $\eta_A = N_C/N_B$，它显然与探测器 B 的量子效率无关。这类实验的思想暗含在伯纳姆（Burnham）和温伯格（Weinberg）的工作[3] 中。美国国家标准技术研究所的米格道（Migdall）等[31] 在 1995 年对此方法进行了测试，并与更为传统的涉及到（校准的）标准的方法对比，发现结果非常吻合。

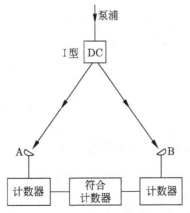

图 9.15　光子探测器的绝对校准测量示意图

另一个我们还会讨论的度量学应用是对绝对辐射率的测量。它由克雷什科 (Klyshko) [32] 提出，并于 1979 年首次在实验室 [33] 中呈现。如图 9.16 所示，它是一种自发参量下转换的过程：有一束辐射率未知待测的光束被对齐到一定方向，使得它可以与下转换器的某个输出端光束（如信号光）发生重叠。这个装置构成了一个参量放大器，其中未知的输入光激发了光子对（它们必然总是成对产生）进入输出端光束。这一点在图 9.16 中用输出端的双线表示。实验的基本思想是监测闲置光的输出，比较阻挡未知光时纯粹由自发下转换测到的辐射强度与打开未知光发生受激下转换时测到的辐射强度，获得其增量。受激输出光与自发输出光的强度比例给出了未知光的辐射率。在这样的测量中无需任何标准。

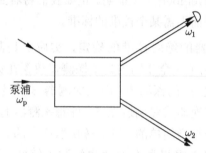

图 9.16　绝对辐射率测量示意图

这里讨论到的应用没有涉及量子纠缠。不过人们也提出了基于纠缠的应用，那就需要第二类下转换过程。一个具体的例子是在椭圆测量术 [34] 中的应用。如想浏览相关引文，可查阅我们列在参考文献中的文章。

习题

1. (9.8) 式中微扰展开表达式的第一阶给出第一类下转换器的输出结果：$|1\rangle_s|1\rangle_i$。
   (a) 证明其第二阶给出的输出态是 $|2\rangle_s|2\rangle_i$。(b) 假设每个态上都有两个光子，而把这两对光子同时输入到 50:50 的分束器上，则输出态是什么？(c) 证明前面的结果和经典理论下得到的二项式分布不同。(d) 设计一个能够区别分束器输出态的量子描述和经典描述的实验（参考 Ou、Rhee 和 Wang 的工作 [35]）。

2. 从贝尔态 $|\Psi^+\rangle = (|H\rangle_1|V\rangle_2 + |V\rangle_1|H\rangle_2)/\sqrt{2}$ 出发推导 CHSH-Bell 不等式。

3. 使用"背靠背"型第一类下转换器，泵浦光使用偏振角为 45° 的偏振光，信号光偏振转动 90° 与闲置光偏振垂直，可产生贝尔态 $|\Phi^+\rangle = (|H\rangle_1|H\rangle_2 + |V\rangle_1|V\rangle_2)/\sqrt{2}$。分析这个态对 CHSH-Bell 不等式可能的违背。

4. 对于 $|\Psi^-\rangle$，考虑物理量 $S_{\mathrm{Bell}} \equiv |C(\theta,\phi) - C(\theta,\phi')| + |C(\theta',\phi') + C(\theta',\phi)|$。证明对于局域实在论，其中我们把 $C(\theta,\phi)$ 替换为 $C_{HV}(\theta,\phi)$，那么有 $S_{\mathrm{Bell}} \leqslant 2$。可否找到一个量子力学的例子，使得它违背这个不等式？

参考文献

[1] J. S. Bell, Physics (NY), 1 (1964), 195. See also J. S. Bell, Speakable and Unspeakable in Quantum Mechanics (Cambridge: Cambridge University Press, 1987).

[2] D. Bohm, Phys. Rev. 85 (1952), 166, 180.

[3] D. C. Burnham and D. L. Weinberg, Phys. Rev. Lett., 25 (1970), 84.

[4] A. Joobeur, B. Saleh and M. Teich, Phys. Rev. A, 50 (1994), 3349.

[5] See, for example, R. W. Boyd, Nonlinear Optics, 2nd edition (San Diego: Academic Press, 2003).

[6] C. K. Hong, Z. Y. Ou and L. Mandel, Phys. Rev. Lett., 59 (1987), 2044. A related experiment was later performed by J. G. Rarity, P. R. Tapster, E. Jakeman, T. Larchuk, R. A. Campos, M. C. Teich and B. E. A. Saleh, Phys. Rev. Lett., 65 (1990), 1348.

[7] P. G. Kwiat, A. M. Steinberg and R. Y. Chiao, Phys. Rev. A, 45 (1992), 7729.

[8] D. M. Greenberger, M. A. Horne and A. Zeilinger, Physics Today (August 1993), p. 22.

[9] X. Y. Zou, L. J. Wang and L. Mandel, Phys. Rev. Lett., 67 (1991), 318.

[10] R. Y. Chiao and A. M. Steinberg, Progress in Optics XXXVII, E. Wolf (editor) (Amsterdam: Elsevier, 1997), p. 345; G. Nimtz and W. Heitmann, Prog. Quant. Electr., 21 (1997), 81.

[11] A. M. Steinberg, P. G. Kwiat and R. Y. Chiao, Phys. Rev. Lett., 71 (1993), 708.

[12] See H. Winful, Phys. Rev. Lett., 90 (2003), 023901; M. Büttiker and S. Washburn, Nature, 422 (2003), 271; and the exchange between Winful and Büttiker and Washburn, Nature 424 (2003), 638.

[13] See any good optics text such as F. L. Pedrotti and L. S. Pedrotti, Introduction to Optics, 2nd edition (Englewood Cliffs: Prentice Hall, 1993). For a discussion of polarized single-photon states and the use of calcite crystals to detect them, along with a discussion of their use in elucidating a number of puzzling features in quantum mechanics, see A. P. French and E. F. Taylor, An Introduction to Quantum Physics (New York: W. W. Norton, 1978), chapter 6.

[14] See W. Tittel and G. Weihs, Quant. Inf. Comp., 1 (2001), 3; Y. Shih, Rep. Prog. Phys., 66 (2003), 1009.

[15] A. Einstein, B. Podolsky and N. Rosen, Phys. Rev., 47 (1935), 777.

[16] D. Bohm, Quantum Theory (New York: Prentice-Hall, 1951), chapter 22.

[17] J. F. Clauser, M. A. Horne, A. Shimony and R. A. Holt, Phys. Rev. Lett., 23 (1969), 880.

[18] S. J. Freedman and J. F. Clauser, Phys. Rev. Lett., 28 (1972), 938.

[19] A. Aspect, P. Grangier and G. Roger, Phys. Rev. Lett., 49 (1982), 91.

[20] A. Aspect, J. Dalibard and G. Roger, Phys. Rev. Lett., 49 (1982), 1804.

[21] Z. Y. Ou and L. Mandel, Phys. Rev. Lett., 61 (1988), 50.

[22] Y. H. Shih and C. O. Alley, Phys. Rev. Lett., 61 (1988), 2921.

[23] D. Dehlinger and M. W. Mitchell, Am. J. Phys., 70 (2002), 898, 903.

[24] P. G. Kwiat, K. Mattle, H. Weinfurter, A. Zeilinger, A. V. Sergienko and Y. H. Shih, Phys. Rev. Lett., 75 (1995), 4337; P. G. Kwiat, E. Waks, A. G. White, I. Appelbaum and P. H. Eberhard, Phys. Rev. A, 60 (1999), R773.

[25] J. G. Rarity and P. R. Tapster, Phys. Rev. Lett., 64 (1990), 2495.

[26] J. D. Franson, Phys. Rev. Lett., 62 (1989), 2205.

[27] P. G. Kwiat, A. M. Steinberg and R. Y. Chiao, Phys. Rev. A, 47 (1993), R2472.

[28] Z. Y. Ou, X. Y. Zou, L. J. Wang and L. Mandel, Phys. Rev. Lett., 65 (1990), 321.

[29] J. Brendel, E. Mohler and W. Martienssen, Euro. Phys. Lett., 20 (1992), 575.

[30] Y. H. Shih, A. V. Sergienko and M. H. Rubin, Phys. Rev. A, 47 (1993), 1288.

[31] A. Migdall, R. Datla, A. Sergienko, J. S. Orszak and Y. H. Shih, Metrologica, 32 (1995/6), 479.

[32] D. N. Klyshko, Sov. J. Quantum Electron., 7 (1977), 591.

[33] G. Kitaeva, A. N. Penin, V. V. Fadeev and Yu. A. Yanait, Sov. Phys. Dokl., 24 (1979), 564.

[34] A. F. Abouraddy, K. C. Toussaint, A. V. Sergienko, B. E. A. Saleh and M. C. Teich, J. Opt. Soc. Am. B, 19 (2002), 656.

[35] Z. Y. Ou, J.-K. Rhee and L. J. Wang, Phys. Rev. Lett., 83 (1999), 959.

参考书目

- D. N. Klyshko, Photons and Nonlinear Optics (New York: Gordon and Breach, 1988).

- R. Y. Chiao and A. M. Steinberg, "Tunneling times and superluminality", in Progress in Optics XXXVII, E. Wolf (editor) (Amsterdam: Elsevier, 1997), p. 345.

- R. Y. Chiao, P. G. Kwiat and A. M. Steinberg, "Faster than light?", Scientific American (August 1993), p. 52.

- P. Hariharan and B. C. Sanders, "Quantum phenomena in optical interferometry", Progress in Optics XXXVI, E. Wolf (editor) (Amsterdam: Elsevier, 1996).

- L. Mandel, "Quantum effects in one-photon and two-photon interference", Rev. Mod. Phys., 71 (1999), S274.

我们在本章正文中对贝尔不等式的讨论与下面文献密切相关：

- L. Hardy, "Spooky action at a distance in quantum mechanics", Contemp. Phys., 39 (1998), 419.

早期使用级联型原子系统产生极化纠缠光子对的综述如下：

- J. F. Clauser and A. Shimony, "Bell's theorem: experimental tests and implications", Rep. Prog. Phys., 41 (1978), 1881.

下面两篇综述是关于下转换光在度量学中的应用：

- A. Migdall, "Correlated-photon metrology without absolute standards", Physics Today (January 1999), p. 41.

- A. V. Sergienko and G. S. Sauer, "Quantum information processing and precise optical measurements with entangled photon pairs", Contemp. Phys., 44 (2003), 341.

第 10 章　腔量子电动力学以及离子阱的实验

在本章中我们讨论量子光学现象的另外两种实验实现，也就是一个等效二能级原子和量子化电磁场在高品质因子微波腔中的相互作用（这个课题通常被称为腔量子电动力学系统，有时简写为 CQED）以及囚禁离子的量子化运动。这些实验严格意义上讲不是光学实验，但它们确实精确实现了量子光学中感兴趣的相互作用类型，也就是一个二能级系统（原子）和一个玻色子自由度，或微波腔中的单模腔场，或囚禁离子质心运动的一个振动模式（在此情况下能量子是声子）之间的 J-C 相互作用。我们的讨论从描述微波 CQED 实验中使用的所谓里德伯原子的有用性质开始，接着讨论腔中原子的一般辐射行为、J-C 模型的 CQED 实现。然后讨论利用远失谐条件下的 J-C 模型实现相干态的叠加态，也就是第 7 章和第 9 章里行波光场中的薛定谔猫态，但这次我们用的是微波腔场。最后讨论在囚禁离子的振动模式中实现 J-C 相互作用。

10.1　里德伯原子

里德伯原子是指普通原子的一个电子（通常是碱性原子的价电子）被激发到非常高的主量子数状态上[1]。这个态称之为里德伯态。在即将讨论的实验中使用的里德伯原子是那些价电子的主量子数（不要和场态的光子数混淆，这一点通过上下文可知）达到 $n \sim 50$ 的铷原子。里德伯态的电子束缚能由下式给出：

$$E_{nl} = -\frac{R}{(n-\delta_l)^2} = -\frac{R}{n^{*2}} \tag{10.1}$$

这里 $n^* = n - \delta_l$，δ_l 是类氢"原子核"导致的"量子数亏损"。这个亏损是对等效的类氢"原子核"束缚势能与真实氢原子核束缚势能之间偏差的纠正。参数 R 是里德伯常数，其近似值是 $R = 13.6\mathrm{eV}$。量子数亏损依赖于角动量量子数 l。对低 l 态，它等于 1，且会随着 l 数变大而减小。如果我们主要关注较高的 l，也就是 δ_l 较小，则可以用通常的主量子数 n 标记我们的里德伯态。对于给定 n 的态，l 可取的最大值是 $l = n - 1$。如果在此前提下，再取磁量子数 $|m| = n - 1$，那么这样的态称之为圆里德伯态，这是因为在经典极限下，这些量子数描述了电子在圆周轨道上运动[2]。在 CQED 实验里用的就是圆里德伯态。内森斯韦格（Nussenzweig）等[3] 曾描述过如何用铷原子制备这些态。

圆里德伯态的许多性质使得它适用于 CQED 实验。首先它只允许一种偶极跃迁：$n \leftrightarrow n - 1, |m| \leftrightarrow |m| - 1$，所以它们合适模拟二能级系统。里德伯原子的"经典"半

径大小的标度是 $n^2 a_0$，这里 $a_0 = 0.5\text{Å}$ 是玻尔半径。n 达到 100 左右，原子尺寸就达到病毒大小。（在天文物理中曾观察到主量子数高达 $n \approx 733$ 的里德伯原子跃迁。）两个主量子数分别为 n 和 n' 的圆里德伯态之间的电偶极算符的矩阵元（$\Delta n = n - n' = 1$）是

$$d = \langle n|\hat{d}|n' \rangle \approx q n^2 a_0 \tag{10.2}$$

其中 $\hat{d} = qr$。取 $n = 50$，我们得到 $d \approx 1390$ 原子单位，其中偶极矩 $qa_0 = 1$ 原子单位。差不多是低能级氢原子态之间典型光学跃迁的偶极矩的 300 倍。圆里德伯原子因其偶极矩很大使得它们与单模腔场之间的耦合强度较大，从而特别适用于 CQED 实验。n 较大的里德伯原子在态跃迁 $\Delta n = 1$ 中发生的辐射频率接近于它自身的玻尔圆频率：

$$\omega_0 = \frac{E_{nl} - E_{n'l'}}{\hbar} \simeq \frac{2R}{\hbar n^3} \tag{10.3}$$

当 $n \sim 50$ 时，辐射频率是 $\nu_0 = \omega_0/2\pi \sim 36\text{GHz}$，对应波长是 $\lambda_0 = c/\nu_0 \sim 8\text{mm}$。最后这个数字可帮助我们估算微波段驻波场所在腔的尺寸。

考虑到自发辐射率的表达式是

$$\Gamma = \frac{d^2 \omega_0^3}{3\pi\epsilon_0 \hbar c^3} \tag{10.4}$$

使用之前关于圆里德伯跃迁的结果，$d^2 \sim n^4$ 以及 $\omega_0^3 \sim n^{-9}$，可知这些跃迁的衰减率是

$$\Gamma \sim \Gamma_0 n^{-5} \tag{10.5}$$

其中 $\Gamma_0 = c\alpha^4/a_0$，这里 α 是精细结构常数，$\alpha = e^2/\hbar c \approx 1/137$。$\Gamma_0$ 是通常允许发生的低能级自发辐射（一般指光学跃迁）的衰减率，通常的数量级是 $\Gamma_0 \sim 10^9 \text{s}^{-1}$，对应的激发态寿命是 $\tau_0 = 1/\Gamma_0 \sim 10^{-9}\text{s}$。圆里德伯跃迁则有低得多的自发辐射率和长得多的激发态寿命 $\tau = 1/\Gamma = \tau_0 n^5$。取 $n \sim 50$，则可知 $\tau \sim 10^{-1}\text{s}$，相比"正常"的自发辐射寿命 $\tau_0 \sim 10^{-9}\text{s}$ 来说，确实长很多了。

最后我们讨论探测原子态的问题。在里德伯原子中，电子通常远离类氢核，它的束缚能较小，这使得外场容易让原子发生电离。在没有外场施加作用时，根据库仑定律电子所感受到的电场是

$$E_{\text{Coulomb}} \approx \frac{e}{4\pi\epsilon_0 (n^2 a_0)^2} \tag{10.6}$$

因此如果用均匀不变场 $E \approx E_{\text{Coulomb}}$ 实现电离，其电离率与 n^{-4} 成正比。主量子数为 n 的里德伯态电离率相对主量子数为 $n-1$ 的里德伯态电离率较小，差距比例为 $1 + 4/n$。近邻里德伯态之间在电离率上的差别尽管小于低能态之间的差别，但对用场电离方法实施状态选择测量也足够大了。场电离法的思路比较简单：让原子通过一套有两个不一样场能的电离探测器构成的装置（图 10.1）。原子先经过第一个设置为用来探测高能级态的探测器；设该能级的主量子数为 n。第二个探测器设置有更强的场以便探测到主量子数为 $n-1$ 的能态。这些作用场的强度必须仔细设置，以使得第一个探测器刚刚好能够电

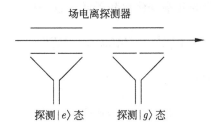

图 10.1　高激发态里德伯原子束的场电离允许选择性的状态探测。施加的电场强度随距离提高，使得第一个探测器可监控原子在激发态的布居；而处在下游的第二个探测器可监控到原子处在受到更强束缚的基态

离那些价电子处在上能态时的原子；而第二个探测器（作用场）足够强，正好能够电离那些价电子处在下能态时的原子。正是在任意一个探测器内完成的对场电离电子的探测构成了对原子状态的选择性测量。

小结一下，原子的圆里德伯态拥有如下我们所需要的性质：①原子能级间跃迁局限在不同圆里德伯态之间，从而为它们充当"二能级"原子奠定了基础；②允许发生的跃迁的偶极矩较大；③这些态的寿命较长；④可以用外场选择性地对它们进行电离从而进行选择性的原子态探测。

10.2　与腔场进行相互作用的里德伯原子

我们在前文讲过，发生在近邻圆里德伯态之间的跃迁产生的辐射波长在几个毫米的尺度之内。这属于微波段辐射。在自由空间中除了自发辐射以外，里德伯原子还会经历受激辐射和受激吸收，它们是外界环境在微波段黑体辐射的结果。我们把近邻里德伯态标记为 $|e\rangle$ 和 $|g\rangle$，它们通常对应主量子数分别为 50 和 49 的两个态。设黑体辐射能量密度为 $U_{BB}(\omega)$，则原子从 $|g\rangle$ 跃迁到 $|e\rangle$ 的受激吸收几率变化率由（10.7）式给出[4]：

$$W_{ge}^{BB} = \frac{\pi d^2}{\epsilon_0 \hbar^2} \overline{(e_a \cdot e)^2} U_{BB}(\omega_0) \tag{10.7}$$

其中 e_a 和 e 分别是原子和辐射场偶极矩偏振方向的单位矢量。容易证明 $\overline{(e_a \cdot e)^2} = 1/3$。更进一步考虑自由空间中的热平衡场，能量密度可以写为 $U_{BB}(\omega_0) = \rho_{fs}(\omega_0)\bar{n}(\omega_0)$，其中 $\rho_{fs}(\omega_0) = \omega_0^2/(\pi^2 c^3)$ 是自由空间模式密度（参见表达式 (2.75)），且

$$\bar{n}(\omega_0) = [\exp(\hbar\omega_0/k_B T) - 1]^{-1} \tag{10.8}$$

因此我们可以写出

$$W_{ge}^{BB} = B\bar{n} \tag{10.9}$$

其中，

$$B = \frac{d^2 \omega_0^3}{3\pi\epsilon_0 \hbar c^3} \tag{10.10}$$

从 $|e\rangle$ 到 $|g\rangle$ 的受激辐射过程的几率变化率和受激吸收一样：

$$W_{eg}^{BB} = B\bar{n}(\omega_0) = W_{ge}^{BB} \tag{10.11}$$

再把 $|e\rangle$ 的自发辐射考虑进来，

$$W_{eg}^{BB+SpE} = B[\bar{n}(\omega_0) + 1] \tag{10.12}$$

从自发辐射率公式（10.4）且 $B = \Gamma$，我们可以写出

$$\Gamma = \frac{\pi d^2}{3\epsilon_0 \hbar^2} \rho_{fs}(\omega_0)\hbar\omega_0 \tag{10.13}$$

在 $\bar{n} = 0$ 的情况下，自发辐射率正好与原子周围所有模式的真空涨落相关。对于波长在毫米量级的里德伯跃迁来说，即便在室温下也有 $\bar{\omega}_0 \ll k_B T$，所以我们可以应用普朗克辐射定律的瑞利-金斯极限 $\bar{n} \approx k_\mathrm{B}T/\hbar\omega_0 \gg 1$ 获得

$$W_{eg}^{BB} \approx \frac{d^2 \omega_0^2 k_\mathrm{B} T}{3\pi\epsilon_0 \hbar^2 c^3} \tag{10.14}$$

因为对圆里德伯态有 $d^2 \sim n^4$ 以及 $\omega_0^2 \sim n^{-6}$，所以我们有 $W_{eg}^B B \sim n^{-2}$。我们需要把它与 $|e\rangle$ 对所有态的自发辐射率总和比较，而后者量级是 $\Gamma \sim n^{-5}$。于是 $W_{eg}^{BB}/\Gamma \sim n^3$，因而由原子周围环境的黑体辐射引发的受激辐射率远大于它的自发辐射率。

W_{eg}^{BB} 和 Γ 本质上都是不可逆过程的变化率：原子把光子辐射到连续模中，但光子不会被原子再吸收。我们的目标是找到特定的条件使得原子-场相互作用的动力学是可逆的。我们通过把原子放在合适尺寸的腔中就可以做到这一点，如此腔内的模式密度就会远小于自由空间的情况。理想状态下我们希望腔内只有一个模式，其频率接近于原子跃迁频率 ω_0。这将减小不可逆的自发辐射率，因为原子仅能辐射到单个腔模上去。同时我们也希望压制对应于原子跃迁频率的相关波段黑体辐射所引发的原子跃迁。如果光腔温度足够低，以至于 $\hbar\omega_0 \gg k_B T$，我们有 $\bar{n}(\omega_0) \approx \exp(-\hbar\omega_0/k_B T) \ll 1$，这样因热光子而产生的受激辐射率就小多了。

举个有关单个原子在这样一种腔内的简单例子。我们考虑制备在激发态 $|e\rangle$ 上的原子放在一个单模腔内，这个模式的频率与原子跃迁频率 ω_0 共振。假设初始时刻腔被制备为真空态，这样原子-场复合系统的初始态是 $|1\rangle = |e\rangle|0\rangle$。当原子经历自发辐射，整个系统的状态变成 $|2\rangle = |g\rangle|1\rangle$。这两个原子-场复合系统态的总能量完全一致：$E_1 = E_2 = \hbar\omega_0/2$（共振条件）。如果考虑它们之间的相互作用（4.5 节），总系统将会以真空拉比频率 $\Omega_0 = \Omega(0) = 2\lambda$ 在状态 $|1\rangle$ 和 $|2\rangle$ 之间周期性振荡。不过还存有另一种可能：即光子在原子还没能重新吸收它之前就从腔中泄漏出去。无论腔壁温度多低，它们和原子-辐射场复合系统总有相互作用。这会带来两个重要效应：辐射场能量因为光子损失而降低；以及量子系统动力学过程中的退相干。所以在描述激发原子与单模腔场之间相互作用时，我们需要考虑第三个态 $|3\rangle = |g\rangle|0\rangle$。这个态与可逆动力学无关但在不可

逆动力学中与光子损失相关。如图 10.2 所示，状态 $|3\rangle$ 的能量是 $E_3 = -\hbar\omega_0/2$，比 E_1 和 E_2 少 $\hbar\omega_0$。这个损失掉的能量变成了环境热库的激发。非相干损失是本书第 8 章的主题。类似地，我们在这里也将引入合适的主方程对该损失建立模型。

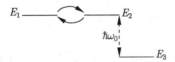

图 10.2　原子-场系统的能级示意图。状态 $|1\rangle = |e\rangle|0\rangle$ 和 $|2\rangle = |g\rangle|1\rangle$ 的能量相等；如果没有光子损耗，则系统在这两个态之间振荡。不过如果有光子损耗，则系统状态变成 $|3\rangle = |g\rangle|0\rangle$，其能级降低 $\hbar\omega_0$

就像我们在第 3 章做的那样，我们设相互作用哈密顿量为

$$\hat{H}_I = \hbar\lambda(\hat{a}\sigma_+ + \hat{a}^\dagger\hat{\sigma}_-) \tag{10.15}$$

接下来根据在第 8 章推导和讨论的结果，我们写出关于密度算符演化过程的主方程

$$\frac{\mathrm{d}\hat{\rho}}{\mathrm{d}t} = -\frac{\mathrm{i}}{\hbar}[\hat{H}_I, \hat{\rho}] - \frac{\kappa}{2}(\hat{a}^\dagger\hat{a}\rho + \rho\hat{a}^\dagger\hat{a}) + \kappa\hat{a}\rho\hat{a}^\dagger \tag{10.16}$$

其中我们取 $\kappa = \omega_0/Q$，这里 Q 是腔的品质因子，用以表征光子损失率。时间 $T_r = 1/\kappa$ 是腔的弛豫时间。当 Q 特别大时，光子损失率将很小。在 $|i\rangle$，$i = 1, 2, 3$ 基底下，$\rho_{ij} = \langle i|\hat{\rho}|j\rangle$，方程（10.16）等价于一阶耦合微分方程组（10.17）：

$$\begin{aligned}
\frac{\mathrm{d}\rho_{11}}{\mathrm{d}t} &= \frac{\mathrm{i}}{2}\Omega_0(\rho_{12} - \rho_{21}) \equiv \frac{\mathrm{i}}{2}\Omega_0 V \\
\frac{\mathrm{d}\rho_{22}}{\mathrm{d}t} &= -\frac{\omega_0}{Q}\rho_{22} - \frac{\mathrm{i}}{2}\Omega_0 V \\
\frac{\mathrm{d}V}{\mathrm{d}t} &= \mathrm{i}\Omega_0 W - \frac{1}{2}\frac{\omega_0}{Q}V \\
\frac{\mathrm{d}\rho_{33}}{\mathrm{d}t} &= \frac{\omega_0}{Q}\rho_{22}
\end{aligned} \tag{10.17}$$

其中我们设 $V = \rho_{12} - \rho_{21}$，$W = \rho_{11} - \rho_{22}$。方程组（10.17）的前三个方程完全对应于核磁共振系统[5] 和经典场下光学共振系统[6] 中常用的布洛赫方程组。我们把方程（10.17）称为 "单光子" 布洛赫方程组，尽管 Ω_0 表达真空拉比频率。如果写成矩阵形式，则前三个方程可表达为

$$\frac{\mathrm{d}}{\mathrm{d}t}\begin{pmatrix} \rho_{11} \\ \rho_{22} \\ V \end{pmatrix} = \begin{pmatrix} 0 & 0 & \mathrm{i}\Omega_0/2 \\ 0 & -\omega_0/Q & -\mathrm{i}\Omega_0/2 \\ \mathrm{i}\Omega_0 & -\mathrm{i}\Omega_0 & -\omega_0/2/Q \end{pmatrix}\begin{pmatrix} \rho_{11} \\ \rho_{22} \\ V \end{pmatrix} \tag{10.18}$$

初始条件是 $\rho_{11}(0) = 1$、$\rho_{22}(0) = 0$ 以及 $\rho_{12}(0) = 0$，当然我们也有 $\rho_{33}(0) = 0$。表达式（10.18）中矩阵的本征值满足如下方程：

$$\left(\Gamma + \frac{\omega_0}{2Q}\right)\left(\Gamma^2 + \frac{\omega_0}{Q}\Gamma + \Omega_0^2\right) = 0 \tag{10.19}$$

它的解是:

$$\Gamma_0 = -\frac{\omega_0}{2Q}$$

$$\Gamma_\pm = -\frac{\omega_0}{2Q} \pm \frac{\omega_0}{2Q} \left(1 - \frac{4\Omega_0^2 Q^2}{\omega_0^2}\right)^{1/2} \tag{10.20}$$

如果腔场衰减率足够弱以至于 $\omega_0/Q < 2\Omega_0$，那么本征值 $\Gamma_\pm$ 就是复数，于是我们发现原子处在激发态上的几率 $P_e(t) = \rho_{11}(t)$ 以频率 Ω_0 边振荡边衰减（图 10.3）。在这里的振荡是真空拉比振荡，反映了自发辐射在弱场阻尼下可逆的事实。振荡衰减的频率是 $\omega_0/(2Q)$。但如果腔场阻尼强到 $\omega_0/Q > 2\Omega_0$，那么本征值 $\Gamma_\pm$ 就是实数。这会产生不可逆的自发辐射，正如图 10.4 所示。在这里动力学中最大的时间尺度对应最小的本征值，也就是 Λ_+，它近似等于

$$\Lambda_+ \approx -\frac{\Omega_0^2 Q}{\omega_0} = -\frac{4d^2 Q}{\hbar\epsilon_0 V} \tag{10.21}$$

其中等式右边利用了关系式 $\Omega_0 = 2\lambda$，$\lambda = dg/\hbar$（g 由方程 (4.87) 获得，V 是腔的等效模式体积）。我们假定原子处在靠近腔场驻波的波腹处，于是 $\sin^2(kz) \approx 1$。因此我们可以定义不可逆衰减率为

$$\Gamma_{\text{cav}} = \frac{4d^2 Q}{\hbar\epsilon_0 V} \tag{10.22}$$

注意衰减率随 Q 增大而增大，因而在强阻尼条件下，我们发现自发辐射率因高品质因子而加强。假如我们仿照公式（10.13）表达腔衰减率为

$$\Gamma_{\text{cav}} = \frac{\pi d^2}{\epsilon_0 \hbar^2} \rho_{\text{cav}}(\omega_0)\hbar\omega_0 \tag{10.23}$$

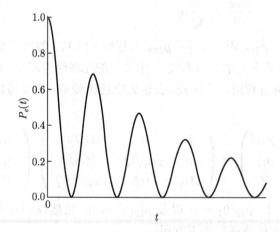

图 10.3　原子在高品质因子腔内的激发态布居的衰减，在腔的特征衰减时间内可以观察到许多次真空拉比振荡

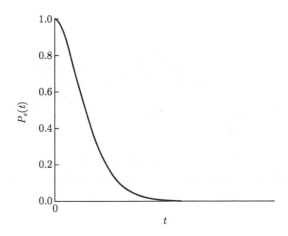

图 10.4　原子在低品质因子腔内的激发态布居的衰减, 观察不到真空拉比振荡。原子衰减率依赖于腔的品质因子

则发现腔内单位体积内的模式数是

$$\rho_{\text{cav}}(\omega) = \frac{4Q}{\pi\epsilon_0 V} \tag{10.24}$$

这样我们就有

$$\frac{\Gamma_{\text{cav}}}{\Gamma} = \frac{3\rho_{\text{cav}}(\omega)}{\rho_{fs}(\omega)} = \frac{4Q\lambda_0^3}{3\pi\epsilon_0 V} \tag{10.25}$$

Purcell 曾经在核磁共振的背景下推导出上述结果[7], 预测了腔中加强了的自发辐射现象。当然这个结果是建立在腔内允许存在与原子辐射匹配的波长模式的假设基础上。但假如腔的尺寸过小以至于不足以容纳合适波长, 自发辐射将被遏制[8]; 实验[9] 上已经观察到这一现象。

10.3　J-C 模型在实验中的实现

分别隶属于马克斯普朗克研究所和巴黎高师的两个量子光学组在实验上开创性地实现了谐振腔增强型自发辐射和可逆量子跃迁动力学。

巴黎高师的阿罗什 (Haroche) 与其合作者在实验中使用了直径 50mm、曲率半径 40mm、分开距离为 27mm 的超导球面铌镜组成的法布里伯罗 (Fabry-Perot) 谐振腔。该腔品质因子达到 $Q = 3 \times 10^8$, 即使要达到更高也不是难事。在这个腔内光子的存储时间大约是 1ms, 比我们在之前估算的 $n \sim 50$ 的圆里德伯原子的衰减时间短, 但比原子和腔场的相互作用时间 (这个时间由被注入到腔内的原子速度决定, 其数量级为几微秒) 长得多。腔壁冷却到大约 1K, 使得腔内的平均微波光子数为 0.7。不过这个数字可通过向腔内注入一系列吸收光子的基态原子而进一步降低; 这些原子穿过光腔会等效地降低腔的温度。图 10.5 中我们画了一个典型腔 QED 实验的设备简图。贴近经典微波发射

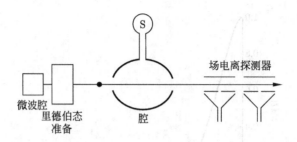

图 10.5　实现 J-C 模型的实验装置图。腔场被制备在从波源 S 而来的波导带来的相
干态上。波源被经典电流驱动。原子制备在速度可选的激发态上，然后注入到腔中。
选择性的电离探测器导致原子数反转是相互作用时间的函数，而作用时间则由速度
选择而控制

源（电子调速管）的微波腔被打开允许原子穿越。而微波发射源则将自己的输出用管道
导入腔体，形成低振幅相干态。除此之外还有别的经典共振微波场可以用来操控原子离
开腔前后的状态。正如下面会展示的那样，本质上这些场执行的是拉姆齐（Ramsey）干
涉测量[10]，因为标记为 Ramsey 场 R_1 和 R_2。这些场衰减极快（使用了 Q 值低、光子少
的谐振腔），因不会产生纠缠而可被当作经典场处理[11]。最后在第二个 Ramsey 的后面
再放置选择性电离探测器。

　　圆里德伯原子中用到的量子态的主量子数分别是 $n = 49, 50, 51$，标记为 $|f\rangle, |g\rangle, |e\rangle$。
图 10.6 给出原子态的能级图。$|e\rangle \leftrightarrow |g\rangle$ 和 $|g\rangle \leftrightarrow |f\rangle$ 的跃迁频率分别是 51.1GHz 和
54.3GHz。后者与腔模频率远失谐，因此在相关能级间不会发生跃迁。但正如我们将在
10.4 节看到的，这并不意味着腔没有效应。如果必要，原子能态可以通过施加弱静电
场（斯塔克效应）调整到与腔模实现共振或失谐。

　　早在 1987 年，伦伯（Rempe）、瓦尔特（Walther）和克莱因（Klein）[12] 首次设计
实验并报告在腔量子电动力学系统中观测原子-场相互作用引起的（跃迁几率）崩塌和
复苏现象。这个实验用到腔中的热平衡场，也确实在原子态统计中观察到了振荡；但
由于不能显示足够长的相互作用时间，因而未能深入探索崩塌和复苏现象。到了 1996

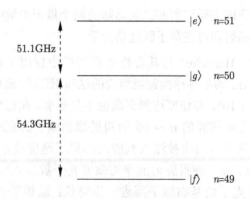

图 10.6　巴黎小组在 CQED 实验中使用的圆里德伯态以及它们对应的跃迁频率

年，阿罗什（Haroche）及其合作者[13] 就能在实验中实现对相互作用时间的有效控制；而且进一步实现注入平均粒子数控制在 $\bar{n} = 1.77(\pm 0.15)$ 的量子化相干场。在他们实验中所使用的腔的耗散时间是 $T_r = 220\mu s$，对应的品质因子是 $Q = 7 \times 10^7$。这个耗散时间比起原子-场相互作用时间要长一些。后者范围在 $40 < t < 90\mu s$，对应的原子速度范围是 $110 < v < 250 m/s$。实验的结果在图 10.7 中给出，该图直接从参考文献 [13] 中获得（已获授权）。子图（a）显示原子在 $|e\rangle \to |g\rangle$ 中跃迁几率的振荡，实验条件是没有注入场，但腔场初始态是热平衡态，平均光子数 $\bar{n} = 0.06(\pm 0.01)$。可以清晰地看到几个周期的振荡。子图（b）、（c）、（d）依次表示逐渐增加注入相干场振幅的结果，明显在振幅衰减后会看到复苏现象。所使用最强相干场的平均光子数是 $\bar{n} = 1.77(\pm 0.15)$。

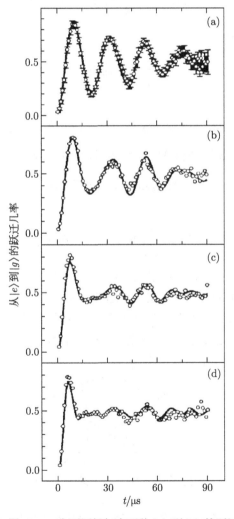

图 10.7 在不同场初态下从 $|e\rangle$ 到 $|g\rangle$ 的跃迁几率

(a) 没有注入场，但腔场初始态是热平衡态，平均光子数 0.06(±0.01)；而 (b)、(c)、(d) 则有注入场，平均光子数依次是 0.040(±0.02)、0.85(±0.04) 和 1.77(±0.15)。从参考文献 [13] 中获得

10.4 在腔 QED 中制备纠缠原子对

在 10.3 节描述的腔 QED 实验设置的基础上略作修改，就能用来产生相继穿过腔的两个原子间的量子纠缠。如图 10.8 所示，我们安排两个原子穿越光腔，其中原子 1 制备为激发态而原子 2 初始在基态上。假定腔场初始时刻处于真空态。当第一个原子在腔中时，场和原子的状态根据（10.26）式演化：

$$|e\rangle_1|0\rangle_{\text{cav}} \to \cos(\lambda t_1)|e\rangle_1|0\rangle - \mathrm{i}\sin(\lambda t_1)|g\rangle_1|1\rangle \tag{10.26}$$

如果选择合适的原子速度以使得 $\lambda t_1 = \pi/4$，则有

$$|e\rangle_1|0\rangle_{\text{cav}} \to \frac{1}{\sqrt{2}}(|e\rangle_1|0\rangle - \mathrm{i}|g\rangle_1|1\rangle) \tag{10.27}$$

之后送入第二个原子，我们有

$$|e\rangle_1|g\rangle_2|0\rangle_{\text{cav}} \to \frac{1}{\sqrt{2}}(|e\rangle_1|g\rangle_2|0\rangle - \mathrm{i}|g\rangle_1|g\rangle_2|1\rangle) \tag{10.28}$$

利用

$$|g\rangle_2|1\rangle \to \cos(\lambda t_2)|g\rangle_2|1\rangle - \mathrm{i}\sin(\lambda t_2)|e\rangle_2|0\rangle \tag{10.29}$$

并适当选择第二个原子的速度使得 $\lambda t_2 = \pi/2$，我们最终得到

$$|e\rangle_1|g\rangle_2|0\rangle_{\text{cav}} \to |\Psi^-\rangle|0\rangle \tag{10.30}$$

其中[1]，

$$|\Psi^-\rangle = \frac{1}{\sqrt{2}}(|e\rangle_1|g\rangle_2 - |g\rangle_1|e\rangle_2) \tag{10.31}$$

正好是一个关联度最大的贝尔态，这里由二能级原子状态实现。用经典谐振场和可选择的离子探测器，我们能用这样的态通过寻求违背贝尔不等式去测试局域实在论。然而因为原子态测量没有类似（光子那样）的类空分离，这类对局域实在论的测试留有漏洞。以上产生纠缠光子对的理论方案由西拉克（Cirac）和佐勒（Zoller）提出[14]，并由阿罗什（Haroche）在巴黎的小组在实验中实现[15]。

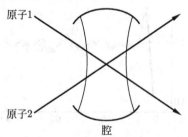

图 10.8 制备双原子纠缠态的方案。对被制备在激发态上的第一个原子选择合适的速度使得它穿过腔时发出一个光子。接着对制备在基态上的第二个原子选择合适的速度使得它正好吸收这个光子。结果导致这两个原子尽管在空间上分开，但状态纠缠在一起

---

[1]原文中是 $|\Psi^+\rangle$，不对。—— 译者注

10.5　用大失谐条件下的原子-场相互作用实现薛定谔猫态以及从量子到经典的退相干

我们在 4.8 节中用大失谐条件讨论了 J-C 模型。正如附录 C 所示，在此情况下相互作用可以用等效哈密顿量表示：

$$\hat{H}_{\text{eff}} = \hbar\chi(\hat{\sigma}_+\hat{\sigma}_- + \hat{a}^\dagger\hat{a}\hat{\sigma}_3) \tag{10.32}$$

其中 $\hat{\sigma}_+\hat{\sigma}_- = |e\rangle\langle g|g\rangle\langle e| = |e\rangle\langle e|$，$\hat{\sigma}_3 = |e\rangle\langle e| - |g\rangle\langle g|$。所谓大失谐是指腔场频率与 $|e\rangle \to |g\rangle$ 跃迁频率之间的失谐。更低的能态 $|f\rangle$ 当然因为与腔场频率远失谐而仍然与动力学没关系。如果原子态 $|e\rangle$ 上无占据，等效哈密顿量就可以写为

$$\hat{H}_{\text{eff}} = -\hbar\chi\hat{a}^\dagger\hat{a}|g\rangle\langle g| \tag{10.33}$$

现在考虑图 10.9 中描绘的实验装置用来制备原子叠加态

$$|\psi_{\text{atom}}\rangle = \frac{1}{\sqrt{2}}(|g\rangle + |f\rangle) \tag{10.34}$$

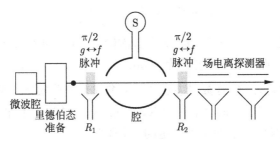

图 10.9　产生薛定谔猫态的实验示意图。R_1、R_2 是对 $|g\rangle \leftrightarrow |f\rangle$ 跃迁产生 $\pi/2$ 脉冲作用的 Ramsey 区域

其中在拉姆齐（Ramsey）区域 R_1 内所选的场与跃迁 $|f\rangle \leftrightarrow |g\rangle$ 共振（设想 R_2 内也一样）。穿过 R_1 后的原子进入状态制备为相干态 $|\alpha\rangle$ 的谐振腔，则原子-场系统的初始态是

$$|\Psi(0)\rangle = |\psi_{\text{atom}}\rangle|\alpha\rangle = \frac{1}{\sqrt{2}}(|g\rangle + |f\rangle)|\alpha\rangle \tag{10.35}$$

使用等效哈密顿量（10.33）式，这个态演化为

$$|\Psi(t)\rangle = \exp[-\mathrm{i}\hat{H}_{\text{eff}}t]|\Psi(0)\rangle = \frac{1}{\sqrt{2}}(|g\rangle|\alpha\mathrm{e}^{\mathrm{i}\chi t}\rangle + |f\rangle|\alpha\rangle) \tag{10.36}$$

设想在第二个 Ramsey 区域 R_2 内的经典共振场完成如下转换：

$$\begin{cases} |g\rangle \to \cos(\theta/2)|g\rangle + \sin(\theta/2)|f\rangle \\ |f\rangle \to \cos(\theta/2)|f\rangle - \sin(\theta/2)|g\rangle \end{cases} \tag{10.37}$$

其中的角度 $\theta = \Omega_R T$ 称之为拉比角。这里 Ω_R 是半经典拉比频率，T 是原子-场相互作用时间。由此原子状态（10.36）式转化为

$$|\Psi(t), \theta\rangle = \frac{1}{\sqrt{2}}[(\cos(\theta/2)|g\rangle + \sin(\theta/2)|f\rangle)|\alpha e^{i\chi t}\rangle + (\cos(\theta/2)|f\rangle - \sin(\theta/2)|g\rangle)|\alpha\rangle]$$

$$= \frac{|g\rangle}{\sqrt{2}}[\cos(\theta/2)|\alpha e^{i\chi t}\rangle - \sin(\theta/2)|\alpha\rangle] + \frac{|f\rangle}{\sqrt{2}}[\sin(\theta/2)|\alpha e^{i\chi t}\rangle + \cos(\theta/2)|\alpha\rangle]$$

$$(10.38)$$

选定相互作用时间 $\chi t = \pi$ 和拉比角 $\theta = \pi/2$，我们得到

$$|\Psi(\pi/\chi), \pi/2\rangle = \frac{1}{2}[|g\rangle(|-\alpha\rangle - |\alpha\rangle) + |f\rangle(|-\alpha\rangle + |\alpha\rangle)] \tag{10.39}$$

接下来设置离子探测器对原子基态或激发态进行探测。探测到 $|f\rangle$ 意味着腔场被投影到偶函数薛定谔猫态：

$$|\psi_e\rangle = \mathcal{N}_e(|\alpha\rangle + |-\alpha\rangle) \tag{10.40}$$

而如果探测到 $|g\rangle$，则腔场被投影到奇函数猫态：

$$|\psi_o\rangle = \mathcal{N}_o(|\alpha\rangle - |-\alpha\rangle) \tag{10.41}$$

这些态我们在表达式（7.115）～（7.117）中首次给出。对产生偶函数和奇函数猫态所必须获得的相移 $\chi t = \pi$ 要求原子速度约为 100m/s。

正如我们刚刚讨论的，偶函数猫态和奇函数猫态的产生实际上应该被看作是量子干涉的结果。我们在图 10.10 里描绘了这一点。Ramsey 区域的作用如同分束器，其中第二个 Ramsey 区域有效地制造了两条不确定的"路径"。

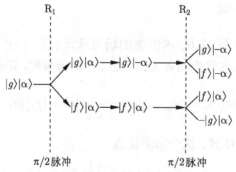

图 10.10 在产生薛定谔猫态过程中涉及的量子干涉图示。Ramsey 区域起到分束器的作用，产生了"路径"分歧性。在图右边，与原子态关联的场态变成了基于原子态电离选择的叠加态

创造薛定谔猫态的动机之一是尝试提供机会去观察一个介观叠加态演化到统计混合态的退相干过程。如果假设原子-场相互作用时间短到可以忽略原子在腔内时的耗散效

应，那么当原子穿过并被电离以后，我们可以得到不再与原子纠缠的场态随下面主方程演化的结果：

$$\frac{\mathrm{d}\hat{\rho}_F}{\mathrm{d}t} = -\frac{\kappa}{2}\left(\hat{a}^\dagger\hat{a}\hat{\rho}_F + \hat{\rho}_F\hat{a}^\dagger\hat{a}\right) + \kappa\hat{a}\hat{\rho}_F\hat{a}^\dagger \tag{10.42}$$

这里因为原子和场不再相互作用所以取 $\hat{H}_I = 0$，同时换个耗散率的标记 $\gamma \rightarrow \kappa$。我们在第 8 章中已经显示，对于初始态为偶函数猫态的场，该主方程的解是

$$\hat{\rho}_F(t) = \mathcal{N}_e^2\big\{|\alpha e^{-\kappa t/2}\rangle\langle\alpha e^{-\kappa t/2}| + |-\alpha e^{-\kappa t/2}\rangle\langle -\alpha e^{-\kappa t/2}| +$$
$$e^{-2|\alpha|^2(1-e^{-\kappa t})}\big[|\alpha e^{-\kappa t/2}\rangle\langle -\alpha e^{-\kappa t/2}| + |-\alpha e^{-\kappa t/2}\rangle\langle\alpha e^{-\kappa t/2}|\big]\big\} \tag{10.43}$$

读者要再次注意，当 $t \rightarrow \infty$ 时，只要 $|\alpha|^2$ 不是特别小，最后表示"相干性"的两项会比系统能量本身耗散得更快。在此情况下，我们发现作为量子叠加态的初始猫态会退化到相干态的统计混合态：

$$\hat{\rho}_F(t) \xrightarrow[t\text{ large}]{} \frac{1}{2}[|\beta(t)\rangle\langle\beta(t)| + |-\beta(t)\rangle\langle -\beta(t)|] \tag{10.44}$$

其中 $\beta(t) = \alpha e^{-\kappa t/2}$。当然时间到无穷大时，得到真空态（纯态）：$\hat{\rho}_F(t) \xrightarrow[t\rightarrow\infty]{} |0\rangle\langle 0|$。

怎样去监控这个退相干过程呢？达维多维奇（Davidovich）等[16] 提出如下方法：在第一个原子离开一段时间 T 后，向谐振腔注入第二个制备在状态 $(|g\rangle_2 + |f\rangle_2)/\sqrt{2}$ 的原子。这第二个原子的作用就好像是只"量子鼠"，用来探测猫态的存在。对于原子-场复合系统而言，在第二个原子还没注入前的新"初态"是

$$\hat{\rho}_{AF}(T) = \frac{1}{2}(|g\rangle_2 + |f\rangle_2)(_2\langle g| + _2\langle f|)\hat{\rho}_F(T) \tag{10.45}$$

其中 $\hat{\rho}_F(T)$ 由表达式（10.43）给出。假设第二个原子的速度调整到满足 $\chi t_2 = \pi$，其中 t_2 是它与腔场相互作用的时间。那么当第二个原子刚刚离开谐振腔时，原子-场复合系统态由下面密度算符给出：

$$\hat{\rho}_{AF} = \frac{1}{2}[|g\rangle_{22}\langle g|e^{i\pi\hat{a}^\dagger\hat{a}}\hat{\rho}_F(T)e^{-i\pi\hat{a}^\dagger\hat{a}} + |f\rangle_{22}\langle f|\hat{\rho}_F(T) +$$
$$|g\rangle_{22}\langle f|e^{i\pi\hat{a}^\dagger\hat{a}}\hat{\rho}_F(T) + |f\rangle_{22}\langle g|\hat{\rho}_F(T)e^{-i\pi\hat{a}^\dagger\hat{a}}] \tag{10.46}$$

第二个 Ramsey 区域则在原子遇到电离探测器之前对原子执行一次 $\pi/2$ 脉冲操作，所以密度算符的形式变为

$$\hat{\rho}_{AF}(T) = \frac{1}{4}[(|g\rangle_2 + |f\rangle_2)(_2\langle g| + _2\langle f|)e^{i\pi\hat{a}^\dagger\hat{a}}\hat{\rho}_F(T)e^{-i\pi\hat{a}^\dagger\hat{a}} +$$
$$(-|g\rangle_2 + |f\rangle_2)(-_2\langle g| + _2\langle f|)\hat{\rho}_F(T) +$$
$$(|g\rangle_2 + |f\rangle_2)(-_2\langle g| + _2\langle f|)e^{i\pi\hat{a}^\dagger\hat{a}}\hat{\rho}_F(T) +$$
$$(-|g\rangle_2 + |f\rangle_2)(_2\langle g| + _2\langle f|)\hat{\rho}_F(T)e^{-i\pi\hat{a}^\dagger\hat{a}}] \tag{10.47}$$

对场的状态部分求迹就得到原子的约化密度算符

$$\hat{\rho}_A(T) = \mathrm{Tr}_F\hat{\rho}_{AF}(T) \tag{10.48}$$

从中我们可以获得（具体过程留给读者作为习题）探测到 $|g\rangle_2$ 的几率是

$$P_{g_2}(T) =_2 \langle g|\hat{\rho}_A(T)|g\rangle_2 = \frac{1}{2}\left[1 - \frac{e^{-2|\alpha|^2}e^{-\kappa T} + e^{-2|\alpha|^2(1-e^{-\kappa T})}}{1 + e^{-2|\alpha|^2}}\right] \qquad (10.49)$$

而探测到 $|f\rangle_2$ 的几率是

$$P_{f_2}(T) =_2 \langle f|\hat{\rho}_A(T)|f\rangle_2 = \frac{1}{2}\left[1 + \frac{e^{-2|\alpha|^2}e^{-\kappa T} + e^{-2|\alpha|^2(1-e^{-\kappa T})}}{1 + e^{-2|\alpha|^2}}\right] \qquad (10.50)$$

这里我们当然必须有 $P_{g_2} + P_{f_2} = 1$。回顾腔场初始态，即偶函数猫态，是通过探测到第一个原子处在 $|f\rangle$ 的投影操作获得。在 $T = 0$ 时我们有 $P_{f_2}(0) = 1$，意味着假如腔场还没有任何耗散，探测第二个原子的结果一定是 $|f\rangle$。但随着 T 在增大，探测到第二个原子的几率逐渐下降到 $1/2$。因而通过延长第一个和第二个原子之间的发射间隔时间，我们就能监控初始的偶函数猫态演化到统计混合态的退相干过程。

在之前处理中，两个 Ramsey 区域都被设置成与跃迁 $|g\rangle \leftrightarrow |f\rangle$ 共振；$|f\rangle$ 因为与腔场远失谐而不能对场的状态产生任何平移或改变相位的作用。但现在假设两个 Ramsey 区域都被设置成与跃迁 $|g\rangle \leftrightarrow |e\rangle$ 共振，这样第一个 Ramsey 区域产生如下叠加态：

$$|\psi_{\text{atom}}\rangle = \frac{1}{\sqrt{2}}(|e\rangle + |g\rangle) \qquad (10.51)$$

在这个情况下，我们就必须使用完整的等效哈密顿量（10.32）式。从以上初态出发到时间 t，我们得到

$$|\Psi(t)\rangle = \frac{1}{\sqrt{2}}\left(e^{-i\chi t}|e\rangle|\alpha e^{-i\chi t}\rangle + |g\rangle|\alpha e^{i\chi t}\rangle\right) \qquad (10.52)$$

我们注意在这个态中的两个相干态组分在相空间里反向旋转。当它们在相位空间中距离最大时（取 $\chi t = \pi$）就产生了最大纠缠态，

$$|\Psi(\pi/\chi)\rangle = \frac{1}{\sqrt{2}}\left(-i|e\rangle|-i\alpha\rangle + |g\rangle|i\alpha\rangle\right) \qquad (10.53)$$

而第二个 Ramsey 区域的效应是如下转换：

$$|e\rangle \rightarrow \frac{1}{\sqrt{2}}(|e\rangle + |g\rangle)$$
$$|g\rangle \rightarrow \frac{1}{\sqrt{2}}(|g\rangle - |e\rangle) \qquad (10.54)$$

于是对任意 t，我们有

$$|\Psi(t), \pi/2\rangle = \frac{1}{2}\left[|e\rangle(e^{-i\chi t}|e^{-i\chi t}\alpha\rangle - |e^{i\chi t}\alpha\rangle) + |g\rangle(e^{-i\chi t}|e^{-i\chi t}\alpha\rangle + |e^{i\chi t}\alpha\rangle)\right] \qquad (10.55)$$

把探测器设置成可分辨 $|e\rangle$ 和 $|g\rangle$，则约化后产生的腔场状态是

$$|\psi_\pm\rangle \sim e^{-i\chi t}|e^{-i\chi t}\alpha\rangle \pm |e^{i\chi t}\alpha\rangle \qquad (10.56)$$

事实上实验中已经精确实现了这类态[17]，且观察到了它们的退相干过程。不过在实验中因为原子速度太快，所以并不能实现相移 $\chi t = \pi$。实际上最大能达到的相移 $\chi t < \pi/4$。尽管如此，考虑到注入到谐振腔的初始相干态的平均光子数 $\bar{n} \approx 10$，这提供了相干态组分之间足够大的距离，从而使得观察到场态逐渐退相干的过程成为可能。

10.6　光子数的量子非破坏测量

根据在附录 B 中讨论的量子测量标准方案，物理量的性质通常在被测量后被破坏。用量子光学的例子来说，如果想要测量某个量子场态的光子数，就要用到光子探测器。它会把光子从场态中取出而吸收掉。这里我们在腔 QED 框架下展示如何不用吸收光子而测量光子数。这为现在所谓的量子非破坏测量[18]（简称 QND）提供了案例。

假设腔场内含有固定的但未知数量 n 的光子。我们把制备为叠加态 $(|e\rangle + |g\rangle)/\sqrt{2}$ 的里德伯原子注入到谐振腔。因而原子-场系统初态写做

$$|\Psi(0)\rangle = \frac{1}{\sqrt{2}}(|e\rangle + |g\rangle)|n\rangle = \frac{1}{\sqrt{2}}(|e\rangle|n\rangle + |g\rangle|n\rangle) \tag{10.57}$$

在等效哈密顿量（10.32）式作用下，经过时间 t（原子此时离开腔），态矢量是

$$|\Psi(t)\rangle = \exp(-i\hat{H}_{\text{eff}}t/\hbar)|\Psi(0)\rangle = \frac{1}{\sqrt{2}}\left[e^{-i\chi t(n+1)}|e\rangle + e^{i\chi t n}|g\rangle\right]|n\rangle \tag{10.58}$$

如果 Ramsey 场对原子施加一个共振的 $\pi/2$ 脉冲，则实现了表达式（10.54）中的转换，于是态矢量变成

$$|\Psi(t), \pi/2\rangle = \frac{1}{2}\left[|e\rangle\left(e^{-i\chi t(n+1)} - e^{i\chi t n}\right) + |g\rangle\left(e^{-i\chi t(n+1)} + e^{i\chi t n}\right)\right]|n\rangle \tag{10.59}$$

那么探测到原子处在激发态和基态的几率分别是

$$\begin{aligned} P_e(t) &= \frac{1}{2}\{1 + \cos[(2n+1)t]\} \\ P_g(t) &= \frac{1}{2}\{1 - \cos[(2n+1)t]\} \end{aligned} \tag{10.60}$$

这些结果随着时间的变化而展现出振荡（称之为 Ramsey 条纹）。从振荡频率可推算出光子数 n。注意到即使 $n = 0$ 时也会有振荡。布鲁恩（Brune）等已经观察到了 $n = 0$ 和 $n = 1$ 时的拉姆齐（Ramsey）条纹[19]。在他们的实验中谐振腔被制备为单光子态，然后注入具有合适速度的激发态原子同时调整腔与原子共振。

10.7　J-C 型相互作用在囚禁离子运动中的实现

在总结本章之前我们讨论如何实现 J-C 型相互作用，不过量子化的腔场被替换为囚禁离子的质心振动。换句话说，光子被换成了声子，即机械振动的量子。这种作用的实现

是过去 10 年人们在激光冷却离子（以及中性原子）方面取得显著进步的结果。我们在这里不讨论激光冷却方案。读者可参考列在参考目录中的文章。

假设一个质量为 M 的离子已被激光冷却并限制在某种形状的电磁势阱中，通常使用两类势阱：一种称为彭宁（Penning）势阱，它使用均匀磁场和四极矩电场的组合；另一种称为保罗（Paul）势阱，或称为 r.f. 势阱，因为它使用射频波段的电场囚禁离子。根据恩肖（Earnshaw）的理论[20]，静电场是不能用来囚禁离子的。我们不会深入讨论这些势阱的细节（但读者可参考哈瓦斯（Harvath）等的工作[21]）。在本书中涉及囚禁单个离子的典型实验时，我们默认使用的是保罗（Paul）势阱。它的装置图在图 10.11 中给出。

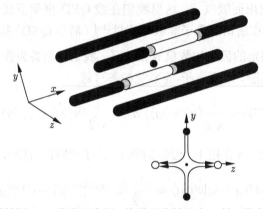

图 10.11　线型射频 Paul 势阱示意图。势阱对称轴定为 x 轴，其中的黑点代表单个囚禁离子。下方的小图代表末端横截面图。相同的射频场作用到黑色电极而其他电极则处在不变的电势

我们讨论的出发点是一个限制在势阱内的二能级离子。这里的两个能级由电子能级（通常是超精细能级）提供，标记为 $|e\rangle$ 和 $|g\rangle$。沿着势阱的 x 轴入射的频率为 ω_L 的激光假定是可调的。势阱本身可近似当作是一个频率为 ν 的简谐振子。这个频率值由不同的势阱参数决定。离子质心的位置由算符 $\hat{x}$ 给出。下面我们会把它表示为湮灭和产生算符 $\hat{a}$ 和 $\hat{a}^\dagger$，这两个算符应理解为离子质心振动量子的湮灭和产生算符，而与量子化的场无关（在这个问题里也不会涉及到量子化的辐射场）。系统的总哈密顿量是

$$\hat{H} = \hat{H}_0 + [\mathcal{D}E^{(-)}(\hat{x}, t)\hat{\sigma}_- + H.c.] \tag{10.61}$$

其中，

$$\hat{H}_0 = \frac{\hbar\omega_0}{2}\hat{\sigma}_3 + \hbar\nu\left(\hat{a}^\dagger\hat{a} + \frac{1}{2}\right) \tag{10.62}$$

是无相互作用哈密顿量。这里的 $\mathcal{D}$ 是量子跃迁 $|g\rangle \leftrightarrow |e\rangle$ 的偶极矩。$E^{(-)}(\hat{x}, t)$ 是激光场的负频部分，可以写为

$$E^{(-)}(\hat{x}, t) = E_0 \exp[\mathrm{i}(\omega_L t - k_L \hat{x} + \phi)] \tag{10.63}$$

其中，E_0 是激光场的幅度，$k_L = 2\pi/\lambda_L$ 是场的波矢量，ϕ 就是某个相位。位置算符通常写为

$$\hat{x} = \sqrt{\frac{\hbar}{2\nu M}}(\hat{a} + \hat{a}^{\dagger}) \tag{10.64}$$

将其代入（10.63）式可得

$$E^{(-)}(\hat{x}, t) = E_0 \mathrm{e}^{\mathrm{i}(\phi + \omega_L t)} \mathrm{e}^{-\mathrm{i}\eta(\hat{a} + \hat{a}^{\dagger})} \tag{10.65}$$

其中 $\eta \equiv k_L(\hbar/2\nu M)^{1/2}$ 是所谓兰姆-迪克（Lamb-Dicke）参数。这个参数通常较小，处在所谓 Lamb-Dicke 区间内。在此区间 $\eta \ll 1$，离子的振动幅度要比激光场波长小得多。使用 $\hat{U} = \exp(-\mathrm{i}\hat{H}_0 t/\hbar)$ 可在旋转表象中写出相互作用哈密顿量：

$$\hat{H}_I = \hat{U}^{\dagger}\hat{H}\hat{U} + \mathrm{i}\hbar\frac{\mathrm{d}\hat{U}^{\dagger}}{\mathrm{d}t}\hat{U} = \mathcal{D}E_0 \mathrm{e}^{\mathrm{i}\phi}\mathrm{e}^{\mathrm{i}\omega_L t}\exp[-\mathrm{i}\eta(\hat{a}\mathrm{e}^{\mathrm{i}\nu t} + \hat{a}^{\dagger}\mathrm{e}^{-\mathrm{i}\nu t})]\hat{\sigma}_- \mathrm{e}^{-\mathrm{i}\omega_0 t} + H.c. \tag{10.66}$$

读者可自行确认上述结果。当 η 较小时，指数函数可展开到一阶：

$$\exp[-\mathrm{i}\eta(\hat{a}\mathrm{e}^{\mathrm{i}\nu t} + \hat{a}^{\dagger}\mathrm{e}^{-\mathrm{i}\nu t})] \approx 1 - \mathrm{i}\eta(\hat{a}\mathrm{e}^{\mathrm{i}\nu t} + \hat{a}^{\dagger}\mathrm{e}^{-\mathrm{i}\nu t}) \tag{10.67}$$

因此精确到一阶，我们有

$$\hat{H}_I \approx \mathcal{D}E_0 \mathrm{e}^{\mathrm{i}\phi}\left[\mathrm{e}^{\mathrm{i}(\omega_L - \omega_0)t} - \mathrm{i}\eta(\hat{a}\mathrm{e}^{\mathrm{i}(\omega_L - \omega_0 + \nu)t} + \hat{a}^{\dagger}\mathrm{e}^{-\mathrm{i}(\omega_L - \omega_0 + \nu)t})\right]\hat{\sigma}_- + H.c. \tag{10.68}$$

设想现在把激光频率调整到 $\omega_L = \omega_0 + \nu$。于是我们有

$$\hat{H}_I \approx \mathcal{D}E_0 \mathrm{e}^{\mathrm{i}\phi}\left[\mathrm{e}^{\mathrm{i}\nu t} - \mathrm{i}\eta(\hat{a}\mathrm{e}^{\mathrm{i}2\nu t} + \hat{a}^{\dagger})\right]\sigma_- + H.c. \tag{10.69}$$

比起其他项来说，以频率 ν 或 2ν 旋转的项振荡极快。去掉这些振荡项（本质上就是做了旋转波近似），我们得到

$$\hat{H}_I \approx -\mathrm{i}\hbar\eta\Omega\mathrm{e}^{\mathrm{i}\phi}\hat{a}^{\dagger}\hat{\sigma}_- + H.c. \tag{10.70}$$

这就是 J-C 相互作用形式，其中 $\Omega = \mathcal{D}E_0/\hbar$ 就是与半经典激光-原子相互作用所相关的拉比频率。这里重要的是离子的内态与其质心的振动模式以 J-C 型相互作用耦合在一起。更进一步我们会发现这种相互作用不是唯一的可能。如果把激光频率调至 $\omega_L = \omega_0 - \nu$，那么我们得到

$$\hat{H}_I \approx -\mathrm{i}\hbar\eta\Omega\mathrm{e}^{\mathrm{i}\phi}\hat{a}\hat{\sigma}_- + H.c. \tag{10.71}$$

这个相互作用就含有能量不守恒的形式 $\hat{a}\hat{\sigma}_-$。有时把这种相互作用称为反 J-C 模型，它并不能简单在原子与量子化场的相互作用中实现。

如果在泰勒展开（10.67）式中留下更多的项，就能产生更高阶的 J-C 型相互作用。比如假设保留到第二阶并设 $\omega_L = \omega_0 \pm 2\nu$，容易发现将得到如下形式的相互作用：

$$\begin{aligned}
\hat{H}_I &\sim \eta^2 \hat{a}^{\dagger 2}\hat{\sigma}_- + H.c., \quad \omega_L = \omega_0 + 2\nu \\
\hat{H}_I &\sim \eta^2 \hat{a}^2\hat{\sigma}_- + H.c., \quad \omega_L = \omega_0 - 2\nu
\end{aligned} \tag{10.72}$$

如果把激光频率调整到 $\omega_L = \omega_0 \pm l\nu$, $l = 0, 1, 2, \cdots$, 那么如下形式的相互作用:

$$\hat{H}_I \sim \eta^l \hat{a}^{\dagger l} \hat{\sigma}_- + H.c., \quad \omega_L = \omega_0 + l\nu$$
$$\hat{H}_I \sim \eta^l \hat{a}^l \hat{\sigma}_- + H.c., \quad \omega_L = \omega_0 - l\nu$$

(10.73)

是显然可能的, 尽管 η^l 当 $l > 2$ 时也许太小了在实际上观察不到。这些频率 $\omega_L = \omega_0 \pm l\nu$ 称为"边带"频率; 其中 $l = 0$ 和 $l = 1$ 的情况在图 10.12 中画出。

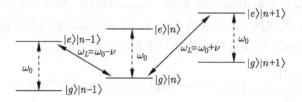

图 10.12 囚禁离子边带跃迁的能级图

人们在实验上已经研究了多种单个囚禁离子的非经典运动态以及多种形式的离子-声子耦合。米克霍夫 (Meekhof) 等[22] 在 1996 年就能把初始时由激光冷却到零点能附近的囚禁 $^9Be^+$ 的运动制备到热态、数态、相干态和压缩态。他们能够操控这个系统的 J-C 相互作用并观察到崩塌和复苏现象。实际上在他们系统中的崩塌和复苏现象比原先由单个二能级原子与单模场相互作用的构成系统[13] 更为显著。不仅如此, 他们还能够制造出反 J-C 相互作用以及"双光子"相互作用。在后来的工作中[23], 他们小组用单个囚禁离子制备了由类薛定谔猫态。这个叠加态由两个相距几个纳米的高斯波包构成, 这个距离准确说还不是宏观的但对原子尺度来说足够大了, 所以这个态是介观猫态。

10.8 结束语

本章主要致力于量子化辐射场与单个等效二能级原子相互作用的腔量子电动力学 (CQED) 实现。不过这里的腔场是微波场而非光场。原因是使用圆里德伯原子能态近似实现二能级原子在实际中较为容易, 而里德伯原子能态之间的跃迁频率在微波频段。微波实验中主要损耗来源是谐振腔壁对光子的吸收。光频段的 CQED 也是广泛研究的领域。微波 CQED 与光波 CQED 的本质区别是: 假如谐振腔是开放系统, 我们必须考虑后者因为光子自发辐射到腔外部模式引起的损耗。这就要求在主方程中加入额外的耗散项, 在该耗散项中场算符 $\hat{a}$ 和 $\hat{a}^{\dagger}$ 分别被原子跃迁算符 $\hat{\sigma}_-$ 和 $\hat{\sigma}_+$ 取代。陈 (Quang)、奈特 (Knight) 和布泽克 (Bužek) 曾经研究过额外的耗散项对 (原子跃迁几率) 崩塌和复苏现象的影响[24]。

最后一个相关但我们忽略的问题是谐振腔内有多于一个原子的情况。迪克 (Dicke) 研究过在体积 $V < \lambda^3$ 内一组二能级原子的集体行为[25]。这些原子之间没有直接相互作用但它们集体与同一个场模相耦合。在这种情况下, Dicke 预言了所谓"超辐射"现象,

也就是制备为合适状态的 N 个原子发生集体辐射，其强度与 N^2 成正比；而如果它们分别独立辐射，则强度与 N 成正比。塔维斯（Tavis）和卡明斯（Cummings）首次考虑了含有量子化场的这种拓展模型[26]。Dicke 则首先给出描述 N 个全同二能级原子的集体算符的数学推导[25]，发现它们等同于角动量代数，而且原子的集体激发态可以被映射为角动量态 $|J, M\rangle$，其中 $J = N/2$。角动量量子态 $|J, -J\rangle = |g\rangle_1 |g\rangle_2 \cdots |g\rangle_N$ 正好对应所有原子都处在基态时的直积态。类似地有 $|J, J\rangle = |e\rangle_1 |e\rangle_2 \cdots |e\rangle_N$。角动量态参数 M 取其他值时，对应的就不是直积态了[27]。在角动量态基底上可以构建一套原子相干态[28]，或称之为自旋相干态[29]，其某些方面可类比于场的相干态。对多原子问题的考虑不在本书范围之内，但感兴趣的读者不妨参考我们给出的参考文献和参考书目。

习题

1. 证明（10.2）式中的论断，即对于主量子数为 n 和 $n-1$ 的近邻圆里德伯态的偶极矩与 n^2 成正比。

2. 计算（10.18）式中矩阵的本征值。

3. 假设原子制备在叠加态 $|\psi_{\text{atom}}\rangle = (|e\rangle + \mathrm{e}^{\mathrm{i}\varphi}|g\rangle)/\sqrt{2}$，且被注入初态为真空态的谐振腔。分别在高品质因子与低品质因子的假设下计算激发态布居数的时间演化。如果有，动力学对相对相位 φ 的作用是什么？

4. 假设腔场初始为平均光子数为 $\bar{n} = 5$ 的相干态，原子初始为激发态，数值计算（10.16）式中 J-C 模型的主方程相关的微分方程组。分别考虑如下情况：(a)$\kappa = 0$，(b)$\kappa = 0.01\lambda$，(c)$\kappa = 0.03\lambda$。对每种情况，画出原子布居数反转和平均光子数随标度时间 λt 的变化。将这些结果与文献 [30] 进行比较。

5. 考虑猫态 $|\text{sup}\rangle \sim |\alpha \mathrm{e}^{\mathrm{i}\phi}\rangle + |\alpha \mathrm{e}^{-\mathrm{i}\phi}\rangle$。把它归一化。这个态在初始短时间内的退相干率与角度 ϕ 有什么关系？

6. 研究对光场的光子数进行量子非破坏测量的可能性。提示：可利用腔量子电动力学的方法并利用第 7 章中讨论的交互克尔相互作用。

7. 对于单个囚禁离子，计算当激光调整到与离子内态共振时（即 $|g\rangle \leftrightarrow |e\rangle$ 跃迁频率与激光驱动频率相等）的相互作用，此时 η 的二阶项会保留。假如离子内态初始时在基态而其质心运动制备为相干态，研究系统的动力学演化。此时内态和振动自由度会纠缠在一起吗？提示：得到有效相互作用的缀饰态。

参考文献

[1] S. Haroche, in New Trends in Atomic Physics, G. Grynberg and R. Stora (editors) (Amsterdam: Elsevier, 1984), p. 193.

[2] R. G. Hulet and D. Kleppner, Phys. Rev. Lett., 51 (1983), 1430.

[3] P. Nussenzweig, F. Bernardot, M. Brune, J. Hare, J. M. Raimond, S. Haroche and W. Gawlik, Phys. Rev. A, 48 (1993), 3991.

[4] C. Cohen-Tannoudji, B. Diu and F. Laloë, Quantum Mechanics, volume 2 (New York: Wiley Interscience, 1977).

[5] F. Bloch, Phys. Rev., 70 (1946), 460.

[6] See L. Allen and J. H. Eberly, Optical Resonance and Two-Level Atoms (New York: Wiley Interscience, 1975) and (Mineola: Dover, 1987), chapter 2.

[7] E. M. Purcell, Phys. Rev., 69 (1946), 681.

[8] D. Kleppner, Phys. Rev. Lett., 47 (1981), 233.

[9] R. G. Hulet, E. S. Hilfer and D. Kleppner, Phys. Rev. Lett., 55 (1985), 2137.

[10] N. F. Ramsey, Rev. Mod. Phys., 62 (1990), 541; Molecular Beams (New York: Oxford University Press, 1985).

[11] I. I. Kim, K. M. Fonseca Romero, A. M. Horiguti, L. Davidovich, M. C. Nemes and A. F. R. de Toledo Piza, Phys. Rev. Lett., 82 (1999), 4737.

[12] G. Rempe, H. Walther and N. Klein, Phys. Rev. Lett., 58 (1987), 353.

[13] M. Brune, F. Schmidt-Kaler, A. Maaili, J. Dreyer, E. Hagley, J. M. Raimond and S. Haroche, Phys. Rev. Lett., 76 (1996), 1800.

[14] J. I. Cirac and P. Zoller, Phys. Rev. A, 50 (1994), R2799. See also S. J. D. Phoenix and S. M. Barnett, J. Mod. Opt., 40 (1993), 979; I. K. Kudryavtsev and P. L. Knight, J. Mod. Opt., 40 (1993), 1673; M. Freyberger, P. K. Aravind, M. A. Horne and A. Shimony, Phys. Rev. A, 53 (1996), 1232; A. Beige, W. J. Munro and P. L. Knight, Phys. Rev. A, 62 (2000), 052102.

[15] E. Hagley, X. Maître, G. Nogues, C. Wunderlich, M. Brune, J. M. Raimond and S. Haroche, Phys. Rev. Lett., 79 (1997), 1.

[16] L. Davidovich, M. Brune, J. M. Raimond and S. Haroche, Phys. Rev. A, 53 (1996), 1295.

[17] M. Brune, E. Hagley, J. Dreyer, X. Maître, A. Maali, C. Wunderlich, J. M. Raimond and S. Haroche, Phys. Rev. Lett., 77 (1996), 4887.

[18] See the review articles by P. Grangier, J. A. Levensen and J.-P. Poizat, Nature, 396 (1998), 537; V. B. Braginsky, V. B. Vorontsov and K. S. Thorne, Science, 209 (1980), 547. An example of an optical application can be found, for example, in F. X. Kärtner and H. A. Haus, Phys. Rev. A, 47 (1993), 4585.

[19] M. Brune, P. Nussenzveig, F. Schmidt-Kaler, F. Bernardot, J. M. Raimond and S. Haroche, Phys. Rev. Lett., 72 (1994), 3339.

[20] See P. Lorrain, D. R. Corson and F. Lorrain, Fundamentals of Electromagnetic Phenomena (New York: W. H. Freeman, 2000), p. 57.

[21] G. Sz. K. Horvath, R. C. Thompson and P. L. Knight, Contemp. Phys., 38 (1997), 25.

[22] D. M. Meekhoff, C. Monroe, B. E. King, W. M. Itano and D. J. Wineland, Phys. Rev. Lett., 76 (1996), 1796.

[23] C. Monroe, D. M. Meekhoff, B. E. King and D. J. Wineland, Science, 272 (1996), 1131.

[24] T. Quang, P. L. Knight and V. Bužek, Phys. Rev. A, 44 (1991), 6092.

[25] R. H. Dicke, Phys. Rev., 93 (1954), 99. See also N. E. Rehler and J. E. Eberly, Phys. Rev. A, 3 (1971), 1735, and J. H. Eberly, Am. J. Phys., 40 (1972), 1374.

[26] M. Tavis and F. W. Cummings, Phys. Rev., 170 (1968), 379.

[27] For an elementary account of the mapping of the atomic states onto angular momentum states see M. Sargent, III, M. O. Scully and W. E. Lamb, Jr., Laser Physics (Reading: Addison-Wesley, 1974), appendix G.

[28] F. T. Arrechi, E. Courtens, R. Gilmore and H. Thomas, Phys. Rev. A, 6 (1972), 2211.

[29] J. M. Radcliffe, J. Phys. A: Gen. Phys., 4 (1971), 313.

[30] S. M. Barnett and P. L. Knight, Phys. Rev. A, 33 (1986), 2444; R. R. Puri and G. S. Agarwal, Phys. Rev. A, 33 (1986), R3610 and Phys. Rev. A, 35 (1977), 3433.

参考书目

以下是关于里德伯原子的两本书：

- T. F. Gallagher, Rydberg Atoms (Cambridge: Cambridge University Press, 1994).
- J. P. Connerade, Highly Excited Atoms (Cambridge: Cambridge University Press, 1998).

以下是有关腔量子电动力学且着重强调微波腔的一些综述文章：

- E. A. Hinds, "Cavity Quantum Electrodynamics", in Advances in Atomic, Molecular, and Optical Physics, 28 (1991), 237.
- D. Meschede, "Radiating atoms in confined spaces: from spontaneous emission to micromasers", Phys. Rep., 211 (1992), 201.
- P. Meystre, "Cavity quantum optics and the quantum measurement process", in Progress in Optics XXX, edited by E. Wolf (Amsterdam: Elsevier, 1992).
- J. M. Raimond, M. Brune and S. Haroche, "Manipulating quantum entanglement with atoms and photons", Rev. Mod. Phys., 73 (2003), 565.
- S. Haroche, "Entanglement experiments in cavity QED", Fortschr. Phys., 51 (2003), 388.

这里收集了涵盖腔量子电动力学绝大多数方面的论文：

- P. Berman (editor) Cavity Quantum Electrodynamics (New York: Academic Press, 1994).

以下是关于离子阱和囚禁离子物理的参考书目：

- P. K. Ghosh, Ion Traps (Oxford: Oxford University Press, 1995).
- J. I. Cirac, A. S. Parkins, R. Blatt and P. Zoller, "Nonclassical states of motion in trapped ions", in Advances in Atomic, Molecular, and Optical Physics, 37 (1996), 237.
- D. Liebfried, R. Blatt, C. Monroe and D. Wineland, "Quantum dynamics of single trapped ions", Rev. Mod. Phys., 75 (2003), 281.

以下综述涵盖了腔量子电动力学的所有方面，包括光学腔和多原子的集体行为：

- S. Haroche, "Cavity Quantum Electrodynamics", in Fundamental Systems in Quantum Optics, Les Houches Session LIII, edited by J. Dalibard, J. M. Raimond and J. Zinn-Justin (Amsterdam: Elsevier, 1992).

关于超辐射的更广泛讨论参见：

- M. G. Benedict, A. M. Ermolaev, V. A. Malyshev, I. V. Sokolov and E. D. Trifonov, Superradiance (Bristol: Institute of Physics, 1996).

第 11 章　量子纠缠的应用 —— 海森伯极限下的量子干涉和量子信息处理

"所有信息都是物理的" —— 多年前 IBM 公司的罗尔夫·兰道尔（Rolf Landauer）提出的这句口号显著改变了我们看待通信、计算和密码学的方式。通过运用量子物理，曾被认为在经典世界中不可能实现的事物如今被证明可能实现。举例而言，量子通信的链接无需探测而避免窃听；量子计算机（如果实现了的话）可以把一些被（无论多强大的）经典机器标记为"困难"的算法，转变为"容易"的算法。构成"困难"以及"容易"的细节是数学复杂性理论研究的内容，但我们用一个例子来阐述这一点，同时也借此说明量子信息处理器将会因此对所有人产生的影响。大量形式的密码技术的安全性可以用大数（质因子）分解的难度来评估。用经典物理定律设计出的计算机若想找到一个 1024 位整数的质因子需要花费超过宇宙寿命的时间。然而用一台差不多频率的量子计算机，则只需一眨眼的功夫。可是仅仅是造一台这样的机器就是个巨大的挑战！目前相当规模的量子寄存器或者必要精度的量子门还没有实现。一台拥有中等规模寄存器的量子计算机就能够超越任何经典机器，因此值得我们去追求实现它。另外正如我们将看到的，量子力学允许我们实现许多新颖的非经典技术，其中一些在目前已经有了实现的资源。

量子信息处理提供了一种本质上完全不同的方式去思考操控信息的办法。当经典资源被耗尽，我们可能被迫去适应这种新方式并推动传统信息技术进入量子领域。利用历史上的数据，英特尔公司创始人摩尔（Moore）这样表述以他命名的定律[1]：每块芯片上晶体管的数目（也就是计算机的复杂度）随时间指数增长；更确切地说，该数目每一年半翻倍（图 11.1）。

在过去 30 年[1]中摩尔定律差不多精确成立。假如这种指数增长的规律能够以摩尔所预测的那样外推到我们可见的不远将来，人们将在 2017 年用单个原子来编码信息。事实上，即便在这之前的 2012 年，量子效应将会变得非常重要，以至于它们将对计算产生显著的、不再能够被忽略的效应。不论是理论上的好奇心还是技术上的进展，都要求我们学习和理解量子信息处理。但在本章中我们关注于量子力学能够允许我们做什么，这与经典物理所允许的有本质不同。摩尔定律指出在 2017 年左右，单个晶体管将仅含有一个电子，这个电子将被局限在足够小的区域。作为一个粒子，它将以遵守量子粒子而不是

---

[1] 原文如此，到现在当然不止 30 年。—— 译者注

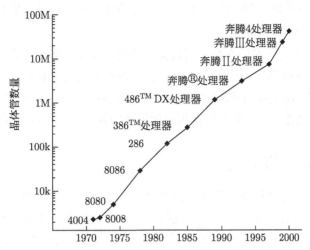

图 11.1　根据一块芯片上拥有的处理器数量作为开发时间函数的历史数据绘制的摩尔定律。定律展示了指数增长的趋势

经典带电弹球的方式行事。幸运的是到了这个地步，量子物理不仅对设计经典计算机更为重要，而且将以完全不同的思维方式提供一个全新的量子计算领域。

11.1　量子纠缠优势

我们在前面的章节以及附录 A 中已经讨论了量子纠缠的本质以及它所带来的后果，比如贝尔不等式的破坏。粗略而言，量子纠缠可以被描述为一种关联。但它远不止于此。除此之外经典系统也是可以显示关联的。简单而言，两个系统之间的关联就是当对其中一个系统做测量得到结果 A，然后对第二个做测量会以一定可能性得到结果 B。完美的关联意味着给定第一次测量的结果，就会确定性地得到第二次的结果。有些读者也许熟悉 John Bell 的文章"伯特曼（Berlmann）的袜子和实在的本质"[2]。古怪教授 Bertlmann 总是穿着两种不同颜色的袜子，其中一个总是粉色。假如一个观察者只看到 Bertlmann 的一只脚并注意到穿着粉色袜子，那么他就可以肯定另一只不是粉色。换种情况，假如他观察到比如绿色袜子，那么他就知道另一只一定是粉色。在这个案例里的关联完全是经典的，也没有什么奇怪的地方。形如 $|\uparrow\rangle_1|\downarrow\rangle_2$ 和 $|\downarrow\rangle_1|\uparrow\rangle_2$ 的自旋直积态有明显的关联，然而这里即便每个粒子的自旋态是量子的，它们之间的关联却是纯经典的。对于形如

$$|\Psi^{\pm}\rangle = \frac{1}{\sqrt{2}}(|\uparrow\rangle_1|\downarrow\rangle_2 \pm |\downarrow\rangle_1|\uparrow\rangle_2) \tag{11.1}$$

的贝尔态，它也存在类似经典的关联。经典在这里的意思是对其中一个粒子自旋 z 分量的测量同时决定了对另外一个粒子自旋 z 分量的测量结果。尽管在贝尔态的情况下，涉及到几率的因素：50%的实验给出 $|\uparrow\rangle_1|\downarrow\rangle_2$ 的结果，另外 50%的实验给出 $|\downarrow\rangle_1|\uparrow\rangle_2$ 的结果；因而对自旋 z 分量的测量总是关联在一起。当我们考虑测量自旋其他方向的分量，直积态不会在不同粒子测量结果的关联方面呈现出任何关联；然而贝尔态则总是呈现出

确定性的关联。这种关联会导致贝尔类不等式的破坏。从第 9 章中的讨论可以清楚地知道贝尔不等式仅被纠缠态所破坏。

正如我们之前已经讲过的那样，到目前为止绝大多数（即便不是全部）对贝尔不等式的实验结果都是支持量子力学的。如今量子纠缠绝不仅仅适合对量子力学的古怪特征做形而上学的思辨，以及对局域隐变量理论的测试，并且为新技术提供了理论基础。纠缠态所拥有的强烈非经典关联正是我们在现在所描述的许多量子技术中可以挖掘的内容。

11.2 纠缠和干涉测量

利用纠缠潜力的关键与我们统计系统粒子数的能力相关。我们可以通过考虑量子加强型相位测量问题来阐述这一点。比如我们希望得到因为光束中某个光学因素而导致的相位偏离。一个办法是把这个物理因素放到干涉仪的一条光路中，照亮干涉仪输入端，然后测量干涉仪输出端两个探测器光电流的差别，相位改变会导致类似正弦函数的干涉图样显示出来。特定相位能够通过光电流差别与已知最强和最弱的光电流进行比较而测量出来。相位测量的精度受限于光电流的涨落。假如输入光是经典的，就会有散粒噪声极限。也就是说假如输入光的平均光子数为 $\bar{n}$，则正如我们在第 6 章里看到的，相位测量的精度是 $\Delta\theta = 1/\sqrt{n}$。

如果干涉仪采用非经典光则可以提高相位测量精度。回顾当相干光（经典光）输入到干涉仪上时，其内部的光总可用可分离态来描述；沿着两条光路走的光从未可能纠缠起来。但现在考虑精确的单光子输入到干涉仪两个入射端口 a 和 b 的情况。在输入端的系统状态可以表达为 $|1\rangle_a|1\rangle_b$。经过分束器以后，系统处于由公式（6.17）给出的纠缠态 $(|2\rangle_a|0\rangle_b + |0\rangle_a|2\rangle_b)/\sqrt{2}$。如果像图 11.2 所画的，把移相器放置在干涉仪的光路 b 上，那么就在经过第二个分束器之前，系统状态变为 $(|2\rangle_a|0\rangle_b + e^{2i\theta}|0\rangle_a|2\rangle_b)/\sqrt{2}$；且经过第二个分束器之后，状态变为

$$|\text{out}\rangle = \frac{1}{2\sqrt{2}}(1 - e^{2i\theta})(|2\rangle_a|0\rangle_b - |0\rangle_a|2\rangle_b) + \frac{i}{2}(1 + e^{2i\theta})|1\rangle_a|1\rangle_b \tag{11.2}$$

现在为了测量相移，正如曾在第 6 章讨论过的那样，我们可以尝试输入相干态或者直积态 $|1\rangle_a|0\rangle_b$ 的过程。在这些情况下我们得到相移 θ 的一个振荡函数。但是目前

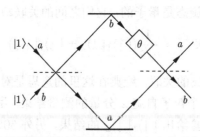

图 11.2 用干涉仪做相移测量的实验示意图。输入态是两个单光子态。在其中一个输出光束上必然可做宇称（奇偶性）测量

状态下会出现问题。当计算每个输出端光束的光子数平均值时，也就是 $\langle \hat{a}_{out}^{\dagger} \hat{a}_{out} \rangle$ 以及 $\langle \hat{b}_{out}^{\dagger} \hat{b}_{out} \rangle$，我们会发现结果都是 1，且不依赖于 θ。显然它们之间的差同样消失了。注意这里所涉及的光子数均值总和为 2，这完全是我们可预计的。因而对 θ 的标准测量方法在这里就不管用了。然而我们可以选择别的物理量观测值对相位进行测量，其中一个输出光束的宇称算符（即光子数的奇偶性）就是合适的选择。设想我们打算测量 b 模输出端的宇称[3]。这个模式的宇称算符是

$$\prod_b = (-1)^{\hat{b}^{\dagger}\hat{b}} = \exp(i\pi\hat{b}^{\dagger}\hat{b}) \tag{11.3}$$

很容易得到它对公式 (11.2) 中状态的期望值是

$$\langle \prod_b \rangle = \langle out | \prod_b | out \rangle = \cos(2\theta) \tag{11.4}$$

它就依赖于 2θ。假如再运用考虑了误差以后的统计，我们将会得到相当一般性的相位测量不确定度

$$\Delta\theta = \frac{\Delta\prod_b}{\dfrac{\partial\langle\prod_b\rangle}{\partial\theta}} \tag{11.5}$$

其中根据 $\prod_b^2 = \hat{I}$（即单位算符），$\Delta\prod_b = \sqrt{1 - \langle\prod_b\rangle^2}$。在这个特例里，我们得到 $\Delta\theta = 1/2$。拿这个结果与输入相同平均光子数（$\bar{n} = 2$）相干态的优化结果 $\Delta\theta = 1/\sqrt{2}$ 相比，我们可以看到相位测量灵敏度或精度提高了 $1/\sqrt{2}$。这种提高是干涉仪内部状态纠缠在一起的结果。事实上 (6.17) 式给出的是一类称之为最大纠缠态（MES）的量子态。"最大"的意思指：它是所有光子处在同一光束模式内的两个态的叠加态，这使得光模式之间的关联得以最大化。这一类总光子数为 N 的最大纠缠态更一般的表达式是

$$|\psi_N\rangle_{MES} = \frac{1}{\sqrt{2}}(|N\rangle_a|0\rangle_b + e^{i\Psi_N}|0\rangle_a|N\rangle_b) \tag{11.6}$$

这里 Ψ_N 是可以依赖于 N 的相位。假设这样的量子态可以产生（这真是很强的"假设"），那么可以实现精确形式为 $\Delta\theta = 1/N$ 的相位精度，比使用平均光子数同样都是 $\bar{n} = N$ 且优化了的相干态要提高很多。这个形式代表了量子力学所允许的对相位偏离进行干涉测量[4] 的最大精度，被称之为海森伯极限（简称 HL）：$\Delta\theta_{HL} = 1/N$。

当然最大纠缠态（出于我们认为是显而易见的原因，有时称为 NOON 态）在某种程度上总可以通过实验实现。在 $N = 2$ 的情况下，正如我们已经看到的，在 $50 : 50$ 分束器的两个输入端都输入单光子态，就足以产生双光子最大纠缠态。但对任意 $N > 2$ 的情况，分束器就不能产生最大纠缠态了。然而人们已经提出许多方案产生此类状态，有些涉及各种态约化测量[5]；另一些使用了极化率很大的非线性介质[6]。尽管我们要求宇称测量中使用的光电探测器必须达到能够分辨单光子的水平（相当苛刻），但这种精度的探测器在我们写这本书的时候正在成为现实[7]。除了产生最大纠缠态之外，人们还可以在马赫-曾德尔（Mach-Zehnder）干涉仪[8] 中输入双数态 $|N\rangle_a|N\rangle_b$。对最大纠缠态而言，

两个输出端平均光子数的差别会消失。但对其中一个输出光，我们可以做宇称测量。可知至少在相移较小的情况下，当 N 变大时，测量精度趋于海森伯极限 $\Delta\theta_{HL} = 1/(2N)$（在此输入态下，总光子数为 $2N$），相比标准量子极限 $\Delta\theta_{SQL} = 1/\sqrt{2N}$ 有了实质性的减小[9]。抛开这些不在本书范围之内的所有细节考虑不谈，这里讨论的本意是量子纠缠不仅仅是让人着迷的概念，而且有实际的应用，比如提高了干涉测量实验的精度。

11.3　量子隐形传态

量子纠缠的另一项应用是量子隐形传态，利用它可以把未知的量子态从一个地点传输到另一个地点，这两个地点之间可以相距遥远。这项应用就有了更多量子信息处理的意味。我们希望强调的是待传输的是未知的量子状态，而不是制备为这些态的粒子本身。对量子隐形传态，在这里我们仅提供当初由班尼特（Bennett）给出的一个简单而基础的描述[10]。像往常一样，我们用 $|0\rangle$ 和 $|1\rangle$ 表达这些态，但它们不一定表示光子数态，更可能是某种"二能级"系统的状态，比如单个光子的偏振态。更一般地，在量子信息产业中，符号 $|0\rangle$ 和 $|1\rangle$ 以及它们的叠加态代表了信息的量子比特态。量子比特是量子信息理论中用来表示任何"二能级"系统的状态；而"单量子比特"指的是单个系统，它的量子态可以一般地表示为状态 $|0\rangle$ 和 $|1\rangle$ 的叠加态。量子比特可以由二能级原子实现。在本书中凡涉及到光子时，$|0\rangle$ 和 $|1\rangle$ 分别可以被理解为水平和竖直偏振态 $|V\rangle$ 和 $|H\rangle$，但我们对它们的描述是相当一般的，可以推广到别的物理系统。

在量子隐形传态过程（或协议）中，通常我们需要两位参与者，称之为 Alice（简称为 A）和 Bob（简称为 B）。假设我们给 Alice 一个处于 $|\psi\rangle = c_0|0\rangle + c_1|1\rangle$ 的光子态；Alice 希望把这个态传送给 Bob，也就是 Bob 可以用手头的资源重构出这样一个光子态出来。这个态对于 Alice 来说是未知的，也就是她不知道 c_0 和 c_1 这两个参数是多少。事实上如果她知道的话，我们下面要介绍的传输协议就没有必要了，因为她可以简单地通过经典信道（比如电话）把这个信息传达给 Bob。我们进一步设想某个光源可以产生如下形式的由 Alice 和 Bob 分享的纠缠态：

$$|\Psi_{AB}\rangle = \frac{1}{\sqrt{2}}(|0\rangle_A|0\rangle_B + |1\rangle_A|1\rangle_B) \tag{11.7}$$

因此在 Alice 这边，她有待传输的态 $|\psi\rangle$ 和部分共享纠缠态 $|\Psi_{AB}\rangle$；而 Bob 到目前为止仅有自己这边的部分共享纠缠态。所以我们可以写出 Alice 和 Bob 的整体状态是

$$|\Phi_{AB}\rangle := |\psi\rangle|\Psi_{AB}\rangle = (c_0|0\rangle + c_1|1\rangle)(|0\rangle_A|0\rangle_B + |1\rangle_A|1\rangle_B)/\sqrt{2} \tag{11.8}$$

这个态可以被展开为

$$|\Phi_{AB}\rangle = \frac{1}{\sqrt{2}}(c_0|0\rangle|0\rangle_A|0\rangle_B + c_0|0\rangle|1\rangle_A|1\rangle_B + c_1|0\rangle|0\rangle|0\rangle_A|0\rangle_B + c_1|0\rangle|1\rangle_A|1\rangle_B)$$

$$= \frac{1}{2}[|\Phi^+\rangle(c_0|0\rangle_B + c_1|1\rangle_B) + |\Phi^-\rangle(c_0|0\rangle_B - c_1|1\rangle_B) +$$
$$|\Psi^+\rangle(c_0|1\rangle_B + c_1|0\rangle_B) + |\Psi^-\rangle(c_0|1\rangle_B - c_1|0\rangle_B)] \tag{11.9}$$

这里我们引入贝尔态:

$$|\Phi^+\rangle = \frac{1}{\sqrt{2}}(|0\rangle|0\rangle_{\mathrm{A}} + |1\rangle|1\rangle_{\mathrm{A}}) \tag{11.10}$$

$$|\Phi^-\rangle = \frac{1}{\sqrt{2}}(|0\rangle|0\rangle_{\mathrm{A}} - |1\rangle|1\rangle_{\mathrm{A}}) \tag{11.11}$$

$$|\Psi^+\rangle = \frac{1}{\sqrt{2}}(|0\rangle|1\rangle_{\mathrm{A}} + |1\rangle|0\rangle_{\mathrm{A}}) \tag{11.12}$$

$$|\Psi^-\rangle = \frac{1}{\sqrt{2}}(|0\rangle|1\rangle_{\mathrm{A}} - |1\rangle|0\rangle_{\mathrm{A}}) \tag{11.13}$$

它们构成四维希尔伯特空间的相互正交归一完备基。这些态由待传输态和 Alice 这边的部分纠缠态的基矢所构成。每一个出现在表达式 (11.9) 中的贝尔态与 Bob 那边的部分纠缠态所提供不同叠加态相互关联。我们也许要着重指出到目前为止并没有发生任何物理过程,我们不过是把待传输态和纠缠态的直积态重新写了一遍而已。协议接下来的步骤是 Alice 在贝尔态基底上做投影测量。结果是每类贝尔态 $|\Phi^{\pm}\rangle$,$|\Psi^{\pm}\rangle$ 都会以等几率 1/4 的机会随机出现。假设 Alice 得到状态 $|\Phi^+\rangle$ 并且知道自己的结果。Bob 的光子系统则同时投影到 $c_0|0\rangle_{\mathrm{B}} + c_1|1\rangle_{\mathrm{B}}$。然后 Alice 通过经典信道通知 Bob 已经检测到贝尔态 $|\Phi^+\rangle$,于是也知道 Bob 已经获得了待传输态,所以 Bob 不用做任何事情。要注意无论 Alice 还是 Bob 都不知道这个态到底是什么。另一方面,假如 Alice 报告已探测到了状态 $|\Phi^-\rangle$,那么 Bob 的系统投影到 $c_0|0\rangle_{\mathrm{B}} - c_1|1\rangle_{\mathrm{B}}$。于是它知道自己手里粒子的状态相比待传输态在第二项系数上差了一个符号;所以它可以做如下操作:$|0\rangle_{\mathrm{B}} \to |0\rangle_{\mathrm{B}}$,$|1\rangle_{\mathrm{B}} \to -|1\rangle_{\mathrm{B}}$,从而获得原始待传输态。假如 Alice 探测到 $|\Psi^+\rangle$,Bob 的态则是 $c_0|1\rangle_{\mathrm{B}} + c_1|0\rangle_{\mathrm{B}}$,于是他需要执行操作 $|1\rangle \to |0\rangle_{\mathrm{B}}$ 和 $|0\rangle_{\mathrm{B}} \to |1\rangle_{\mathrm{B}}$,这等价于逻辑非门操作。最后一种情况,假如 Alice 探测到 $|\Psi^-\rangle$,Bob 则拥有 $c_0|1\rangle_{\mathrm{B}} - c_1|0\rangle_{\mathrm{B}}$,于是必须完成 $|1\rangle_{\mathrm{B}} \to |0\rangle_{\mathrm{B}}$ 和 $|0\rangle_{\mathrm{B}} \to -|1\rangle_{\mathrm{B}}$ 的转换。这就是量子隐形传态的全部描述。

在二维空间基底($|0\rangle_{\mathrm{B}}$,$|1\rangle_{\mathrm{B}}$)上,以上的操作可以用 2×2 矩阵集合 $\{I_2, \sigma_x, \sigma_y, \sigma_z\}$ 来表示。读者可以检验:这个集合的首项是二维的单位矩阵,其余是我们所熟悉的泡利矩阵。最后再强调一下在任何时刻没有人知道原始待传输态是什么。在进行贝尔态投影测量的时候,原始态消失了。

也许量子隐形传态看上去有一点魔术的味道,如果是这样,这是因为 Alice 和 Bob 分享的是个纠缠态。读者可以检验如果 Alice 和 Bob 在分享混态

$$\hat{\rho}_{\mathrm{AB}} = \frac{1}{2}(|0\rangle_{\mathrm{A}}|0\rangle_{\mathrm{BA}}\langle0|_{\mathrm{B}}\langle0| + |1\rangle_{\mathrm{A}}|1\rangle_{\mathrm{BA}}\langle1|_{\mathrm{B}}\langle1|) \tag{11.14}$$

的情况下尝试进行隐形传态,则不可能成功。注意到尽管表达式 (11.14) 中的混态其实呈现出(态之间的)关联,但这种关联是纯经典的。

量子隐形传态不仅仅是理论上的奇迹,而且是实验上的事实。首批传输比特态的实验由罗马大学[11] 和因斯布鲁克大学[12] 的小组完成,他们用光子偏振态表达量子比特。接下来加州理工大学的一个小组[13] 传输了用压缩态制备的连续变量的量子态。

11.4 密码术

保密通信是人们进入信息时代后的一个重要领域。建立在密码系统上的通信，其安全性基于解决不同数学问题（特别是大数分解）计算难度的假设。另一个可选方案是量子密码术，它是基于对自然定律的基本描述，也就是量子力学。其安全性由量子力学的测量本质保证。电子通信和商务的飞速发展引发了人们越来越关注电子信息的安全性和身份验证问题。这当然不是什么新问题。在人类社会的早期就有在多方之间传递秘密信息的必要和需求。数千年来通信各方设计了无数方案用以对信息进行验证（签名）和加密（密码术）以免越权读取。现代保密通信方案总会事先交换一个称之为密码的随机数或二进制数串。如果通信双方能彼此之间共享这个不为他人知晓的数字，则信息可以得到安全加密和解密。然而这个方法因为第三方试图获取密码而容易受到攻击。量子力学能够保证通信双方获得共享密码而同时确认没有窃听者能获得密码。本章将会给出量子密码术的综述。

量子力学有潜力在至少两个互补的角度彻底革新信息处理方式。一方面假如量子计算机能够实现，它就有了超越任何经典计算机进行大数分解的能力。我们将会看到，由于经典密码通信的安全性是基于大数分解的难度，这样量子计算机就能够威胁当前所有的密码安全。但另一方面，量子力学在破坏密码安全性的同时也能拯救它。我们将会看到量子力学的基本定律允许人们构建免受任何窃听的量子密码协议。

本章内容安排如下。我们将首先介绍经典的私钥和公钥密码系统。然后我们回顾几个量子协议以及它们在量子光学方面的实验实现。但在我们进一步展开之前，先定义几个关键术语和概念。

- Alice 和 Bob：通常我们用 Alice 表示想要把私密信息传递给 Bob 的人。
- Eve：想要拦截 Alice 传给 Bob 信息的窃听者。我们假定 Eve 拥有对用来传递信息的通信信道进行完全访问的权限。
- 公共信道：可以用来把信息从一端传递到另一端的通信信道。窃听者能够完全访问所有通过该信道的信息。
- 私密信道：窃听者不能访问的保密信息。即窃听者完全不可能窃听到任何通过该信道的信息。又称为可信信道。
- 密码：只有 Alice 和 Bob 才知道的一系列合适的随机数。
- 对称算法：顾名思义，对称密码是指加密密码和解密密码能够互相计算出来。
- 公钥加密算法：公钥是非对称的，用来加密的密码与用来解密的密码完全不同。加密密码在合理时间内无法根据解密密码计算得到。

11.5 私钥密码系统

直到约 1970 年，所有的密码系统一般都在私钥原理之上运行。在此情况下希望通信的 Alice 和 Bob 双方必须提前建立好共享的密钥。假如 Alice 希望把消息发给 Bob，她就要用加密密码对消息进行编码。加密的信息公开（通过公共信道）发给 Bob 后，Bob 用他的解密密码（之前他和 Alice 已经建立好）对传输过来的信号进行解密，这样他就收到了来自 Alice 的原始信息。这就是图 11.3 所描述的。

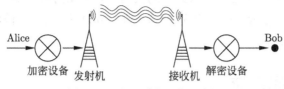

图 11.3　密码系统工作示意图

早期密码的一个例子被称为"凯撒密码系统"，它是用来把日常使用的字母表转换为数字。简单机制是把 26 个字母（A~Z）转换为对应数字 0~25（比如 A $= 0, \cdots,$ Z $= 25$）并加上一个常数，比如 10。我们可以定义如下函数完成这样的操作：

$$f(x) = \begin{cases} x + 10, & x < 15 \\ x - 15, & x \geqslant 15 \end{cases} \tag{11.15}$$

或用更简洁的形式

$$f(x) = x + 10 \ (\text{mod } 26) \tag{11.16}$$

举例而言，Alice 想要发送"HELLO"给 Bob。她先把单词"HELLO"转换为等价数串"7 5 11 11 14"。然后再应用上述函数得到编码信息"17 15 21 21 24"并通过公开信道发送给 Bob。由于之前已经建立了解码规则，Bob 知道逆函数 $f^{-1}(x)$，所以就可以把编码信息"17 15 21 21 24"解码为"7 5 11 11 14"。于是再通过简单对应规则，这条信息就还原为单词"HELLO"。

上面这个协议要求 Alice 和 Bob 两个人都知道编码函数，而该函数必须在之前通过某种安全的方式建立起来。Alice 使用加密函数而 Bob 使用解码函数，两者互为逆函数的关系。更复杂的编码函数可以写为

$$f(x) = ax + b \ (\text{mod } N) \tag{11.17}$$

此处 a 和 b 是常数。此类编码的问题是一旦窃听者（Eve）知道了函数形式，那么她就用 Bob 一样的方式解开原始信息。假如反复使用同样的编码，那么 Eve 便可以对编码展开攻击并破解它。

修正上述编码方案的一个方法是引入安全加密方案。一个非常著名的私钥密码系统是弗纳姆（Vernam）密码（也称之为一次一密方案）。这个方案的实施在于 Alice 和 Bob 在初始时私密且安全地分享了一个关键密钥。当 Alice 和 Bob 想要传消息时，Alice 通过把明文和密码加在一起对消息进行编码。然后密文通过公共信道传给 Bob。Bob 通过把同样的密码从编码后的密文减去密码恢复明文消息。一次一密是私钥密码系统常用的方

案，且被证明是安全的。顾名思义，当且仅当不重复使用同一密码的条件下，一次一密是安全的。事实上每次用的密码长度必须不短于明文长度才能保证绝对安全。

一次一密最主要的困难在于需要为通信各方分配大量的密码资源。密码分配是不能用公共信道完成的，所以缺乏一般意义上的实用性，但在需要可信安全的情况下仍然会用到。一些特定的银行表格仍然使用费纳姆（Vernam）密码。而当前绝大多数密码系统使用的是公钥密码系统。

11.6 公钥密码系统

我们之前讨论的私钥密码系统依赖于密码材料的分配。而另一类称之为公钥密码系统的方案则不依赖于密码材料的提前安全通信。使用最为广泛的公钥密码系统是RSA（来源于李维斯特（Rivest）、沙米尔（Shamir）和阿德尔曼（Adleman）的论文[14]）系统。RSA 密码系统建立在如下事实之上：为了对 N 位数进行质因子分解，经典计算机至少需要执行比关于 N 的某个多项式函数还要多的步骤。想想手动分解数字 21 和1073：21 很容易但 1073 显然要多花点时间。对计算机来说也是如此。当 N 变大时，在经典计算机上质因子分解就变成一个困难问题；事实上分解所需要的步骤将随 N 指数增长。这就是密码安全性的来源。如果这些大数能被分解，那么窃听者就能够复原 Alice发给 Bob 的明文。我们来仔细检查一下 RSA 协议。该协议允许 Bob 公布密码（公钥），这样 Alice 就能使用密码对消息进行加密，然后用公共信道把密文发给 Bob，协议仅允许 Bob 对其解密。RSA 协议的具体步骤表述如下：

- Bob 先找两个非常大的质数 p 和 q（它们都大于 10^{1000}，即位数高于 1000）。接着他算出两个量：$N = pg$（乘积 N 显然大于 10^{2000}）和 $pq(N) \equiv (p-1)(q-1)$。然后 Bob 需要找到一个整数 $e < N$ 使得 e 与 $pq(N)$ 之间最大公约数为 1，在此情况下 e 与 $pq(N)$ 的关系称为互质（即它们没有大于 1 的公约数）。一旦找到 e，Bob 就一定能得到另一个数 $d \equiv e^{-1}(\mathrm{mod}\ pq(N))$（也就是 de 除以 $pq(N)$ 的余数为 1）。
- Bob 把公共密钥 (e, N) 用公共信道发给 Alice。
- Alice 把明文 $m < N$ 代入 $c = m^e(\mathrm{mod}\ N)$ 得到编码 c，并把 c 发给 Bob。
- 一旦 Bob 从 Alice 收到密文 c，他通过计算 $c^d(\mathrm{mod}\ N)$ 就可以得到明文 m。

在这个协议中有趣的是大部分计算工作落在 Bob 而不是 Alice 身上。Alice 的主要工作就是用公钥 (e, N) 对她要传递给 Bob 的信息 m 进行加密。

如果所有的通信仅仅利用公共信道，那么窃听者破解密码系统的机制是什么呢？Eve若想攻击密码系统，她必须在只知道 e 和 N 的前提下算出 $d = e^{-1}(\mathrm{mod}\ pq(N))$。这就等价于让她分解 N。通过对 N 的质因子分解后得到 p, q，Eve 就能算出 $pq(N)$。这个攻击看起来似乎很简单，但是要想在一台经典计算机上用现有技术在合理时间内分解大于 $N > 10^{2000}$ 是不现实的。事实上分解目前用于 RSA 加密系统的大数字需要一台超级计算机运行很多很多年。然而近来一种新计算架构（也就是量子计算机）的提出，使得在短时间内分解这些超级大数变得有可能。

当然量子计算机还没有实现，但基于能够访问经典计算机器不能访问的巨量状态空间的能力，它确有潜力彻底革新信息处理的方式。这会转而改变计算任务复杂度的定义，使得某些已知的在经典机器上极为困难（也是需要指数级资源）的计算任务在量子机器上变得容易（只需多项式级资源）。这种增益来自于量子物理的两个特征：量子纠缠和量子干涉，它们带来大规模并行处理的能力。

大卫·多伊奇（David Deutsch）在 1985 年[15] 证明了在量子力学框架下某些问题的复杂度可以得到极大改善（他在 1992 年和理查德·乔萨（Richard Jozsa）合作发表[16]了更为一般的结论）。这为揭示量子算法（特别是彼得·秀尔（Peter Shor）的大数分解算法）的许多优势铺平了道路。Peter Shor 在 1994 年[17] 发明了一个允许在多项式级时间内对大数进行质因子分解的量子算法。这使得一旦人们有了量子计算机，质因子分解本质上就会变得像乘法（它的逆运算）一样容易。近来一台小规模的基于 NMR 系统的量子计算机成功分解了数字 15[18]。尽管也许是很小的一个进步，但它通过展现一个非平凡算法的执行显示了量子计算机的潜力。核心问题是如果量子计算方案能达到极大数字的规模，那么 RSA 密码系统就容易被破解了。NMR 方案显然不能达到所需要的规模。

11.7　量子随机数产生器

经典计算机经常用来产生随机数串。因为总要用到某个决定性的算法，所以产生出来的数只能是伪随机数。许多私钥密码协议都需要能够对一个好的真随机（非伪随机）数产生源进行局域访问。这对我们在下面将要描述的量子密码方案也同样适用。尽管决定性算法生成的伪随机数看上去相当随机，但只要知道算法和随机数种子，那么同样的数串就有可能被窃听者复制出来。也有大量基于硬件的产生器利用复杂的热噪声对系统产生的混沌行为生成随机数。其随机性吸收了对混沌行为进行预测的困难。这在理想的情况下产生了一个很好的随机数源。然而一个潜在问题是热噪声可能被某个能够干预外界环境的人所影响或控制。近些年来人们基于量子力学法则提出了一个简洁的解决方案（图 11.4）。

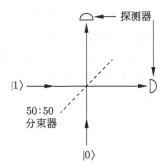

图 11.4　量子随机数产生器装置示意图。这个装置由单光子入射到一个 50∶50 分束器构成。真空态是分束器第二个端口的输入态。50∶50 分束器使得单光子各有 50% 的机会入射和反射。随机比特数通过测量光子入射或反射而产生

图 11.4 所描述的装置依赖于第 6 章讨论过的 50∶50 分束器的性质。一个输入端输入一个单光子态而在另一个输入端是真空态。放在输出端的探测器提供光子路径的信息。如果光子选择了反射路径，我们记为 0；如果它走的是透射路径，则记为 1。因为光走任何一条路径的机会都是 50%，所以我们有 50% 的机会得到 0 或者 1。这是个随机比特数。重复这个过程多次，就生成了一个真随机数串。

11.8　量子密码术

假定量子计算机（一台尚未建成的设备）能够攻击当前的公钥系统（比如 RSA），那么绝对安全通信的可能意味着什么？我们知道私钥系统（一次一密）并不易受前述量子计算架构的攻击。然而一次一密的经典方案需要通信双方 Alice 和 Bob 分享大量密钥材料。这还必须在窃听者无法渗透的私密通道中进行。有很多实际解决方案可以做到这一点，比如 Alice 派一个信使给 Bob 传递一个密封的装有密钥材料的盒子。在此情况下，Alice 和 Bob 必须信任信使不会阅读并复制密钥材料。另一个称为量子密钥分发（QKD）的可完成方案基于量子力学原理，它为 Alice 和 Bob 提供了通过公共信道制造并分享密钥的机制。一旦双方拥有了密钥材料，就可以进行安全通信。获得随机数源是所有 QKD 方案的关键。

11.8.1　量子密钥分发

量子密钥分发（简称 QKD）为远程的通信双方——Alice 和 Bob——提供了无需物理接触或第三信任方传递而交换密钥的可能性。QKD 的安全性建立在量子力学原理的基础之上。量子力学是经过充分检验而被证明是正确的理论。

量子密钥分发的核心思想是：窃听者不可能从传输的量子态中获取所有的信息。这个表述是什么意思呢？考虑处在叠加态 $|\psi\rangle = c_0|0\rangle + c_1|1\rangle$ 的单个量子比特。（我们再次用符号 $|0\rangle$ 和 $|1\rangle$ 代表量子比特在普适意义上的基底。对于用偏振态实现的量子比特，则令 $|0\rangle = |V\rangle$、$|1\rangle = |H\rangle$。）如果 c_0 和 c_1 未知，则不可能通过单次（一般性）测量精确地得到状态 $|\psi\rangle$。举例而言，如果单次测量后得到结果 0，那么我们不可能知道系数 c_0 是多少。参见图 11.5，得到结果 0 的单次测量不能区分诸如 $|0\rangle$、$(|0\rangle + |1\rangle)/\sqrt{2}$、$(|0\rangle + \mathrm{i}|1\rangle)/\sqrt{2}$ 或许多其他可能的量子态。我们只能通过对制备为完全一致的量子态的大量系统进行多次测量，才能获得态的精确信息。但是在 QKD 中，量子比特是不会重复使用的。因此只要使用非正交态，窃听者就不可能完全了解量子态。

在以下内容中，我们将详细解释许多 QKD 协议。我们首先从第一个被发明出来的协议即 BB84 协议开始。

11.8.2　BB84 协议

BB84 协议（以班纳特（Bennett）和布拉萨德（Brassard）1984 年的工作[19] 命名）的第一步是 Alice 制备并发送给 Bob 一系列量子比特，这些量子比特的状态从以下集合

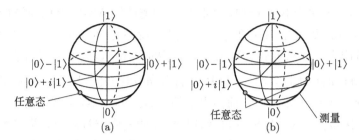

图 11.5　(a) 量子比特在布洛赫球面上的表示。基态 $|0\rangle$ 在球的南极。激发态 $|1\rangle$ 在球的北极。$|0\rangle$ 和 $|1\rangle$ 的叠加态在南北极之间的球面上。$|0\rangle$ 和 $|1\rangle$ 的等几率叠加态在赤道上。任意纯态都可以出现在球表面上。(b) 我们展示了对球上一点的测量。在球面上我们标记出两个未知态。这两个态并不正交，因此单次测量不能确认我们得到的是哪个态。这是我们在量子密钥分发中的关键因素

中随机选取：

$$
\begin{aligned}
|\psi_0\rangle &= |0\rangle \\
|\psi_1\rangle &= |1\rangle \\
|\psi_+\rangle &= \frac{1}{\sqrt{2}}(|0\rangle + |1\rangle) \\
|\psi_-\rangle &= \frac{1}{\sqrt{2}}(|0\rangle - |1\rangle)
\end{aligned}
\tag{11.18}
$$

注意到 $\langle\psi_0|\psi_1\rangle = 0$ 以及 $\langle\psi_+|\psi_-\rangle = 0$，也就是说前两个态构成一组完备基；后两个态则构成另一组完备基。用单光子偏振态的术语说，后两个态的偏振角与前两个态分别相差正负 45°。表达式 (11.18) 中的四个态明显不完全满足彼此正交：$\langle\psi_{0,1}|\psi_{+,-}\rangle \neq 0$。因此不存在任何测量方案使得我们能够 100% 地确定 Alice 发送给 Bob 的态。Bob 随机选择某组基底（或者 0 和 1、或者 + 和 −，这里的 + 和 − 分别代表测量 $(|0\rangle + |1\rangle)/\sqrt{2}$ 和 $(|0\rangle - |1\rangle)/\sqrt{2}$）对量子比特进行测量。当第一轮所有的测量完成以后，Alice 和 Bob 用公共信道进行通信，确认制备和测量的各比特状态的特征。更准确地说，Alice 宣布她发送的各比特是用 0 和 1 还是用 + 和 − 作为基底制备的，但不提供究竟是哪个态的精确信息；接着 Bob 也宣布他在哪组基底下进行测量，但也不提供态的具体信息。于是 Alice 和 Bob 仅保留那些当且仅当他们选择同样基底时的测量结果。这些结果无疑是 Alice 和 Bob 知道发送和测量的那些量子比特的子集（大约一半规模），获得这些结果并不需要他们直接通信到底发送了哪些状态。于是密钥就这样建立了。

　　当 Alice 把量子比特发送给 Bob 时，窃听者（Eve）有可能侵入部分或全部发送的量子比特并与它们发生作用。现在窃听者会采取什么行动呢？窃听者必须在 Alice 发送量子态到 Bob 收到它之间的时间间隔内采取某种行动。它可能是任何一种形式的测量，也可能不是测量。考虑 Eve 执行了确定性投影测量。Eve 不知道发送的是什么态（也不能在她测量的时候判定它），所以她必须选择是在 0 和 1 基底还是在 + 和 − 基底上进行测量。假如 Eve 猜对了基底（她无法了解这一点，直到 Alice 和 Bob 通信之后），于是

Eve 能把正确的态发送给 Bob（这样 Bob 就不知道该比特实际上已经被拦截了）。但假如 Eve 选错了基底，她发给 Bob 的态就是错的，就不是 Bob 应该收到的态。如果 Bob 进行某种形式的纠错，那么他就会发觉这个错了的态并意识到 Eve 的存在。

在 BB84 协议的后半段，Alice 和 Bob 将公布发送和测量的基底。他们从中初步生成共享密钥材料。然而正如我们在前面提到的，Eve 可能已经干扰了这一切并由此掌握了部分密钥。同样因为 Eve 有 50% 可能性用错误的基底进行测量，并因而给 Bob 发送了错误的状态。这会导致 Alice 和 Bob 共享密钥的部分比特总是对不上。Alice 和 Bob 能够选择部分密钥比特并用公共信道通知对方，从而通过校验误差率（也就是那些对不上的比特数），检查是否有窃听者存在。如果误差率不是特别高，Alice 和 Bob 能够对余下的比特执行经典私密放大技术从而制备安全共享密钥。我们在图 11.6 中总结了协议，并在图 11.7 中描绘了它的物理实现。

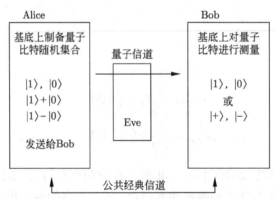

图 11.6　执行 BB84 协议过程的总结图。在 Bob 测量之后，Alice 和 Bob 交流他们发送和测量的态是在 $|0\rangle$、$|1\rangle$ 还是在 $|+\rangle$、$|-\rangle$ 基底上。他们仅保留那些发送和测量在同样基底上的态的结果。然后他们用部分基底一致的数据检查 Eve 是否存在

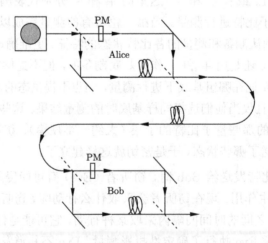

图 11.7　利用干涉仪物理实现 BB84 协议的示意图。在图中经过干涉仪的短光程和长光程分别定义为状态 0 和 1（因为在通信用光纤中使用偏振较为困难，所以不用偏振态）。两个相位调制器（PM）分别放在 Alice 和 Bob 各自干涉仪的上一条光路中

11.8.3　B92 协议

BB84 协议已经被推广到使用别的基底和量子态。其中最著名的是 B92 协议[20]，它仅使用了两个而不是四个非正交态。协议建立如下，Alice 生成一个随机的二进制数 a（0 或 1），然后她根据结果发送制备为特定量子态的量子比特给 Bob：

$$|\psi\rangle = \begin{cases} |0\rangle, & a = 0 \\ |+\rangle, & a = 1 \end{cases} \tag{11.19}$$

现在轮到 Bob 生成一个随机二进制数 a'（或 0 或 1）。如果得到 0，那么 Bob 在 0, 1 基底上进行测量；而如果得到 1，他就选择 +, — 基底。然后 Bob 经由公共信道对 Alice 宣布测量得到的结果 b（或 0 或 1）。Alice 和 Bob 对各自生成的随机二进制数 a 和 a' 进行保密。当测量结果 b 为 1 时，这些数字就构成他们的初始密钥材料。仅当 Alice 的随机数 $a = 0$ 而 Bob 的随机数 $a' = 1 - a$ 或反过来的情况下，（$b = 1$）这种情况才会发生，其总几率为 50%。对 Alice 来说 a 构成了密钥；对 Bob 来说 a' 构成了密钥。现在如果他们想要评估潜在窃听者造成的效应，他们可以使用一些密钥材料来检查；如果误码率不是很高，则执行合适的私密放大过程。我们在图 11.8 中总结了该协议，并在图 11.9 中描绘了它的一种物理实现。

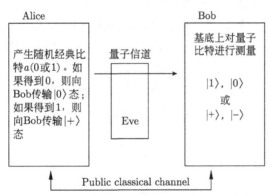

图 11.8　使用非正交基底的 BB92 协议过程的总结图

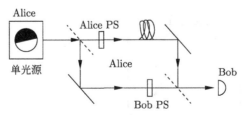

图 11.9　BB92 协议的光学实现示意图：Bob 和 Alice 之间所有的态传输都发生在一个干涉仪的光路中

11.8.4 埃克特协议

我们已经讨论过的所有协议都依赖 Alice 发送、制备在偏振基底或干涉仪基底上的单光子的能力。阿图尔·埃克特（Artur Ekert）在 1991 年提出了一种新的量子密码协议[21]，该协议则利用量子纠缠和贝尔不等式。

举例而言，设想量子源在一段时间内发出制备在纠缠态上的两个光子。这两个光子可以是在发射方向上或是在偏振角度上纠缠在一起。我们便可以按照下面的方式把它们用在安全通信上。Ekert 协议优于 BB84 或 B92 协议的基本思想在于，用双向量子信道（把两个纠缠量子比特从中心公共源分别传递给 Alice 和 Bob）取代了单向量子通道（把量子比特从 Alice 发给 Bob 的）。我们接下来描述如何使用这种新的量子资源。

考虑 Alice 和 Bob 共享 n 对纠缠量子比特，其中每一对制备为

$$|\psi\rangle = \frac{1}{\sqrt{2}}(|0\rangle|0\rangle + |1\rangle|1\rangle) \tag{11.20}$$

这里写在左边的比特属于 Alice 而在右边的比特在 Bob 手里。建立共享密钥的具体过程如下。在分享纠缠光子对（每人一个）的同时，Alice 和 Bob 再独立各自生成一个随机数（或 0 或 1）；Alice 的随机数标记为 a，Bob 的标记为 a'。假如 Alice 的随机数是 0，她就在 0,1 基底上对她手里的量子比特进行测量，否则她就选择 $+,-$ 基底。她把测量结果记为 b。类似地，Bob 也对他自己的量子比特做同样的事情：如果随机数是 0，他也在 0,1 基底上进行测量；如果随机数是 1，他则使用 $+,-$ 基底。Bob 把测量结果记为 b'。Alice 和 Bob 现在用公共信道把结果 (b, b') 通知对方。仅当 $b = b'$ 时，他们保留结果，这就建立起密钥比特值 (a, a')。对 n 对纠缠量子比特执行同样的操作，就得到了所需要的密钥。我们在图 11.10 中给出了 Ekert 量子密码系统协议的布局梗概。

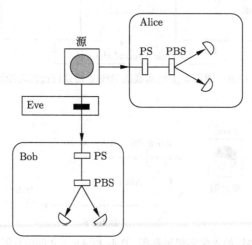

图 11.10　Ekert 协议的物理实现示意图：光源发送关联的 EPR 光子对，一个给 Alice，另一个给 Bob。偏振分束器（PBS）导引关联光子到探测器上

这些量子通信协议的实验实现可以参见吉辛（Gisin）等写的综述[22]。

11.9　量子通信的前景

正如我们所描述的，量子物理在机会和威胁两个方面都为通信世界提供了可能。机会来源于量子不可分也不能复制的基本特性；而威胁则来自量子计算的巨大潜能（如果退相干的障碍能被克服从而大规模量子寄存器能够可控）。我们在这里关注的是密码的安全密钥分发，因为它代表了目前发展最为充分的量子技术。在 QKD 中，经典信息用量子资源进行传输。然而量子信息本身也可以被传输。举个例子，只要共享量子纠缠资源，系统的量子态就可以从 Alice 传给 Bob。这正是我们已经讨论过的量子隐形传态的基础。量子通信已经成为现代物理的主要发展领域之一，在下个 10 年很可能产生新的知识、应用和科技。

11.10　量子计算逻辑门

尽管详细讨论量子计算不在本书范围之内，但讨论量子计算的某些方面，特别是量子寄存器和量子门的概念以及它们在量子光学中的实现似乎还是值得的。这就是我们接下来要做的事情。

首先讨论量子寄存器。我们再次把量子比特表示在一般基底（通常也称之为计算基底）$|0\rangle$ 和 $|1\rangle$ 上。对于单个量子比特，最一般的纯态是下面的叠加态

$$|\psi_1\rangle = c_0|0\rangle + c_1|1\rangle, \quad |c_0|^2 + |c_1|^2 = 1 \tag{11.21}$$

一个量子寄存器由一串 N 个量子比特构成。举例而言，制备为状态

$$|1\rangle \otimes |0\rangle \otimes |1\rangle \equiv |101\rangle = |5\rangle \tag{11.22}$$

的三比特寄存器如等式右边所述提供了十进制数 5 的二进制表示，$(5)_{10} = (101)_2$。但现在设想寄存器的第一个量子比特处在对称叠加态 $(|0\rangle + |1\rangle))/\sqrt{2}$ 上，那么寄存器状态变为

$$\frac{1}{\sqrt{2}}(|0\rangle + |1\rangle) \otimes |0\rangle \otimes |1\rangle = \frac{1}{\sqrt{2}}(|001\rangle + |101\rangle) = \frac{1}{\sqrt{2}}(|1\rangle + |5\rangle) \tag{11.23}$$

这就意味着该三比特量子寄存器同时表示了十进制数 1 和 5。假如所有三个量子比特都处在对称叠加态上，那么寄存器状态就被制备为

$$\frac{1}{\sqrt{2}}(|0\rangle + |1\rangle) \otimes \frac{1}{\sqrt{2}}(|0\rangle + |1\rangle) \otimes \frac{1}{\sqrt{2}}(|0\rangle + |1\rangle)$$

$$= \frac{1}{2^{3/2}}(|000\rangle + |001\rangle + |010\rangle + |011\rangle + |100\rangle + |101\rangle + |110\rangle + |111\rangle)$$

$$= \frac{1}{2^{3/2}}(|0\rangle + |1\rangle + |2\rangle + |3\rangle + |4\rangle + |5\rangle + |6\rangle + |7\rangle) \tag{11.24}$$

这样单个三比特量子寄存器就能同时表示 8 个十进制数 $0-7$。任意十进制数 $a = a_0 2^0 + a_1 2^1 + \cdots + a_{N-1} 2^{N-1}$，其中系数 a_j，$j = 0, 1, \cdots, N$，等于 0 或 1。我们可以把它表示为

$$|a\rangle = |a_{N-1}\rangle \otimes |a_{N-2}\rangle \otimes \cdots \otimes |a_1\rangle \otimes |a_0\rangle \equiv |a_{N-1} a_{N-2} \cdots a_0\rangle \tag{11.25}$$

N 比特寄存器最一般的量子态是

$$|\psi_N\rangle = \sum_{a=0}^{2^N - 1} c_a |a\rangle \tag{11.26}$$

所有 0 到 $2^N - 1$ 范围内的十进制数（总共 2^N 个）可以同时表达在状态为公式 (11.26) 的单个 N 比特寄存器上。

就像在经典计算机上一样，在量子寄存器上做任何操作都需要逻辑门。量子逻辑门与经典逻辑门的重要区别是，前者总是可逆的，输出仅依赖于输入；后者则不满足这些。其原因是量子逻辑门由幺正转换构成。我们先讲单量子比特门，然后讲双量子比特门。

第一个考虑的是阿达马（Hadamard）门。这个门在 $|0\rangle$ 和 $|1\rangle$ 的基底上制备对称叠加态，标记为 H。用幺正算符 $\hat{U}_{\mathrm{H}}$ 的 Hadamard 门执行如下转换：

$$\hat{U}_{\mathrm{H}} |x\rangle = \frac{1}{\sqrt{2}} [(-1)^x |x\rangle + |1 - x\rangle] \tag{11.27}$$

其中 $x \in \{0, 1\}$。因此 $\hat{U}_{\mathrm{H}} |0\rangle = (|0\rangle + |1\rangle)/\sqrt{2}$，$\hat{U}_{\mathrm{H}} |1\rangle = (|0\rangle - |1\rangle)/\sqrt{2}$。表达式 (11.24) 的等号右边就可以通过对三个初始态在 $|0\rangle$ 的量子比特同时做 Hadamard 变换而获得。如果量子比特是由二能级原子的基态和激发态实现的，那么 Hadamard 转换就对应 $\pi/2$ 脉冲。图 11.11(a) 给出了 Hadamard 门的线路符号。

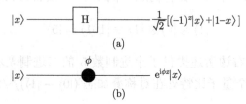

图 11.11　(a) Hadamard 门的线路符号；(b) 单比特相位门的线路符号

第二个单比特门是标记为 $\hat{U}_{\mathrm{PG}}(\phi)$ 的相位门，它的转化效果是

$$\hat{U}_{\mathrm{PG}}(\phi) |x\rangle = \mathrm{e}^{\mathrm{i}\phi x} |x\rangle \tag{11.28}$$

由此有 $\hat{U}_{\mathrm{PG}}(\phi) |0\rangle = |0\rangle$，$\hat{U}_{\mathrm{PG}}(\phi) |1\rangle = \mathrm{e}^{\mathrm{i}\phi} |1\rangle$。图 11.11(b) 给出了这个门的线路符号。不难发现 Hadamard 门和相位门的组合能够产生单量子比特的各种叠加态，图 11.12 给出的门序列可以产生最一般的单比特纯态[1]：

$$\hat{U}_{\mathrm{PG}} \left(\phi + \frac{\pi}{2}\right) \hat{U}_{\mathrm{H}} \hat{U}_{\mathrm{PG}}(2\theta) \hat{U}_{\mathrm{H}} |0\rangle = \cos\theta |0\rangle + \mathrm{e}^{\mathrm{i}\phi} \sin\theta |1\rangle \tag{11.29}$$

---

[1]实际上得到的结果还有一个全局相位 $\mathrm{e}^{\mathrm{i}\theta}$，当然全局相位无物理效应，去掉无妨。—— 译者注

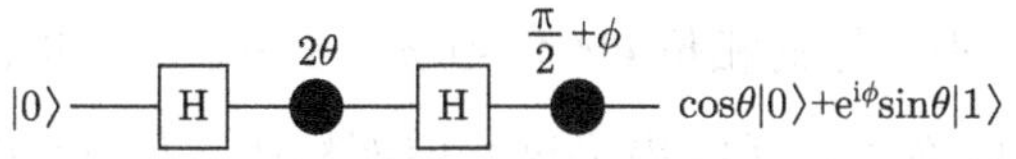

$$|0\rangle \ -\!\!\boxed{H}\!\!- \overset{2\theta}{\bullet} -\!\!\boxed{H}\!\!- \overset{\frac{\pi}{2}+\phi}{\bullet} - \ \cos\theta|0\rangle + \mathrm{e}^{\mathrm{i}\phi}\sin\theta|1\rangle$$

图 11.12　利用相位门和 Hadamard 门产生 (11.29) 式状态的量子线路

到目前为止还没提到制备在纠缠态的量子寄存器。双量子比特寄存器纠缠态的一种可能是 $(|00\rangle + |11\rangle)/\sqrt{2}$。原则上这些态该如何制备呢？在本书前面的部分，我们已经讨论了通过一些特殊相互作用产生纠缠态的方法。在本章里我们只对具有相当一般性的制备流程感兴趣，并不涉及任何特定的物理实现。由此我们介绍称为控制非门（简称 C-NOT 门）的双比特量子门，一般标记为 $\hat{U}_{\text{C-NOT}}$。如果令第一个量子比特作为控制比特而令第二个量子比特作为目标比特，那么这个门作用符号可以表达为

$$\hat{U}_{\text{C-NOT}}|x\rangle|y\rangle = |x\rangle|\mathrm{mod}_2(x+y)\rangle \tag{11.30}$$

其中 $x, y \in \{0, 1\}$。图 11.13(a) 给出了这个门的线路图概略。如果控制比特和目标比特都在 $|0\rangle$ 上，则目标比特状态不变。但如果控制比特在 $|1\rangle$ 上，则目标比特从 $|0\rangle$ 翻转为 $|1\rangle$。设想控制比特通过阿达马（Hadamard）变换被制备为叠加态 $(|0\rangle + |1\rangle)/\sqrt{2}$，那么我们将看到目标比特分别制备在 $|0\rangle$ 和 $|1\rangle$ 上的结果：

$$\hat{U}_{\text{C-NOT}}\hat{U}_{\text{H1}}|0\rangle|0\rangle = \hat{U}_{\text{C-NOT}}\frac{1}{\sqrt{2}}(|0\rangle + |1\rangle)|0\rangle = \frac{1}{\sqrt{2}}(|00\rangle + |11\rangle)$$
$$\hat{U}_{\text{C-NOT}}\hat{U}_{\text{H1}}|1\rangle|0\rangle = \hat{U}_{\text{C-NOT}}\frac{1}{\sqrt{2}}(|0\rangle + |1\rangle)|1\rangle = \frac{1}{\sqrt{2}}(|01\rangle + |10\rangle) \tag{11.31}$$

这里的 H1 意思是仅作用在第一个比特上的阿达马门。在这两种情况下我们都得到了纠缠态。目标比特初始处在 $|0\rangle$ 时的整个过程参见图 11.13(b) 中的线路图。

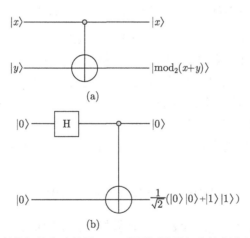

图 11.13　(a) 控制非门的线路符号；(b) 利用阿达马门和控制非门生成双比特纠缠态的量子线路

另一种双比特量子门是控制相位门，其作用如下：

$$\hat{U}_{\text{CPG}}(\phi)|x\rangle|y\rangle = \mathrm{e}^{\mathrm{i}\phi xy}|x\rangle|y\rangle \tag{11.32}$$

其过程由图 11.14 表示。不为零的相位 $e^{i\phi}$ 仅当 $x = 1 = y$ 时出现。

任何量子算法都可以通过合适的串联这些门而构成。人们可以设计（由量子门构成的）网络去实现特定输出结果。我们已经讨论了一个非常简单的线路模型。本章习题会谈到其他一些线路。

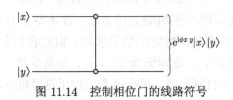

图 11.14 控制相位门的线路符号

考虑计算机的一个函数，其功能是建立数字集合之间的映射：

$$f : \{0, 1, \cdots, 2^m - 1\} \to \{0, 1, \cdots, 2^n - 1\} \tag{11.33}$$

这里的 m, n 都是整数。经典计算机对每个输入值 $0, 1, \cdots, 2^m - 1$ 算出它的函数，得到数字集合 $f(0), f(1), \cdots, f(2^m - 1)$。但这种计算一般而言是不可逆的，也就是说不可能为一个给定的输出和一个特定的输入建立联系。量子力学则不允许通过幺正转换把一个输入寄存器 $|x\rangle$ 演化到一个输出寄存器 $|f(x)\rangle$。不过用两个寄存器的话，也就是一个用来存储输出态而另一个用来保持输入态，我们就能以幺正转换完成函数的量子计算：

$$\hat{U}_f |x\rangle |0\rangle = |x\rangle |f(x)\rangle \tag{11.34}$$

这里不同的输入态和输出态都会是正交的：$\langle x | x' \rangle = \delta_{x,x'}$，$\langle f | f' \rangle = \delta_{f,f'}$。

现在我们要讲一个量子计算的例子，它简单但足以显示量子计算机利用量子纠缠的潜力，这个量子算法被称为多伊奇（Deutsch）问题[15]。它是第一个被提出的量子算法，也是最简单的一个。多伊奇提出的问题是这样的。考虑一个映射函数 $f : \{0, 1\} \to \{0, 1\}$。它只有四种可能的输出结果，分别是 $f(0) = 0$，$f(0) = 1$，$f(1) = 0$，$f(1) = 1$。问题是给定一个未知的函数 f，我们能否只用一次操作就能知道这个函数随自变量的变化是不变的，即 $f(0) = f(1)$；还是变化的，即 $f(0) \neq f(1)$？我们会发现量子计算机应能实现如下转换：

$$|x\rangle |y\rangle \to |x\rangle |\mathrm{mod}_2(y + f(x))\rangle \tag{11.35}$$

这里 $|x\rangle$ 是输入的量子比特，$|y\rangle$ 代表量子计算机硬件中的量子比特。多伊奇的想法是先用阿达玛门把这两个量子比特制备为如下直积态：

$$|\Psi_{\mathrm{in}}\rangle = |x\rangle |y\rangle = \frac{1}{\sqrt{2}}(|0\rangle + |1\rangle) \frac{1}{\sqrt{2}}(|0\rangle - |1\rangle)$$

$$= \frac{1}{2}(|0\rangle |0\rangle - |0\rangle |1\rangle + |1\rangle |0\rangle - |1\rangle |1\rangle) \tag{11.36}$$

上面第二行公式里的负号很重要。假如这个态能经由表达式（11.35）中的转换，我们能获得输出态

$$|\Psi_{\text{out}}\rangle = \frac{1}{2}(|0\rangle|f(0)\rangle - |0\rangle|\bar{f}(0)\rangle + |1\rangle|f(1)\rangle - |1\rangle|\bar{f}(1)\rangle)$$

$$= \frac{1}{2}[|0\rangle(|f(0)\rangle - |\bar{f}(0)\rangle) + |1\rangle(|f(1)\rangle - |\bar{f}(1)\rangle)] \tag{11.37}$$

这里的上划线意味着翻转：$\bar{0} = 1, \bar{1} = 0$。注意到表达式（11.37）是同时并行处理第一个量子比特在叠加态 $|x\rangle \sim |0\rangle + |1\rangle$ 中两个基底态的结果。这就展示了量子计算机的潜能之一：大规模并行处理的可能性。假如 f 是常数函数，那么输出态是

$$|\Psi_{\text{out}}\rangle_{f\ \text{const}} = \frac{1}{2}(|0\rangle + |1\rangle)(|f(0)\rangle - |\bar{f}(0)\rangle) \tag{11.38}$$

而假如 f 不是常数函数，则

$$|\Psi_{\text{out}}\rangle_{f\ \text{not const}} = \frac{1}{2}(|0\rangle - |1\rangle)(|f(0)\rangle - |\bar{f}(0)\rangle) \tag{11.39}$$

注意在这两种情况中第一个量子比特的状态是正交的。如果对第一个量子比特施加阿达马转换操作，则得到

$$\hat{U}_{\text{H1}}|\Psi_{\text{out}}\rangle_{f\ \text{const}} = |0\rangle(|f(0)\rangle - |\bar{f}(0)\rangle)$$

$$\hat{U}_{\text{H1}}|\Psi_{\text{out}}\rangle_{f\ \text{not const}} = |1\rangle(|f(0)\rangle - |\bar{f}(0)\rangle) \tag{11.40}$$

所以只需对第一个量子比特进行一次测量就能决定性地知道函数 f 是否是常数函数。

多伊奇算法明显非常简单。该算法初步一般化的版本由多伊奇和约萨（Jozsa）共同完成[16]1，并已经在拥有两个囚禁离子的离子阱量子计算机上实现。

肖尔的大数质因子分解算法是一个复杂得多的量子算法[17]。我们在这里不会回顾这个算法，但推荐读者去看有关量子计算的专门综述。我们要特别指出的是尽管肖尔算法已经在一台核磁共振（NMR）量子计算机上初步展现[18]，完成了 $15 = 3 \times 5$，但这个展现并不能体现量子计算机的威力。不幸的是，NMR 方案显然不能规模化。另一个重要的量子算法是格罗夫尔（Grover）的搜索算法[24]。

11.11 一些量子门的光学实现

在量子光学系统中已经有许多方案用以实现量子门，比如极化光子、腔 QED 以及囚禁离子。我们在这里讨论基于分束器、克尔相互作用，以及光学移相器等全光学器件的量子门实现。我们需要两个光学模式，它们构成了庄（Chuang）和山本（Yamanoto）所讨论的"双轨"量子计算机[25] 实现的基底。我们从图 11.15(a) 所示的 50∶50 分束器实现阿达马门开始着手实现量子门。这里我们只会用到单光子，所以确保涉及的两个光

1原文中给出的参考文献链接明显是错的。—— 译者注

子态映射为量子比特的基底 $|0\rangle$ 和 $|1\rangle$。输入模式算符标记为 $\hat{a}$ 和 $\hat{b}$，所选择的分束器使得输出模式算符 $\hat{a}'$ 和 $\hat{b}'$ 与输入模式算符的关系由以下转换决定：

$$\hat{a}' = \frac{1}{\sqrt{2}}(\hat{a} + \hat{b}), \quad \hat{b}' = \frac{1}{\sqrt{2}}(\hat{a} - \hat{b}) \tag{11.41}$$

它的逆变换是

$$\hat{a} = \frac{1}{\sqrt{2}}(\hat{a}' + \hat{b}'), \quad \hat{b} = \frac{1}{\sqrt{2}}(\hat{a}' - \hat{b}') \tag{11.42}$$

计算用的基底 $|0\rangle$ 设置为直积的输入态 $|0\rangle_a|1\rangle_b$，也就是说我们令 $|0\rangle = |0\rangle_a|1\rangle_b$，同时我们令 $|1\rangle = |1\rangle_a|0\rangle_b$。根据第 6 章推导出的规则，并用 $\hat{U}_{\text{BS}}$ 代表分束器转换算符，可得到

$$
\begin{aligned}
\hat{U}_{\text{BS}}|0\rangle &= \hat{U}_{\text{BS}}|0\rangle_a|1\rangle_b = \frac{1}{\sqrt{2}}(|0\rangle_a|1\rangle_b + |1\rangle_a|0\rangle_b) = \frac{1}{\sqrt{2}}(|0\rangle + |1\rangle) \\
\hat{U}_{\text{BS}}|1\rangle &= \hat{U}_{\text{BS}}|1\rangle_a|0\rangle_b = \frac{1}{\sqrt{2}}(|0\rangle_a|1\rangle_b - |1\rangle_a|0\rangle_b) = \frac{1}{\sqrt{2}}(|0\rangle - |1\rangle)
\end{aligned}
\tag{11.43}
$$

这里我们忽略了经过分束器后输出端光子态的上标 "′"。这个表达式表明此类分束器实现了阿达玛门。我们要清楚，尽管这两个光学模式要么都在真空态要么都在单光子态上，但它们并不构成量子比特的基底。构成计算基底的是两个模式的特定直积态。因此我们处理的仍然是单量子比特门。

单量子比特相位门可以用 a 光路中放置移相器实现，该装置的算符是 $\hat{U}_{\text{PG}} = \exp(\mathrm{i}\phi\hat{a}^\dagger\hat{a})$。容易发现

$$
\begin{aligned}
\hat{U}_{\text{PG}}|0\rangle &= \exp(\mathrm{i}\phi\hat{a}^\dagger\hat{a})|0\rangle_a|1\rangle_b = |0\rangle \\
\hat{U}_{\text{PG}}|1\rangle &= \exp(\mathrm{i}\phi\hat{a}^\dagger\hat{a})|1\rangle_a|0\rangle_b = \mathrm{e}^{\mathrm{i}\phi}|1\rangle
\end{aligned}
\tag{11.44}
$$

我们在图 11.15(b) 中画出了这个装置。

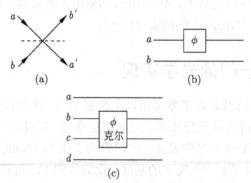

图 11.15　(a) 在阿达玛门的双轨光学实现中 50∶50 分束器输入、输出态的设计；(b) 相位门的双轨光学实现；(c) 双比特控制相位门的双轨光学实现

对双量子比特门而言，我们必须有两套双光子模式，表示为 (a, b) 和 (c, d)。依据我们已经使用过的符号标记惯例，我们有

$$
\begin{aligned}
|0\rangle|0\rangle &= |0\rangle_a|1\rangle_b|0\rangle_c|1\rangle_d \\
|0\rangle|1\rangle &= |0\rangle_a|1\rangle_b|1\rangle_c|0\rangle_d \\
|1\rangle|0\rangle &= |1\rangle_a|0\rangle_b|0\rangle_c|1\rangle_d \\
|1\rangle|1\rangle &= |1\rangle_a|0\rangle_b|1\rangle_c|0\rangle_d
\end{aligned}
\tag{11.45}
$$

受控相位门（简称 CPG）原则上可以用模式 a 与 c 之间的克尔相互作用实现（标识在图 11.15(c) 上）。这个相互作用的表示算符是 $\hat{U}_{CPG} = \exp(i\phi\hat{a}^\dagger\hat{a}\hat{c}^\dagger\hat{c})$。对于双比特态，容易确认只有 $|1\rangle|1\rangle$ 会获得相移 $e^{i\phi}$。然而用这种方式要想产生任意的，特别是大角度的相移是有问题的，因为通常无法得到大角度相移所需的非常高的非线性极化率 $\chi^{(3)}$。另一方面，正如我们之前提到的，利用电磁诱导透明产生极大克尔极化率的技术正在发展之中。

在本节最后一部分，我们讨论控制非门（C-NOT）的一种可能的光学实现方案。如图 11.16 所描绘的那样，至少在原则上，这个门可以通过把马赫-曾德尔干涉仪以克尔相互作用耦合到外部模式（称为 c 模）上得以实现。克尔作用引起的演化可用幺正算符

$$
\hat{U}_{\text{Kerr}}(\eta) = \exp(i\eta\hat{b}^\dagger\hat{b}\hat{c}^\dagger\hat{c})
\tag{11.46}
$$

描述，这里的 η 与非线性极化率 $\chi^{(3)}$ 成正比。干涉仪中的第一个分束器的作用可以用幺正转换

$$
\hat{U}_{\text{BS1}} = \exp\left[i\frac{\pi}{4}(\hat{a}^\dagger\hat{b} + \hat{a}\hat{b}^\dagger)\right]
\tag{11.47}
$$

描述；第二个我们可以当作是第一个的共轭变换，也就是说 $\hat{U}_{\text{BS2}} = \hat{U}_{\text{BS1}}^\dagger$。因此经过第二个分束器后，总演化算符由下式给出：

$$
\hat{U}_{\text{F}}(\eta) = \hat{U}_{\text{BS1}}^\dagger\hat{U}_{\text{Kerr}}(\eta)\hat{U}_{\text{BS1}}
\tag{11.48}
$$

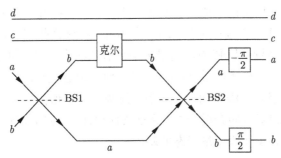

图 11.16　利用弗雷德门完成控制非门的光学实现。状态模式 (a, b) 和 (c, d) 分别代表一个量子比特。马赫-曾德尔干涉仪输出端的移相器用来调节输出端的相位因子

这里的 F 代表弗雷德（Fredkin）。由这个算符代表的整个装置正是称之为弗雷德门的量子光学形式[26]。米尔本第一次提出了弗雷德门的光学实现[27]。经过一些计算（我们留给读者完成），我们得到

$$\hat{U}_F(\eta) = \exp\left[i\frac{\eta}{2}\hat{c}^\dagger\hat{c}(\hat{a}^\dagger\hat{a} + \hat{b}^\dagger\hat{b})\right]\exp\left[\frac{\eta}{2}\hat{c}^\dagger\hat{c}(\hat{a}^\dagger\hat{b} - \hat{b}^\dagger\hat{a})\right] \tag{11.49}$$

其中第一项仅仅是依赖于 c 模是否有光子占据的相移。第二项则是一个有条件转换。假如 c 模在真空态上，转换不会发生；但假如有一个光子占据在 c 模上，则转换必然发生。当然就我们的目的而言，我们要取 $\eta = \pi$。根据表达式（11.45）中的定义，把建立在 $c-d$ 两个模式上的量子比特当作控制比特，而把建立在 $a-b$ 两个模式上的量子比特当作目标比特（正好和之前的讨论相反），容易得到

$$
\begin{aligned}
\hat{U}_F(\eta)|0\rangle|0\rangle &= |0\rangle|0\rangle \\
\hat{U}_F(\eta)|1\rangle|0\rangle &= |1\rangle|0\rangle \\
\hat{U}_F(\eta)|0\rangle|1\rangle &= i|1\rangle|1\rangle \\
\hat{U}_F(\eta)|1\rangle|1\rangle &= -i|0\rangle|1\rangle
\end{aligned}
\tag{11.50}
$$

其中读者应能确认，我们应用了如下转换结果：

$$\exp\left[\frac{\pi}{2}(\hat{a}^\dagger\hat{b} - \hat{b}^\dagger\hat{a})\right]\begin{cases}|0\rangle_a|1\rangle_b = i|1\rangle_a|0\rangle_b \\ |1\rangle_a|0\rangle_b = -i|0\rangle_a|1\rangle_b\end{cases} \tag{11.51}$$

如果有必要抹掉相位 i 和 $-i$，我们可以在输入端加入合适的移相器。因而描述量子光学控制非门的幺正算符等价于

$$\hat{U}_{C\text{-}NOT} = \exp\left(-i\frac{\pi}{2}\hat{a}^\dagger\hat{a}\right)\exp\left(i\frac{\pi}{2}\hat{b}^\dagger\hat{b}\right)\hat{U}_F(\pi) \tag{11.52}$$

不幸的是，正如我们已经提到的，实现这些门必须有极化率极大的克尔介质。近来实验上用极化光子实现了控制非门[28]。尼尔（Knill）等提出利用线性光学的一个不同方案[29]，但在其中态约化是计算中必要的组成部分，而不仅仅出现在输出端。

有许多别的相互作用可能用来产生量子控制非门，包括腔 QED 系统[30]、激光制冷的囚禁离子[31]、光晶格上相互碰撞的原子[32] 等等。所有这些相互作用的共同特征是一个量子比特与另外一个量子比特的作用受限于后者的状态。举个例子，如果在光晶格势阱内的某个原子被拉到晶格上隔壁势阱内第二个原子附近，那么每个原子价电子的能级会由于另一个原子偶极矩的涨落而发生偏移。能级越高则偏离量越大。因此激发态的电子获得相位的速度比起基态的会慢一些。这种条件相移（相移量依赖于控制电子的状态）构成了量子控制非门有条件改变量子态的基础。

控制这些原子必须极为小心。而要真正实现一台量子计算机，门操作的保真度必须在千分之一或更高。这仅是利用无可置疑的量子潜力的障碍之一。

11.12　退相干和量子纠错

量子相干是脆弱的。基于我们已在第 8 章以及别的地方讨论过的原因，维持多粒子系统的叠加态是困难的。这里的多粒子态意思是其中每个粒子在物理上与其他粒子是可分的。量子纠缠是微妙的。其原因是所有系统，无论经典的或是量子的，并不是孤立系统。它们和周围的一切发生相互作用，比如电磁场的局域涨落、杂质离子的存在、与构成量子比特的系统耦合在一起的无法观测的自由度等。这些涨落破坏了量子干涉。一个简单但是有用的类比是杨氏双缝干涉实验中的光波干涉。在实验装置中，来自同一光源的在空间上分开的两束光波交汇在一起。假如这两部分光束具有一样的相位，那么干涉图样稳定存在。但假如其中一束光的相位相对另一束偏离，则干涉图样便会模糊。屏幕上设置的狭缝越多，对相同大小的任意一对狭缝间随机相位差而言，其可分辨度就越低。

这种情况初看起来令人绝望：如何才有希望控制涉及众多量子比特叠加态的相位和几率幅呢？令人惊奇的是，量子力学通过更高程度的纠缠提供了解决之道。在经典信息处理中，人们用纠错来对付不可避免的环境噪声。最简单的方法是通过重复传输信息或者计算直到获得大量结果。但有更有效的方法，比如对一组经典比特进行奇偶校验。用许多物理的量子比特来编码逻辑比特"1"和"0"，然后进行奇偶校验检查出错误的方法可以类似地应用到量子寄存器中[33]。但这里有个困难：假如你测量了量子寄存器，你就破坏了编码在其中的叠加态。所以我们该如何不用看就知道量子寄存器中的量子比特出了什么错呢？简单而言是把它们和辅助寄存器纠缠在一起，然后去测量辅助寄存器的状态。因为两个量子寄存器是关联在一起的，对辅助寄存器的测量结果将会告诉你如何对目标寄存器进行纠错，而无需破坏目标寄存器自身的相干叠加。

另一种保持寄存器相干性的方法是对影响它的噪声种类有所了解[34]。假如噪声的变化极为缓慢（或者是所谓长波噪声），那么有时可能找到量子比特状态的特定组合使得作用在一个比特上的噪声正好和作用在另一个上的噪声精确抵消。这些量子比特就处在一个"无消相干子空间"或称为 DFS[35] 中。假如你可以仅使用那些在 DFS 内可计算的态，那么你的量子计算机对环境干扰就是免疫的。

组合以上这些方案抵御噪声的可能性使得研究者相信量子计算机即使在处处有退相干因素的前提下也能制造出来。

习题

1. 用两个单光子态输入图 11.2 中的马赫-曾德尔干涉仪，计算其输出态，即证明 (11.4) 式。

2. 如果马赫-曾德尔干涉仪的输入是两个双光子态 $|2\rangle_a |2\rangle_b$。计算在此情况下相位测量的不确定度。

3. 设想马赫-曾德尔干涉仪的第一个分束器被一个"魔法"装置取代,这个装置可以产生 (11.6) 式中的最大纠缠态。证明对这样一个态,相位测量的不确定度对所有的 N 都精确等于 $\Delta\theta = 1/N$。注意:必须考虑移相器以及第二个分束器的作用。

4. 证明 11.3 节关于隐形传态效应的讨论不适用于共享混态的情况:

$$\hat{\rho}_{AB} = \frac{1}{2}(|0\rangle_A|0\rangle_{BA}\langle 0|_B\langle 0| + |1\rangle_A|1\rangle_{BA}\langle 1|_B\langle 1|)$$

5. 假设 Alice、Bob、Claire 手里各有一个"粒子" A、B、C,它们制备在三粒子纠缠态

$$|\Psi\rangle = \frac{1}{\sqrt{2}}(|0\rangle_A|0\rangle_B|0\rangle_C - |1\rangle_A|1\rangle_B|1\rangle_C)$$

假设 Alice 手里还有一个未知态 $|\psi\rangle = c_0|0\rangle + c_1|1\rangle$,思考一个把未知态同时传送给 Bob 和 Claire 的方案。

6. 证明阿达马门的幺正算符可以表示为 $\hat{U}_H = \frac{1}{\sqrt{2}}[|0\rangle\langle 0| + |1\rangle\langle 0| + |0\rangle\langle| - |1\rangle\langle 1|]$。

7. 单比特算符 $\hat{X} = |0\rangle\langle 1| + |1\rangle\langle 0|$ 代表逻辑非门,这是因为 $\hat{X}|0\rangle = |1\rangle$ 且 $\hat{X}|1\rangle = |0\rangle$。证明控制非门可以表示为双比特门:$\hat{U}_{C\text{-}NOT} = |0\rangle\langle 0| \otimes \hat{I} + |1\rangle\langle 1| \otimes \hat{X}$,其中 $\hat{I} = |0\rangle\langle 0| + |1\rangle\langle 1|$ 是单位算符,且第一个比特是控制比特。

8. 称为托佛利门的三比特门的作用是 $\hat{U}_{TG}|x_1\rangle|x_2\rangle|y\rangle = |x_1\rangle|x_2\rangle|\text{mod}_2(x_1x_2 + y)\rangle$。证明这个门是控制-控制非门。试画出这个门的路线图。并用三个比特的投影算符和逻辑非门算符表达出 $\hat{U}_{TG}|$。

9. 设计托佛利门的光学实现。

10. 令 $\hat{U}_{CL}$ 代表一个可以"克隆"任何量子态即满足 $\hat{U}_{CL}|\psi\rangle = |\psi\rangle|\psi\rangle$ 的双比特算符。证明事实上不存在这样的算符。

参考文献

[1] G. E. Moore, Electronics, 38 (1965), April 19 issue. This paper can be found at www.intel.com/research/silicon/mooreslaw/htm

[2] Reprinted in J. S. Bell, Speakable and Unspeakable in Quantum Mechanics (Cambridge: Cambridge University Press, 1987), p. 139.

[3] J. J. Bollinger, W. M. Itano, D. J. Wineland and D. J. Heinzen, Phys. Rev. A, 54 (1996), R4649; C. C. Gerry, Phys. Rev. A, 61 (2000), 043811.

[4] W. Heitler, The Quantum Theory of Radiation, 3rd edition (London: Oxford University Press, 1954).

[5] P. Kok, H. Lee and J. P. Dowling, Phys. Rev. A, 65 (2002), 052104.

[6] C. C. Gerry and R. A. Campos, Phys. Rev. A, 64 (2001), 063814; C. C. Gerry, A. Benmoussa and R. A. Campos, Phys. Rev. A, 66 (2002), 013804.

[7] See, for example, K. Banaszek and I. A. Walmsley, Opt. Lett. 28 (2003), 52; M. J. Fitch, B. C. Jacobs, T. B. Pittman and J. D. Franson, Phys. Rev. A, 68 (2003), 043814.

[8] M. J. Holland and K. Burnett, Phys. Rev. Lett., 71 (1993), 1355.

[9] R. A. Campos, C. C. Gerry and A. Benmoussa, Phys. Rev. A, 68 (2003), 023810.

[10] C. H. Bennett, G. Brassrad, C. Crepeau, R. Jozsa, A. Peres and W. K. Wooters, Phys. Rev. Lett., 70 (1993), 1895.

[11] D. Boschi, S. Branca, F. De Martini and L. Hardy, Phys. Rev. Lett., 80 (1998), 1121.

[12] D. Bouwmeester, J.-W. Pan, K. Mattle, M. Eibl, H. Weinfurter and A. Zeilinger, Nature, 390 (1997), 575.

[13] A. Furuwasa, J. Sørensen, S. L. Braunstein, C. A. Fuchs, H. J. Kimble and E. S. Polzik, Science, 282 (1998), 706.

[14] R. Rivest, A. Shamir and L. Adleman, "On Digital Signatures and Public-Key Cryptosystems", MIT Laboratory for Computer Science Technical Report, MIT/LCS/TR-212 (January 1979).

[15] D. Deutsch, Proc. R. Soc. Lond. A 400 (1985), 97.

[16] D. Deutsch and R. Jozsa, Proc. R. Soc. Lond. A 439 (1992), 553.

[17] P. W. Shor, in Proceedings of the 35th Symposium on Foundations of Computer Science, Los Alamitos, edited by S. Goldwasser (1994) (IEEE Computer Society Press), p. 124.

[18] L. M. K Vandersypen, M. Steffen, G. Breyta, C. S. Yannoni, M. H. Sherwood and I. L. Chuang, Nature, 414 (2001), 883.

[19] C. H. Bennett and G. Brassard, in Proc. of IEEE Conference on Computers, Systems and Signal Processing (New York: IEEE Press, 1984). See also C. H. Bennett. F. Besette, G. Brassard, L. Salvail and J. Smolin, J. Cryptol., 5 (1992), 3.

[20] C. H. Bennett, Phys. Rev. Lett., 68 (1992), 3121.

[21] A. K. Ekert, Phys. Rev. Lett., 67 (1991), 661.

[22] N. Gisin, G. Ribordy, W. Tittel and H. Zbinden, Rev. Mod. Phys., 74 (2002), 145.

[23] S. Guide, M. Riebe, G. P. T. Lancaster, C. Becher, J. Eschner, H. Häffner, F. Schmidt-Kaler, I. L. Chuang and R. Blatt, Nature, 421 (2003), 48.

[24] L. K. Grover, Phys. Rev. Lett., 79 (1997), 325.

[25] I. L. Chuang and Y. Yamamoto, Phys. Rev. A, 52 (1995), 3489.

[26] E. Fredkin and T. Toffoli, Int. J. Theor. Phys., 21 (1982), 219.

[27] G. J. Milburn, Phys. Rev. A, 62 (1989), 2124.

[28] J. L. O'Brien, G. J. Pryde, A. G. White, T. C. Ralph and D. Branning, Nature, 426 (2003), 264.

[29] E. Knill, R. Laflamme and G. Milburn, Nature, 409 (2001), 46.

[30] See T. Sleator and H. Weinfurter, Phys. Rev. Lett., 74 (1995), 4087; P. Domokos, J. M. Raimond, M. Brune and S. Haroche, Phys. Rev. A, 52 (1995), 3554.

[31] See C. Monroe, D. M. Meekhof, B. E. King, W. M. Itano and D. J. Wineland, Phys. Rev. Lett., 75 (1995), 4714.

[32] See D. R. Meacher, Contemp. Phys., 39 (1998), 329; I. H. Deutsch and G. K. Brennen, Forts. Phys., 48 (2000), 925.

[33] A. Calderbank and P. Shor, Phys. Rev. A, 52 (1995), R2493; Phys. Rev. A, 54 (1996), 1098; A. M. Steane, Phys. Rev. Lett., 77 (1995), 793.

[34] G. M. Palma, K.-A. Suominen and A. K. Ekert, Proc. R. Soc. Lond., A 452 (1996), 567.

[35] D. Lidar, I. L. Chuang and B. Whaley, Phys. Rev. Lett., 81 (1998), 2594.

参考书目

以下这本书涵盖了密码学的许多方面知识：

- P. Garrett, Making and Breaking Codes: An Introduction to Cryptology (Upper Saddle River: Prentice Hall, 2001).

关于密码学的历史推荐下面这本有趣的书：

- S. Singh, The Code Book: The Science of Secrecy from Ancient Eygpt to Quantum Cryptography (New York: Anchor Books, 1999).

关于量子信息的方方面面已经出版了许多有用的书：

- H.-K. Lo, S. Popescu and T. Spliller (editors), Introduction to Quantum Computation and Quantum Information (Singapore: World Scientific, 1998).
- D. Bouwmeester, A. K. Ekert and A. Zeilinger (editors), The Physics of Quantum Information (Berlin: Springer, 2000).
- M. Nielsen and I. L. Chuang, Quantum Information and Quantum Computation (Cambridge: Cambridge University Press, 2001).
- S. L. Braunstein and H.-K. Lo, Scalable Quantum Computers (Berlin: Wiley-VCH, 2001).

以下我们列举一些容易理解的并附有大量原始文献的论文：

- A. Barenco, "Quantum physics and computers", Contemp. Phys., 37 (1996), 375.
- D. P. DiVincenzo, "Quantum Computation", Science, 270 (1995), 255.
- R. J. Hughes, D. M. Alde, P. Dyer, G. G. Luther, G. L. Morgan and M. Schauer, "Quantum cryptography", Contemp. Phys., 36 (1995), 149.
- S. J. D. Phoenix and P. D. Townsend, "Quantum cryptography: how to beat the code breakers using quantum mechanics", Contemp. Phys., 36 (1995), 165.
- M. B. Plenio and V. Vedral, "Teleportation, entanglement and thermodynamics in the quantum world", Contemp. Phys., 39 (1998), 431.

附录 A 密度算符、纠缠态、施密特分解和冯·诺伊曼熵

A.1 密度算符

量子力学态矢量 $|\psi\rangle$ 蕴含了量子力学定律所允许的有关系统的最全面信息。通常量子信息由一系列量子数构成，它们关联到可对易的物理量。更进一步，假如 $|\psi_1\rangle$ 和 $|\psi_2\rangle$ 是两个可能的量子态，那么如果已知系数 c_1 和 c_2，它们的相干叠加态

$$|\psi\rangle = c_1|\psi_1\rangle + c_2|\psi_2\rangle \tag{A.1}$$

也是可能的量子态。如果状态 $|\psi_1\rangle$ 和 $|\psi_2\rangle$ 是正交的（$\langle\psi_2|\psi_1\rangle = 0$），那么必然有 $|c_1|^2 + |c_2|^2 = 1$。但更多可能的情况是态矢量不能精确可知。比如在有些情况下，我们感兴趣的系统与其他系统因为耦合而纠缠在一起。后者很可能是一个很大的系统，比方一个热库。我们可以写出复合系统而不是感兴趣系统的态矢量。举例而言，对于两个自旋 1/2 粒子，如果自旋 z 分量的本征态记为 $|\uparrow\rangle$（自旋上态）和 $|\downarrow\rangle$（自旋下态），这个复合系统的一种可能的态矢量是

$$|\psi\rangle = \frac{1}{\sqrt{2}}(|\uparrow\rangle_1|\downarrow\rangle_2 - |\downarrow\rangle_1|\uparrow\rangle_2) \tag{A.2}$$

这就是所谓的自旋单态（总角动量为 0），也被称为一种贝尔态。表达式（A.2）就是一种特殊纠缠态。量子纠缠态在任意基底下都不能写为两个子系统的直积态。对一个双自旋纠缠态而言，就是说

$$|\psi\rangle \neq |\text{spin1}\rangle|\text{spin2}\rangle \tag{A.3}$$

量子纠缠是除量子叠加原理本身之外，量子力学最为神秘的本质之一。1935 年薛定谔自己指出了量子纠缠的存在。需要注意量子纠缠遵循叠加原理，并不是强加于理论之上的内容。所以费恩曼关于叠加原理包含了（量子力学）"唯一的神秘性"的论断仍然是正确的。

态矢量所描述的量子态被称为纯态。不能用态矢量描述的态称为混态。混态用密度算符描述：

$$\hat{\rho} = \sum_i |\psi_i\rangle p_i \langle\psi_i| = \sum_i p_i|\psi_i\rangle\langle\psi_i| \tag{A.4}$$

这里的求和是对（统计物理意义上的）整个系综而言，其中 p_i 是系统处在系综内第 i 种纯态 $|\psi_i\rangle$ 上的几率，$\langle\psi_i|\psi_i\rangle = 1$。作为几率，它们当然满足如下关系式：

$$0 \leqslant p_i \leqslant 1, \quad \sum_i p_i = 1, \quad \sum_i p_i^2 \leqslant 1 \tag{A.5}$$

在除第 j 个几率 $p_i = \delta_{ij}$ 之外其他几率都为 0 的特例下，我们得到关于纯态 $|\psi_j\rangle$ 的密度算符

$$\hat{\rho} = |\psi_j\rangle\langle\psi_j| \tag{A.6}$$

注意这个密度算符实际上就是投影到纯态 $|\psi_j\rangle$ 的投影算符，而在更一般的表达式（A.4）中，密度算符是涵盖整个系综内所有成分（纯态）投影算符的和，其权重是每个成分出现的几率。

现在引入完备的正交归一的基底 $|\varphi_n\rangle$（满足 $\sum_n |\varphi_n\rangle\langle\varphi_n| = \hat{I}$），它们可作为某些物理量的本征态。那么对于系综内第 i 个纯态，我们有

$$|\psi_i\rangle = \sum_n |\varphi_n\rangle\langle\varphi_n|\psi_i\rangle = \sum_n c_n^{(i)}|\varphi_n\rangle \tag{A.7}$$

其中系数 $c_n^{(i)} = \langle\varphi_n|\psi_i\rangle$。把密度算符放在本征态 n 与 n' 之间得到

$$\langle\varphi_n|\hat{\rho}|\varphi_{n'}\rangle = \sum_i \langle\varphi_n|\psi_i\rangle p_i \langle\psi_i|\varphi_{n'}\rangle = \sum_i p_i c_n^{(i)} c_{n'}^{(i)*} \tag{A.8}$$

这些量构成了密度矩阵的元素。对这个矩阵求迹我们有

$$\mathrm{Tr}\hat{\rho} = \sum_n \langle\varphi_n|\hat{\rho}|\varphi_n\rangle = \sum_i \sum_n \langle\varphi_n|\psi_i\rangle p_i \langle\psi_i|\varphi_n\rangle$$
$$= \sum_i \sum_n p_i \langle\varphi_n|\psi_i\rangle\langle\psi_i|\varphi_n\rangle = \sum_i p_i = 1 \tag{A.9}$$

由于 $\hat{\rho}$ 是厄米矩阵（这一点从它的构建形式 (A.4) 式明显可知），它的对角元 $\langle\varphi_n|\hat{\rho}|\varphi_n\rangle$ 必然是实数，且从公式（A.9）可得

$$0 \leqslant \langle\varphi_n|\hat{\rho}|\varphi_n\rangle \leqslant 1 \tag{A.10}$$

现在我们考虑密度矩阵的平方：$\hat{\rho}^2 = \hat{\rho} \cdot \hat{\rho}$。对纯态而言，由 $\hat{\rho} = |\psi\rangle\langle\psi|$ 得到

$$\hat{\rho}^2 = |\psi\rangle\langle\psi|\psi\rangle\langle\psi| = |\psi\rangle\langle\psi| = \hat{\rho} \tag{A.11}$$

因而有

$$\mathrm{Tr}\hat{\rho}^2 = \mathrm{Tr}\hat{\rho} = 1 \tag{A.12}$$

对于统计混合态，

$$\hat{\rho}^2 = \sum_i \sum_j p_i p_j |\psi_i\rangle\langle\psi_i|\psi_j\rangle\langle\psi_j| \tag{A.13}$$

对它求迹有

$$\mathrm{Tr}\hat{\rho}^2 = \sum_n \langle \varphi_n | \hat{\rho}^2 | \varphi_n \rangle$$

$$= \sum_n \sum_i \sum_j p_i p_j \langle \varphi_n | \psi_i \rangle \langle \psi_i | \psi_j \rangle \langle \psi_j | \varphi_n \rangle$$

$$= \sum_i \sum_j p_i p_j |\langle \psi_i | \psi_j \rangle|^2 \leqslant \left[\sum_i p_i \right]^2 = 1 \qquad (A.14)$$

这里的等号仅当每一对纯态 $|\psi_i\rangle$ 和 $|\psi_j\rangle$ 都满足 $|\langle \psi_i | \psi_j \rangle|^2 = 1$ 时才成立。这只有当所有 $|\psi_i\rangle$ 在希尔伯特空间内都共线时才有可能,也就是说它们至多相差一个全局相位。因此对纯态和混态,我们有如下判据:

$$\begin{aligned} \mathrm{Tr}\hat{\rho}^2 = 1, \quad &\text{纯态} \\ \mathrm{Tr}\hat{\rho}^2 < 1, \quad &\text{混合态} \end{aligned} \qquad (A.15)$$

也许该在这里举个例子说明。考虑比如真空态和单光子(数)态的叠加态:

$$|\psi\rangle = \frac{1}{\sqrt{2}}(|0\rangle + \mathrm{e}^{\mathrm{i}\phi}|1\rangle) \qquad (A.16)$$

其中 ϕ 就是相位。与这个态所关联的密度算符是

$$\hat{\rho}_\psi = |\psi\rangle\langle\psi| = \frac{1}{2}[|0\rangle\langle 0| + |1\rangle\langle 1| + \mathrm{e}^{\mathrm{i}\phi}|1\rangle\langle 0| + \mathrm{e}^{-\mathrm{i}\phi}|0\rangle\langle 1|] \qquad (A.17)$$

另一方面真空态和单光子态的平均布居混态的密度算符是

$$\hat{\rho}_M = \frac{1}{2}[|0\rangle\langle 0| + |1\rangle\langle 1|] \qquad (A.18)$$

这两个密度算符差别在"非对角元"或前面称之为"相干项"的存在,这些项在混态的情况下是缺失的。相干项的缺失当然将可以完全展现量子力学行为的态和不能展现的态区分开来。容易确认 $\mathrm{Tr}\hat{\rho}_M^2 = 1/2$。

算符 $\hat{O}$ 在系综内某状态 $|\psi_i\rangle$(当然是纯态)下的期望值是

$$\langle \hat{O} \rangle_i = \langle \psi_i | \hat{O} | \psi_i \rangle \qquad (A.19)$$

对于统计混合态,系综平均

$$\langle \hat{O} \rangle = \sum_i p_i \langle \psi_i | \hat{O} | \psi_i \rangle \qquad (A.20)$$

就是考虑权重 p_i 后的量子力学期望值的平均。形式上我们可以写

$$\langle \hat{O} \rangle = \mathrm{Tr}(\hat{\rho}\hat{O}) \qquad (A.21)$$

这是因为

$$
\begin{aligned}
\mathrm{Tr}(\hat{\rho}\hat{O}) &= \sum_n \langle \varphi_n | \hat{\rho}\hat{O} | \varphi_n \rangle \\
&= \sum_n \sum_i p_i \langle \varphi_n | \psi_i \rangle \langle \psi_i | \hat{O} | \varphi_n \rangle \\
&= \sum_i \sum_n p_i \langle \psi_i | \hat{O} | \varphi_n \rangle \langle \varphi_n | \psi_i \rangle \\
&= \sum_i p_i \langle \psi_i | \hat{O} | \psi_i \rangle
\end{aligned} \tag{A.22}
$$

A.2 两态系统和布洛赫球

两态系统可以是 1/2 自旋粒子、两能级原子、单光子极化态。它们总可以用泡利算符 $\hat{\sigma}_1, \hat{\sigma}_2, \hat{\sigma}_3$ 加以描述。这些算符满足对易关系：

$$
[\hat{\sigma}_i, \hat{\sigma}_j] = 2\mathrm{i}\epsilon_{ijk}\hat{\sigma}_k \tag{A.23}
$$

在 $\hat{\sigma}_3$ 和 $\hat{\sigma}^2 = \hat{\sigma}_1^2 + \hat{\sigma}_2^2 + \hat{\sigma}_3^2$ 都是对角矩阵的基底上，这些算符能用矩阵形式写为

$$
\hat{\sigma}_1 = \begin{pmatrix} 0 & 1 \\ 1 & 0 \end{pmatrix}, \quad \hat{\sigma}_2 = \begin{pmatrix} 0 & -\mathrm{i} \\ \mathrm{i} & 0 \end{pmatrix}, \quad \hat{\sigma}_3 = \begin{pmatrix} 1 & 0 \\ 0 & -1 \end{pmatrix} \tag{A.24}
$$

任何 2×2 的厄米矩阵（当然包括密度算符在内）都能用泡利矩阵和 2×2 的单位矩阵表达。我们可以写出

$$
\hat{\rho} = \begin{pmatrix} \rho_{11} & \rho_{12} \\ \rho_{21} & \rho_{22} \end{pmatrix} = \frac{1}{2} \begin{pmatrix} 1 + s_3 & s_1 + \mathrm{i}s_2 \\ s_1 - \mathrm{i}s_2 & 1 - s_3 \end{pmatrix} = \frac{1}{2}(\hat{I}_2 + \boldsymbol{s} \cdot \boldsymbol{\sigma}) \tag{A.25}
$$

这里矢量 $\boldsymbol{s} = \{s_1, s_2, s_3\}$ 称为布洛赫矢量。纯态 $\hat{\rho} = |\varPsi\rangle\langle\varPsi|$ 对应的布洛赫矢量长度为 1，$\sum_i |s_i|^2 = 1$，它在三维欧几里得空间中指向由球坐标角度 θ 和 ϕ 标定的方向。与之关联的量子态可以用这些角度来表达

$$
|\varPsi\rangle = \cos\left(\frac{\theta}{2}\right) \mathrm{e}^{-\mathrm{i}\phi/2} |\uparrow\rangle + \sin\left(\frac{\theta}{2}\right) \mathrm{e}^{\mathrm{i}\phi/2} |\downarrow\rangle \tag{A.26}
$$

在包括混态 $|\boldsymbol{s}| \leqslant 1$ 的一般情况下，表达式（A.25）中的密度算符有两个本征值：

$$
\begin{aligned}
g_1 &= \frac{1}{2}\left[1 + \sqrt{s_1^2 + s_2^2 + s_3^2}\right] = \frac{1}{2}\left[1 + |\boldsymbol{s}|\right] \\
g_2 &= \frac{1}{2}\left[1 - \sqrt{s_1^2 + s_2^2 + s_3^2}\right] = \frac{1}{2}\left[1 - |\boldsymbol{s}|\right]
\end{aligned} \tag{A.27}
$$

它们所对应的本征态在图 A.1 上显示为布洛赫球内的矢量 u 和 $-u$。对于纯态，$|s| = 1$，u 与 s 重叠，它的端点在布洛赫球的表面。对于混态，$|s| < 1$，u 与 s 方向一致，但不像 s 因为长度为 1 而使得端点在布洛赫球的表面。u 和 $-u$ 可以用公式（A.26）表达为状态空间的矢量。

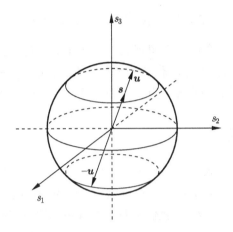

图 A.1   二能级系统密度矩阵的布洛赫球和布洛赫矢量的表达方式。布洛赫矢量的三个分量 $s = \{s_1, s_2, s_3\}$ 对应于密度算符的参数化表达式（A.25）。它的两个本征值分别是 $(1 \pm |s|)/2$；它的两个本征态对应于矢量 u 和 $-u$

A.3   纠缠态

现在考虑一个双粒子（或双模）系统，为简单起见，假设每个粒子处在两种单粒子态 $|\psi_1\rangle$、$|\psi_2\rangle$ 之一。我们使用如下标记：

$$|\psi_1^{(1)}\rangle, \quad \text{粒子 1 处在状态 1}$$

$$|\psi_2^{(1)}\rangle, \quad \text{粒子 1 处在状态 2}$$

$$|\psi_1^{(2)}\rangle, \quad \text{粒子 2 处在状态 1}$$

$$|\psi_2^{(2)}\rangle, \quad \text{粒子 2 处在状态 2}$$

考虑双粒子叠加纯态（一般情况下是纠缠态）

$$|\Psi\rangle = C_1 |\psi_1^{(1)}\rangle \otimes |\psi_2^{(2)}\rangle + C_2 |\psi_2^{(1)}\rangle \otimes |\psi_1^{(2)}\rangle \tag{A.28}$$

这类状态的一个例子可参见表达式（A.2）。在这里为了强调双粒子态而插入直积符号。在整本书里直积符号即使不明确写出来，读者还是容易理解我们的默认写法。对这样的多粒子系统，每个子系统的约化密度算符定义为对其他子系统求迹之后得到的密度算符。在当前的例子里，双粒子系统的密度算符是 $\hat{\rho} = |\Psi\rangle\langle\Psi|$，那么粒子 1 的约化密度算

符是

$$\hat{\rho}^{(1)} = \mathrm{Tr}_2\hat{\rho} = \langle\psi_1^{(2)}|\hat{\rho}|\psi_1^{(2)}\rangle + \langle\psi_2^{(2)}|\hat{\rho}|\psi_2^{(2)}\rangle = |C_1|^2|\psi_1^{(1)}\rangle\langle\psi_1^{(1)}| + |C_2|^2|\psi_2^{(1)}\rangle\langle\psi_2^{(1)}|$$

(A.29)

只要 $C_i \neq 0, i = 1, 2$，粒子 1 的状态就是混态。类似地，对粒子 2

$$\hat{\rho}^{(2)} = \mathrm{Tr}_1\hat{\rho} = |C_1|^2|\psi_1^{(2)}\rangle\langle\psi_1^{(2)}| + |C_2|^2|\psi_2^{(2)}\rangle\langle\psi_2^{(2)}|$$

(A.30)

很明显，当我们关注其中一个粒子而忽视另一个粒子时，它一般都处在混态。因而可以根据任何一个子系统的纯度来表征系统纠缠度。假如 $\mathrm{Tr}[\hat{\rho}^{(2)}]^2 = 1$，$|\Psi\rangle$ 就不是纠缠态；而当 $\mathrm{Tr}[\hat{\rho}^{(2)}]^2 < 1$，可以推断 $|\Psi\rangle$ 描述了子系统 1 和子系统 2 之间的纠缠。

A.4 施密特分解

还有一种简单方法可用来处理纠缠表征的问题，它至少适用于仅有两个子系统的情况。我们推荐在 A.5 节中引入的冯·诺伊曼熵。但作为初步的方法，在这里我们先引入施密特分解[1,2]。为使讨论一般化，我们不对子系统希尔伯特空间的维度做限制。

设想用 $\{|a_i\rangle, i = 1, 2, 3, \cdots\}$ 和 $\{|b_j\rangle, j = 1, 2, 3, \cdots\}$ 分别构成子系统 $\mathcal{U}$ 和 $\mathcal{V}$ 的正交归一基底。如果分别用 $\mathcal{H}_\mathcal{U}$ 和 $\mathcal{H}_\mathcal{V}$ 标记这些系统，那么任何 $|\Psi\rangle \in \mathcal{H} = \mathcal{H}_\mathcal{U} \otimes \mathcal{H}_\mathcal{V}$ 可以写为

$$|\Psi\rangle = \sum_{i,j=1} c_{ij}|a_i\rangle \otimes |b_j\rangle$$

(A.31)

在这些基底上，复合系统的密度算符是

$$\hat{\rho} = |\Psi\rangle\langle\Psi| = \sum_{i,j,k,l} c_{ij}c_{kl}^*|a_i\rangle\langle a_k| \otimes |b_j\rangle\langle b_l| = \sum_{i,j,k,l} \rho_{ij,kl}|a_i\rangle\langle a_k| \otimes |b_j\rangle\langle b_l|$$

(A.32)

每个子系统的密度算符则通过部分求迹给出

$$\begin{cases} \hat{\rho}_u = \mathrm{Tr}_v\hat{\rho} = \sum_j \langle b_j|\hat{\rho}|b_j\rangle = \sum_{i,j,k} \rho_{ij,kj}|a_i\rangle\langle a_k| \\ \hat{\rho}_v = \mathrm{Tr}_u\hat{\rho} = \sum_i \langle a_i|\hat{\rho}|a_i\rangle = \sum_{i,j,k} \rho_{ij,il}|b_j\rangle\langle b_l| \end{cases}$$

(A.33)

但任何双粒子纯态都可能表示为如下形式：

$$|\Psi\rangle = \sum_i g_i|u_i\rangle \otimes |v_i\rangle$$

(A.34)

其中 $|u_i\rangle$ 和 $|v_i\rangle$ 分别是 $\mathcal{H}_\mathcal{U}$ 和 $\mathcal{H}_\mathcal{V}$ 内的正交归一基底，且 $\sum_i |g_i|^2 = 1$。这个形式就是施密特分解。复合系统的密度算符则可以表达为

$$\hat{\rho} = \sum_{i,k} g_i g_k^*|u_i\rangle\langle u_k| \otimes |v_i\rangle\langle v_k|$$

(A.35)

这个形式成立的证明如下。选择基底 $\{|u_i\rangle\}$ 使得 $\hat{\rho}_u$ 在此基底上是对角的，且假设 $\mathcal{H}_\mathcal{U}$ 的维度不比 $\mathcal{H}_\mathcal{V}$ 的维度大。设 $\{|v_i'\rangle\}$ 是 $\mathcal{H}_\mathcal{V}$ 内的任意基底。因而可知

$$\hat{\rho} = |\Psi\rangle\langle\Psi| = \sum_{i,j,k,l} c_{ij} c_{kl}^* |u_i\rangle\langle u_k| \otimes |v_j'\rangle\langle v_l'| \tag{A.36}$$

然而因为 $\hat{\rho}_u = \sum_{i,k,j} c_{ij} c_{kj}^* |u_i\rangle\langle u_k|$ 一定是对角的，所以 $\sum_j c_{ij} c_{kj}^* = |g_i|^2 \delta_{ik}$。这个条件允许我们换到 $\mathcal{H}_\mathcal{V}$ 内的另一个正交基底。对每一个 $|g_i| \neq 0$ 和 $|u_i\rangle$，我们可以定义

$$|v_i\rangle = \sum_j \left(\frac{c_{ij}}{g_i}\right) |v_j'\rangle \tag{A.37}$$

其中 $i = 1, 2, \cdots, N$，且 N 不大于 $\mathcal{H}_\mathcal{U}$ 的维度。复合系统的密度算符现在可以写为

$$\hat{\rho} = \sum_{i,j,k,l} g_i g_k^* |u_i\rangle\langle u_k| \otimes \left(\frac{c_{ij}}{g_i}\right)|v_j'\rangle\langle v_l'|\left(\frac{c_{kl}^*}{g_k^*}\right) = \sum_{i,k} g_i g_k^* |u_i\rangle\langle u_k| \otimes |v_i\rangle\langle v_k| \tag{A.38}$$

这里只使用 $\mathcal{H}_\mathcal{V}$ 内的 N 个基底就足够表达复合系统的态矢量和密度算符。证明完毕。

　　在继续介绍新内容之前，我们对施密特分解做几点评论：①施密特分解中求和指标的上限是 $\mathcal{H}_\mathcal{U}$ 和 $\mathcal{H}_\mathcal{V}$ 这两个希尔伯特空间中较小的那个维度。②施密特分解不具有唯一性，一般也不能推广到多于两个子系统构成的多粒子系统。③在施密特分解所选择的基底下，两个约化密度算符 $\hat{\rho}_u$ 和 $\hat{\rho}_v$ 都是对角的，且具有一样的谱系：

$$\begin{aligned}\hat{\rho}_u &= \sum_i |g_i|^2 |u_i\rangle\langle u_i| \\ \hat{\rho}_v &= \sum_i |g_i|^2 |v_i\rangle\langle v_i|\end{aligned} \tag{A.39}$$

正是这样的特征促使我们使用 A.5 节引入的冯·诺伊曼熵去表征两体系统的纠缠。另外"施密特分解中求和指标的上限是 $\mathcal{H}_\mathcal{U}$ 和 $\mathcal{H}_\mathcal{V}$ 这两个希尔伯特空间中较小的那个维度"意味着假如一个两态系统与一个 N 维系统纠缠（$N > 2$）则施密特分解就只有两项。关于这一点的一个例子是在第 4 章末尾讨论的一个二能级原子与一个单模光场相互作用。

　　这里我们给出一个两体系统的施密特分解的简单例子。考虑如下形式的自旋单态（简称 SS）：

$$|\text{SS}\rangle = \frac{1}{\sqrt{2}}(|\uparrow_z\rangle_1 |\downarrow_z\rangle_2 - |\downarrow_z\rangle_1 |\uparrow_z\rangle_2) \tag{A.40}$$

这里 $|\uparrow_z\rangle_1$ 表示粒子 1 处在自旋沿 z 轴向上状态，其余类似可知。这个状态很清楚已经有了施密特分解的形式。不过因为自旋单态是旋转不变的，所以特别容易发现别的施密特分解的方式。比如说，我们也能写出

$$|\text{SS}\rangle = \frac{1}{\sqrt{2}}(|\uparrow_x\rangle_1 |\downarrow_x\rangle_2 - |\downarrow_x\rangle_1 |\uparrow_x\rangle_2) \tag{A.41}$$

或更一般的

$$|\text{SS}\rangle = \frac{1}{\sqrt{2}}(|\uparrow_n\rangle_1|\downarrow_n\rangle_2 - |\downarrow_n\rangle_1|\uparrow_n\rangle_2) \tag{A.42}$$

这里的 n 是任意方向的量子化轴上的单位矢量。

A.5 冯·诺伊曼熵

我们所熟悉的熵的概念是从热力学中引入的，通常理解为系统无序程度的度量：系统越无序则熵值越大。从统计力学和信息论的观点看，熵可以被认为是信息缺失的度量。假如能对系统做一次完备测量，则信息量会增加[3]。

冯·诺伊曼熵的定义与统计力学中的定义密切匹配。对密度算符 $\hat{\rho}$，它的冯·诺伊曼熵定义为[4]

$$S(\hat{\rho}) = -\text{Tr}(\hat{\rho}\ln\hat{\rho}) \tag{A.43}$$

对于纯态 $S(\hat{\rho}_{\text{pure}}) = 0$，因此反复测量纯态并不会带来新的信息。而对于混态，我们有 $S(\hat{\rho}_{\text{mixed}}) > 0$。一般情况下熵并不容易计算。然而在密度算符对角化的基底上，

$$S(\hat{\rho}) = -\sum_k \rho_{kk}\ln\rho_{kk} \tag{A.44}$$

因为所有的 ρ_{kk} 一定是实数，且 $0 \leqslant \rho_{kk} \leqslant 1$，所以 $S(\hat{\rho})$ 一定是半正定的。

举例而言，考虑如下两体状态：

$$|\psi\rangle = \frac{1}{\sqrt{1+|\xi|^2}}(|0\rangle_1|0\rangle_2 + \xi|1\rangle_1|1\rangle_2) \tag{A.45}$$

很显然它已经有了施密特分解的形式。每个子系统的约化密度算符是

$$\begin{cases} \hat{\rho}_1 = \frac{1}{\sqrt{1+|\xi|^2}}(|0\rangle_{11}\langle 0| + |\xi|^2|1\rangle_{11}\langle 1|) \\ \hat{\rho}_2 = \frac{1}{\sqrt{1+|\xi|^2}}(|0\rangle_{22}\langle 0| + |\xi|^2|1\rangle_{22}\langle 1|) \end{cases} \tag{A.46}$$

由此得到

$$S(\hat{\rho}_1) = -\left[\frac{1}{\sqrt{1+|\xi|^2}}\ln\left(\frac{1}{\sqrt{1+|\xi|^2}}\right) + \frac{|\xi|^2}{\sqrt{1+|\xi|^2}}\ln\left(\frac{|\xi|^2}{\sqrt{1+|\xi|^2}}\right)\right] = S(\hat{\rho}_2) \tag{A.47}$$

在 $\xi = 0$ 的情况下，我们得到非纠缠直积态 $|0\rangle_1|0\rangle_2$，正如期望的一样，有 $S(\hat{\rho}_1) = S(\hat{\rho}_2) = 0$。但在 $|\xi| = 1$ 的情况下，我们有 $S(\hat{\rho}_1) = S(\hat{\rho}_2) = \ln 2$，这表示最大纠缠态意味着最大的量子关联。一旦对其中一个子系统做部分求迹，这些关联的信息就会被摧毁。

最后一点是对于子系统维度不一样的两体纯态系统，很容易检验子系统的熵是一样的。这是施密特分解采用的特殊基底的后果。如前所述，施密特分解使得每个子系统表达在同样维度的基底上。在第 4 章的末尾，J-C 模型就为此提供了范例。

A.6　密度算符的动力学

最终在没有耗散相互作用也没有显性含时相互作用的前提下，密度算符遵循幺正演化

$$\frac{\mathrm{d}\hat{\rho}}{\mathrm{d}t} = \frac{\mathrm{i}}{\hbar}[\hat{\rho}, \hat{H}] \tag{A.48}$$

这个方程很容易得到证实，因为事实上构成系综的任何一个纯态 $|\psi_i\rangle$ 都满足如下薛定谔方程：

$$\mathrm{i}\hbar\frac{\mathrm{d}|\psi_i\rangle}{\mathrm{d}t} = \hat{H}|\psi_i\rangle \tag{A.49}$$

换个说法，我们也可以写出

$$\hat{\rho}(t) = \hat{U}(t,0)\hat{\rho}(0)\hat{U}^\dagger(t,0) \tag{A.50}$$

其中幺正演化算符 $\hat{U}(t,0)$ 满足方程

$$\mathrm{i}\hbar\frac{\mathrm{d}\hat{U}}{\mathrm{d}t} = \hat{H}\hat{U} \tag{A.51}$$

方程（A.48）被称为冯·诺伊曼方程，在量子力学中类比于统计力学中研究相空间几率分布演化的刘维尔方程。该方程有时写为

$$\mathrm{i}\hbar\frac{\mathrm{d}\hat{\rho}(t)}{\mathrm{d}t} = [\hat{H}, \hat{\rho}(t)] \equiv \mathcal{L}\hat{\rho}(t) \tag{A.52}$$

其中 $\mathcal{L}$ 称为刘维尔超算符。

参考文献

[1] E. Schmidt, Math. Annalen, 63 (1907), 433. For an early application in quantum mechanics see the chapter by H. Everett, III, in The Many Worlds Interpretation of Quantum Mechanics, edited by B. S. DeWitt and N. Graham (Princeton: Princeton University Press, 1973), p. 3.

[2] A. Ekert and P. L. Knight, Am. J. Phys., 63 (1995), 415.

[3] See, for example, the discussion in J. Machta, Am. J. Phys., 67 (1999), 1074.

[4] J. von Neumann, Mathematical Foundations of Quantum Mechanics (Princeton: Princeton University Press, 1955).

重要文献

关于密度算符，我们推荐三篇综述文章（或书）：

- U. Fano, "Description of states in quantum mechanics by density matrix and operator techniques", Rev. Mod. Phys., 29 (1957), 74.
- D. Ter Haar, "Theory and application of the density matrix", Rep. Prog. Phys., 24 (1961), 304.
- M. Weissbluth, Atoms and Molecules (New York: Academic Press, 1978), chapter 13.

关于纠缠及其表征的综述文章，我们推荐：

- D. Bruß, "Characterizing entanglement", J. Math. Phys., 43 (2003), 4237.

关于物理学和信息论中的熵的综述文章，我们推荐：

- A. Wehrl, "General properties of entropy", Rev. Mod. Phys., 50 (1978), 221.

附录 B　果壳里的量子测量理论

以下内容在任何方面都不能作为量子测量理论的完备描述。读者应从文献中获得更多细节。我们在这里仅提供部分理论，用来理解对系统状态（特别是纠缠态）进行约化测量后的结果。

假定算符 $\hat{Q}$ 是代表某个可观测量 Q 的厄米算符。接着我们用状态 $\{|q_n\rangle\}$（n 为整数）表示 $\hat{Q}$ 的本征态，其本征值为 q_n：$\hat{Q}|q_n\rangle = q_n|q_n\rangle$）。这些本征态构成完备基：

$$\sum_n |q_n\rangle\langle q_n| = \hat{I} \tag{B.1}$$

这里 $|q_n\rangle\langle q_n|$ 构成投影到本征值为 q_n 的本征态的投影算符，$\hat{P}(q_n) := |q_n\rangle\langle q_n|$。任意一个纯态 $|\psi\rangle$（假定是归一化的：$\langle\psi|\psi\rangle = 1$）可以由 Q 的本征态进行展开：

$$|\psi\rangle = \hat{I}|\psi\rangle = \sum_n |q_n\rangle\langle q_n|\psi\rangle = \sum_n c_n|q_n\rangle \tag{B.2}$$

其中系数 $c_n = \langle q_n|\psi\rangle$ 被称为几率幅，一般是复数。假如 $|\psi\rangle$ 正是对可观测量 Q 进行测量前系统所处的状态，那么得到输出值为 q_n 的几率 $P(q_n)$ 为

$$P(q_n) = \langle\psi|\hat{P}(q_n)|\psi\rangle = |c_n|^2 \tag{B.3}$$

根据量子力学的正统（哥本哈根）诠释，测量前系统状态 $|\psi\rangle$ 即便并不是算符 $\hat{Q}$ 的本征态；但在测量后，系统态矢量 $|\psi\rangle$ 会塌缩或约化到 $\hat{Q}$ 的某个本征态上。这个过程有时用如下符号表示：

$$|\psi\rangle \xrightarrow[\text{of } \hat{Q}]{\text{measurement}} |q_n\rangle \tag{B.4}$$

对处于状态 $|\psi\rangle$ 的系统而言，算符 $\hat{Q}$ 所关联的观测值在测量之前在客观上没有限制。它并不仅仅是在统计物理意义上由公式 (B.3) 给出的具有一定几率的观测值。而且事实上我们不能在避免和实验观测发生冲突的前提下为处于叠加态的系统赋予一个确定的观测值。状态约化过程迫使系统进入到一个具有确定观测值的状态，并且在接下来对相同物理量的测量中我们将得到同样的状态。状态约化过程的动力学不是由薛定谔方程所描述。探测器与待测粒子的相互作用可能会摧毁粒子。举例而言，当光子探测器"嘀嗒"一声，就意味着光子本身已经被摧毁（吸收）了。

有时可以安排起到选择或过滤作用的测量，也称之为冯·诺伊曼投影。此类测量涉及第 9 章（使用偏振滤波片）以及第 10 章（在腔量子电动力学框架下的场电离过程）的内容。投影到某个本征态 $|q_n\rangle$ 的投影测量需要过滤掉算符的其他本征态。数学上可以将此投影表示为 $\hat{P}(q_n)|\psi\rangle$，在归一化后写做

$$|\psi\rangle \xrightarrow[\text{measurement}]{\text{projective}} |q_n\rangle = \frac{\hat{P}(q_n)|\psi\rangle}{\langle\psi|\hat{P}(q_n)|\psi\rangle^{1/2}} \tag{B.5}$$

过滤过程并不一定投影到 $\hat{Q}$ 的某个本征态。假定我们以某种方式过滤系统，以至于能测量到叠加态 $|\psi_s\rangle = \frac{1}{\sqrt{2}}(|q_1\rangle + |q_2\rangle)$。与这个态所联系的投影算符就是 $\hat{P}_s = |\psi_s\rangle\langle\psi_s|$，然后我们就有

$$|\psi\rangle \xrightarrow[\text{measurementonto } |\psi_s\rangle]{\text{projective}} e^{i\varphi}|\psi_s\rangle = \frac{\hat{P}_s|\psi\rangle}{\langle\psi|\hat{P}_s|\psi\rangle^{1/2}} \tag{B.6}$$

这里 $\hat{P}_s|\psi\rangle = |\psi_s\rangle\langle\psi_s|\psi\rangle = |\psi_s\rangle(|c_1 + c_2|e^{i\varphi})/\sqrt{2}$，以及 $\langle\psi|\hat{P}_s|\psi\rangle = |c_1 + c_2|^2/2$。$\varphi$ 是一个无关的全局相位因子。

作为一个特例，考虑一个处于偏振状态的光子，

$$|\theta\rangle = |H\rangle\cos\theta + |V\rangle\sin\theta \tag{B.7}$$

这里我们使用了第 9 章中的符号表示。如将偏振滤波片水平（竖直）放置于光束之前，则 (B.7) 式中的状态矢量会退化为 $|H\rangle$（$|V\rangle$）。那么在另一方面，如果我们通过翻转偏振片将投影方向转到如下状态：

$$|\theta^\perp\rangle = -|H\rangle\sin\theta + |V\rangle\cos\theta \tag{B.8}$$

此处 $\theta^\perp = \theta + \pi/2$，则发现根本没有光子通过，这是因为 $\langle\theta^\perp|\theta\rangle$。但假如偏振滤波片的方向调整为与水平方向夹角 ϑ，则读者不难检验光子被投影到如下偏振态上：

$$|\vartheta\rangle = |H\rangle\cos\vartheta + |V\rangle\sin\vartheta \tag{B.9}$$

现在让我们转向双模式的情况。假如我们把两个模式分别标记为 1 和 2，一般情况下双模态可以写为

$$|\psi\rangle = \sum_{n,m} c_{n,m}|q_n\rangle_1|s_m\rangle_2 \tag{B.10}$$

这里的状态 $|q_n\rangle_1$ 是定义在模式 1 的希尔伯特空间中的算符 $\hat{Q}_1$ 的本征态；而 $|s_m\rangle_2$ 则是定义在模式 2 的希尔伯特空间中的算符 $\hat{S}_2$ 的本征态。合适地选择系数 $c_{n,m}$ 会使得整个系统状态处在量子纠缠态。在对观测量 $\hat{Q}_1$ 和 $\hat{S}_2$ 的非过滤测量后，系统状态矢量被约化为

$$|\psi\rangle \xrightarrow[\text{of } \hat{Q}_1 \text{ and } \hat{S}_2]{\text{measurement}} |q_n\rangle_1|s_m\rangle_2 \tag{B.11}$$

而投影测量，比如投影到 $|q_n\rangle_1$ 的测量会使得系统状态矢量（B.10）式约化到

$$|\psi\rangle \xrightarrow[\text{onto } |q_n\rangle_1]{\text{projection}} |\psi, q_n\rangle = \frac{\hat{P}_1(q_n)|\psi\rangle}{\langle\psi|\hat{P}_1(q_n)|\psi\rangle^{1/2}} = |q_n\rangle_1 \frac{c_{nm}|s_m\rangle}{\sum_m |c_{nm}|^2} \tag{B.12}$$

不论初始态纠缠与否，投影测量总是可以做的，前面讨论过的更广义的投影也可以执行。注意假如初始态是纠缠的，则投影会制造一个可分解态。举个例子，考虑如下贝尔态：

$$|\psi\rangle = \frac{1}{\sqrt{2}}(|H\rangle_1|V\rangle_2 - |V\rangle_1|H\rangle_2) \tag{B.13}$$

假设在模式 1 中放置一个方向与水平夹角 $\pi/4$ 的偏振片，这等价于将该模式投影到状态

$$|\pi/4\rangle_1 = \frac{1}{\sqrt{2}}(|H\rangle_1 + |V\rangle_1) \tag{B.14}$$

且将系统初始状态矢量约化为

$$|\psi\rangle \xrightarrow[\text{onto } |\pi/4\rangle_1]{\text{projection}} \frac{\hat{P}_1(\pi/4)|\psi\rangle}{\langle\psi|\hat{P}_1(\pi/4)|\psi\rangle^{1/2}} = |\pi/4\rangle_1 \frac{1}{\sqrt{2}}(|V\rangle_2 - |H\rangle_2) \tag{B.15}$$

注意对纠缠态的某一部分的投影测量将会以一种完全可以预测的方式把另一部分投影到一个特定状态上去。在这些投影中显示出来的关联具有一种高度非经典的本质，并将最终可用来解释在第 9 章中描述的贝尔不等式的违背。

参考文献

[1] 对本附录中所提到内容的精彩讨论可见：C. J. Isham, Lectures on Quantum Theory (London: Imperial College Press, 1995).

[2] 读者或可参考：K. Gottfried, Quantum Mechanics Volume I: Fundamentals (Reading: Addison-Wesley, 1989), chapter IV.

[3] 当然读者亦可参考：J. von Neumann, Mathematical Foundations of Quantum Mechanics (Princeton: Princeton University Press, 1955), especially chapter VI.

附录 C 推导大失谐（远离共振）相互作用下的有效哈密顿量

本附录推导相关频率在相差很大情况下的由相互作用引起的有效哈密顿量。为使讨论更为一般，我们从整体哈密顿量出发

$$\hat{H} = \hat{H}_0 + \hat{H}_I \tag{C.1}$$

这里 $\hat{H}_0$ 是自由哈密顿量，而 $\hat{H}_I$ 是相互作用哈密顿量。后者的一般形式是

$$\hat{H}_I = \hbar g \left(\hat{A} + \hat{A}^\dagger \right) \tag{C.2}$$

这里 $\hat{A}$ 代表描述相互作用的算符乘积，g 是耦合强度。假定算符乘积 $\hat{A}$ 不显含时间。在原子和场的相互作用中 $\hat{A} = \hat{a}\hat{\sigma}_+$，$\hat{H}_0 = \hbar\omega\hat{a}^\dagger\hat{a} + \hbar\omega_0\hat{\sigma}_3/2$。施奈德（Schneider）等[1] 曾经讨论过这个例子。在薛定谔表象（SP）下的薛定谔方程是

$$i\hbar\frac{\mathrm{d}}{\mathrm{d}t}|\psi_{\mathrm{SP}}(t)\rangle = \left(\hat{H}_0 + \hat{H}_I \right)|\psi_{\mathrm{SP}}(t)\rangle \tag{C.3}$$

这里 $|\psi_{\mathrm{SP}}(t)\rangle$ 是在此表象下的状态矢量。

转到关于自由哈密顿量也就是关于幺正变换算符 $\hat{U}_0 = \exp(-\mathrm{i}\hat{H}_0 t/\hbar)$[2] 的旋转表象（IP）后，状态矢量写做

$$|\psi_{\mathrm{IP}}(t)\rangle = \hat{U}_0^{-1}|\psi_{\mathrm{SP}}(t)\rangle \tag{C.4}$$

而薛定谔方程变成

$$i\hbar\frac{\mathrm{d}}{\mathrm{d}t}|\psi_{\mathrm{IP}}(t)\rangle = \hat{H}_{\mathrm{IP}}(t)|\psi_{\mathrm{IP}}(t)\rangle \tag{C.5}$$

其中，

$$\hat{H}_{\mathrm{IP}}(t) = \hat{U}_0^{-1}\hat{H}\hat{U}_0 - \mathrm{i}\hbar\hat{U}_0^{-1}\frac{\mathrm{d}\hat{U}_0}{\mathrm{d}t} = \hbar g \left(\hat{A}\mathrm{e}^{\mathrm{i}\Delta t} + \hat{A}^\dagger\mathrm{e}^{-\mathrm{i}\Delta t} \right) \tag{C.6}$$

这里 Δ 是失谐量，它的形式依赖于 $\hat{A}$。对原子-场相互作用而言，$\Delta = \omega_0 - \omega$。我们假定失谐量很大。

方程（C.5）的解在形式上可以写为

$$|\psi_{\mathrm{IP}}(t)\rangle = \hat{T}\left[\exp\left(-\frac{\mathrm{i}}{\hbar}\int_0^t \mathrm{d}t'\hat{H}_{\mathrm{IP}}(t') \right) \right]|\psi_{\mathrm{IP}}(0)\rangle \tag{C.7}$$

这里 $\psi_{\mathrm{IP}}(0)\rangle = \psi_{\mathrm{SP}}(0)\rangle$，$\hat{T}$ 是编时算符。我们对此做微扰展开

$$\hat{T}\left[\exp\left(-\frac{\mathrm{i}}{\hbar}\int_0^t \mathrm{d}t'\hat{H}_{\mathrm{IP}}(t')\right)\right]$$

$$= \hat{T}\left[\hat{I} - \frac{\mathrm{i}}{\hbar}\int_0^t \mathrm{d}t'\hat{H}_{\mathrm{IP}}(t') - \frac{1}{2\hbar^2}\int_0^t \mathrm{d}t'\int_0^t \mathrm{d}t''\hat{H}_{\mathrm{IP}}(t')\hat{H}_{\mathrm{IP}}(t'') + \cdots\right]$$

$$= \hat{I} - \frac{\mathrm{i}}{\hbar}\int_0^t \mathrm{d}t'\hat{H}_{\mathrm{IP}}(t') - \frac{1}{2\hbar^2}\hat{T}\left[\int_0^t \mathrm{d}t'\int_0^t \mathrm{d}t''\hat{H}_{\mathrm{IP}}(t')\hat{H}_{\mathrm{IP}}(t'')\right] + \cdots \quad (\text{C}.8)$$

其中第三项去除编时算符后写为

$$\hat{T}\left[\int_0^t \mathrm{d}t'\int_0^t \mathrm{d}t''\hat{H}_{\mathrm{IP}}(t')\hat{H}_{\mathrm{IP}}(t'')\right] = 2\int_0^t \mathrm{d}t'\int_0^{t'} \mathrm{d}t''\hat{H}_{\mathrm{IP}}(t')\hat{H}_{\mathrm{IP}}(t'') \quad (\text{C}.9)$$

方程（C.8）中的第二项（一阶项）等于

$$\int_0^t \mathrm{d}t'\hat{H}_{\mathrm{IP}}(t') = \hbar g\left[\hat{A}\frac{\mathrm{e}^{\mathrm{i}\Delta t'}}{\mathrm{i}\Delta}\Big|_0^t - \hat{A}^\dagger\frac{\mathrm{e}^{-\mathrm{i}\Delta t'}}{\mathrm{i}\Delta}\Big|_0^t\right] = \frac{\hbar g}{\mathrm{i}\Delta}\left[\hat{A}(\mathrm{e}^{\mathrm{i}\Delta t}-1) - \hat{A}^\dagger(\mathrm{e}^{-\mathrm{i}\Delta t}-1)\right]$$

$$(\text{C}.10)$$

由此可知二阶项等于

$$\int_0^t \mathrm{d}t'\int_0^{t'} \mathrm{d}t''\hat{H}_{\mathrm{IP}}(t')\hat{H}_{\mathrm{IP}}(t'') = \frac{\hbar^2 g^2}{\mathrm{i}\Delta}\int_0^t \mathrm{d}t'\left[\hat{A}^2\mathrm{e}^{2\mathrm{i}\Delta t'} - \hat{A}^2\mathrm{e}^{\mathrm{i}\Delta t'} - \right.$$

$$\left. \hat{A}^{\dagger 2}\mathrm{e}^{-2\mathrm{i}\Delta t'} + \hat{A}^{\dagger 2}\mathrm{e}^{-\mathrm{i}\Delta t'} + \hat{A}^\dagger\hat{A}(1-\mathrm{e}^{-\mathrm{i}\Delta t'}) - \hat{A}\hat{A}^\dagger(1-\mathrm{e}^{\mathrm{i}\Delta t'})\right] \quad (\text{C}.11)$$

很显然这里某些项积分后的标度是 g^2/Δ^2，在大失谐的条件下，g^2/Δ^2 较小。我们会丢掉这些项。这个近似本质上就是旋转波近似，这些项因随时间快速振荡而平均为零。剩下的项得到

$$\int_0^t \mathrm{d}t'\int_0^{t'} \mathrm{d}t''\hat{H}_{\mathrm{IP}}(t')\hat{H}_{\mathrm{IP}}(t'') \approx \frac{\mathrm{i}\hbar^2 g^2 t}{\Delta}[\hat{A},\hat{A}^\dagger] \quad (\text{C}.12)$$

因此精确到二阶，我们有

$$\hat{T}\left[\int_0^t \mathrm{d}t'\int_0^t \mathrm{d}t''\hat{H}_{\mathrm{IP}}(t')\hat{H}_{\mathrm{IP}}(t'')\right] \approx \hat{I} - \frac{g}{\Delta}\left[\hat{A}(\mathrm{e}^{\mathrm{i}\Delta t}-1) - \hat{A}^\dagger(\mathrm{e}^{-\mathrm{i}\Delta t}-1)\right] - \frac{\mathrm{i}g^2 t}{\Delta}[\hat{A},\hat{A}^\dagger]$$

$$(\text{C}.13)$$

如果平均"激发数" $\langle\hat{A}\rangle \approx \langle\hat{A}^\dagger\hat{A}\rangle^{1/2}$ 不是特别大，且如果

$$\left|\frac{g}{\Delta}\langle\hat{A}^\dagger\hat{A}\rangle^{1/2}\right| \ll 1 \quad (\text{C}.14)$$

由于大失谐也成立，那么方程（C.13）中的第二项就可以舍掉，因此我们有

$$\hat{T}\left[\int_0^t \mathrm{d}t'\int_0^t \mathrm{d}t''\hat{H}_{\mathrm{IP}}(t')\hat{H}_{\mathrm{IP}}(t'')\right] \approx \hat{I} - \frac{\mathrm{i}}{\hbar}t\hat{H}_{\mathrm{eff}} \quad (\text{C}.15)$$

这里

$$\hat{H}_{\text{eff}} = \frac{\hbar g^2}{\Delta}[\hat{A}, \hat{A}^\dagger] \tag{C.16}$$

就 J-C 相互作用而言，我们有 $\hat{A} = \hat{a}\hat{\sigma}_+$，所以

$$[\hat{A}, \hat{A}^\dagger] = \hat{\sigma}_+\hat{\sigma}_- + \hat{a}^\dagger\hat{a}\hat{\sigma}_z \tag{C.17}$$

因而有效哈密顿量在此情况下是

$$\hat{H}_{\text{eff}} = \hbar\chi(\hat{\sigma}_+\hat{\sigma}_- + \hat{a}^\dagger\hat{a}\hat{\sigma}_z) \tag{C.18}$$

这里 $\chi = g^2/\Delta$。这个结果与方程（4.184）给出的表达式一致。即便没有光子也存在的项 $\hbar\chi\hat{\sigma}_+\hat{\sigma}_-$ 是一种由光腔引发的原子克尔效应，它会导致原子的"裸激发态" $|e\rangle$ 发生能量平移。

作为另一个例子，我们最后考虑量子化泵浦场的简并参量下转换。这个过程完整的哈密顿量由方程（7.84）给出。用本附录的符号标记，$\hat{H}_0 = \hbar\omega\hat{a}^\dagger\hat{a} + \hbar\omega_p\hat{b}^\dagger\hat{b}$，这里 ω_p 是泵浦频率，$\hat{A} = \mathrm{i}\hat{a}^{\dagger 2}\hat{b}$，$g = \chi^{(2)}$。那么在大失谐条件下的有效相互作用是

$$\hat{H}_{\text{eff}} = -\frac{\hbar[\chi^{(2)}]^2}{\Delta}(4\hat{a}^\dagger\hat{a}\hat{b}^\dagger\hat{b} + 2\hat{b}^\dagger\hat{b} - \hat{a}^{\dagger 2}\hat{a}^2) \tag{C.19}$$

这里的 $\Delta = 2\omega - \omega_p$。这个相互作用的色散形式包括自克尔项 $\hat{a}^{\dagger 2}\hat{a}^2$，交互克尔项 $4\hat{a}^\dagger\hat{a}\hat{b}^\dagger\hat{b}$ 和"频率牵引"项 $2\hat{b}^\dagger\hat{b}$。因此在泵浦场与信号场之间频率大失谐的情况下，参量下转换模拟了克尔介质的作用。克利莫夫（Klimov）等[3] 利用李代数方法讨论了这个相互作用并得到了同样的哈密顿量。

参考文献

[1] S. Schneider, A. M. Herkommer, U. Leonhardt and W. Schleich, J. Mod. Opt., 44 (1997), 2333.

[2] J. J. Sakurai, Advanced Quantum Mechanics (Reading: Addison-Wesley, 1967); see chapter 4.

[3] A. B. Klimov, L. L. Sanchez-Soto and J. Delgado, Opt. Commun., 191 (2001), 419, and references therein.

附录 D 非线性光学和自发参量下转换

下转换来源于泵浦辐射场与介质的非线性相互作用，辐射作用强到诱导介质极化偏离了线性响应的范围，产生了不寻常的色散和吸收。出于某种目的，非线性极化可以用施加辐射场的级数展开。通常用在非线性光学中的晶体是高度各向异性的，它们对辐射场的响应可根据下面张量形式描述

$$\hat{P}_i = \chi^{(1)}_{i,j}\hat{E}_j + \chi^{(2)}_{i,j,k}\hat{E}_j\hat{E}_k + \chi^{(3)}_{i,j,k,l}\hat{E}_j\hat{E}_k\hat{E}_l + \cdots \tag{D.1}$$

这里的 $\chi^{(m)}$ 是第 m 阶电极化张量[1]，各项重复的指标代表求和。介质能量密度是 $\epsilon_0 E_i P_i$，因此相互作用哈密顿量提供了对总哈密顿量的二阶贡献：

$$\hat{H}^{(2)} = \epsilon_0 \int_V \mathrm{d}^3\boldsymbol{r}\, \chi^{(2)}_{i,j,k}\hat{E}_i\hat{E}_j\hat{E}_k \tag{D.2}$$

这里的积分是对相互作用区间的体积分。我们现在把（实空间）场写做傅里叶积分的形式

$$\hat{E}(\boldsymbol{r},t) = \int \mathrm{d}^3\boldsymbol{k}\left[\hat{E}^{(-)}(\boldsymbol{k})\mathrm{e}^{-\mathrm{i}[\omega(\boldsymbol{k})t - \boldsymbol{k}\cdot\boldsymbol{r}]} + \hat{E}^{(+)}(\boldsymbol{k})\mathrm{e}^{\mathrm{i}[\omega(\boldsymbol{k})t - \boldsymbol{k}\cdot\boldsymbol{r}]}\right] \tag{D.3}$$

其中，

$$\hat{E}^{(-)}(\boldsymbol{k}) = \mathrm{i}\sqrt{\frac{2\pi\hbar\omega(\boldsymbol{k})}{V}}\hat{a}^\dagger(\boldsymbol{k}), \quad \hat{E}^{(+)}(\boldsymbol{k}) = \mathrm{i}\sqrt{\frac{2\pi\hbar\omega(\boldsymbol{k})}{V}}\hat{a}(\boldsymbol{k}) \tag{D.4}$$

算符 $\hat{a}(\boldsymbol{k})$ 和 $\hat{a}^\dagger(\boldsymbol{k})$ 分别表示动量为 $\hbar\boldsymbol{k}$ 的光子湮灭和产生算符[1]。如果我们把上述形式代入公式（D.2）并仅保留那些对信号光与闲置光初始处于真空态模式重要的项，那么我们可得到相互作用哈密顿量为（光场的下标 p、s、i 分别表示泵浦光、信号光与闲置光）

$$\hat{H}_I(t) = \epsilon_0 \int_V \mathrm{d}^3\boldsymbol{r}\int \mathrm{d}^3\boldsymbol{k}_\mathrm{s}\mathrm{d}^3\boldsymbol{k}_\mathrm{i}\chi^{(2)}_{lmn}\hat{E}^{(+)}_{pl}\mathrm{e}^{\mathrm{i}[\omega_\mathrm{p}(\boldsymbol{k}_\mathrm{p})t - \boldsymbol{k}_\mathrm{p}\cdot\boldsymbol{r}]}\hat{E}^{(-)}_{sm}\mathrm{e}^{-\mathrm{i}[\omega_\mathrm{s}(\boldsymbol{k}_\mathrm{s})t - \boldsymbol{k}_\mathrm{s}\cdot\boldsymbol{r}]} \times$$
$$\hat{E}^{(-)}_{in}\mathrm{e}^{-\mathrm{i}[\omega_\mathrm{i}(\boldsymbol{k}_\mathrm{i})t - \boldsymbol{k}_\mathrm{i}\cdot\boldsymbol{r}]} + H.c. \tag{D.5}$$

这个作用过程的转换效率依赖于二阶电极化率 $\chi^{(2)}$，但效率极为低下，通常在 10^{-7} 到 10^{-11} 之间。因为这个原因，为了获得信号光束与闲置光束的显著输出，有必要用非常强的相干光去泵浦介质。只要我们关心在足够短的时间内的相互作用，这个相干光可以认

---

[1]这些对应于连续波矢的算符对易关系形式为 $[\hat{a}(\boldsymbol{k}), \hat{a}^\dagger(\boldsymbol{k}')] = \delta^{(3)}(\boldsymbol{k} - \boldsymbol{k}')$。

为是由激光获得的经典光场，同时泵浦光子的损耗可以忽略不记 —— 这就是所谓的参量近似。泵浦激光通常在紫外波段，而由下转换引起的光子通常在可见光波段。

根据含时微扰论，假定信号光模式与闲置光模式初始态处于真空态，记为 $|\Psi_0\rangle$，那么精确到一阶，我们有 $|\Psi\rangle \approx |\Psi_0\rangle + |\Psi_1\rangle$，其中[2]

$$
\begin{aligned}
|\Psi_1\rangle &= -\frac{\mathrm{i}}{\hbar}\int \mathrm{d}t\, \hat{H}(t)|\Psi_0\rangle \\
&= \mathcal{N}\int \mathrm{d}^3\boldsymbol{k}_\mathrm{s}\mathrm{d}^3\boldsymbol{k}_\mathrm{i}\, \delta(\omega_\mathrm{p} - \omega_\mathrm{s}(\boldsymbol{k}_\mathrm{s}) - \omega_\mathrm{i}(\boldsymbol{k}_\mathrm{i}))\delta^{(3)}(\boldsymbol{k}_\mathrm{p} - \boldsymbol{k}_\mathrm{s} - \boldsymbol{k}_\mathrm{i})\hat{a}_\mathrm{s}^\dagger(\boldsymbol{k}_\mathrm{s})\hat{a}_\mathrm{i}^\dagger(\boldsymbol{k}_\mathrm{i})|\Psi_0\rangle
\end{aligned}
$$

$$\tag{D.6}$$

其中 $\mathcal{N}$ 是归一化因子，用以吸收所有常数。不难理解 δ 函数蕴含了相位匹配条件：

$$
\omega_\mathrm{p} = \omega_\mathrm{s} + \omega_\mathrm{i}, \quad \boldsymbol{k}_\mathrm{p} = \boldsymbol{k}_\mathrm{s} + \boldsymbol{k}_\mathrm{i} \tag{D.7}
$$

在第一类相位匹配条件下，我们通过假设由后选择决定的特定动量，最终获得由公式（9.9）给出的状态。这个后选择借助平移屏幕，使得屏幕上合适位置孔洞的范围涵盖下转换的输出端。

参考文献

[1] R. W. Boyd, Nonlinear Optics, 2nd edition (New York: Academic Press, 2003).

[2] Y. Shih, Rep. Prog. Phys., 66 (2003), 1009.